厚生労働省認定教材	
認定番号	第58897号
改定承認年月日	令和5年1月25日
訓練の種類	普通職業訓練
訓練課程名	普通課程

機械加工実技教科書

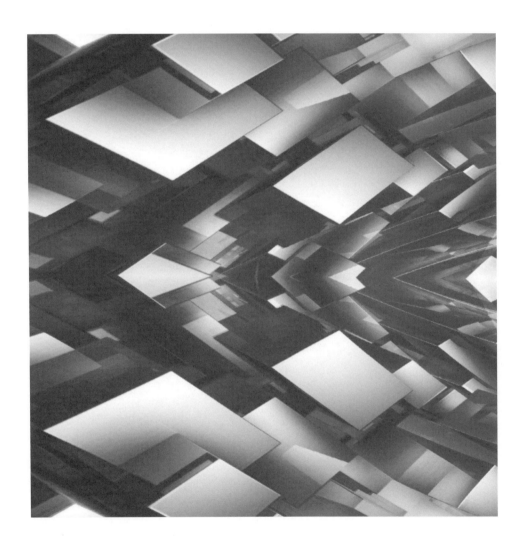

独立行政法人 高齢・障害・求職者雇用支援機構
職業能力開発総合大学校 基盤整備センター 編

は　し　が　き

　本書は職業能力開発促進法に定める普通職業訓練に関する基準に準拠し,「機械系」専攻実技等の教科書として作成したものです。

　作成にあたっては,内容の記述をできるだけ平易にし,専門知識を系統的に学習できるように構成してあります。

　本書は職業能力開発施設での教材としての活用や,さらに広く機械分野の知識・技能の習得を志す人々にも活用していただければ幸いです。

　なお,本書は次の方々のご協力により作成したもので,その労に対し深く謝意を表します。

〈監 修 委 員〉
古 賀 俊 彦　　　職業能力開発総合大学校
二 宮 敬 一　　　職業能力開発総合大学校

〈執 筆 委 員〉
犬 田　　勝　　　東京都立城東職業能力開発センター江戸川校
小 野 充 善　　　群馬県立太田産業技術専門校
中 谷 通 仁　　　神奈川県立西部総合職業技術校

　　　　　　　（委員名は五十音順,所属は改定当時のものです）

令和5年3月

独立行政法人 高齢・障害・求職者雇用支援機構
職業能力開発総合大学校 基盤整備センター

目　　次

4．機械工作実習

5．旋盤加工実習

6．フライス盤加工実習

7．研削加工実習

1. 工 具 類

1.1 測 定 器

番号	名　　称	用　　途	関 連 知 識
1	スケール （a）直 尺 （b）巻 尺（コンベックスルール）	物の長さを測るもので，精度を要求しないところに用いる。	鋼製又はステンレス製の直尺で，150mm，300mm，600mm，1 000mm，1 500mm，2 000mm がある。 　携帯に便利な巻尺もあり，2 m，3.5 m，5.5 m が一般に多く使用されている。
2	パス （a）外パス　（b）内パス　（c）片パス	外パスは主として，丸削りしたものの外径や，厚さなどの測定に用いる。 　内パスは円筒の内径や，溝幅などの測定に用いる。 　片パスは工作物の中心けがきや，端面からの寸法けがきに用いる。	鋼製で，足先は焼き入れがしてある。いずれも開き量をスケールに合わせて寸法を読み取る。 　内パスはマイクロメータとの比較測定により，寸法を読み取ることができる。
3	ノギス （a）M 形 （b）デジタル式	内・外径及び深さの測定に使用し，0.05mm 又は 0.02mm 単位で測定できる。	用途によって各種あり，一般には図のM形が多く用いられている。 　このほか，CM 形がある。 　デジタル表示方式のものもあり，0.01mm 単位までの読み取りができる。 出所：（b）（株）ミツトヨ
4	ハイトゲージ デジタル表示式	バーニヤの目盛により 0.02mm 単位の高さの測定，又はけがきに用いる。	用途により次の3種類がある。 　HB 形：軽量で測定に適し，バーニヤが調整できる。 　HM 形：頑丈で，けがきに適し，スライダが溝形で比較的長い。 　MT 形：本尺が移動できる。 　デジタル表示方式で，0.01mm 単位までの読み取りができるものもある。 出所：（左）（株）ミツトヨ

番号	名　　称	用　　途	関　連　知　識
5	外側マイクロメータ （a）スタンダードゲージ （b）デジタル式	主として外径や長さを測定するときに使用する。普通のものは0.01mm単位まで読み取れる。 　スタンダードゲージは，目盛誤差を検査するときに用いる。	普通用いられるものは，外側マイクロメータで，25mm から 500mm まで，25mm とびに 20 種類あり，それぞれ 1 種類の測定範囲が 25mm 以内である。 　デジタル表示方式のものもあり，0.001mm 単位までの読み取りができる。 　全測定面接触による指示値の最大許容誤差は ± 2 ～ ± 8 μm である。
6	内側マイクロメータ （a）キャリパ形 （b）棒　形	工作物の内径（内のり），又は溝幅の精密測定に用いる。	内径（内のり），又は溝幅を0.01mm単位で測定できる。 　小径（5～50mm）にキャリパ形，50mm 以上の大径には棒形を用いる。 　全測定面接触による指示値の最大許容誤差は ± 4 ～ ± 9 μm である。 出所：（b）JIS B 7502:1994「マイクロメータ」図 3
7	三点測定式内側マイクロメータ	工作物の内径（内のり）の精密測定に用いる。	出入りする 3 個の測定子により，内径（内のり）を 0.01mm 単位で測定できる。 　1 台が測定できる範囲は 2 ～ 10mm 程度と狭く，一般に数個が 1 組となっていて，6 ～ 300mm まで測れるものがある。
8	デプスマイクロメータ	穴又は溝の深さなどを0.01mm単位で測定するのに用いる。	デプスマイクロメータを用いて品物を測定した場合の総合誤差は，± 7 ～ ± 15 μm である。
9	ダイヤルゲージ スピンドル形（標準形）	工作物の平面度・平行度・心振れの測定や工作機械などの精度検査に用いる。	スピンドルの動きを拡大し，0.01mm単位まで，高精度のものは0.001mmの測定ができる。 　スピンドル形には標準形とバックプランジャ形がある。 　スピンドル形のほかに，てこ式のダイヤルゲージがある。

番号	名　　　称	用　　　途	関　連　知　識
10	ユニバーサルベベルプロトラクタ 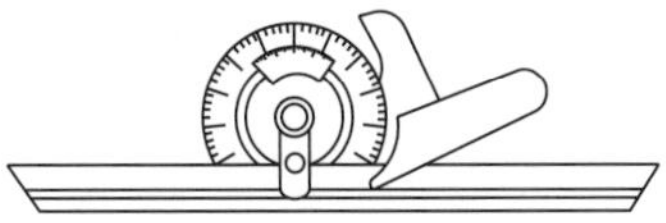	角度の測定に用いる。	バーニヤ付きのプロトラクタで，角度を5分単位に読み取ることができる。
11	精密水準器 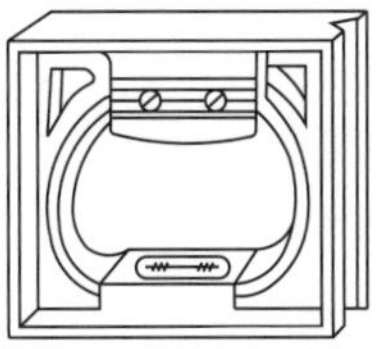 （a）角　形  （b）平　形	角形と平形がある。気ほう管によって傾きを測定するもので，主として機械の据え付け時の水平出しに用いる。	感度は次の3種類がある。 1種：感度＝$\dfrac{0.02\text{mm}}{1\text{ m}}$≒4″ 2種：感度＝$\dfrac{0.05\text{mm}}{1\text{ m}}$≒10″ 3種：感度＝$\dfrac{0.1\text{mm}}{1\text{ m}}$≒20″ 角形と平形があり，角形は垂直も測定できる。
12	サインバー 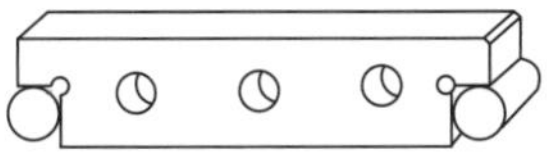	ブロックゲージと三角関数のsin（サイン）を利用して工作物の角度，勾配，テーパ，取り付け角度等の測定に用いる。	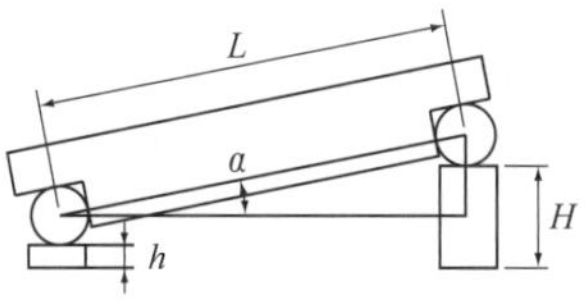 L　　：サインバーの長さ H, h：ブロックゲージの高さ a　　：傾いた角度 $\sin a = \dfrac{H-h}{L}$ ブロックゲージを組み合わせることにより，任意の角度が得られる。
13	ブロックゲージ 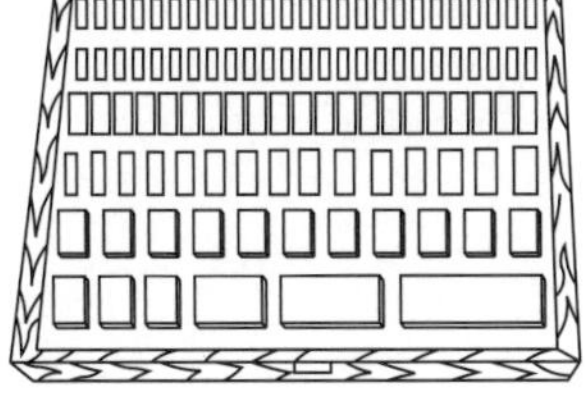	長さの基準となるもので，1個又は数個を組み合わせて，各種測定器の精度検査又は比較測定の模範として用いる。	使用目的によって，次の4種に区分されている。 K級（参照用）：標準用ブロックゲージの精度検査，学術研究など。 0級（標準用）：検査用，工作用ブロックゲージの精度検査など。 1級（検査用）：一段ゲージ，治具，検査器などの検査など。 2級（工作用）：ゲージの製作，測定，工具刃物の取り付けなどに用いる。

番号	名　　称	用　　途	関　連　知　識
14	光線定盤 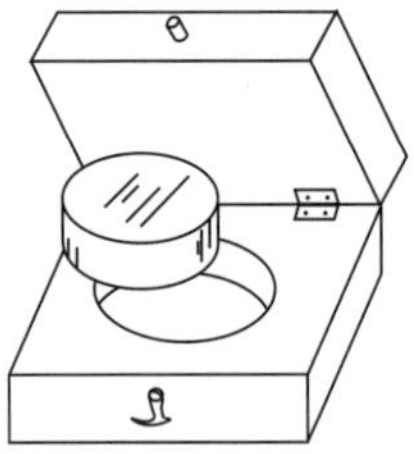 （a）オプチカルフラット 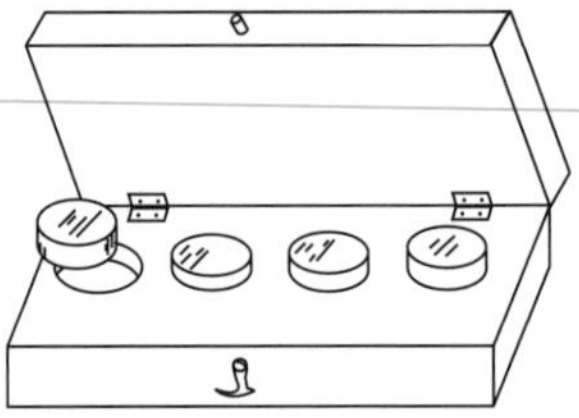 （b）オプチカルパラレル	ブロックゲージ又はマイクロメータの測定面のように，比較的小さい平面の測定に用いる。	オプチカルフラットの2級の平面度の許容値は0.1μmにラップ仕上げされている。表裏どちらかに，矢印等で使用面を指示してあるものもある。 オプチカルパラレルは，表裏が互いに平行になっており，4個の厚さはそれぞれ0.12～0.13mmの違いがある。
15	スコヤ（直角定規） 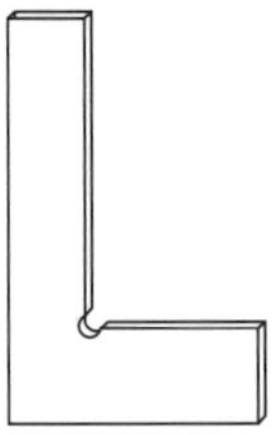 （a）平 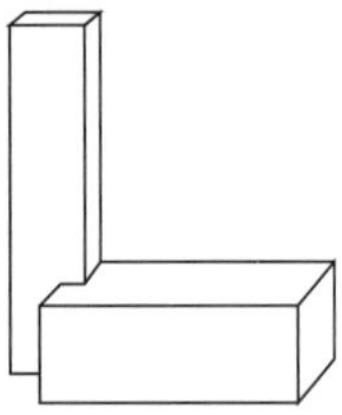　　　　（b）台付き	直角面のけがきや工作物の直角度・平面度を検査するときに用いる。	スコヤは，2辺のなす角が正しく直角であるばかりでなく，各面は正しい平行平面に仕上げてある。
16	円筒スコヤ 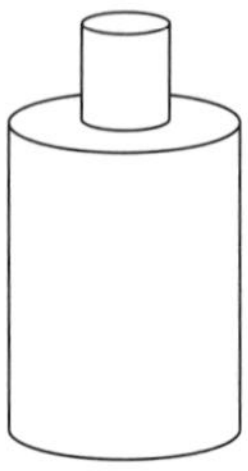	工作物やスコヤの直角度を検査するときに用いる。	円筒外周と両端面は正しい直角に研削されている。 　測定面が円筒外周（曲面）であり，すきまが均一かどうかを確認しやすいので，定盤上に置き工作物のスコヤの検査に用いる。

番号	名　　　称	用　　　途	関　連　知　識
17	直定規（ストレートエッジ） 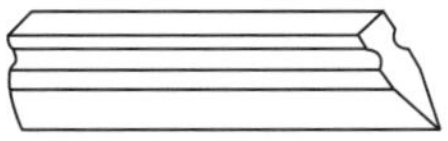 （a）ナイフエッジ形 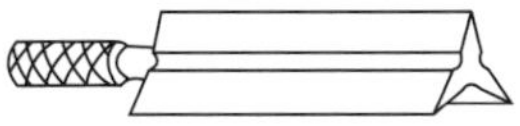 （b）三角形 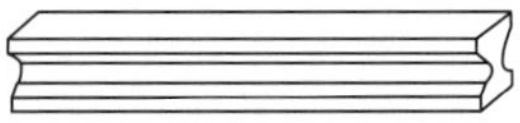 （c）Ｉ　形 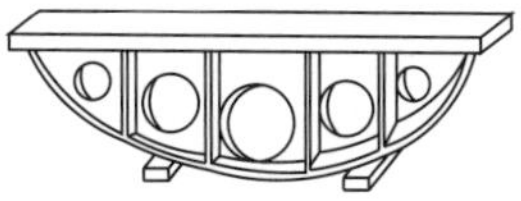 （d）くし形	工作物の真直度・平面度の測定に用いる。 　ナイフエッジ形，三角形はすかして光のもれ具合を，ほかは当たりや，すきみ法で測定する。	基準面が精密に仕上げてある。 　Ｉ形は，重要部分のけがきにも用いる。 　くし形は鋳鉄製で使用面はきさげ仕上げされており，すり合わせ作業にも用いられる。ほかは鋼製でラップ仕上げになっている。
18	すきまゲージ 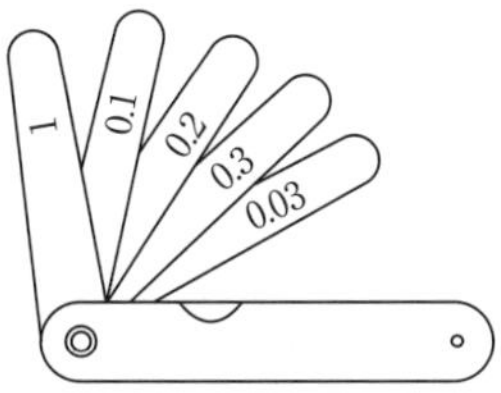	すきまの測定に用いる。	シクネスゲージともいう。組み合わされた部分のすきまに1枚又は数枚を重ねて，差し込んで測定する。すきまゲージの枚数には，いろいろな種類がある。
19	アングルゲージ 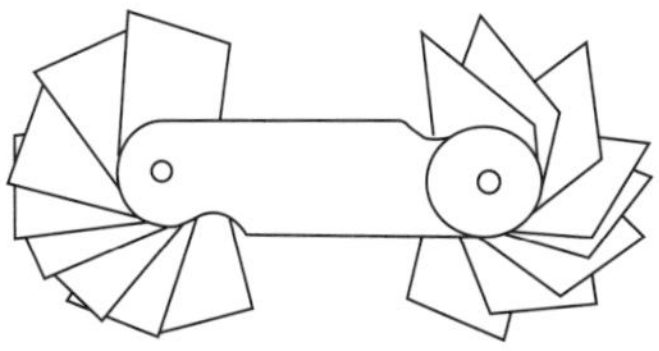	工作物の角度の測定に用いる。	角度ゲージともいわれ，各種数値の角度をもった薄鋼板が組み合わせてある。
20	ピッチゲージ 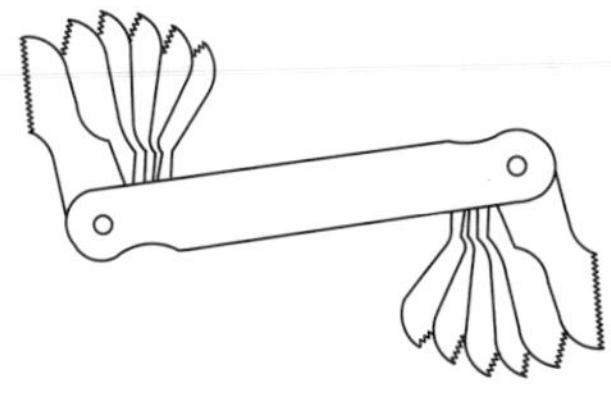	ねじのピッチ（又は山数）の検査に用いる。	各種ピッチをくし形に刻み，組み合わせてある。
21	アールゲージ（Ｒゲージ） 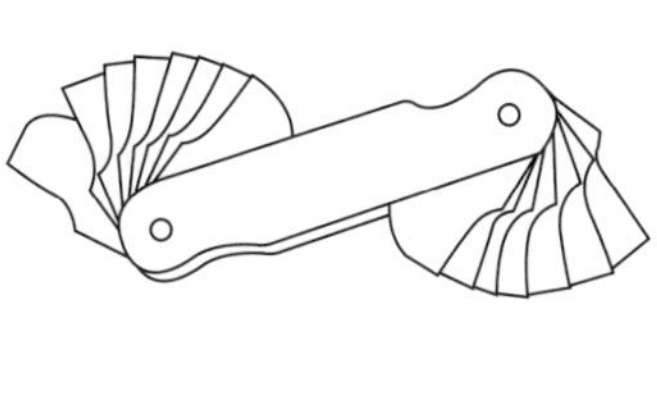	工作物の丸みをもった部分の半径の測定に用いる。	半径ゲージともいわれ，各寸法の半径丸みをもった鋼板が組み合わせてある。

番号	名　　称	用　　途	関　連　知　識
22	センタゲージ 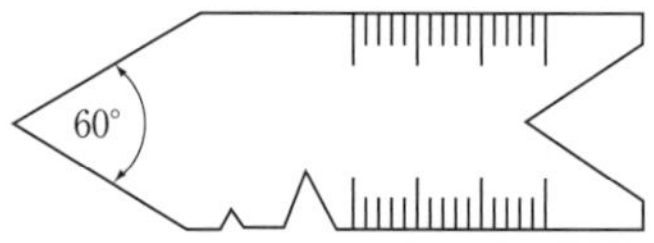	ねじ切りバイトの刃先角度の検査及びバイトの正しい取り付けの案内に用いる。	主に 60° と 55° のものがある。
23	ドリルゲージ 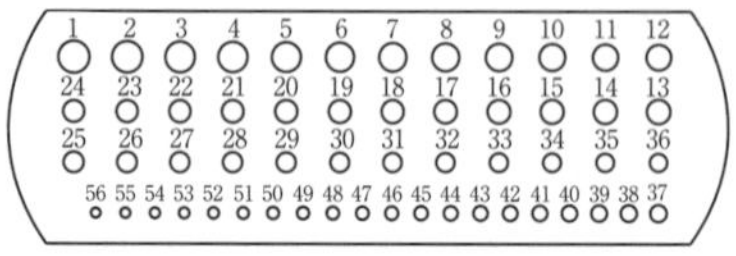	ドリルを差し込んで，直径を検査するのに用いる。	
24	限界ゲージ 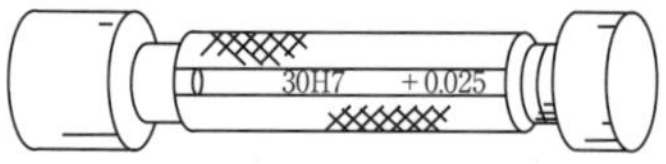 （a）穴用栓（プラグ）ゲージ 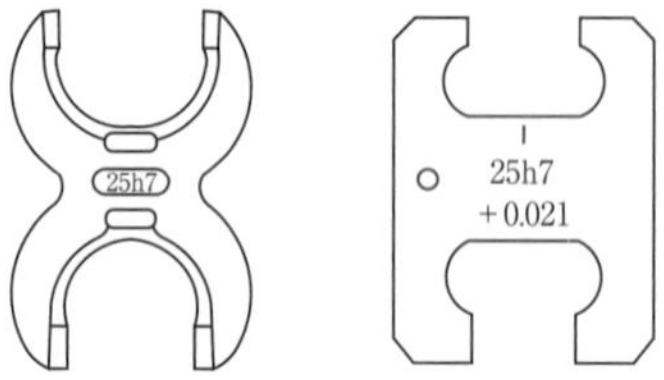 （b）軸用挟みゲージ	工作物の寸法が，上の許容サイズと下の許容サイズの両限界に収まっているかどうかを，通り側と止まり側で簡単に判定するもので，使用目的により，検査用と工作用がある。	製品の数量が少ないときや寸法変化が甚だしいときなどには，測定面が可動の調整式限界ゲージを用いる。
25	比較用表面粗さ標準片 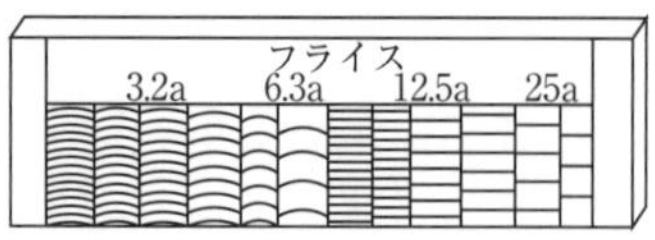 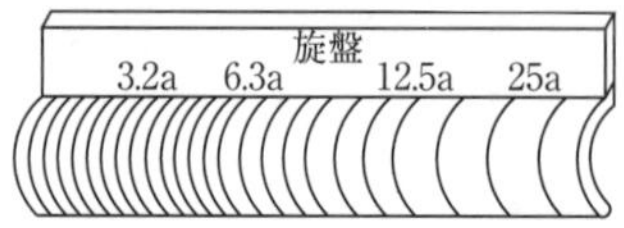	加工面の表面粗さを触覚，視覚等によって比較測定するときに用いる。	標準片はこのほかにやすり，ペーパーなどがある。また，表面粗さを最大高さで表したものもある。
26	トルクレンチ 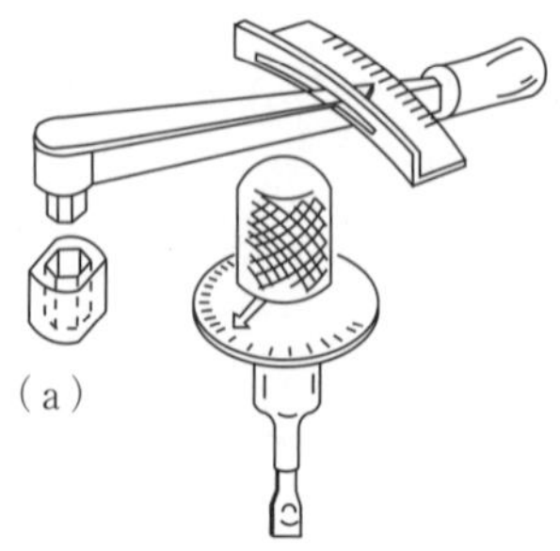 （a） （b）	ねじの締め付け力を測定するのに用いる。	（a）は六角ボルト，ナット，六角穴付きボルトなどに，（b）はドライバで回す小ねじ類に使う。 　いずれも回すねじに応じて，先端は交換できる。

1.2 仕上げ工具（関連工具を含む）

番号	名　　称	用　　途	関　連　知　識
1	定　盤 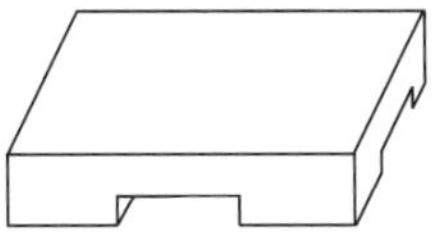 （a）けがき定盤 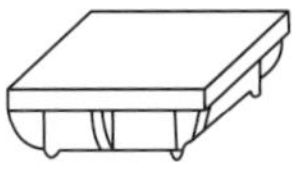 （b）すり合わせ定盤 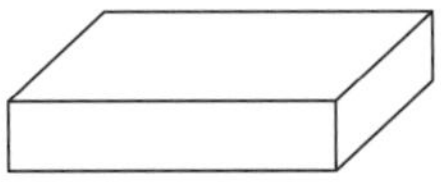 （c）石定盤	けがき定盤は，主としてけがき作業に用いる。 すり合わせ定盤は，手仕上げ作業のときや測定のときに用いる。 石定盤は測定専用として用いる。	けがき定盤は，平削り盤等による機械加工のままである。 すり合わせ定盤は，きさげによるすり合わせ加工がしてあるので，この名がある。この上でポンチ打ち等の衝撃を与える作業をしてはいけない。 石定盤は，ラップ仕上げによって平面が作られているので，主に測定に用いる。
2	平行台（パラレルブロック） 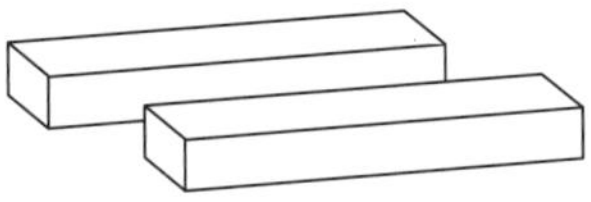	主として工作物を水平に置く台として用いる。	2個1組となっている。 断面を長方形にすることによって，高さが変えられる。
3	金ます 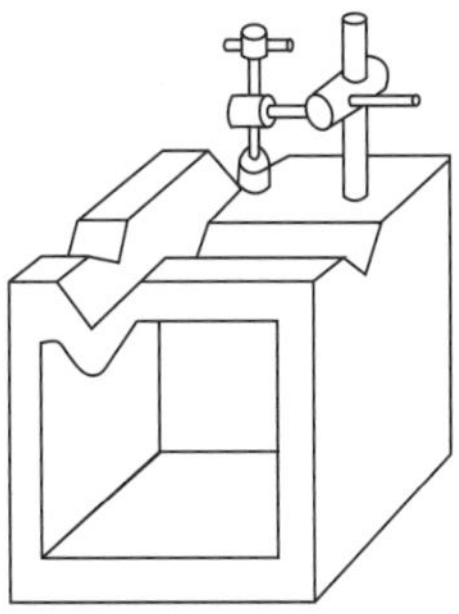	各面が互いに直角にできており，各種の工作物を固定するためにクランプが付いている。	工作物をクランプで固定したまま90°倒すことによって，直角のけがきや測定ができる。
4	Vブロック 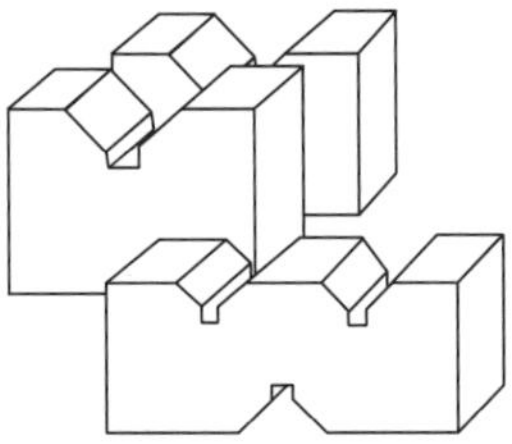	けがきや測定に用いる。V溝には丸棒等を乗せたり，また薄板等を立て掛けたりする。	2個1組となっている。
5	けがき針 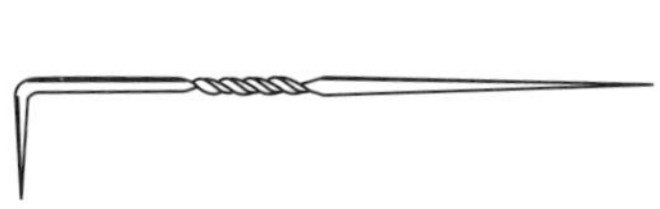	スケールや型板などを案内に，工作物にけがき線を引くときに用いる。	φ3〜5mmぐらいの工具鋼丸棒の先をとがらせて，焼入れしたものである。 針先は，以下の角度である。 　黒皮用　：35°〜40° 　仕上げ用：30°〜35°

番号	名　　称	用　　途	関　連　知　識
6	トースカン （a）角台形　　（b）丸台形	定盤上を滑らせて，工作物の面に水平線をけがきするほか，工作物の心出しをするときに用いる。	針の先が，まっすぐなほうは平行線のけがきに使い，曲がっているほうは検査に使う。 　丸台形は主に心出しに用いられる。
7	ポンチ	打刻により，けがき線上や交点に印を付けたり，穴あけの中心に印を付けるのに用いる。	先端の硬さは，65HRC 程度。 | 先端の角度 | 作業名 | |---|---| | 35°〜40° | 心出し作業 | | 60° | その他一般 |
8	コンパス （a）コンパス （b）スプリングコンパス	けがき作業で，円や円弧をけがくとき，又は線を分割するときに用いる。	足に開閉用のねじを取り付けて，微調整ができるスプリングコンパスがある。 　先端は荒けがき用 45°，精密けがき用 30° に正しく仕上げてあり，焼入れしてある。
9	豆ジャッキ （a）　　（b）　　　　（c）	けがき作業で，鋳造品や鍛造品のように複雑な形状のものを支え，高低を調節するときに用いる。 　また，工作物を取り付ける場合にも用いる。	一般には，支えられた工作物が最も安定する 3 点支持，すなわち 1 個の工作物を支えるのに 3 個の豆ジャッキが使われる。 　（c）は頭部が自由に傾斜する構造になっている。
10	たがね （a）平たがね （b）えぼしたがね （c）溝たがね	平たがねは，平面をはつるときや薄板の切断に用いる。 えぼしたがねは，荒はつりをするときや，溝，穴のはつりに用いる。 溝たがねは，油溝やかどのすみ，又はへこんだ面のはつりに用いる。	先端の硬さは 65HRC 程度，刃先角度は，工作物の材質によって変える。 | 刃先の角度 | 被加工材料 | |---|---| | 25°〜30° | 鉛・銅 | | 40°〜60° | 鋳鉄・青銅 | | 50° | 軟鋼 | | 60°〜70° | 硬鋼 |
11	バイス（横万力）	主にやすり作業をはじめ，一般手仕上げ作業における工作物の固定に用いる。 　水平調整とスイベル（旋回）調整ができる。	バイスの大きさは口金の幅で表す。 　バイスは口の開きが常に平行である。 バイスの大きさ（標準） | あごの幅 [mm] | 口の開き [mm] | 口の深さ [mm] | 質量 [kgf] | |---|---|---|---| | 75 | 110 | 75 | 6.5 | | 100 | 140 | 85 | 11.2 | | 125 | 175 | 95 | 16.3 | | 150 | 210 | 100 | 22.5 |

番号	名　　　称	用　　　途	関　連　知　識
12	クランプ 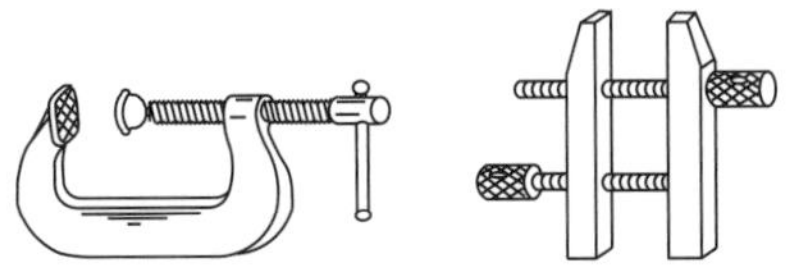 （a）しゃこ万力 （Cクランプ）　（b）平行クランプ	薄板を多数重ねて加工するときや，工作物をイケール等に仮締めするときに用いる。	大きさは最大に開いたときの寸法で表す。
13	イケール 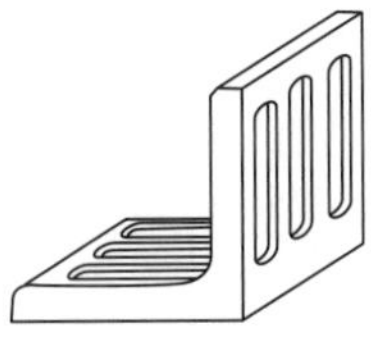	複雑な形で，バイスで締め付けることが難しい場合，これを用いる。	長穴は工作物を取り付けるときのボルト穴である。
14	鉄工やすり 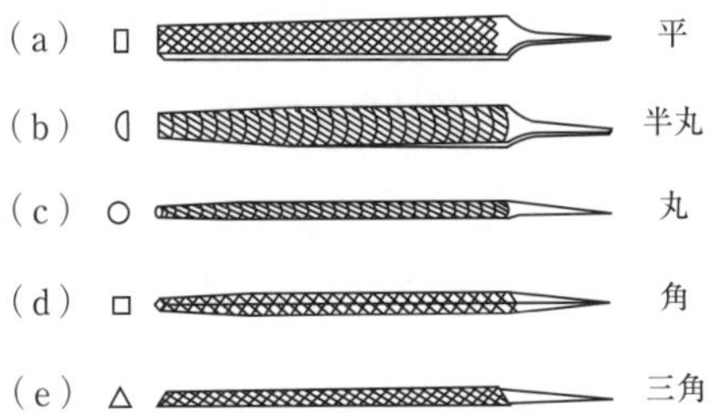 （a）□　　　　　　　平 （b）◖　　　　　　　半丸 （c）○　　　　　　　丸 （d）□　　　　　　　角 （e）△　　　　　　　三角	手仕上げ作業の切削工具として最も多く用いられる。	形状から平・半丸・丸・角・三角の5種類があり，目の切り方には，単目，複目，鬼目，波目，三段目の5種類がある。また，目の大きさから荒目・中目・細目・油目に分けられる。 　一般には複目やすりが用いられるが，鉛，すず，アルミニウムなどの軟金属には，単目やすりが適する。 　新しいやすりは，軟らかい金属から使っていく。
15	組やすり 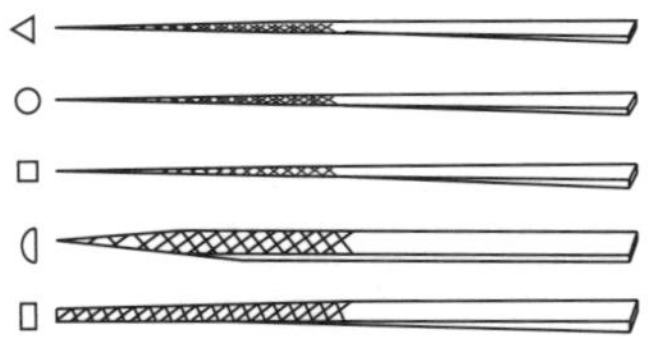	小物又は削りしろの少ない細部の手仕上げに用いる。	各種の断面をもち，5本，8本，10本，12本組がある。
16	やすりブラシ 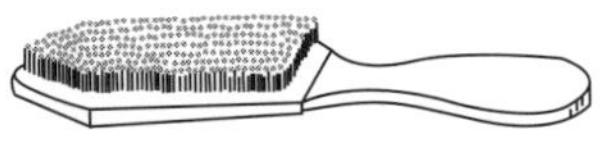	やすり目に詰まった切粉を取り除くときに用いる。	真ちゅうワイヤを植え込んだものもある。やすり目に沿って切粉を払う。
17	ささばきさげ 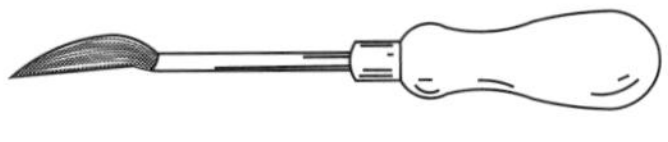	軸受メタルなどのような円筒の内面仕上げに用いる。	笹の葉に似ているのでこの名がある。刃先角度 θ は $90°\sim100°$ が一般的である。 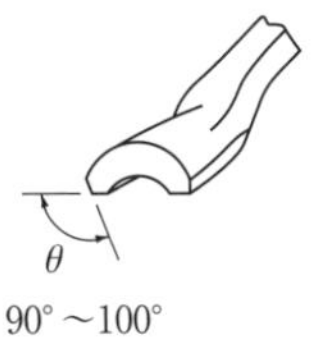 θ $90°\sim100°$

番号	名　称	用　途	関　連　知　識
18	平きさげ 	工作機械，又はやすりで削られた平面を，手仕上げ作業で少量ずつ削り取り，精度の高い平面に仕上げるときに用いる。	刃先角度 θ は，工作物の材質によって変える。 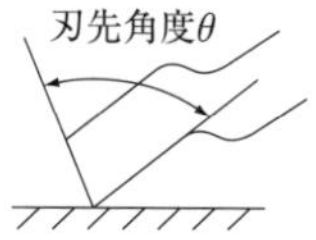 刃先角度θ | 刃先角度 θ	被加工材質
---	---
90°〜 95°	鋼
90°〜100°	鋳鉄
75°〜 90°	銅
95°〜120°	黄銅
108°〜120°	アルミニウム	
19	ハンドリーマ	手回しで穴を仕上げるのに用いる。	手回しのため，シャンクはストレートで，頭部はハンドル操作ができるように四角になっている。 　シャンクの径は 0.02〜0.05mm ほど小さく作られている。 　また食い付き部には，僅かなテーパが付けられている。
20	手回しタップ（ハンドタップ） （a）先タップ （b）中タップ （c）上げタップ	シャンクの四角部にハンドルを付けて，主に手作業によってめねじを立てるのに用いる。	手回しタップは 3 本 1 組で用いる。先タップは 1 番タップ，中タップは 2 番タップ，上げタップは 3 番タップともいう。 　食い付き部は 1 番が 9 山，2 番が 5 山，3 番が 1.5 山ほどのチャンファを付けて，食い付きやすくしてある。
21	タップハンドル	手回しタップやハンドリーマを回すのに用いる。	タップやリーマの大きさに合ったものを選んで使う。
22	ダイス	丸棒，管等の外周におねじを立てるのに用いる。	調節ねじは，ねじ込むとダイスが開き，おねじは太くなる。 　サイズの表示してある面が表面で，食い付きやすくなっている。
23	ダイスハンドル	ダイスを回すのに用いる。	ダイスの大きさに合ったものを選んで使う。

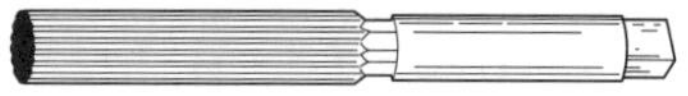

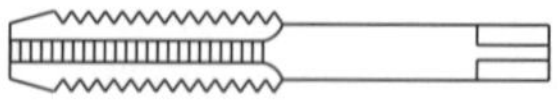

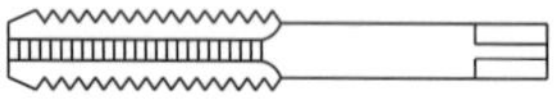

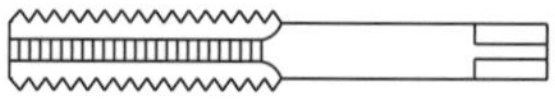

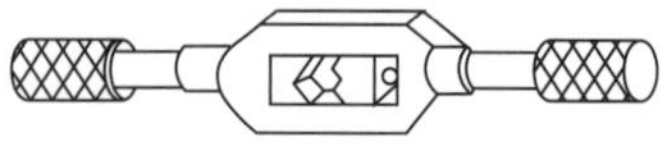

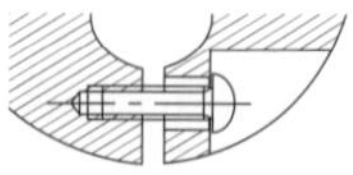

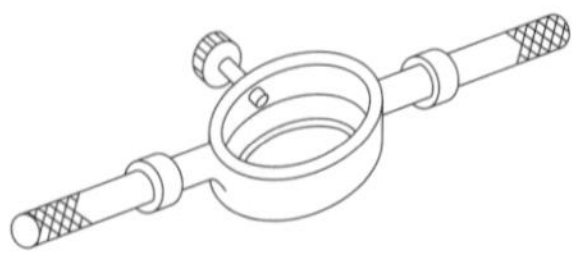

1.3 切削加工用工具（関連工具を含む）

番号	名　　　　　称	用　　　　途	関　連　知　識
1	ドリル （a）テーパシャンクドリル （b）ストレートシャンクドリル （c）センタ穴ドリル	主軸テーパ穴に直接はめ込むか，スリーブやソケットを介してはめ込んで用いる。MT はモールステーパを意味する。 ストレートシャンクドリルは，ドリルチャックにくわえて，直径13mm 以下の穴あけに用いる。 センタ穴ドリルは，工作物にセンタ穴をもみ付けるときに用いる。	一般に使用されるドリルの刃先角度は，次のとおりである。 センタ穴ドリルの大きさは，先端に付いている平行なドリルの径で呼ばれる。
2	マシンリーマ	旋盤，ボール盤などに取り付けて，穴を仕上げるのに用いる。	削りしろは，0.1〜0.5mm 程度とする。 呼び寸法は 6 〜85mm まで各種がある。
3	マシンタップ （a）ポイントタップ （b）スパイラルタップ	フライス盤，ボール盤などに取り付けて，めねじを立てるのに用いる。	柄や刃部が長く，先端がテーパになっていて，一本だけでねじを仕上げられるようになっている。
4	ドリルチャック	ボール盤，旋盤，電気ドリルなどの主軸に取り付け，主としてストレートシャンクドリルの保持具として用いる。	旋盤作業のときは，心押台に取り付けて用いる。
5	スリーブ	工作機械の主軸テーパ穴と，工具のテーパ柄の大きさが合わないときの補助具として用いる。	モールステーパは MT 1 〜MT 5 までである。
6	ソケット	工作機械の主軸の長さが不足したとき，及び工具の交換が頻繁に行われるときに用いる。	
7	ドリフト	ボール盤の主軸や，スリーブ及びソケットに差し込まれたドリルなどの工具を抜くときに用いる。	

刃先角度に関する表（「1 ドリル」の関連知識内）:

刃先角度	被削材
90°	アルミニウム
100°	鋳鉄
118°	鋼材（一般）
130°〜140°	高硬度材

番号	名　称	用　途	関　連　知　識
8	バイト 　付刃工具（ろう付け工具） （a）真剣バイト （b）片刃バイト （c）ヘール仕上げバイト （d）突切りバイト （e）ねじ切りバイト （f）穴ぐりバイト 刃先交換工具（スローアウェイ工具） （g）外径加工バイト （h）外径溝入れバイト （i）外径ねじ切りバイト （j）内径加工バイト （k）内径溝入れバイト （l）内径ねじ切りバイト	バイトは，旋盤，形削り盤，平削り盤などの工作機械の切削工具として用いる。 　真剣バイトは，主として外径の荒削りに用いる場合が多い（a）。 　片刃バイトは，主として端面の仕上げ削りや，段付け部の切削をするときに用いる（b）。 　ヘール仕上げバイトは，主として外径を良好な面に仕上げるときに用いる（c）。 　突切りバイトは，主として幅の狭い溝切り，及び丸棒，管などを切断するときに用いる（d）。 　ねじ切りバイトは，おねじ切りをするときに用いる（e）。 　穴ぐりバイトは，主として円筒の内面切削に用いる（f）。 　外径加工バイトは，主として外径や端面の加工に用いる（g）。 　外径溝入れバイトは，主として外径の溝加工や切断をするときに用いる（h）。 　外径ねじ切りバイト，おねじ切りをするときに用いる（i）。 　内径加工バイトは，主として内径や端面の加工に用いる（j）。 　内径溝入れバイトは，主として内径の溝加工をするときに用いる（k）。 　内径ねじ切りバイト，めねじ切りをするときに用いる（l）。	バイトの刃物用材料としては，高速度鋼（高速度工具鋼），超硬合金，セラミックなどが多く用いられている。 バイトの刃先形状 （下表参照） 　超硬バイトは，高速度鋼バイトに比べて強力な高速切削ができる。 　超硬バイトは，合金の使用材質により， 　鋼（分類番号P：青） 　ステンレス鋼（分類番号M：黄） 　鋳鉄（分類番号K：赤） 　非鉄金属（分類番号N：緑） 　耐熱合金・チタン（分類番号S：茶） 　高硬度材料（分類番号H：灰） の6種類に分けられる。 　超硬チップの取り付け方法により，付刃工具（ろう付け工具）と刃先交換工具（スローアウェイ工具）とに分けられる。 超硬ろう付けバイト 超硬スローアウェイバイト

バイトの刃先形状

形　状	形　状
斜剣バイト31・32形	すみバイト37・38形
片刃バイト33・34形	先丸剣バイト39・40形
真剣バイト35形	向かいバイト41・42形
先丸剣バイト36形	突切りバイト43形

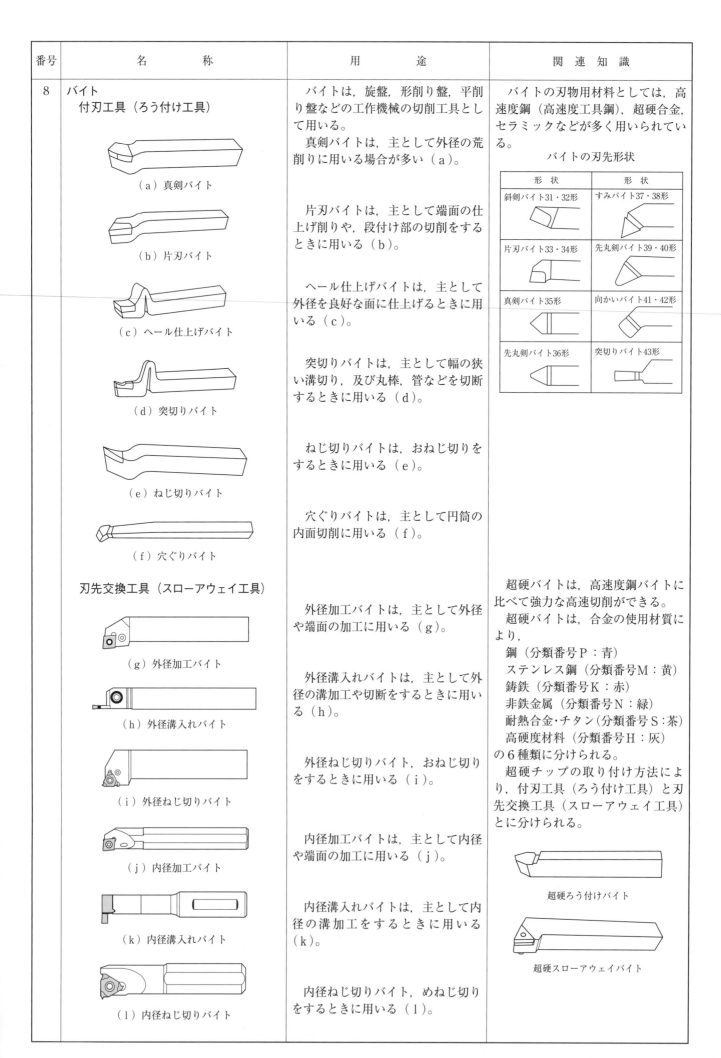

番号	名称	用途	関連知識
9	フライス ボアタイプフライス 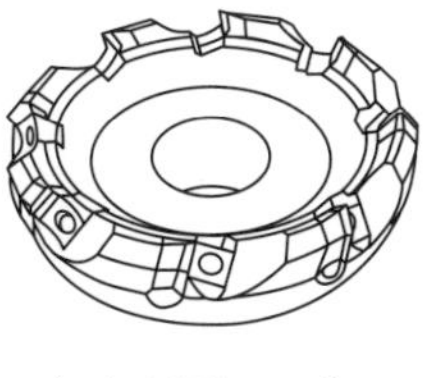 （a）正面フライス	フライス盤の主軸に取り付けて，工作物の切削加工に用いる刃物である。 　正面フライスは，広い平面の切削加工に用いる。	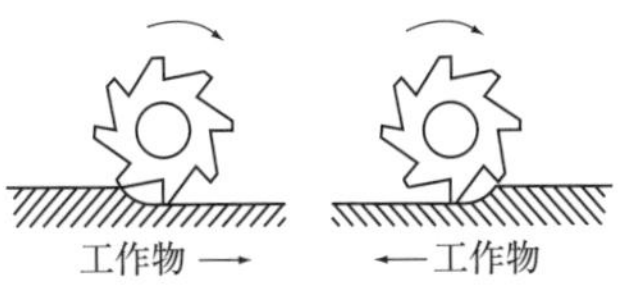 （a）　　　　　（b） 　フライスによる切削方法には，上向き削りと下向き削りがあり，（a）を上向き削り，（b）を下向き削りという。 　（b）は工作物がフライスに引き込まれがちなので，送り装置，締め付けなどに緩みのない状態で用いる。（a）と比較し，仕上げ面が奇麗に仕上がる。
	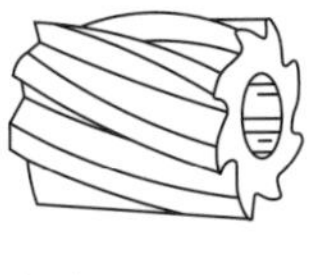 （b）平フライス	平フライスは，平面の切削加工に用いる。	
	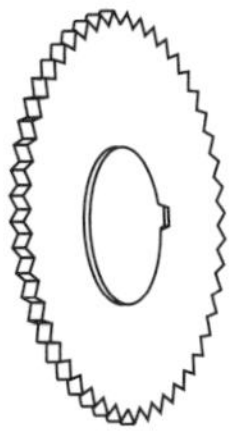 （c）メタルソー	メタルソーは，工作物の切断，又は狭い溝の切削加工に用いる。	外径が 20〜315mm，幅は 0.2〜6mm である。
	シャンクタイプフライス 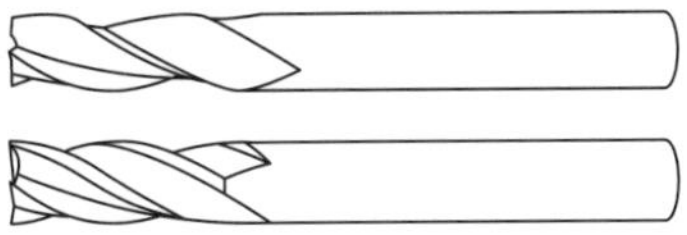 （d）エンドミル	エンドミルは，溝又は外周の切削加工に用いる。	図の上側は 2 枚刃，下側は多刃である。
	 （e）ラフィングエンドミル	ラフィングエンドミルは，波形の外周刃をもち，溝又は外周の荒加工に用いる。	外周刃が波形のため，切りくずが分断され切削抵抗が減少される。
	 （f）ボールエンドミル	ボールエンドミルは，球状の底刃をもち，曲面の切削加工に用いる。	
	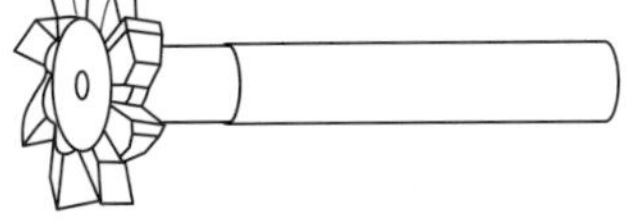 （g）T溝フライス	T溝フライスは，T形の溝部の切削加工に用いる。	呼び寸法は，5〜54mm まである。
	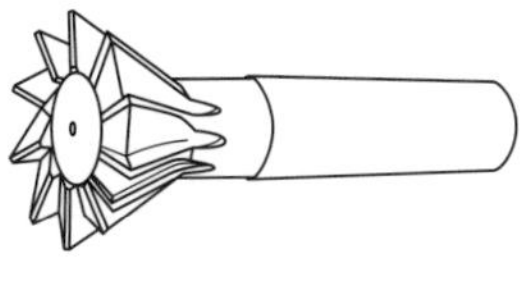 （h）あり溝フライス	あり溝フライスは，主軸に対して傾斜のある溝（あり溝）の切削加工に用いる。	角度は 60°や 45°のものがある。

番号	名　　称	用　　途	関　連　知　識
10	ミーリングチャック及びクイックチェンジアダプタ 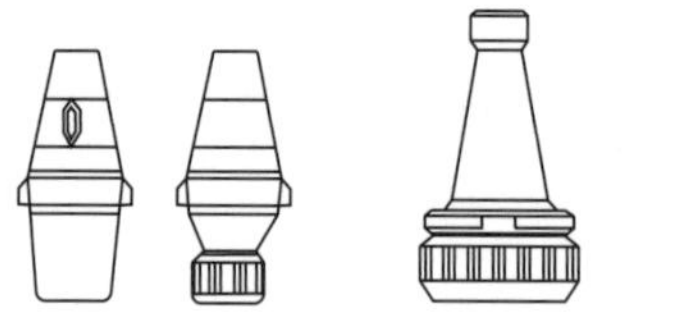 ミーリングチャック　　クイックチェンジアダプタ マシニングセンタ用ミーリングチャック 	ミーリングチャックは，ストレートシャンクを有する加工工具（エンドミル，リーマ，ドリルなど）を保持するチャックである。 　クイックチェンジアダプタは，ミーリングチャックなどを簡単な操作で素早く取り付け，取り外しができる着脱機構をもつアダプタである。	
11	平形といし  カップ形といし 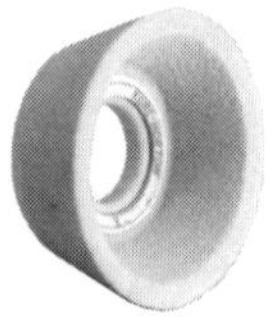	研削盤に取り付けて，バイトやカッタでは加工できない焼入れ鋼や超硬合金のような硬度の高い材料を，高精度に加工するのに用いる。	加工物の材質，形状及び所要の表面粗さなどにより，といしの形状や種類を決定する。

番号	名　称	用　途	関 連 知 識
1	四つづめ単動チャック	主として普通旋盤の主軸に取り付けて，工作物を固定するために使用する。工作物が複雑な形状の固定，偏心作業に適している。	各つめが単動で動く。主軸への取り付けは，テーパフランジ式が標準となっている。工作物が強力に取り付けられるため，重切削が可能である。 出所：小林鉄工（株）
2	スクロールチャック	主として普通旋盤，タレット旋盤等に広く使用され，丸材，六角材の取り付けに便利である。	つめが連動で心が正確に出るため，自動機械，NC 機械等で使用する油圧チャック，空圧チャックにも使用されている。三つづめ連動チャックともいう。 出所：小林鉄工（株）
3	マグネットチャック （a）角　形　（b）丸　形	主として平面研削盤で使用され，磁石の吸引力を利用してチャック面に磁性体の加工物を吸着させて，高精度な平面加工を行う。	マグネットチャックには永磁方式，電磁方式，永電磁方式がある。形状は角形と丸形があり，用途に合わせて使用する。 出所：カネテック（株）
4	マシンバイス（工作機械用万力）	主としてフライス盤に使われる。直角度，平行度等が高精度にできているため，比較的小型で形があまり複雑でない工作物を固定し，フライス加工するのに用いられる。	底面には直交した溝があり，キーがはめ込んである。また，旋回座付きのものは，自由な角度に旋回させて使うことができる。強く締めるためにハンドルをたたいてはいけない。
5	センタ （a）標準形センタ （b）回転センタ （c）かさ形回転センタ	主として旋盤のセンタ作業で使用する。細くて長い工作物や，重量物のチャック取り付け側と反対面の中心を支持し，加工精度の維持，安全性の向上に必要となる。	機械取り付け側はモールステーパになっている。加工物を支持する側は，普通は角度が60°だが，重量の大きな加工物に対しては75°又は90°のものが用いられる。
6	締　金	フライス盤作業などで加工物をテーブルに取り付ける場合に，テーブルのT溝などを利用して固定するのに用いる。	豆ジャッキ，段付き台などを使用し，できるだけ加工物の近くで締め付けると安定する。

1.5 作業工具

番号	名　称	用　途	関　連　知　識
1	片手ハンマ 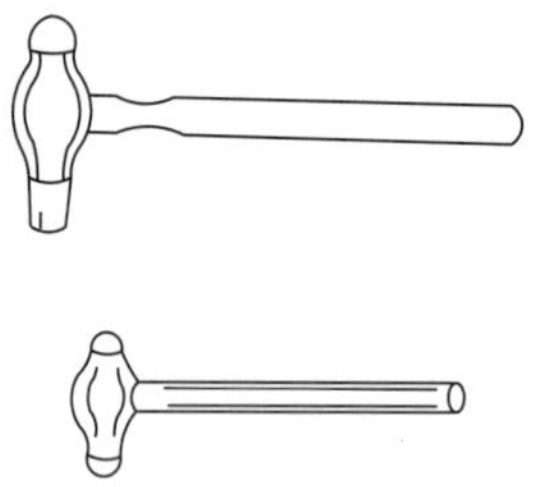	はつり作業，ポンチ打ち等打撃をするときに広く用いられる。打撃面は少し中高であり，ペン先（半球状部）は，かしめ作業などに用いる。	大きさは頭部の質量で表され，1は1ポンドからきており，約450gある。けがきには1/2（半ポンド＝約225g）が使われる。
2	プラスチックハンマ 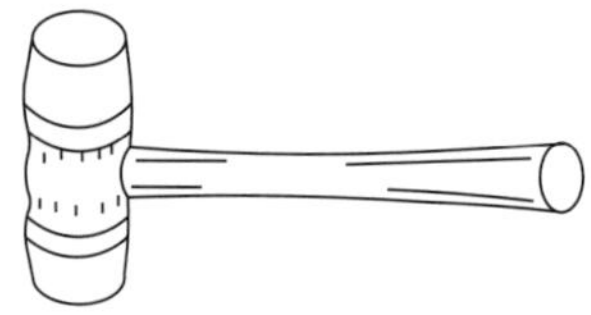	工作物の取り付け，心出し，組み立てなどで，工作物に打撃跡を付けないようにするために用いる。	打撃部のプラスチックが割れたりして傷んだときは，頭部のプラスチックだけ交換できる。
3	木ハンマ 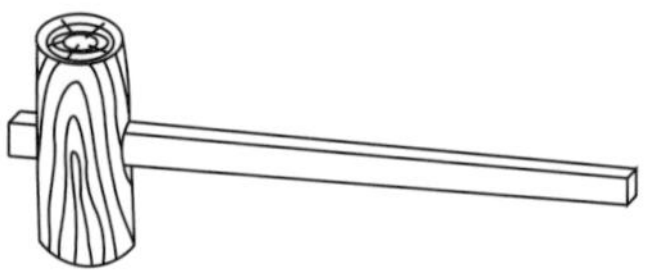	工作物の取り付け，又は組み立てなどで，仕上げ面に打撃跡を付けないようにするために用いる。	でんがくともいう。ほかにゴム，銅，鉛ハンマ等がある。
4	ペンチ 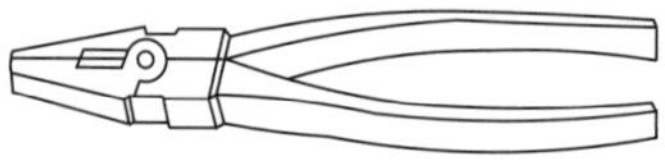	主として銅線・鉄線の曲げ及び切断に用いる。	切断できる電線の太さは，おおむね150mm のペンチで φ2.15 以下，170mm で φ2.75 以下，200mm で φ3.4 以下とされている。
5	プライヤ 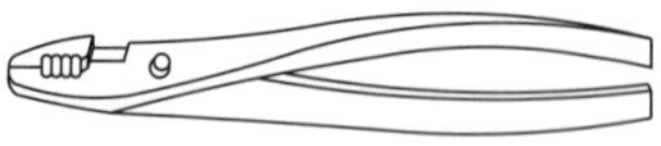	ねじ部品の軽い締め付け，取り外しなどに用いる。	つかむものの大小に応じて，口の開きを変えることができる。口の奥に線材を切断する刃部がある。
6	ドライバ（ねじ回し） 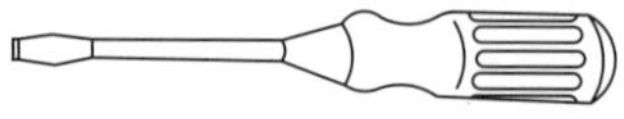 （a）平ドライバ（マイナスドライバ） 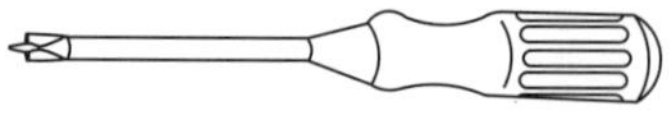 （b）十字ドライバ（プラスドライバ）	主として小ねじ・木ねじ・タッピンねじの取り付け，又は取り外しに用いる。ねじ頭が十字穴の場合は，十字のものを使う。 十字ドライバ（プラスドライバ）は，大きさを番号で呼び，1番から4番まである（JIS B 4633:1998「十字ねじ回し」参照）。	形状及び呼び寸法 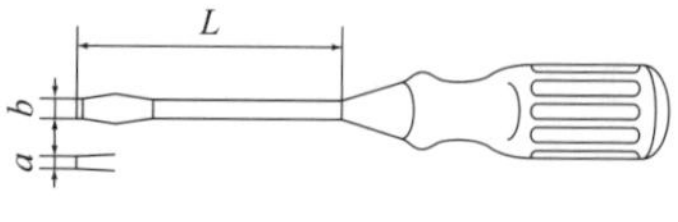 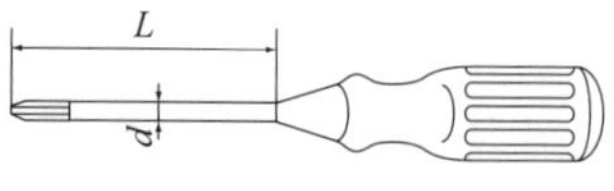 *L*　：呼び *a*　：呼び厚さ *b*　：呼び幅 *d*　：呼び本体直径

番号	名　　　称	用　　途	関　連　知　識
7	スパナ （a）両口スパナ （b）片口スパナ （c）モンキレンチ （d）六角棒スパナ （e）ソケットレンチ （f）パイプレンチ	両口及び片口スパナは，ボルト，ナットの大きさに合った口幅のものを用い，ボルト，ナットの締め付け，又は取り外しに用いる。 モンキレンチは，口幅を調整し，ボルト，ナットの締め付け，取り外しに用いる。 六角棒スパナは，六角穴付きボルトの締め付け，取り外しに用いる。 ソケットレンチは，スパナの入らない狭い場所などのボルト，ナットの締め付け，取り外しに用いる。 パイプレンチは，管や丸棒の外周を挟んで，強力に回すのに用いる。	材料は軟鋼又は硬鋼で，口幅が一定のものと，口幅の調整のできるものがある。 　口幅一定のものは口幅寸法で，調整のできるモンキレンチやパイプレンチなどは，全長で大きさを表す。 アジャスタブルレンチともいう。 0.7〜46mm まである。 強力級と普通級の2等級がある。

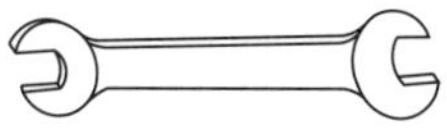

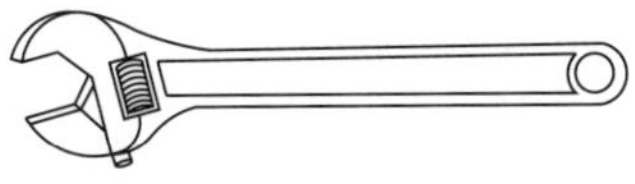

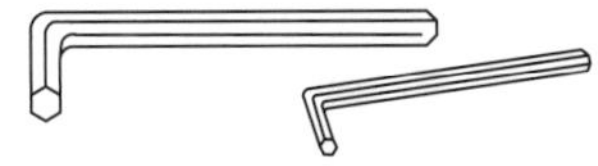

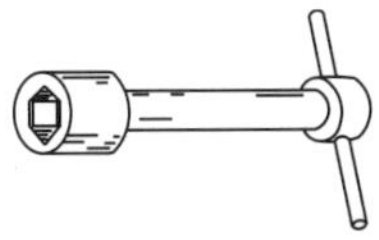

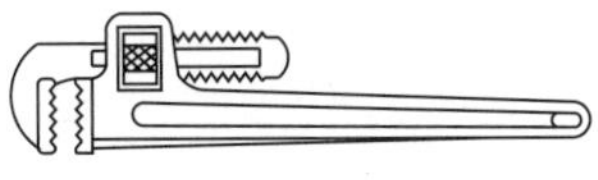

			番号	No. 2. 1－1
作業名		機械作業の安全心得	主眼点	

番号	作業順序	要　　点	図　　解
1	服装について	作業時における乱れた服装は「失敗」や「ケガ」の原因ともなるので，正しいものを着用する（図1）。 1．機械に巻き込まれないように，ボタンをはめるなど，正しい身なりの服装をする。 2．作業には，安全靴を使用する。 3．作業をする際には，作業帽を着用し，作業によってはヘルメットの着用，マスク及び保護めがねなどの保護具の使用を徹底する。 4．機械作業では，巻き込まれなどの危険があるので，手袋は使用しない。	 図1　正しい服装
2	整理・整頓・清掃・清潔の徹底	整理・整頓・清掃・清潔は安全の第一歩であり，作業に取り組む「人」の基本的習慣とする必要がある（図2～図4）。 1．散らかさない。散らかしたら片付け，そして定められた場所に物を置く（図2）。 2．整然とした物の置き方，積み方をして，少しの接触や振動でも荷崩れしないようにする。 3．安全通路を必ず確保する。 4．大きな物は下に，小さな物は上に，また重い物は下に，軽い物は上に積む。 5．常に清掃・清潔に努める（図3，図4）。 6．その他，安全を確保するのに必要な環境の改善に努める。 7．清掃する場合は，機械のスイッチを切る。	 ・整理 　必要な物と不要な物を区別し，不要な物を処分すること。 ・整頓 　必要な物が誰にでもすぐに取り出せる状態にしておくこと。探すムダをなくす。 図2　整理・整頓 掃除も仕事のうちである！！ 図3　清掃の徹底
3	切りくずについて	切りくずの取り扱いは安易に考えられがちであるが，切りくずによる災害は少なくない。切りくずの処理方法について徹底しておくことが大切である。 1．切粉や切りくずは，刃物のように鋭利なので，素手ではなく，はけやくず取り棒などで処理する。 2．切りくずが長くなると，工作物に巻き付きやすくなり，加工面を傷付けたり，作業者にも危険となるので，短いうちに処理する。 3．床の上に散乱した切粉や切りくずは，足の裏に刺さったり，つまずきや滑りの原因となるので，作業の区切りごとに掃除する。 4．切粉が飛散する作業（切削，研削，グラインダ作業等）では，適切なカバーを取り付けるとともに，保護めがねを着用する。	 図4　危険な床上の油

作業名	機械作業の安全心得	主眼点	

番号	作業順序	要　　　点	図　　解
4	正しい作業手順	災害や失敗は作業の「慣れ」により起きやすく，「うっかりミス」によるものが多いので，安全な作業手順を守るようにする。 1．作業内容を正しく理解するように努める。分かりにくい点については，質問などによりその内容をよく理解するようにする。 2．作業中は，作業手順の確認を行う（図5）。	図5　作業手順は十分な打合わせを
5	工作物の取り付け・取り外し	機械への工作物や工具の取り付けを確実に行う。 1．工作機械への工作物の取り付け・取り外し作業では，手や指を挟んだり，刃物に接触してケガをしやすいので，十分に注意する。 2．重い工作物の機械への取り付け・取り外し作業は，無理に一人で行わず，複数で行うか，クレーンを利用する。 3．複数で工作物の取り付け・取り外しを行う場合は，指揮者を決め，合図を実施して行う（図6）。	合図をしないと！ 図6　複数での作業は合図が必要
6	機械の運転	機械の性能・特性及び状態をよく知り，正しい取り扱い手順に基づいて操作する。 1．運転する機械周辺の不必要な工具類を取り除き，足場を安全にして行う。 2．作業を始める前に，機械の予備運転をし，工具類の取り付けなどの安全確認を行う。 3．機械運転中は，作業に専念し，機械周辺から離れない。 4．機械を運転するときは，まず電源スイッチを入れた後，手元スイッチを入れる。また停止するときは，手元スイッチを切ってから，電源スイッチを切る。 5．機械の音や振動及び熱等に注意し，異常があった場合は直ちに機械を停止し，必要な措置をとる。 6．複数で共同作業をする場合は，声を掛け合い，お互いの安全を確認しながら行う。 7．機械の点検や修理・掃除をするときは，手元スイッチを切った後，ほかの作業者に分かるように，表示札などを掛けてから行う。 8．その他，機械のそれぞれに必要な安全心得があるので，それらの指示に従い，正しい作業を行う習慣を身に付ける。	

作業名		工作機械の取り扱い安全心得		主眼点	
番号	作業順序	要　　点		図　　解	
1	旋盤作業について	1．機械に巻き込まれないように，決められた正しい作業服を着用する。 2．作業時には，必ず保護めがねを着用する（図1）。 3．チャックや面板の取り付け・取り外し作業の場合には，万一それらを落としてもケガや機械の損傷がないよう，あらかじめベッド上に板等を敷いておく。 4．やむを得ずチャックのつめを張り出して作業する場合は，手でスピンドルを回し，ベッドや刃物台につめが接触しないことを確認してから運転を行う。 5．心押台のスピンドルを，必要以上に長く突き出さないようにする。 6．チャックに，ハンドルを放置せず，使用後は必ず取り外す。 7．工具・工作物の取り付け・取り外し作業や，工作物の測定作業は，機械を停止し，主軸高速低速切り替えレバーの中立やブレーキの使用などの安全対策をしてから行う。 8．回転中の機械や工作物を手で触ったり，布などで拭いたりしない。特に表面の粗い工作物は，布を巻き込んだり，指先を切ったりする危険がある。 9．刃物や工作物に切りくずが巻き付いた場合は，機械を停止し，くず取り棒やはけなどの適当な道具を用いて処理する。 10．ベッドの上には，工具類や素材などの物を置かないように心掛ける。 11．バイトの突き出しをできるだけ短くして，刃物台に確実に取り付ける。 12．細くて長い素材の加工に際しては，切削条件の選定とともに，振れ止めなどの特別な配慮が必要である。 13．切りくずや切粉が飛散し，周りの作業者に危険が予測される場合は，安全囲いや柵を置く。 14．ドリルでの穴あけ作業後は，心押台からドリル及びドリルチャックを取り外す。		 図1　保護めがねの着用	
2	フライス盤作業について	1．工作物の取り付け・取り外し，またその測定作業は，機械を停止してから行う。 2．刃物が回転している間は，ウエスや手で工作物面を拭いたり，切りくずを払ったりしてはいけない（図2）。 3．刃物の回転方向を考え，危険のない作業位置をとる。 4．刃物の特性を考え，無理のない加工を心掛ける。 5．長いアーバーを用いる場合，必ずサポートを取り付けて作業する。やむを得ずサポートなしで作業する場合は，低速回転で行う。 6．主軸や送りの変速は，回転を止めて確実に行う。 7．工作物をバイスに挟むときは，口金のほぼ中央で締め付ける。 8．切削油をはけで塗布する場合，食い込み方向から行わない。 9．工作物をできるだけ深くつかみ，必要以上バイスの口金より出さないようにして作業をする。 10．作業時には，必ず保護めがねを着用する（図2）。 11．主軸へのミーリングチャックの取り付けは，最低回転速度にし，手元スイッチを切ってから作業する。		 図2　安全作業の徹底	

作業名		工作機械の取り扱い安全心得		主眼点	

番号	作業順序	要　　点	図　　解
2		12．切粉が飛散し，周りの作業者に危険が及ぶことが予測される場合は，安全囲いや柵を置く。 13．自動送りをかけたままにしない。特に上下軸は，材料と工具が衝突して非常に危険である。 14．加工後は，かえり（ばり）が出るので，材料を取り外すときは注意する。	 保護めがねの着用 手袋は使用しない 回り止めの実施 図3　安全作業の徹底
3	ボール盤作業について	1．振り回されないように，固定したテーブルに工作物を確実に取り付ける。 2．工作物が振り回される危険が高いのは，穴が貫通するとき，ドリルを戻すとき，深穴加工において切りくずが詰まったとき，切れ味の悪いドリルを使用したときなどである。 3．工作物が振り回された場合は無理に手で押さえたりせず，直ちに機械を止めて，適切な処置をとる。 4．巻き込みの原因となるので，作業時には手袋を使用しない（図3）。 5．薄板の穴あけ作業では木材などを下に敷き，工作物を確実に取り付けて行う。 6．ドリル作業では切りくずの飛散があるので，周囲の状況により危険を及ぼすおそれがある場合は，防護用の囲いや柵を置き，周囲の掃除をよくする。 7．ドリル作業等をするときは，必ず回り止めを実施して作業を行う（図3）。	
4	研削盤作業について	1．といし回転のスイッチを入れる場合は，といし回転方向の機械の正面には立たない。 2．といし回転のスイッチを入れた後，1～2分間は空回転し，といしの安全などを確認する。 3．小物や背の高いものなど，不安定な工作物の磁気チャックへの取り付け作業は，ブロック，バイス及びイケール等を使って，確実に行う。 4．適切な研削条件を設定し，決して無理な研削をしない。 5．乾式研削の際は，必ず保護めがねを着用する。 6．といしから十分に離れた安全な場所で工作物の取り付け，取り外し及び測定作業を行う。 7．使用後は，といしに吸収された研削液を完全に切るために，5分間程度，空転させる。 8．作業終了後はよく清掃し，テーブル面など必要箇所には適切な防せい処置をする。	
5	グラインダ作業について	1．といしは高速回転するので，遠心破壊を防止するため，バランスの狂いやといし表面の変形を必ず修正する。 2．始動後1～2分間は空運転を行い，安全を確認する。また，破壊の危険性があるので，といしの正面には立たない。 3．といしの側面を使った作業はしない。 4．といしとワークレスト間の距離は，3mm以内とする。 5．工作物を無理に押し付けるなど，無茶な研削をしない。	

番号	No. 2.2−3

作業名	工作機械の取り扱い安全心得	主眼点	

番号	作業順序	要　　　点	図　　　解
5		6．小さな工作物を加工する場合は，工作物が飛ばないように十分に注意する。 7．巻き込まれ等の危険があるので，工作物に布を巻いたり，手袋をして作業をしない。 8．作業に当たっては，といしカバーを使用し，保護めがねを必ず着用する（図4）。 9．回転停止後も，といしはしばらく惰性で回転しているので注意する。	 保護めがね といしカバー 図4　といしカバーと保護めがねを使用する
6	のこ盤作業について	1．不安定な工作物の取り付けは危険なので，バイスに挟むときは，遊びのないよう，確実に取り付ける。 2．多くの工作物をまとめたり，重ねたりする切断は不安定となるので，できる限り行わない。 3．作業には，工作物の形状や材質に適したのこ歯を用いる。 4．歯の張り具合が強すぎると折れやすく，緩いと切断面が曲がりやすくなるので，その調整を正しく行う。 5．切削油の飛散や漏れに注意し，適量の油を掛けるとともに，周辺を汚さないように注意する。	

備

考

作業帽　　　　　　　保護めがね

作業服

安全靴

参考図1　作業時の格好

3．測定及びけがき実習			番号	No. 3. 1
作業名	スケールによる測定	主眼点		スケールの取り扱い及び長さの測り方

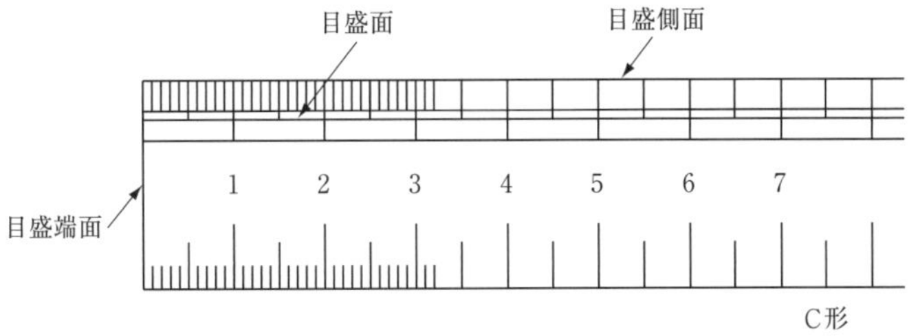

図1　スケール（鋼製直尺）

材料及び器工具など

工作物（測定用ピース）
スケール
定盤
Ｖブロック
ウエス（掃除用の布）

※測定具の掃除に使うウエスは，繊維が抜けたり，ほこりが出ないような布を使用する。

番号	作業順序	要　　　点	図　　解
1	準備する	1．スケール及び工作物をウエスで拭く。 　　定盤やＶブロックなど測定にかかわる工具類もウエスで拭き，ごみや切粉などの付着物を取り除く。 2．スケールの点検をする。 　　スケール全体の曲がりや傷，目盛端面に摩耗がないかを調べる（図2）。	 図2　スケールの摩耗
2	測定部にスケールを当てる	1．工作物の測定基準面をＶブロックなどの平らなものにあてがう（図3）。 　　工作物の基準面とスケールの目盛端面を正しく一致させるため，測定物の形状や，測定しやすさを考慮して測定の基準となる面をＶブロック，定盤などの平らな面に密着させる。 2．同様に，スケールの目盛端面をＶブロックなどにあてがい，スケールの目盛側面を測定部に密着させる。 　　スケールでの測定は，必ず目盛端面から測定し，目盛の途中から測らない（図4）。	 図3　正しい測定方法 図4　悪い測定方法
3	目盛を読む	目盛を読み取る。 　　目盛を読むときは，測定部の端面を見通して，視線がスケールの目盛面に垂直となる位置で読む（図5）。	
備 考		1．スケール目盛の線を拡大してみると，参考図1のようにl_1とl_2では差がある。したがって寸法を刻むときは，目盛端面を基準に寸法目盛線の中心に合わせる。 2．目盛端面やかどは傷が付きやすく，摩耗しやすいので，大切に取り扱い，曲げたり，さびさせないよう，また熱いものに近づけて変形させないように注意する。 3．光の加減で目盛が見にくいときは，チョークを目盛にすり込み，軽く拭き取るとはっきり見える。 4．スケールで測定するときは，必ず端面を基準に測る。途中から測ると誤差を生じやすい。 5．目盛の読み取りは，必ず目盛線の真上から正視する習慣を付ける。斜め方向から目盛を読むと，視差を生じる。	 参考図1 図5　正しい目盛の読み方

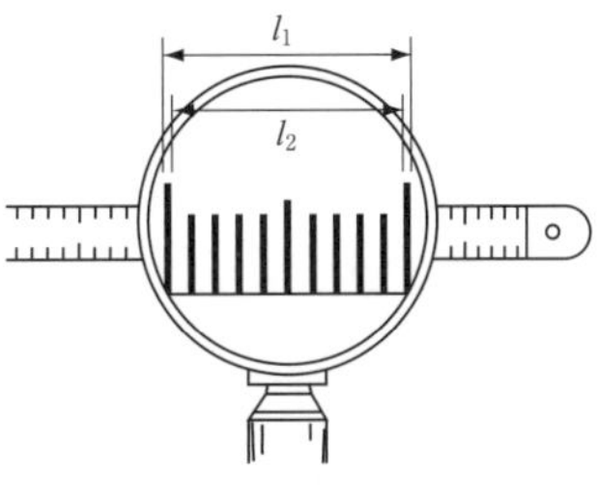

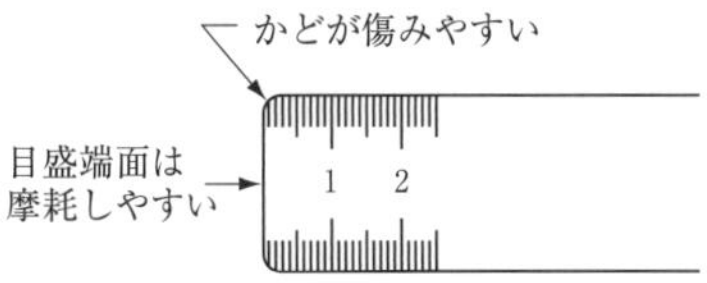

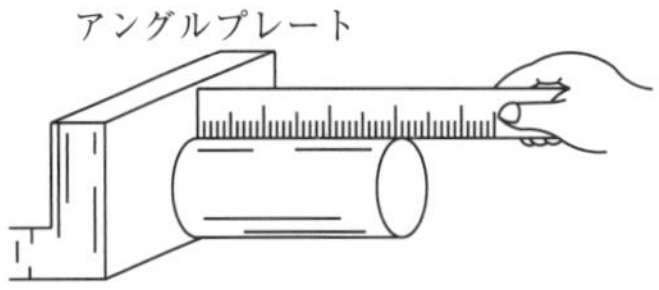

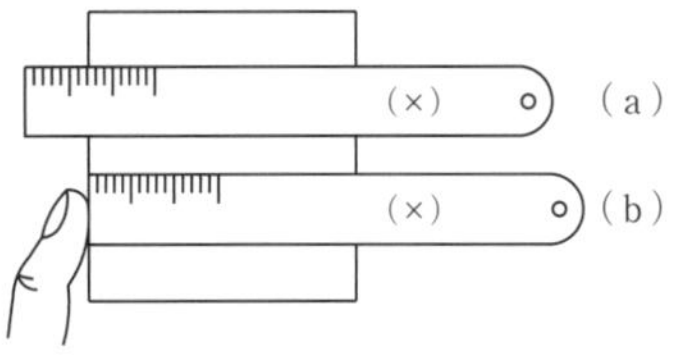

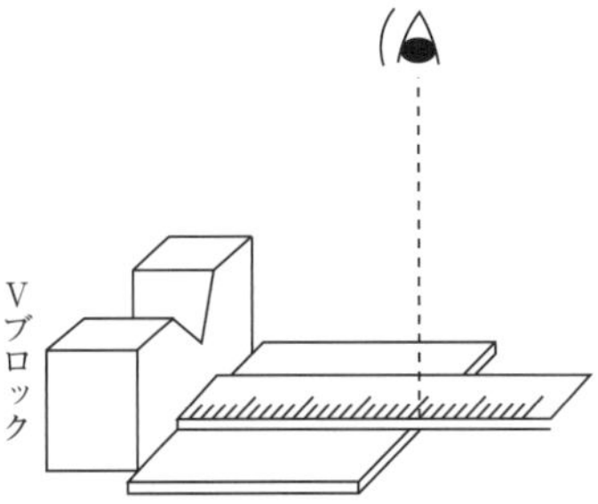

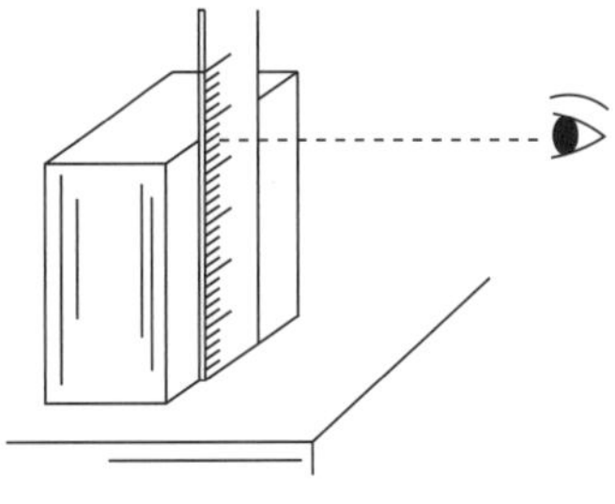

作業名	ノギスによる測定	主眼点	ノギスの取り扱い及び長さの測り方

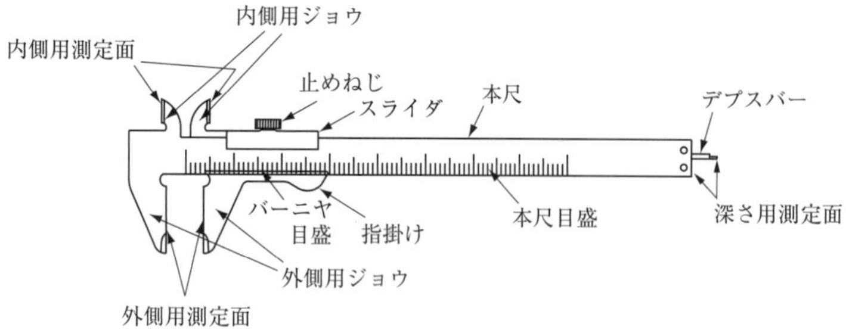

材料及び器工具など

工作物（測定用ピース）
ノギス
ウエス

図1　ノギス（M形）と各部の名称

番号	作業順序	要　点	図　解
1	ノギスを点検する	1．止めねじを緩め，スライダを動かして滑らかに動くか，デプスバーに曲がりがないか，外側用ジョウ，内側用ジョウの測定面に傷がないかなどを調べ，柔らかいウエスでよく拭く。 2．ジョウを閉じ，本尺目盛とバーニヤ（副尺）目盛の０点が正確に合っているかを調べる（図2）。 3．ジョウをしっかり閉じた状態で，外側用ジョウ，内側用ジョウを光に透かし，すきまを調べる（図2）。 　外側用ジョウはすきまから光が漏れず，内側用ジョウはすきまから僅かに光が見える程度が正しい。	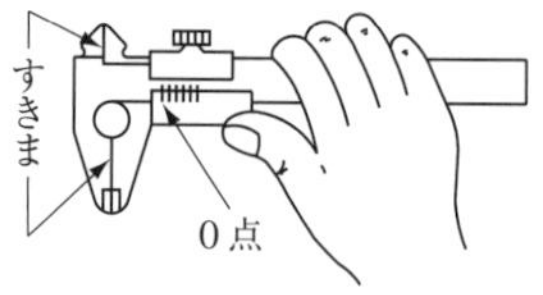 図2　ノギスの検査
2	工作物を挟む（外側の測定）	1．大物部品の測定は，左手で本尺のジョウを持ち，右手の親指を指掛けに掛け，スライダを工作物より少し広く開く。 2．本尺のジョウの測定面を工作物の一方に当て，次に，バーニヤのジョウを静かに押し進めて挟む（図3）。 （1）ジョウはできるだけ深く挟んで測定する。 （2）測定物を挟む力が大きすぎると，バーニヤにたわみが生じ，正確な測定ができない。 （3）ノギスと測定物が直角となるように注意する（図4）。 3．小物部品の測定は，工作物を左手に持ち，右手にノギスを持って，指掛け部を親指で動かして測定する（図5）。	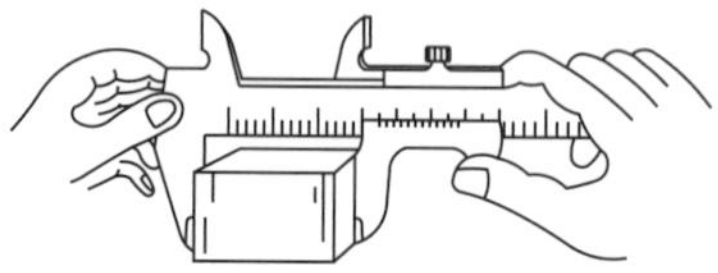 図3　大物部品の測定 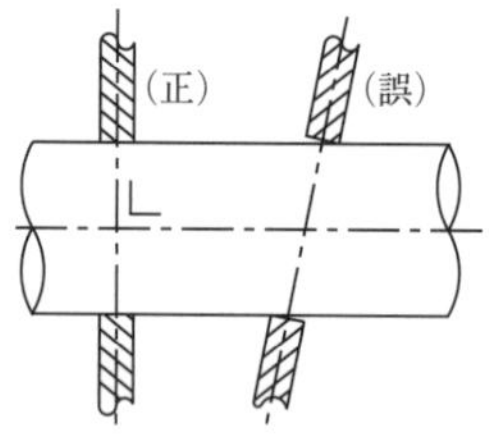 図4　工作物の挟み方
3	目盛を読む	1．ノギスを工作物に正しく挟んだ状態で，目の位置をバーニヤの０目盛の真上（垂直方向）となるようにする。 2．まず，バーニヤ目盛の０点が本尺目盛と合っている点をmm単位で読む。次に，本尺目盛とバーニヤ目盛が一直線に合致しているバーニヤ目盛から1mm以下の端数を読む（図6）。 　挟み直して数回読み，読み間違いのないことを確認する。 3．正しい姿勢で目盛を読むことができない場合は，工作物を正しく挟んだ状態で止めねじを締めてスライダを固定し，工作物から静かに外してから目盛を読む。	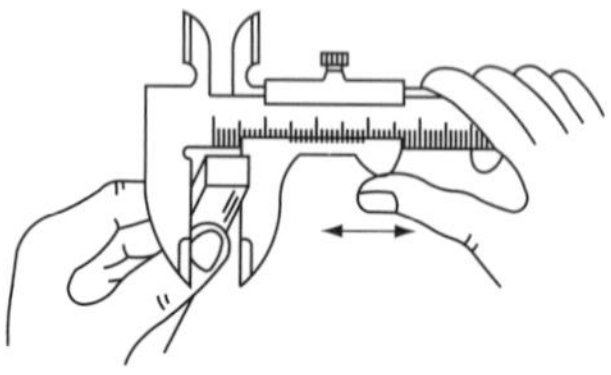 図5　小物部品の測定 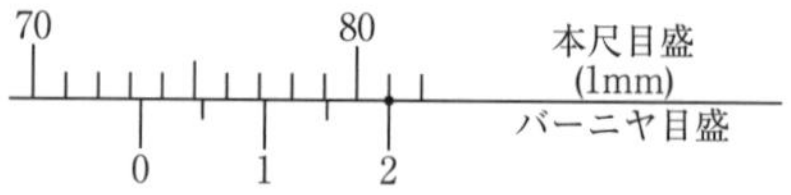 図6　目盛の読み方（例 73.2mm）

作業名		ノギスによる測定	主眼点	ノギスの取り扱い及び長さの測り方

番号	作業順序	要　　　　点	図　　解
4	内側を測定する	溝幅や穴径の測定など，内側の寸法を測定する場合は，内側用ジョウを利用して測定する（図7）。 　内側用ジョウが傾いたり，斜めになっていないかなどをよく確認して正しい姿勢で読み取る。	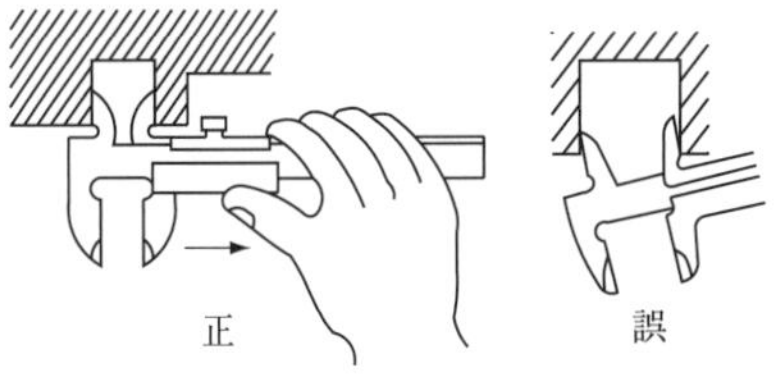 正　　　　誤 図7　内側用ジョウを用いた内側の測定法
5	深さを測定する	溝や穴の深さの測定は，デプスバーを利用して測る（図8）。 　デプスバーが傾いていないかをよく注意するとともに，静かにデプスバーを下ろす。力を入れすぎると，バーにたわみが生じたり，深さ用測定面が浮いてしまうなど，正確な測定ができない。	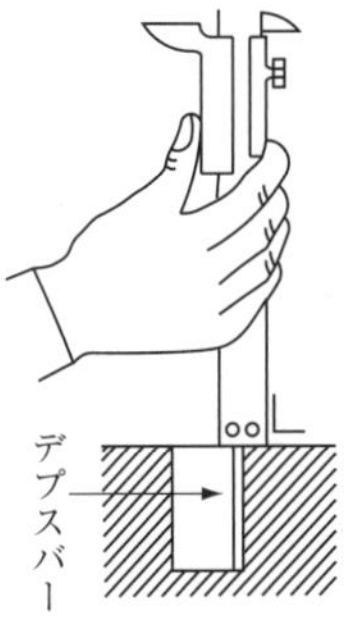 デ プ ス バ ー 図8　デプスバーを用いた深さの測定法

備考

1．回転中の工作物を測定しない。測定面の摩耗を早めると同時に危険である。
2．止めねじでスライダを固定したまま，無理に工作物を押し込んではいけない。
3．使用後は全体を清潔なウエスで拭いて保管する。

【参考】　副尺の原理
　　　　最小目盛 1/20mm のノギスでは，本尺の 19 目盛を副尺で 20 等分してある。両目盛の差は次式による。
　　　　　本尺の1目盛＝1mm

$$副尺の1目盛 = \frac{19}{20} mm$$

$$両尺の差 = 1 - \frac{19}{20} = \frac{1}{20} mm$$

| 作業名 | ハイトゲージによる測定 | 主眼点 | ハイトゲージの取り扱い及び高さの測り方 |

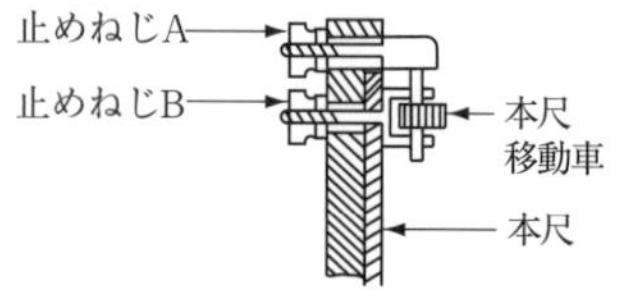

図1　本尺移動装置

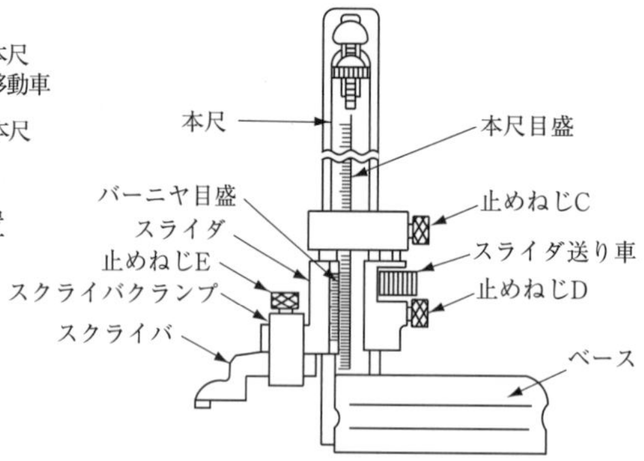

図2　ハイトゲージと各部の名称

材料及び器工具など

工作物（測定用ピース）
ハイトゲージ
ブロックゲージ
定盤
ウエス

番号	作業順序	要　　　点	図　　解
1	準備する	1．ハイトゲージ，定盤及び工作物をウエスで奇麗に拭く。 2．スクライバをスクライバクランプに固定する。 3．定盤上でハイトゲージのベースを握り，軽く定盤に押し付けるようにして2～3回滑らせてみる。	 図3　基準ゲージでの寸法照合
2	ハイトゲージの目盛を調整する	1．定盤上に適当な厚さ（20mm）のブロックゲージを置く。 【ブロックゲージの手入れの方法等】 （1）ガーゼにアルコールを浸し，付着しているさび止め油を拭き取る。 （2）定盤上に置くとき，密着（リンギング）の要領で定盤に軽くすり合わせ，吸い付いてくる感覚を知る。 （3）格納するときは，測定面を清浄にしてさび止め油を塗り，ケースの元の位置に収める。 2．止めねじC，Dを緩める。 3．スライダを静かに下げてスクライバの測定面をブロックゲージに触れさせる（図3）。 　スライダはブロックゲージ近くまで手で移動させ，止めねじCを締めてスライダ送り車を回しながら微動送りを与える。 4．止めねじDを締めて，スライダをブロックゲージの高さに固定する。 5．ハイトゲージの目盛が正しくブロックゲージの寸法を指示しているかを確かめる。 （1）大きく狂っているときは，本尺移動装置用の止めねじA，Bを緩め，バーニヤ目盛に合うように本尺目盛をブロックゲージの寸法に合わせる。 （2）本尺を大きく移動するときは，送りねじをつまんで上下に動かし，微調整は止めねじAを締めて本尺移動車を回す。 （3）本尺が正しい位置に調整されたら，止めねじBを締めて本尺を固定する。	図4　高さの測定
3	高さを測る	1．止めねじC，Dを緩める。 2．スライダを移動させてスクライバの測定面を静かに工作物に載せて密着させる（図4）。 　2項の3．と同様にする。 3．目盛を読み取る。 　正しい目の位置から本尺目盛とバーニヤ目盛で寸法を読む。	

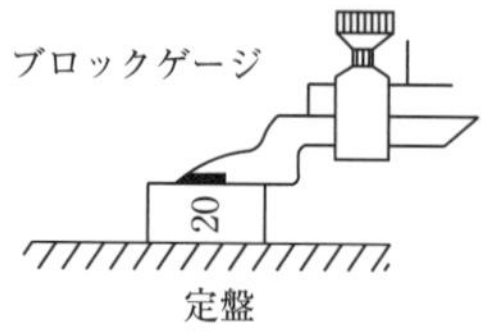

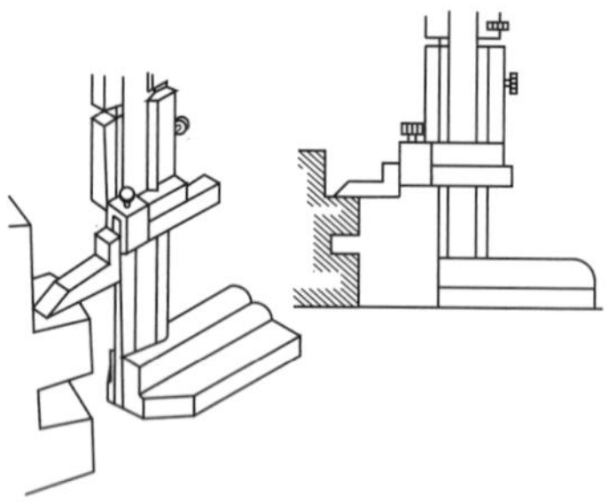

作業名	ハイトゲージによる測定	主眼点	ハイトゲージの取り扱い及び高さの測り方

1．スクライバの先端は超硬チップがろう付けされ，精密けがきにしばしば使用される。

2．ハイトゲージを用いて参考図1のように，中間の段差を基点として高さHを測るとき，又はけがくときには，本尺を移動して基点に端数の生じない目盛に調整してから行うと作業がしやすい。

3．溝の測定は参考図2のように行う。

4．けがきはできるだけ定盤の中央で行い，倒したり落としたりしないように注意する。

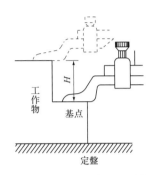

参考図1　段差の高さの測定

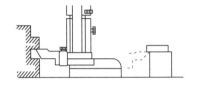

参考図2　溝の測定

備

考

1．スクライバの先端は超硬チップがろう付けされ，精密けがきにしばしば使用される。

2．ハイトゲージを用いて参考図1のように，中間の段差を基点として高さHを測るとき，又はけがくときには，本尺を移動して基点に端数の生じない目盛に調整してから行うと作業がしやすい。

作業名	外側マイクロメータによる測定	主眼点	外側マイクロメータの取り扱い及び測り方

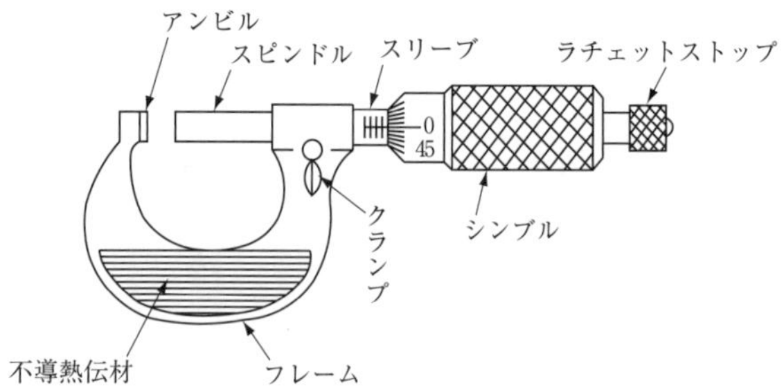

図1　外側マイクロメータと各部の名称

材料及び器工具など

工作物（測定用ピース）
外側マイクロメータ（0～25mm）
マイクロメータスタンド
ウエス

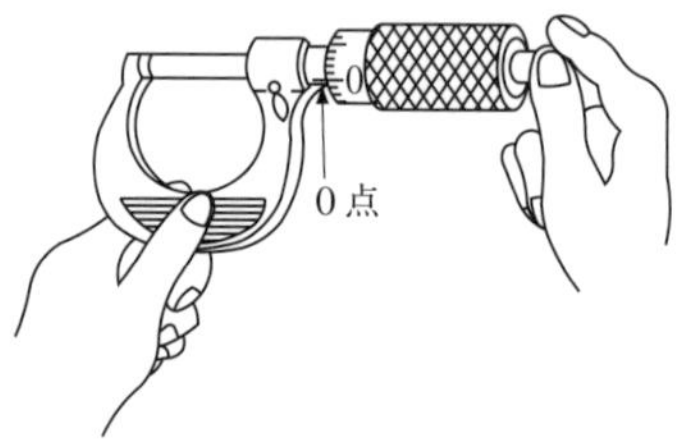

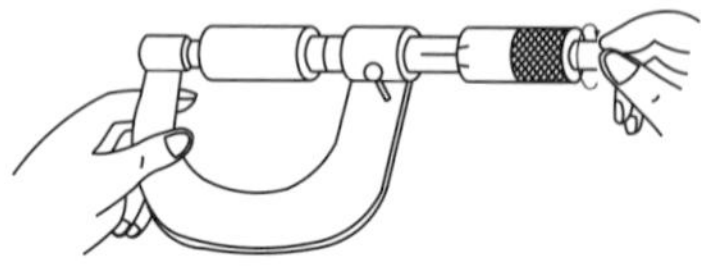

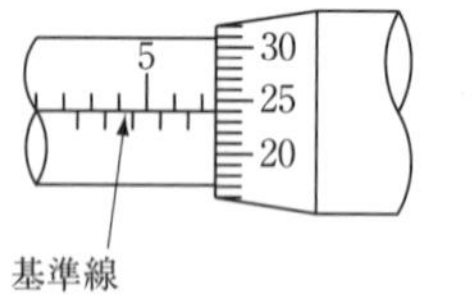

番号	作業順序	要　　点	図　　解
1	点検する	1．クランプを緩める。 2．全体をウエスで拭き，特に測定面にごみなどが付着していないようにする。 3．ラチェットストップをつまんで回し，スピンドルの回転具合を確かめる。 4．ラチェットストップが空回りするまで両測定面間を閉じ，0点を確かめる（図2）。 　　25～50mm 以上のマイクロメータでは，マスタゲージ，又はブロックゲージを両測定間に挟んで0点を確かめる（図3）。	 図2　0点合わせ
2	工作物を挟む	1．工作物を安定した状態に置く。 2．左手でフレームを持ち，右手でシンブルを回して，工作物よりやや大きめに開く。 　　大きく開閉するときは，フレームを持って，他方の手のひらでシンブルを転がすように回すと早い。 3．両測定面間に工作物を置き，左手親指と人指し指でラチェットストップを回して，工作物を挟む。 4．ラチェットストップが2～3回，空回りするまで締め付ける。 　　ラチェットストップの空回り状態によって測定圧が違い，測定値も違ってくる。	 図3　マスタゲージを使用した0点合わせ 図4　測定例
3	目盛を読む	1．工作物を挟んだままで目盛を読む（視差に注意する）。 2．目盛が読みにくい箇所の測定は，クランプによりスピンドルを固定してから，静かに工作物より外して目盛を読む。 3．シンブルの端面でスリーブ上の 0.5mm 単位の目盛を読む。次にシンブル円周上の 0.01mm 単位の目盛を，スリーブ上の基準線で読む。 （例）シンブルの端面による 　　　スリーブ上の読み　　＝7.0mm 　　　シンブル円周上の読み＝0.24mm 　　　測定値＝7.0mm＋0.24mm＝7.24mm（図4）	

| 作業名 | 外側マイクロメータによる測定 | 主眼点 | 外側マイクロメータの取り扱い及び測り方 |

1．格納するときは，必ずアンビルとスピンドルの測定面を，僅かに開いておく。

2．大量の測定では，手から伝わる熱の影響を防ぐため，マイクロメータスタンドに取り付ける（参考図１）。

3．マイクロメータの測定範囲は 25mm ごとにあり，工作物の長さに応じたマイクロメータを選ぶ必要がある。

4．０点の僅かな狂いの調整は，備品のかぎスパナを，参考図２のようにスリーブの穴に合わせて回し，修正する。
大きな違いは，スピンドルとシンブルの固定を外して修正し，固定した後で微調整する。

5．内側マイクロメータは，参考図３に示すように，50mm 未満にはキャリパ形，50mm 以上には棒形が用いられる。

6．参考図４のように，数字で直読できるカウント外側マイクロメータ（デジタルマイクロメータ）も用いられている。

備

考

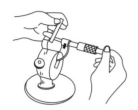

参考図１　マイクロメータスタンド

参考図２　０点の修正

（a）キャリパ形　　（b）棒　形

参考図３　キャリパ形，棒形の内側マイクロメータ

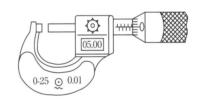

参考図４　カウント外側マイクロメータ

| 作業名 | デプスマイクロメータによる測定 | 主眼点 | デプスマイクロメータの取り扱い及び測り方 |

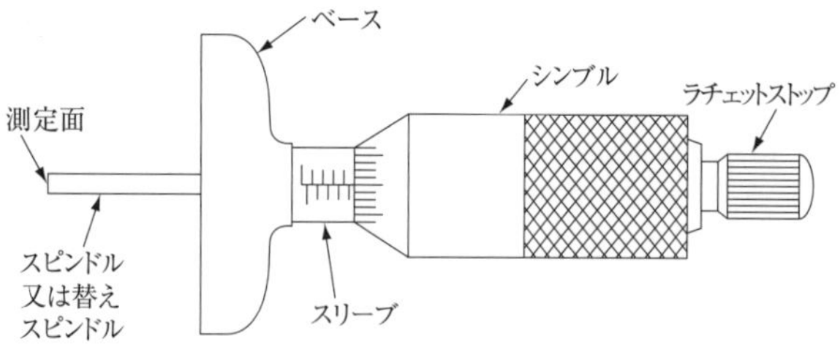

図1　デプスマイクロメータ

材料及び器工具など

工作物（測定用ピース）
デプスマイクロメータ
ブロックゲージ
ウエス

番号	作業順序	要　　点	図　　解
1	準備をする	1．替えスピンドル形のものでは，適切なスピンドルに取り替える。 2．測定面の汚れを拭き取る。	
2	使用上の注意	図2のように片方の手でベースを強く押さえ付け，もう片方の手でラチェットストップを軽く回す。 ※ベースを押さえる力が弱いと，ラチェットストップを回す力によりベースが浮き上がり，正しい測定ができない。	 図2　使用上の注意
3	測定要領	1．スピンドルの測定面と，ベース面を奇麗に拭き取り，2～3回ベース面よりスピンドルを出し入れする。 2．0点の確認は，次のように行う。 （1）定盤のように，完全な平面にベースをぴたりと合わせる。ラチェットストップを回して，スピンドルの測定面を定盤の表面に接触させる。 （2）0点が合っているか2～3回確認する。 3．測定範囲が25mmを超えるときは，ブロックゲージを使用し，確認する（図3）。	 図3　0点の確認（25mm以上の場合）
4	0点の修正方法	外側マイクロメータと同様である。	
5	深さを測定する	1．被測定物の測定基準面から，完全にほこり，油，傷，ばり等を取り除き，ベースを保護する。 2．被測定物の測定基準面にベースを合わせる。負荷をかけないでラチェットストップを2回ほど回し，それから測定する（図4）。	
6	片側を測定する	片側だけで測定するときは，ベースの安定性に注意を払わなければならない。	
7	穴や溝を測定する	穴や溝を測定するときは，測定面にスピンドルが接触しているかを確認する。 場所を移動して2～3回測定する。	図4　測定の仕方

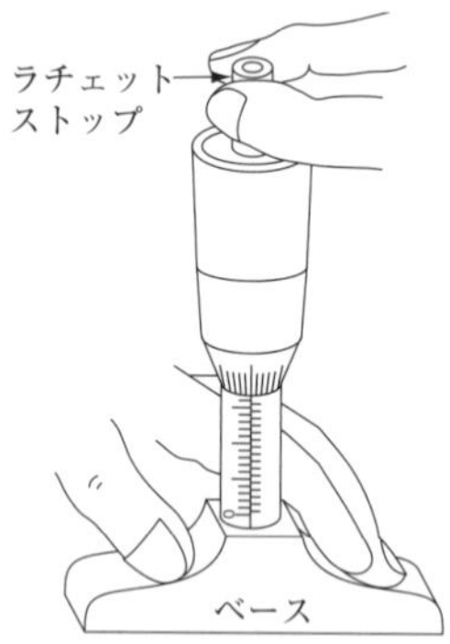

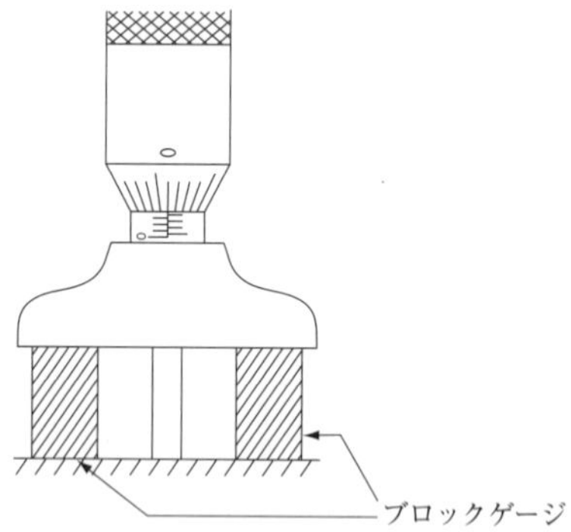

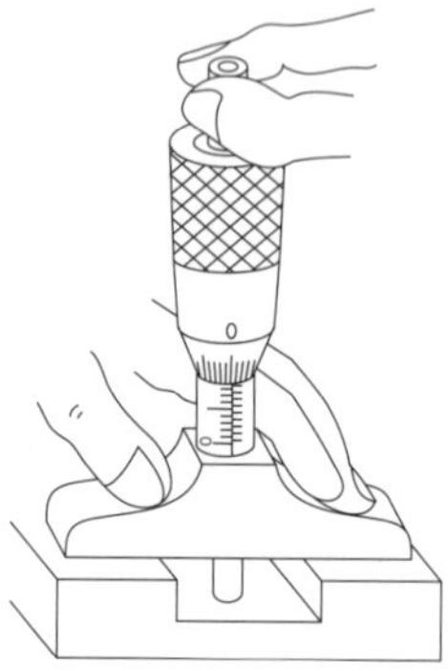

作業名	限界ゲージによる測定	主眼点	限界ゲージの取り扱い及び軸と穴の測り方

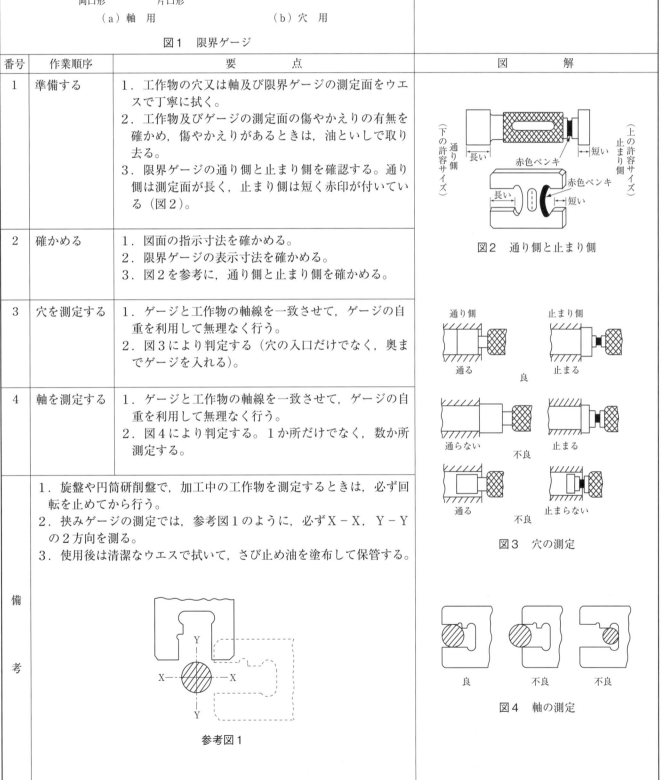

材料及び器工具など

工作物（測定用ピース）
限界ゲージ（栓ゲージ，挟みゲージ）
油といし
さび止め油
ウエス

両口形
片頭形
両口形　片口形
（a）軸　用
（b）穴　用
図1　限界ゲージ

番号	作業順序	要　　点	図　　解
1	準備する	1．工作物の穴又は軸及び限界ゲージの測定面をウエスで丁寧に拭く。 2．工作物及びゲージの測定面の傷やかえりの有無を確かめ，傷やかえりがあるときは，油といしで取り去る。 3．限界ゲージの通り側と止まり側を確認する。通り側は測定面が長く，止まり側は短く赤印が付いている（図2）。	（下の許容サイズ）通り側　長い　短い（上の許容サイズ止まり側）赤色ペンキ 長い　短い　赤色ペンキ 図2　通り側と止まり側
2	確かめる	1．図面の指示寸法を確かめる。 2．限界ゲージの表示寸法を確かめる。 3．図2を参考に，通り側と止まり側を確かめる。	
3	穴を測定する	1．ゲージと工作物の軸線を一致させて，ゲージの自重を利用して無理なく行う。 2．図3により判定する（穴の入口だけでなく，奥までゲージを入れる）。	通り側　　　　止まり側 通る　　良　　止まる 通らない　不良　止まる 通る　　不良　止まらない 図3　穴の測定
4	軸を測定する	1．ゲージと工作物の軸線を一致させて，ゲージの自重を利用して無理なく行う。 2．図4により判定する。1か所だけでなく，数か所測定する。	
備考		1．旋盤や円筒研削盤で，加工中の工作物を測定するときは，必ず回転を止めてから行う。 2．挟みゲージの測定では，参考図1のように，必ずX－X，Y－Yの2方向を測る。 3．使用後は清潔なウエスで拭いて，さび止め油を塗布して保管する。 Y　X---X　Y 参考図1	良　　不良　　不良 図4　軸の測定

			番号	No. 3.7

作業名	シリンダゲージによる測定	主眼点	シリンダゲージの取り扱い及び円筒内径の測り方

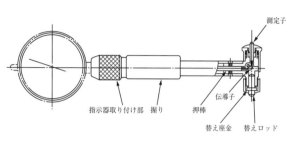

図1　シリンダゲージ

材料及び器工具など

工作物（測定用ピース）
シリンダゲージ
リングゲージ又はブロックゲージ
ブロックゲージ付属品
マイクロメータ
ウエス

番号	作業順序	要　　　点	図　　　解
1	準備する	1．円筒部をウエスで奇麗に拭いておく。 2．円筒をがた付かないように置く。	
2	シリンダゲージを組み立てる	1．測定しようとする長さを含む替えロッド及び替え座金を本体に固定する。 2．ダイヤルゲージを指示器取り付け部に差し込み，指針が1回転程度のところで，測定方向に向けて取り付ける。 3．ダイヤルゲージは，測定中動かないように確実に取り付ける。 4．シリンダゲージの測定子側を穴の内面に押し付けながら入れ，ロッド及び測定子が内壁に接触して指針が回るのを確かめる。	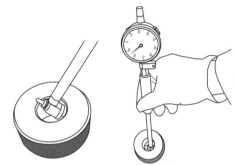 図2　基準器（リングゲージ）合わせ
3	基準器合わせをする	1．比較測定であるから，測定値に近い長さの基準器（基準リングゲージ又はブロックゲージ，マイクロメータでもよい）合わせをする（図2）。 2．基準リングゲージに合わせるときは，シリンダゲージを円筒内に挿入すれば，直径方向は案内板に案内されて自動的に求心されるので，円筒方向にのみ動かして最小寸法を求め，この点を0にセットする。	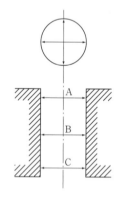 図3　穴の測定
4	測定する	1．バーの握り部を右手に持ち，左手を本体に添えて，測定子のほうから円筒内に挿入する。 2．測定は，円筒上部，中央，下部の3カ所とし，各直角方向に2カ所，合計6カ所の測定をする（図3）。 3．測定は，バーを測定子とロッドが当たっている方向に前後に動かして，このときの最小目盛を読む。 　0より右回りに振れたら基準寸法より小さく，0より左回りに振れたら基準寸法より大きい（図4）。 4．6カ所中の最大測定値から，最小測定値を引いた値が誤差である。	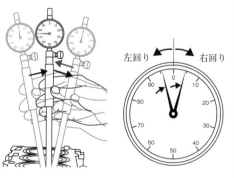 図4　動かし方とメモリの読み方

備考	シリンダゲージの測定範囲区分を，参考表1に示す。 　　　　参考表1　シリンダゲージの測定範囲区分 　　　　　　　　　　　　　　　　　　　　単位〔mm〕 | 18～35	35～60	50～100	100～160	160～250	250～400 | 出所：（図1）JIS B 7515：1982「シリンダゲージ」図1（一部改変）	

作業名	ブロックゲージの取り扱い	主眼点	ブロックゲージとその付属品の取り扱い方

（a）ブロックゲージ（103個組）

（b）付属品

図1　ブロックゲージと付属品

材料及び器工具など

ブロックゲージ
ブロックゲージ付属品
オプチカルフラット
ガーゼ又はセーム皮
ウエス
さび止め油
アルコール

番号	作業順序	要　　点	図　　解
1	準備する	1．組み合せに必要なブロックゲージだけを，1個ずつケースから取り出す。 2．密着及び手入れをする場所にウエスを敷く。 3．ガーゼにアルコールを浸し，付着しているさび止め油を1個ずつ丁寧に拭き取る。 4．測定面の傷，及びその有無をオプチカルフラットで確かめる。	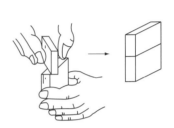 図2　厚いブロックゲージの密着
2	ブロックゲージを密着させる	1．厚いブロックゲージは，図2に示すように，お互いの中央部を約60°に交差させて，もみ込むようにしてすり合わせ，吸い付いてきたら，重ね部全体に力を加えながら重ね合わせる。 2．薄いブロックゲージを厚いブロックゲージに密着させるには，図3に示すように，薄いブロックゲージを厚いブロックゲージの端部に一直線に重ね，左右に動かして軽くもみ込み，吸い付いてきたら，重ね部分全体を指の腹で押し付けるようにして重ね合わせる。 3．薄物同士のブロックゲージの密着は，図4に示すように，いったん厚物のブロックゲージに密着させてから，順次その上に密着し，最後に不要なブロックゲージを取り外す。	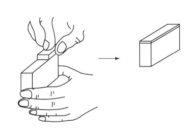 図3　厚いブロックゲージと薄いブロックゲージの密着 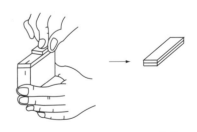 図4　薄いブロックゲージの密着
3	付属品の使い方	1．ベースブロックにホルダを組み合わせ，ブロックゲージとスクライバポイントで図5に示すハイトゲージを組み，精密けがきに用いる。 2．ホルダにブロックゲージを挟んで，両端にセンタポイントとスクライバポイントを組み込み，図6に示すコンパスとして精密な円弧のけがきに用いる。 3．図7に示すように，ホルダに丸形ジョウ又は平形ジョウをブロックゲージと組み込んで，限界ゲージとして用いたり，プラグゲージやリングゲージの検査用に用いる。	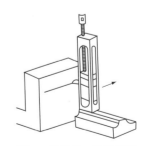 図5　付属品の使用例①

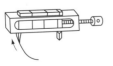
図6　付属品の使用例②

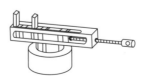
図7　付属品の使用例③

| 作業名 | ブロックゲージの取り扱い | 主眼点 | ブロックゲージとその付属品の取り扱い方 |

番号	作業順序	要　　点	図　　解
4	使用後の手入れ	1．密着したままで長時間放置すると離しにくくなるので，使用後は直ちに離しておく。 2．格納するときは測定面を清浄にして，さび止め油を塗り，ケースの元の位置に収める。	

備考

1．寸法の組み立ては，最小の個数で作る。
2．薄いブロックゲージは，反りが生じやすいので，特に取り扱いに注意し，無理に押し付けて密着してはならない。
3．ブロックゲージの各等級と使用目的について，参考表1に示す。

参考表1　ブロックゲージの各等級と使用目的

ブロックゲージ	等　級	使用目的
参照用	K	標準用ブロックゲージの点検用 精密学術研究用
標準用	0	検査用，工作用ブロックゲージの点検，測定器類の精度点検
検査用	1	ゲージの精度点検 機械部品及び工具などの検査 ゲージ製作
工作用	2	測定機類の精度調整 工具刃物類の取り付け

参考表2　ブロックゲージの主な組み合わせ

寸法段階 [mm]	寸法範囲 [mm]	セット記号	S112(1)	S103	S76	S47	S32	S18	S9(+)	S9(-)	S8
0.001	0.991~0.999							9		9	
	1.001~1.009		9					9	9		
0.01	1.01~1.09					9	9				
	1.01~1.49		49	49	49						
0.1	1.1~1.9					9	9				
0.5	0.5~9.5				19						
	0.5~24.5		49	49							
1	1~9							9			
	1~24						24				
—	1.0005		1								
	1.005			1	1	1	1				
	10	個数			1		1				
	20				1		1				
	25		1	1		1					
	30				1		1				
—	40				1						
	50		1	1	1	1					
	60						1(2)				
	75		1	1	1	1					
	100		1	1	1	1					
25	125~200										4
—	250										1
100	300~500										3
	総　個　数		112	103	76	47	32	18	9	9	8

注(1)　S112の1.0005を除いてS111（111個組）としたものもある。
　(2)　60mmの代わりに50mmにしたものもある。
備考　上記のセットに保護ブロックゲージ（2個）を加えたものは，そのセット記号の末尾にPをつける。

参考図1　組み合わせ例（33mm）

出所：(参考表2)『機械測定法』（一社）雇用問題研究会，2021年，p.76，表2-12

作業名	スコヤによる測定	主眼点	スコヤの取り扱い及び直角度の測り方

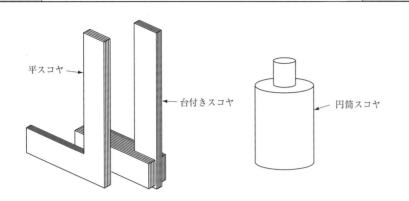

図1　スコヤ（直角定規）

材料及び器工具など

工作物（測定用ピース）
新明丹（酸化鉄＋油）
スコヤ
定盤
けがき針
ウエス
さび止め油

図　　　　解

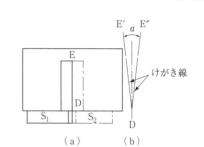

図2　直角度の検査法

番号	作業順序	要　　点
1	スコヤの点検をする	1．スコヤの柱に反りや傷がないかを調べる。 2．スコヤの直角に狂いがないかを調べる。 　側面が平らな材料を利用して，図2（a）に示すように，D点を基準にして，まず S_1 の状態でDE部に沿ってけがき，次に S_2 の状態で同様にけがく。 　図2（b）に示すように，2本のけがき線の間に角 a が形成されると，スコヤは1/2 a だけ狂っていることになる。
2	小物部品を測定する	1．工作物の基準面と測定面をウエスで丁寧に拭いて左手に持つ。 2．スコヤを右手に持ち，図3のように基準面にスコヤの長辺を当てる。 3．基準面に密着させたスコヤの長辺を滑らせて，測定面に短辺を密着させ，スコヤと測定面の間のすきまの状態から直角度を調べる（図4）。 　すきまは，明るい方向に向かって光の見え方で調べる（すきみ法）。この際，基準面上のスコヤの長辺にもすきまができないように注意する。 4．測定面全体について何度か測定し，突出部に新明丹で印を付ける。
3	大物部品を測定する	1．工作物と定盤をウエスで丁寧に拭く。 2．工作物の基準面を下にして，定盤の上に置く。 3．スコヤの短辺を定盤上に置き，長辺を工作物の測定面に当て，密着させる（図5）。 4．明るい方向に向かって，測定面とスコヤのすきまを見て直角度を調べる（図4，図5）。 5．突出部に新明丹で印を付ける。
4	後始末をする	スコヤは特にさびやすいので，使用後はウエスで奇麗に拭いて，薄くさび止め用油を塗ってから保管する。
備考		

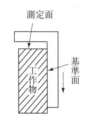

図3　小物部品の測定法

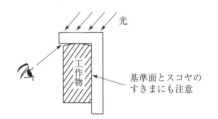

図4　すきまの調べ方

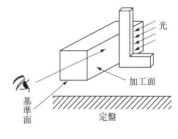

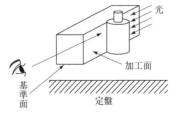

図5　大物部品の測定法

作業名	プロトラクタによる測定	主眼点	プロトラクタの取り扱い及び角度の測り方

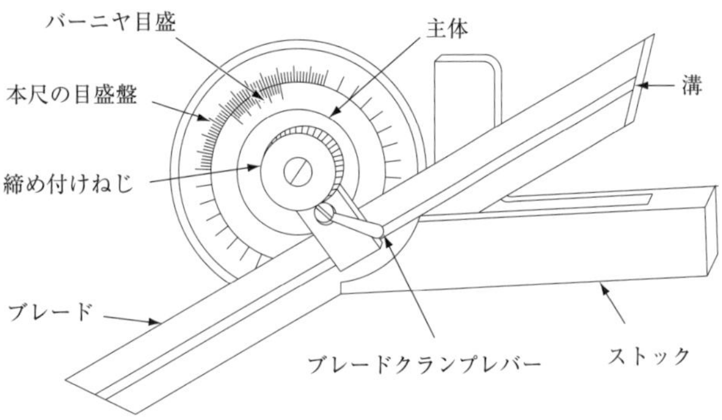

図1 プロトラクタ（ユニバーサルベベルプロトラクタ）

材料及び器工具など

工作物（測定用ピース）
ユニバーサルベベルプロトラクタ
標準スコヤ
ウエス

番号	作業順序	要　　　点	図　　　解
1	準備する	1．プロトラクタのブレードの溝及びブレード取り付け部をウエスで拭く。 2．図2（a）のように，ブレードクランプレバーを緩めて，ブレード溝を取り付け部のつめに合わせて差し込む。 3．図2（b）のように，ブレードクランプレバーを締めて，ブレードをしっかり固定する。	 （a）緩　む　　　（b）締まる 図2　ブレードクランプレバー
2	90°を調べる	図3のように，本尺の90°とバーニヤ目盛の0が一致しているかを確かめる。	
3	角度を測る	図4のように，ブレードとストックの両測定面を工作物に当て，光に透かして，すきまのないように合わせる。	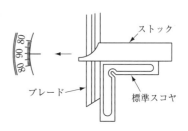 図3　90°の確認方法
4	目盛を読む（その1）	図5のように，測定する角度が90°より小さく，本尺目盛を時計方向に読み取った場合は，図6のように，バーニヤ目盛も時計方向に読み取る。	
5	目盛を読む（その2）	1．図7のように，測定する角度が90°より大きく，本尺目盛を反時計方向に読み取った場合は，図8のように，バーニヤ目盛も反時計方向に読み取る。 2．時計方向に読み取った場合は，点線で示した角度に読み替えると149° 45′となる。	 図4　角度の測り方

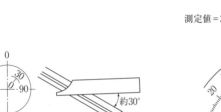

図5　90°以下の測定例

測定値＝30°15′

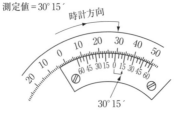

図6　90°以下の目盛の読み方

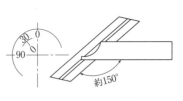

図7　90°以上の測定例

図8　90°以上の目盛の読み方

90°以上の角度のときに置く値＝180°
反時計方向に読み取った値　＝　30° 15′
180°－30° 15′＝149° 45′

| 作業名 | プロトラクタによる測定 | 主眼点 | プロトラクタの取り扱い及び角度の測り方 |

参考図1のような，スケールと同程度の精度で角度の測定ができるスチールプロトラクタもある。

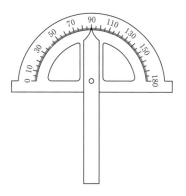

参考図1　スチールプロトラクタ

備

考

参考図1のような，スケールと同程度の精度で角度の測定ができるスチールプロトラクタもある。

作業名	サインバーによる測定	主眼点	サインバーの取り扱い及び角度の測り方

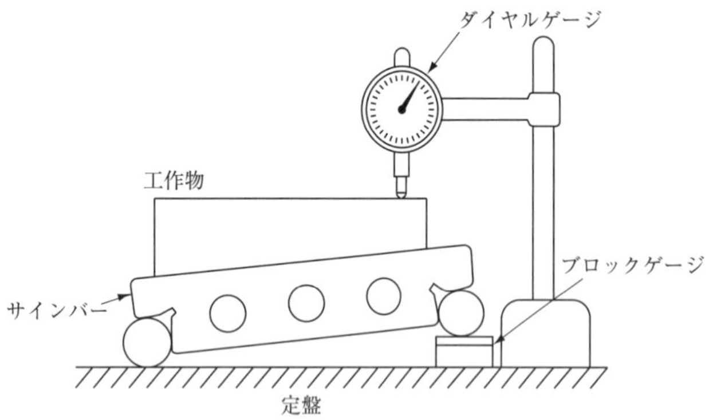

図1　サインバーによる角度の測定

材料及び器工具など

工作物（測定用ピース）
サインバー
ダイヤルゲージ
ブロックゲージ
定盤
ウエス

番号	作業順序	要　　　点	図　　解
1	準備する	1．定盤及び工作物をウエスで拭く。 2．サインバーのさび止め油を拭き取り，ローラ及び測定面の傷の有無を確かめる。 3．ダイヤルゲージをスタンドに固定する。 4．ブロックゲージのセットを用意する。	 図2　傾斜の測定
2	傾きを工作物に合わせる	1．サインバーを定盤上に置いて，工作物を載せる（図2）。 2．ダイヤルゲージで両端 a，b の寸法差 h を求める。 3．寸法差 h とほぼ等しいブロックゲージを b 側のローラの下に置く。 4．ダイヤルゲージを工作物の面に滑らせて，定盤面と平行になるまでブロックゲージの高さを調整する。	 図3　角度の測定
3	角度を求める	定盤面と平行になったときのブロックゲージの高さ H と，サインバーの長さ L から三角関数表を用いて角度 a を求める（図3）。 $$\sin a = \frac{H}{L}$$	

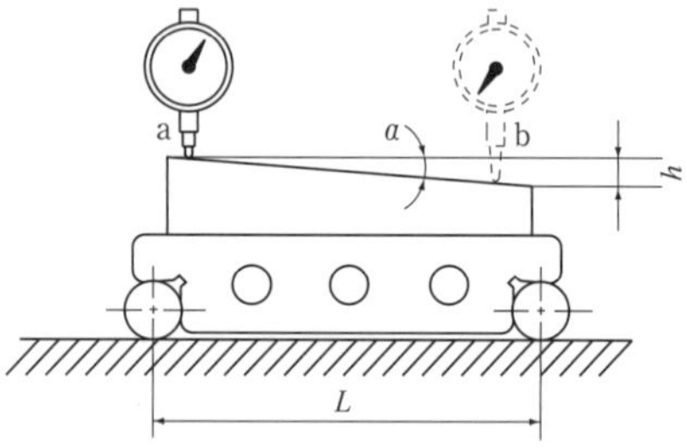

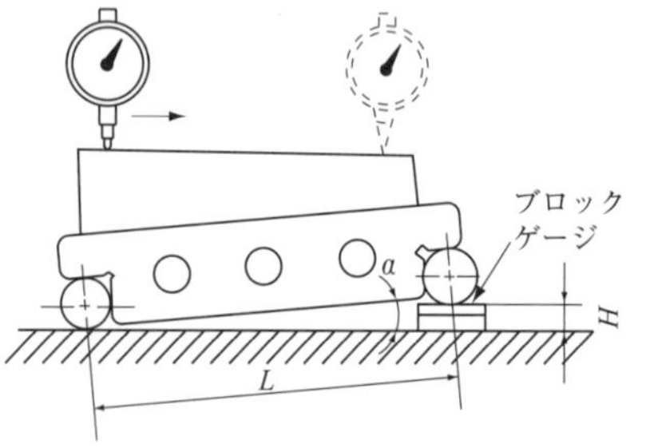

備考	1．サインバーの両ローラ間の距離（L）は，100mm 又は 200mm に正確に作られている。 2．サインバーは一般に正確な角度を作り，工作物を比較測定するのに用いる。したがって，角度（a）を作るのに必要なブロックゲージの高さは，次式で求める。 　　　$H = L \times \sin a$ 3．角度の大きな工作物の測定では，あらかじめ角度定規でおおよその角度を知って，上記の計算からブロックゲージを組み立て，それから調整するとよい。 4．参考図1は，ナイフエッジによりサインバーと工作物の両面の一致をすきみする方法である。 5．サインバーの製作上の許容差から 45° 以上の角度になると，その影響が急激に増すため，一般に 45° 以下の測定に用いる。 参考図1　ナイフエッジによるすきみ法

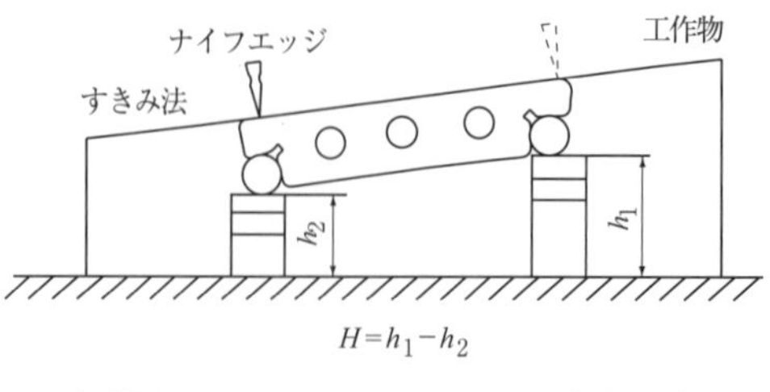

作業名	平面度，平行度の測定	主眼点	ダイヤルゲージによる測り方

材料及び器工具など

工作物（測定用ピース）
平行台
豆ジャッキ
ダイヤルゲージ
ダイヤルゲージスタンド
定盤
ウエス

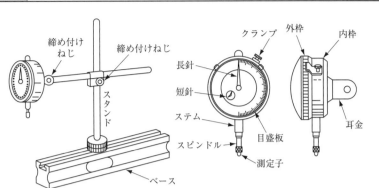

図1　ダイヤルゲージと各部の名称

番号	作業順序	要　点	図　解
1	準備する	1．測定器具，定盤及び工作物をウエスで奇麗に拭く。 2．ダイヤルゲージの測定子を人指し指の腹で押し上げ，スピンドルを上下して動き具合を確かめる。 3．ダイヤルゲージをスタンドに取り付ける。	図2　豆ジャッキでの3点支持
2	高さを調整する	1．工作物を定盤上に，豆ジャッキで3点で支える（図2）。 2．測定子が工作物の測定面より1mmくらい低く，また，スピンドルが測定面に垂直になるようにダイヤルゲージの取り付けを調整した後，しっかりと固定する。 3．測定子を人指し指の腹又は押上げレバーで押し上げ，工作物の一端Aに静かに載せる。 4．外枠を回して，長針に目盛0を合わせる。 5．測定子をBに移動して，X－X方向の水平を豆ジャッキBで調整する（図3）。 6．Y－Y方向の水平を豆ジャッキCによって調整する（図3）。 7．工作物のA，B，C点が同じ高さになるまで反復調整する。	図3　高さの調整
3	平面度を測定する	ベースを定盤に押し付けるようにして滑らせながら，工作物の測定面の3～5mmを残し，全面にわたって測定する。	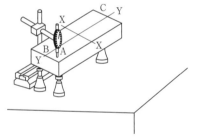 図4　平行度の測定
4	平行度を測定する	1．工作物を直接定盤上に置いて，測定子を測定面上に載せる（図4）。 2．スタンドを定盤上に静かに滑らせて，定盤面を理想平面とした平行度を測る。 3．指針の読みの最大値と最小値の差を，平行度とする。	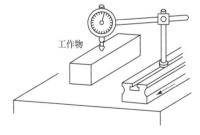

| 作業名 | 平面度，平行度の測定 | 主眼点 | ダイヤルゲージによる測り方 |

備

1．比較測定は，参考図1のようにスタンドを固定し，ダイヤルゲージをスピンドルが垂直になるように取り付けて，模範（ブロックゲージなど）を測定して目盛を0に合わせる。
　　次にブロックゲージを取り除き，工作物を滑らせて寸法差を読み取る。
2．針の動きが敏感なため，短針（1mm単位を示す）の位置に十分な注意を必要とする。
3．ダイヤルゲージのマグネチックスタンドを使用するときは，ベースを磁力で固定し，工作物を滑らせる。
4．参考図2のてこ式ダイヤルゲージは，参考図3のように狭い箇所や内側の測定に便利で，ハイトゲージに取り付けて使用するとよい。
5．ダイヤルゲージは，旋盤，フライス盤など，工作物の心出しなどにも用いられる。

考

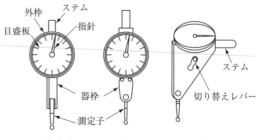

参考図1　比較測定

（a）縦形（T）　（b）横形（Y）　（c）垂直形（S）

参考図2　てこ式ダイヤルゲージの種類と各部の名称

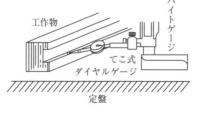

参考図3　てこ式ダイヤルゲージによる狭い箇所の測定

参考表1　ダイヤルゲージ（普通形）

目量	測定範囲	測定力
0.01mm	5mm，10mm	1.5N（153gf）以下
0.001mm	1mm，2mm，5mm	2N（202gf）以下

参考表2　てこ式ダイヤルゲージ

目量	測定範囲	最大測定力
0.01mm	0.5mm，0.8mm，1.0mm	0.5N（50gf）以下
0.002mm	0.2mm，0.28mm	
種類	縦形（T），横形（Y），垂直形（S）	

		番号	No. 3.13

作業名	真円度の測定	主眼点	直径法による測り方

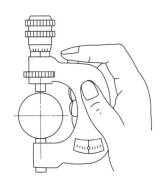

図1　指示マイクロメータ（外径）

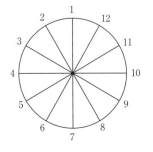

図2　測定物端面のけがき

材料及び器工具など

工作物（測定用ピース）φ30＋0.01×60
25～50 指示マイクロメータ
ブロックゲージ（30mm）
プロトラクタ
トースカン
ウエス

番号	作業順序	要　　　点	図　　解
1	準備する（指示マイクロメータ）	1．測定物，測定器をウエスでよく拭く。 2．測定物の側面を図2のように12等分し，けがき線を入れる。 3．30のブロックゲージを基準に，指示マイクロメータの押しボタンを押してブロックゲージを挟み，スピンドルを回して3000に合わせ，指示マイクロメータの指針を0点に調整する。	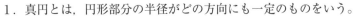 参考図1　等径ひずみ円
2	測定する	1．人指し指で押しボタンを押しながらアンビルを後退させ，測定物を回し，それぞれの直径を測定し，指針を見て，各々の寸法を読む（図1）。 2．測定物，測定器に手の熱が伝わらないよう手袋を付けるなど注意し，素早く測る。 3．各測定値の最大差が真円度となる。 4．0.02以上の差があるときは，シンブルを回して差を読む。	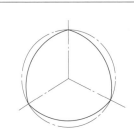 参考図2　指針測微器（外径）
3	記録する	真円度（直径法）—mm 又は， 真円度（直径法）—μmと記録する。	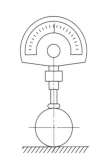 参考図3　シリンダゲージ（内径）
備考		1．真円とは，円形部分の半径がどの方向にも一定のものをいう。 2．等径ひずみ円とは，ある平面図形を平行2直線で挟んだとき，その2直線間の距離がどの方向でも一定だが，真円ではない場合の図形をいう（参考図1）。 3．直径法は，等径ひずみ円ではないと予想される場合について，主としてだ円形状の誤差を求める場合だけに採用する方法である。 4．よく使用される長さ測定器の指針測微器（マイクロインジケータ）及びシリンダゲージによる測定は，指示マイクロメータの測定方法に準じて行う（参考図2，参考図3）。 5．真円度は，測定子が幾何学的円に限りなく近い回転運動をするか，又は円形部品が回転振れの限りなく小さな回転運動をすることを前提として，測定することができる。このような測定を行う測定機を，真円度測定機という（参考図4）。	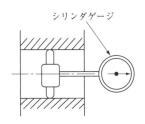  参考図4　真円度測定機

出所：（参考図4）（株）ミツトヨ

作業名	真直度の測定	主眼点	直定規による測り方

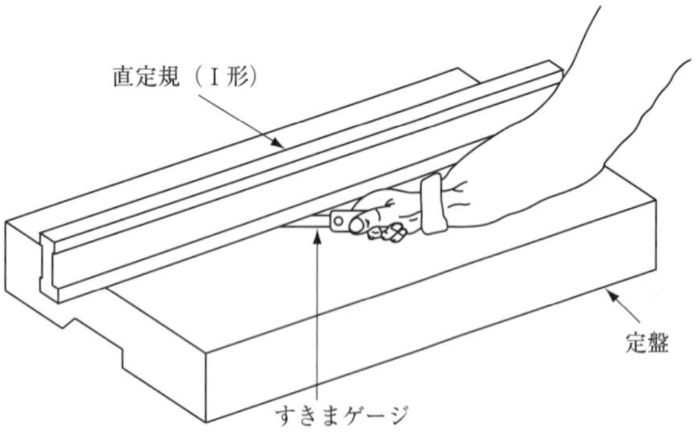

図1　直定規による真直度の測定

材料及び器工具など

工作物（測定用ピース）
油といし
直定規（Ⅰ形）
直定規（ナイフエッジ形）
ブロックゲージ
すきまゲージ
定盤
鉛筆
ウエス

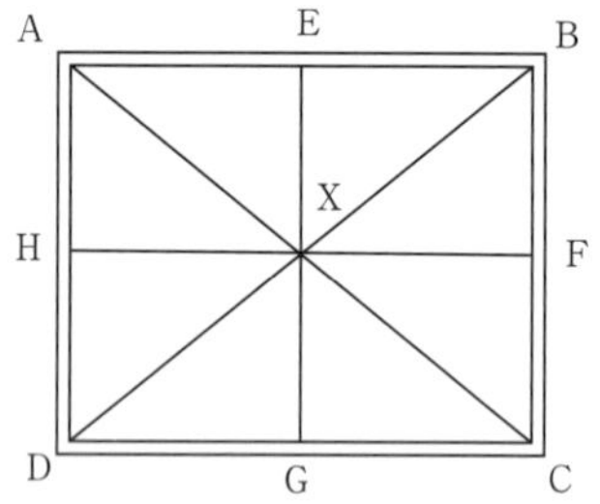

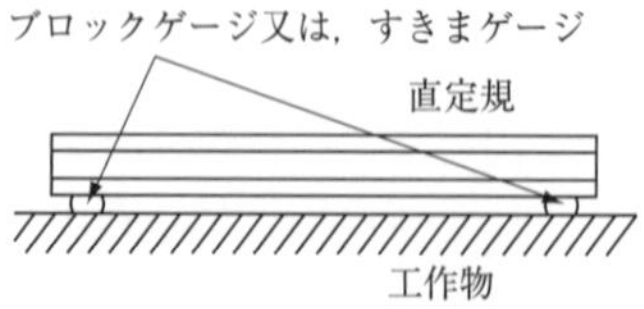

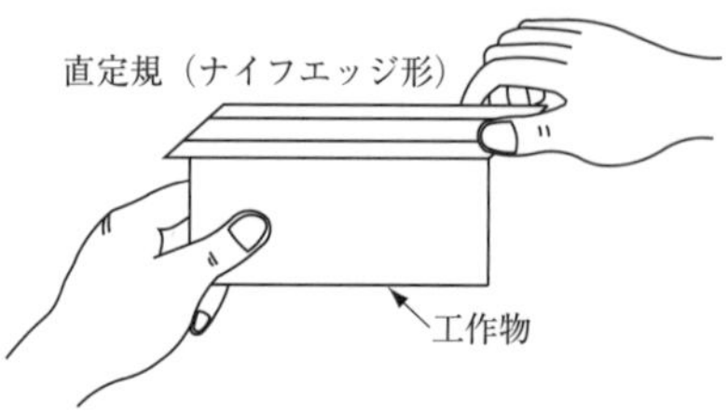

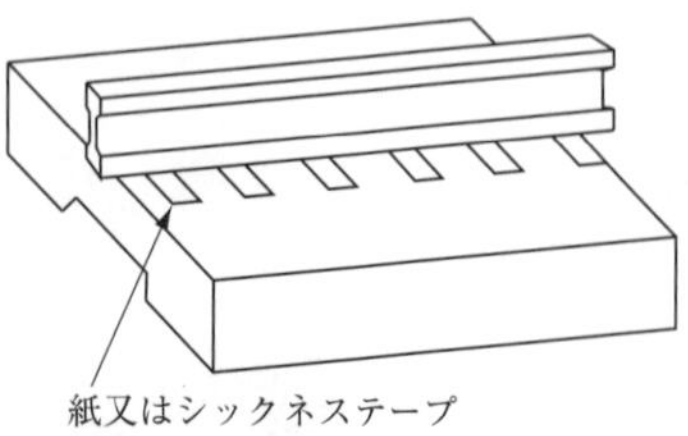

番号	作業順序	要　点	図　解
1	準備する	1．直定規及び工作物の面をウエスで拭く。 2．測定面の傷の有無を調べる。 3．工作物の面の傷のかえりは，油といしで取り去る。 4．図2のように鉛筆で線を引き，各点に符号を付ける。	 図2　測定箇所の明示
2	測定する	1．工作物の中央に直定規を静かに載せる。 2．すきまゲージを薄いものから順次差し込んで，すきまを測る。 3．図2のように直定規の位置を変えて，各部のすきまを測る。 4．表1のように測定値を記録する。 5．測定値をJISによって整理すれば，平面度も得られる。 6．すきまゲージの入らない小さなすきまは，図3に示すように両端に同寸法のブロックゲージを置いて，その上に直定規を載せ，両測定面間のすきまをブロックゲージ又はすきまゲージで測定する。 7．小物の工作物は，図4のように直定規（ナイフエッジ形）をあてがい，光源に透かしてすきみする。	表1　測定表 | A X C	0	− 0.01	0
B X D	0	− 0.02	0
A E B	0	− 0.01	0
⋮	⋮		
⋮	⋮			

| | 1．単に工作物の面の高低を知るには，直定規の測定面に新明丹を薄く塗り，直定規の一端を持って軽く左右に揺すって新明丹の付き具合から判定する。
2．工作物の面が中高か中低かを知るには，直定規を工作物に載せ，直定規の一端を左右に揺すって判定する。軽く旋回するのは中高の場合であり，中低の場合は他端を支点にして動く。
3．参考図1は，同一厚さの紙又はシックネステープを工作物の面に順次並べて，直定規を置き，紙又はシックネステープを引っ張って，抜け具合から高低場所を判定する。 |
図3　小さなすきまの測定

図4　直定規（ナイフエッジ形）によるすきみ |
| 備

考 |
参考図1　シックネステープを用いた判定法 | |

| 作業名 | 表面粗さの測定 | 主眼点 | 表面粗さの測り方と表面粗さ記号の記入の仕方 |

| | 材料及び器工具など |

図1　表面性状測定機

工作物（測定用ピース）
触針式表面粗さ計
校正用表面粗さ標準片
はけ
ウエス

番号	作業順序	要　　点	図　　解
1	準備する	1．触針は破損しやすいので注意する。 2．触針のごみははけで静かに払う。 3．工作物，周辺等をウエスで奇麗に拭く。	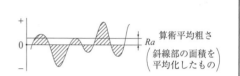 図2　算術平均粗さ（Ra）
2	算術平均粗さについて測定器を校正する	1．算術平均粗さを図2に示す。 2．駆動部と標準片が，平行になる位置でセットする（図3）。 3．パラメータをRaに設定する。 4．条件設定として，カットオフ値や評価長さを設定する（図4）。 　※カットオフ値とは，図5に示すような面のうねりのピッチをいう。標準値は，JIS B 0633：2001「製品の幾何特性仕様（GPS）－表面性状：輪郭曲線方式－表面性状評価の方式及び手順」で，表1のように定められている。 5．校正モードで標準片の基準値を入力し，校正を実行する（図4）。	表1　Raを求めるときのカットオフ値の標準値

表1の内容:

Raの範囲［μm］		カットオフ値λc［mm］	評価長さln［mm］
を超え	以下		
(0.006)	0.02	0.08	0.4
0.02	0.1	0.25	1.25
0.1	2.0	0.8	4
2.0	10.0	2.5	12.5
10.0	80.0	8	40

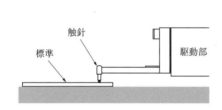

図3　測定機の校正

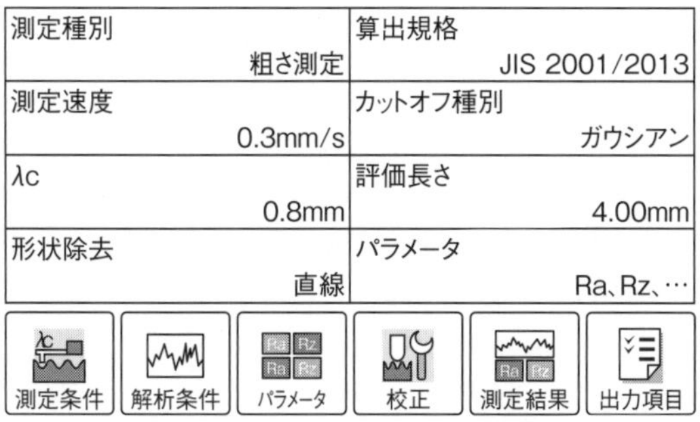

測定種別	算出規格
粗さ測定	JIS 2001/2013
測定速度	カットオフ種別
0.3mm/s	ガウシアン
λc	評価長さ
0.8mm	4.00mm
形状除去	パラメータ
直線	Ra、Rz、…

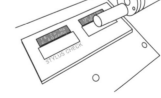

測定条件　解析条件　パラメータ　校正　測定結果　出力項目

図4　各種設定画面例

うねりのピッチ

図5　カットオフ値

出所：（図1）（株）ミツトヨ

作業名	表面粗さの測定	主眼点	表面粗さの測り方と表面粗さ記号の記入の仕方

番号	作業順序	要　点	図　解
3	表面粗さを測定する	1．測定物に合わせて，検出器をセットする（図6）。 2．視覚検査などにより Ra，Rz の値を推定する。 3．Ra，Rz の推定値と表1，表2から基準長さを決める。 4．スタートスイッチを押す。 5．必要な粗さパラメータを表示する。 　算術平均粗さ表示例（Ra） 　（例）3 μmRa，λc 0.8mm，ln 4 mm 　　　　　　　カットオフ値　評価長さ 　　　算術平均粗さという記号 　表面粗さ 　最大高さ表示例（Rz） 　（例）10μmRz，lr 0.8mm，ln 4 mm ※最大高さ粗さを図7に示す。 ※ Rz の基準長さは，JIS B 0633：2001「製品の幾何特性仕様（GPS）－表面性状：輪郭曲線方式－表面性状評価の方式及び手順」で，表2のように定められている。	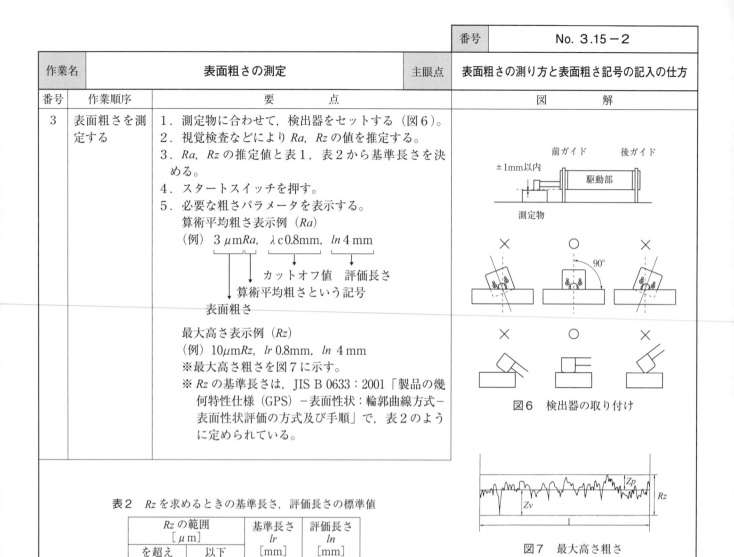 図6　検出器の取り付け 図7　最大高さ粗さ

表2　Rz を求めるときの基準長さ，評価長さの標準値

Rz の範囲 [μm]		基準長さ lr [mm]	評価長さ ln [mm]
を超え	以下		
(0.025)	0.10	0.08	0.4
0.10	0.50	0.25	1.25
0.50	10.0	0.8	4
10.0	50.0	2.5	12.5
50.0	200.0	8	40

備考

参考表1　対象面を指示する記号

記　号	意　味
（√）	除去加工の要否は問わない。 又は，共通以外の部分のあることを示す。
（√）	除去加工を要す。
（√）	除去加工を禁ず。 又は，前加工の状態を表す（粗さの指示値，加工方法，筋目方向などを付記して）。

備

考

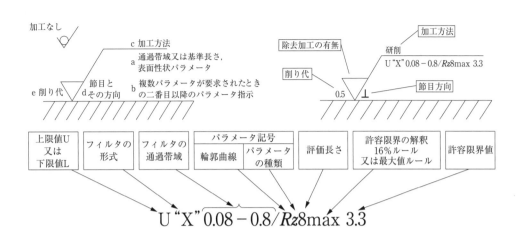

「許容限界の解釈」について※

・上限値・16％ルール（基準）
測定値のうち，指示された要求値を超える数が16％以下であれば，要求値を満たすものとするルールである。
・下限値・16％ルール（Lで表示）
要求値がパラメータの下限値で示されている場合には，要求値より小さくなる数が16％以下であれば，要求値を満たすものとする。
例えば，このルールでは，6個のパラメータの測定値のうち，1個までは要求値を超えたものがあっても，

この表面は要求値を満たすものとする（JIS B 0633参照）。
・最大値・maxルール（maxの添字が付いている場合）
対象面全域で求めた測定値のすべてが規格値以下のとき合格。
（指示例）Rzmax 1.6のとき
意味：最大高さ粗さ
最大値ルール
片側許容限界　上限値1.6

参考図1　表面性状　表示記号とその意味

出所：（参考図1）JIS B 0031：2003「製品の幾何特性仕様（GPS）－表面性状の図示方法」図3，図6，附属書D図1
　　　（参考図1の※）『JIS B 0031：2003「製品の幾何特性仕様（GPS）－表面性状の図示方法」改正のポイント』実教出版（株），2005年，p 8

| 作業名 | 三次元測定機の取り扱い（1） | 主眼点 | 三次元測定機の起動 |

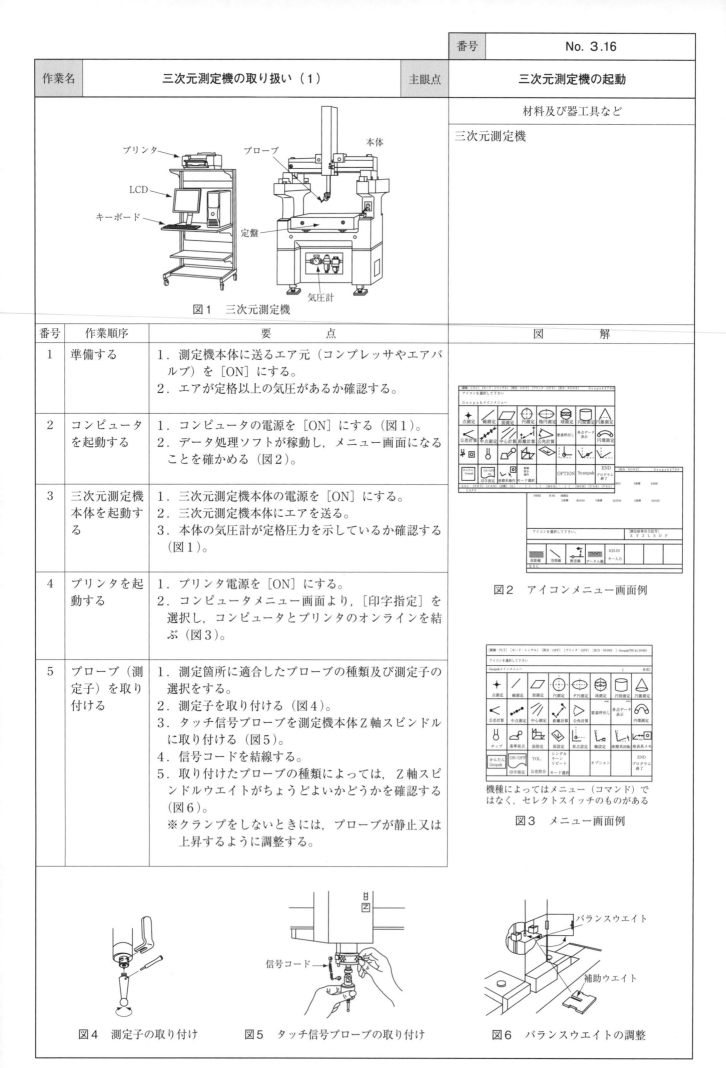

材料及び器工具など

三次元測定機

図1　三次元測定機

番号	作業順序	要　　点	図　　解
1	準備する	1．測定機本体に送るエア元（コンプレッサやエアバルブ）を［ON］にする。 2．エアが定格以上の気圧があるか確認する。	
2	コンピュータを起動する	1．コンピュータの電源を［ON］にする（図1）。 2．データ処理ソフトが稼動し，メニュー画面になることを確かめる（図2）。	図2　アイコンメニュー画面例
3	三次元測定機本体を起動する	1．三次元測定機本体の電源を［ON］にする。 2．三次元測定機本体にエアを送る。 3．本体の気圧計が定格圧力を示しているか確認する（図1）。	
4	プリンタを起動する	1．プリンタ電源を［ON］にする。 2．コンピュータメニュー画面より，［印字指定］を選択し，コンピュータとプリンタのオンラインを結ぶ（図3）。	
5	プローブ（測定子）を取り付ける	1．測定箇所に適合したプローブの種類及び測定子の選択をする。 2．測定子を取り付ける（図4）。 3．タッチ信号プローブを測定機本体Z軸スピンドルに取り付ける（図5）。 4．信号コードを結線する。 5．取り付けたプローブの種類によっては，Z軸スピンドルウエイトがちょうどよいかどうかを確認する（図6）。 ※クランプをしないときには，プローブが静止又は上昇するように調整する。	機種によってはメニュー（コマンド）ではなく，セレクトスイッチのものがある 図3　メニュー画面例

図4　測定子の取り付け　　図5　タッチ信号プローブの取り付け　　図6　バランスウエイトの調整

作業名	三次元測定機の取り扱い（2）	主眼点	座標系の設定

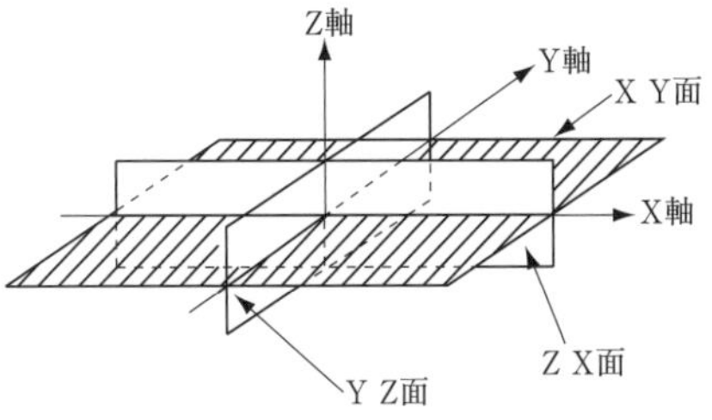

材料及び器工具など

工作物（測定用ピース）
クランピングツール

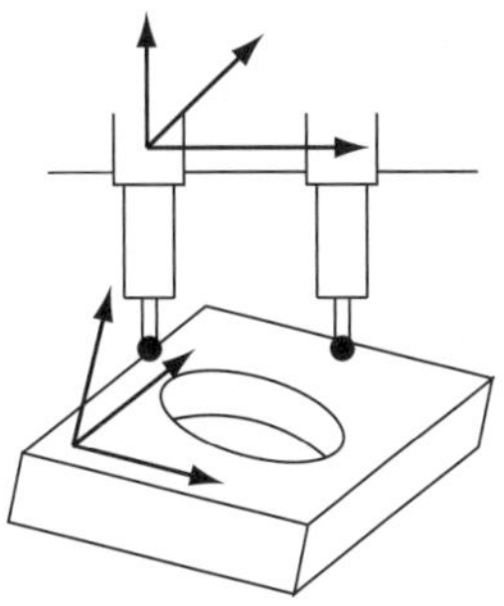

図1　測定平面　　　　　　　　図2　測定座標

番号	作業順序	要　　　　点	図　　　解
1	準備する	三次元測定機を起動（コンピュータ起動からプローブの取り付けまで）する。	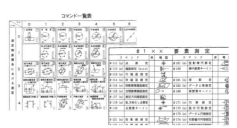 図3　コマンド表と入力画面例
2	測定の標題を入力する	1．コマンド表より［標題］入力画面（オープニングメッセージ状態）を表示する（図3）。 　　機種によっては，起動後，自動的に表示されるものもある。 2．標題項目に従って入力する（注記，部品名称，部品番号，日時，測定者名など）。 3．コマンドにてキャラクタ表示（イニシャライズ状態）にする（図4）。	
3	プローブ径を指定する	1．［プローブ径指定］のコマンドを入力する（図5）。 2．あらかじめプローブ径が分かっていれば，数値を入力（キーイン）する。 3．プローブ径が分からないときは，マスターボールを使用して，プローブ径を求めて入力する（プローブ径測定のコマンドを使用する）。	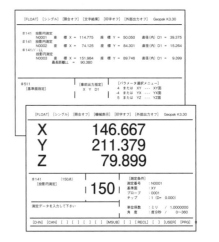
4	基準面を指定する	1．測定物のどの寸法から測定するかを決定し，基準面を決める（図1）。 2．面指定コマンドで基準面を入力する（図6）。	図4　キャラクタ表示画面例

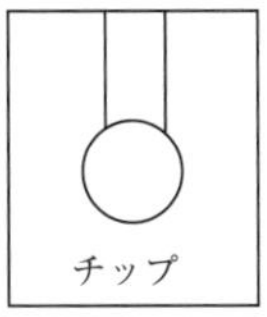

図5　プローブ径指定コマンド

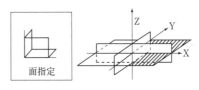

図6　面指定コマンドと基準面の入力

作業名	三次元測定機の取り扱い（2）	主眼点	座標系の設定

番号	作業順序	要　　点	図　　解
5	基準面を補正する	1．面測定（面補正）のコマンドを入力する（図7）。 2．被測定物の基準面をプローブで入力する 　三次元測定機に測定物の座標を認識させる（図2）。 3．面補正の後，特に設定しなければ，Z軸方向の原点は基準面上にあると認識される。	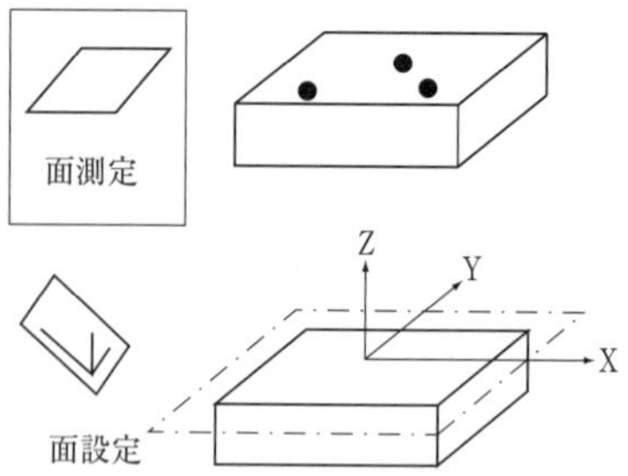 面測定 面設定 図7　面測定コマンド
6	基準軸を補正する	1．軸設定（基準軸補正）のコマンドを入力する（図8）。 2．基準面の第1軸に相当する端面（線）を入力し，登録する（図9）。	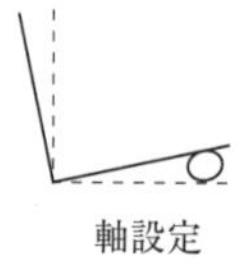 軸設定 図8　軸設定コマンド
7	原点を設定する	1．測定寸法に合わせて測定物の原点を決定し，原点設定コマンドを入力する。 2．原点となる位置を測定し，座標を登録する（図10)。	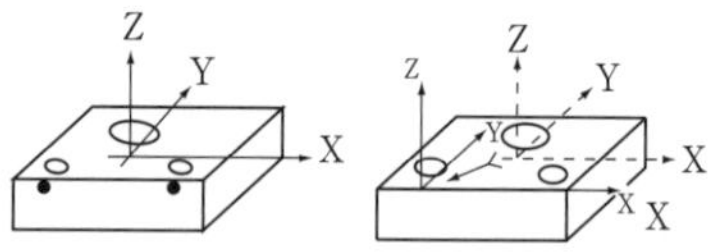 図9　基準面の第1軸の入力
8	測定する	測定寸法に合った測定コマンドを入力し，測定をする。 　測定される要素は，設定した原点からのピッチで算出される。	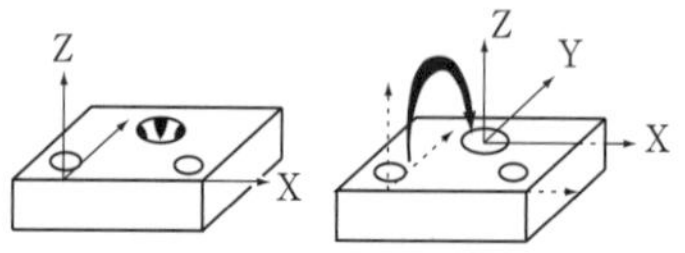 図10　座標の登録

備考

1．クランプ方法例

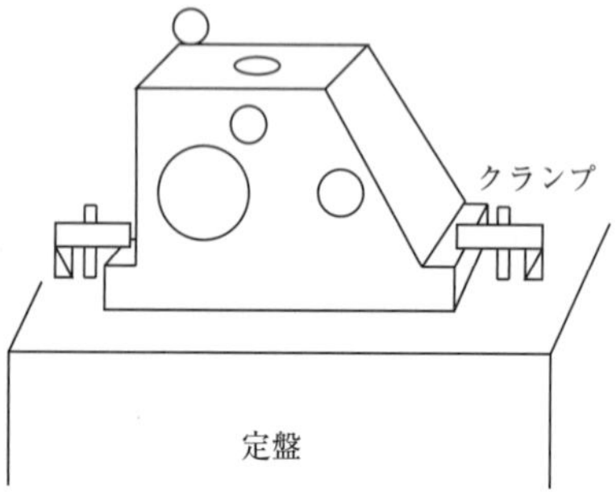

参考図1　クランピングツール〈まつば〉固定

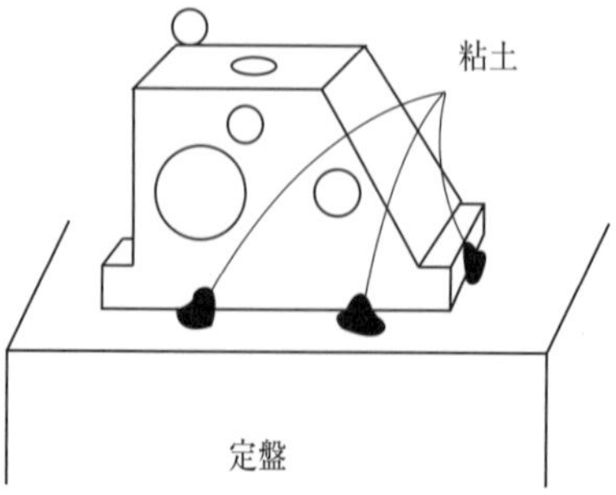

参考図2　粘土による固定

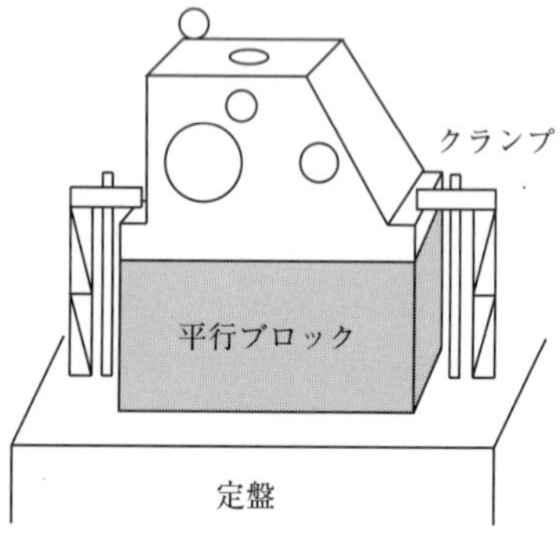

参考図3　平行ブロック使用の固定

（注）三次元測定機による測定能率の向上は，いかに適切な補助テーブルや保持具を使用するかによっても左右される。測定物の正確なセッティングは，測定値の信頼性向上とともに，測定時間の短縮も約束される。

番号	No. 3.17－3

作業名	三次元測定機の取り扱い（2）	主眼点	座標系の設定

備考

2．基準面と軸

基準面＼軸	第１軸	第２軸	第３軸
X—Y面	X	Y	Z
Y—Z面	Y	Z	X
Z—X面	Z	X	Y

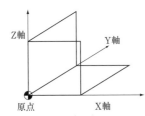

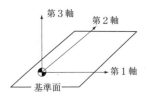

参考図４　基準面と軸

3．測定物座標系の作成方法は何通りもの考え方がある。それは測定物の図面を見たときに，穴寸法はどこからの寸法なのか，端面までの距離はどこからなのかなど，測定物の基準の取り方が違うからである。

測定物によって端面を軸にしたり，二つの円の中心を軸にしたり，原点を円の中心や端面と端面の交点にしたりする。このように，座標系を作るためには，いくつかの処理を連続して実施しなければならない。

参考図５　測定物座標系作成の流れ

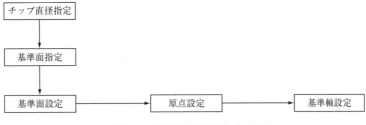

作業名	要 素 測 定	主眼点	要素測定の仕方

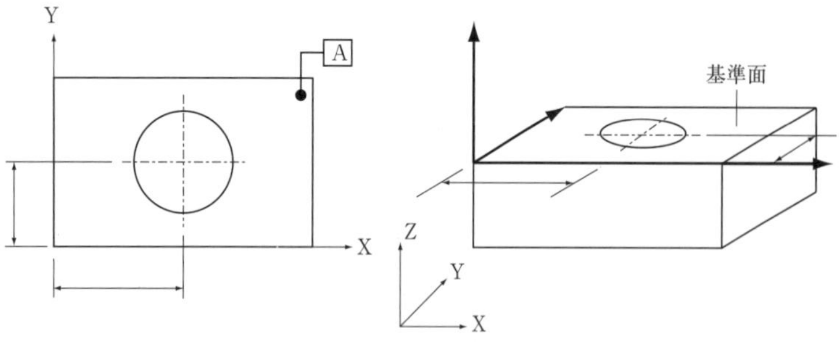

	材料及び器工具など
	工作物（測定用ピース） クランピングツール

（a）図面の表示　　　（b）三次元測定機の表示

図1　基準面と軸

番号	作業順序	要　　　　点	図　　解
1	準備する	三次元測定機の起動から座標系の設定までを行う（図1）。	
2	測定コマンドを選択し入力する	1．測定内容に合わせたコマンド（多点測定やオフセット等）を選択する（図2）。 2．コマンドを入力し，イニシャライズ状態（キャラクタ表示）を確認する。	
3	要素結果出力を指定する	キャラクタ表示内，要素結果出力の項目を入力指定する。	
4	要素測定をする	測定コマンドの内容に従ってプローブで入力する。	図2　測定の種類例

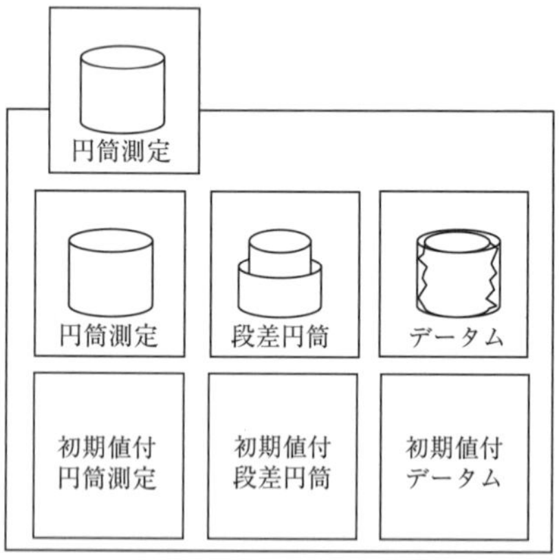

備

考

1．要素測定例
　投影円測定……入力された3点から円を算出し，測定する。
　　　　　　　　※なるべく広く三角形になるよう入力する。
　　　　　　　　　〈条件〉　基準面に対して垂直な穴又は円筒

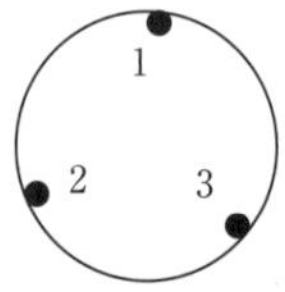

基準面に投影可能なもの　　基準面に投影できないもの　　左図のような形状は正確に測定できない

参考図1　投影円測定

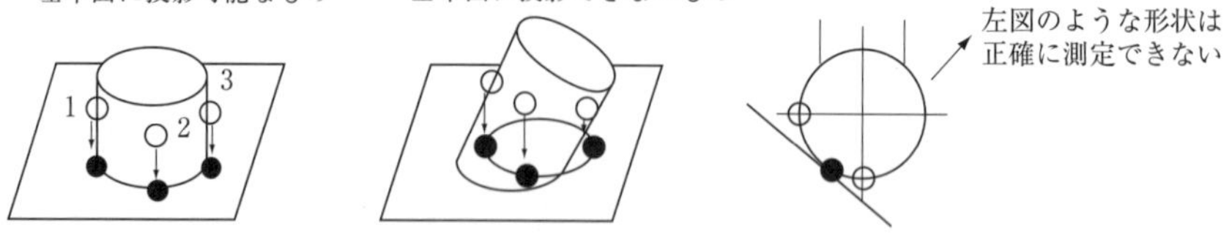

　　（注）　チップ半径分を軸方向に自動補正するため，斜面は測定不可。

　円筒測定……入力された6点から円筒を求める。
　　　　　　　〈条件〉　ベクトルの方向は第1円の中心より第2円の中心に向く。
　　　　　　　　　　　　入力1～入力3は第1円
　　　　　　　　　　　　入力4～入力6は第2円

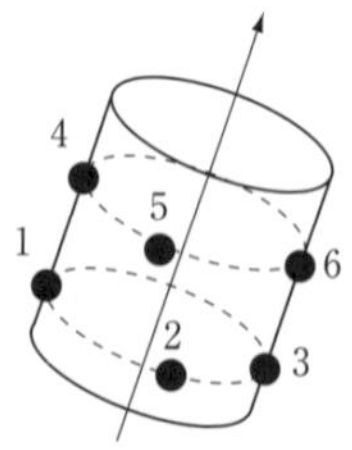

参考図2　円筒測定

　段付き円筒測定……入力された6点から段付き円筒を求める。
　　　　　　　　　　〈条件〉　上段と下段の円筒は同軸のこと。

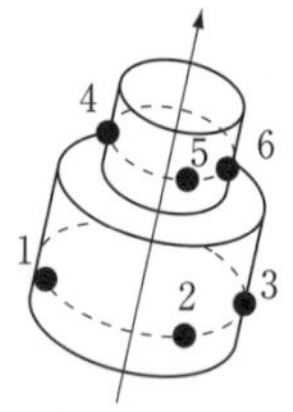

参考図3　段付き円筒測定

　球・円筒・段付き円筒は，基準面に投影されずに入力点そのものから形状を求める。

2．要素結果出力指定
　　通常コマンドだけを入力して測定すると，あらかじめ指定されたすべての項目を出力する。
　　測定項目を作業者が指定することもできる。
　　　使用例…＃141/X Y D　　※X…X座標値　　Y…Y座標値　　D…直径
　　このように，円測定するとX座標値・Y座標値・直径を出力する。

X Y Z　座標値を出力……点成分要素のみ測定可

　　　　　　　X＝出力　　Y＝出力

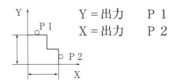
　　Y＝出力　　　P 1
　　X＝出力　　　P 2

参考図4　座標値の出力

D　　直径値……円・円筒・球

　　　D 1（入力1〜3点）は第1円直径，D 2（入力4〜6点）は
　　　第2円直径が出力される。

　　　※類似コマンド…R（半径値）

参考図5　直径値の出力

L　　基準面上動径……基準面上の要素から原点までの寸法
　　　円　L＝出力　　　　　　　　　　　　線　L＝出力

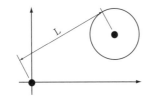
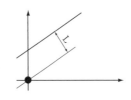

参考図6　基準面上動径の出力

A　　基準面上の正方向角度……正方向は反時計回り（点成分要素のみ測定可能）
　　　A 1＝出力　　　　　　　　　　　　A＝出力
　　　　　　　　　　　　　　　　　　　（AとするとX軸からの角度となる）

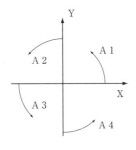
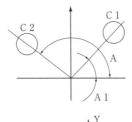

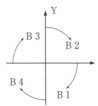

　　　※類似コマンド　B……基準面上の負方向角度

　　　角度は通常，度・分・秒で表される。

参考図7　基準面上の正方向角度と負方向角度

成分要素……測定された要素はすべて点又は線として認識される。
　　線成分要素……線・面・円筒・円すい等→※線要素はすべて方向性をもつ。
　　点成分要素……点・円・球→※円・球は中心の点が認識される。

			番号	No. 3.19－1

作業名	立体測定（測定中，プローブの向き変更や交換が必要な測定）	主眼点	立体測定の仕方

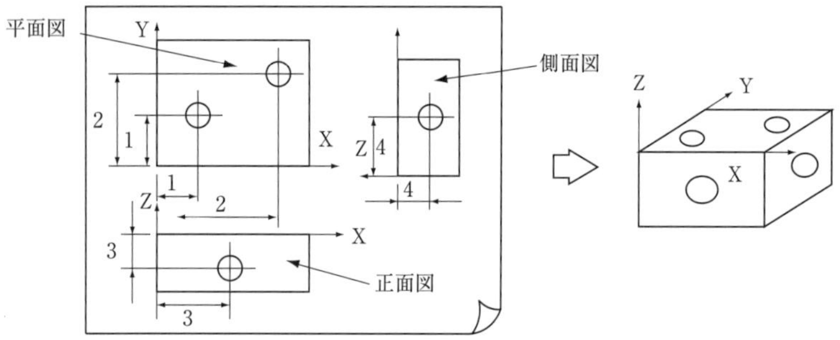

材料及び器工具など

工作物（測定用ピース）
クランピングツール

図1　測定図面と基準軸

番号	作業順序	要　　点	図　　解
1	準備する	1．測定手順を考える。 2．測定物を定盤上に固定（クランプ）する。クランプ方法は「No. 3.17」の備考を参照する。 3．三次元測定機を起動する（図2）。	 図2　起動コマンド
2	プローブ径を指定する	「No. 3.17」の3項と同様に行う（図3）。	
3	基準原点を設定する	1．マスターボール（基準原点）を取り付ける。 2．［基準原点設定］のコマンドを入力する。 3．マスターボールをプローブで入力する。マスターボール中心を基準原点と認識する（図4）。	 図3　プローブ径指定コマンド
4	座標系を設定する	1．基準面を指定する。 2．基準面を補正する。 3．基準軸を補正する。 4．原点を設定する。 「No. 3.17」の4～7項と同様に行う（図1）。	
5	基準面上を測定する	基準面上の要素の測定をする。	
6	次の測定面を指定する	基準面指定と同様にコマンド入力する。	 図4　マスターボールによる基準原点の認識
7	プローブの向きを変更する	1．タッチセンサスイッチを［OFF］にする。 2．プローブの向きを変える。 3．タッチセンサスイッチを［ON］にする。	
8	変更面の座標系を設定する	マスターボールをプローブで入力し，変化量を認識させる（3項と同様に行う）。	
9	変更面を測定する	1．基準面上の測定と同様に，変更面の要素測定を行う。 2．座標系の変更に伴う，出力の方向や記号の変更に注意する。 3．更に測定面を変更する場合は，6～9項を繰り返し行う。	

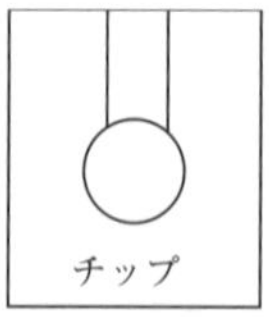

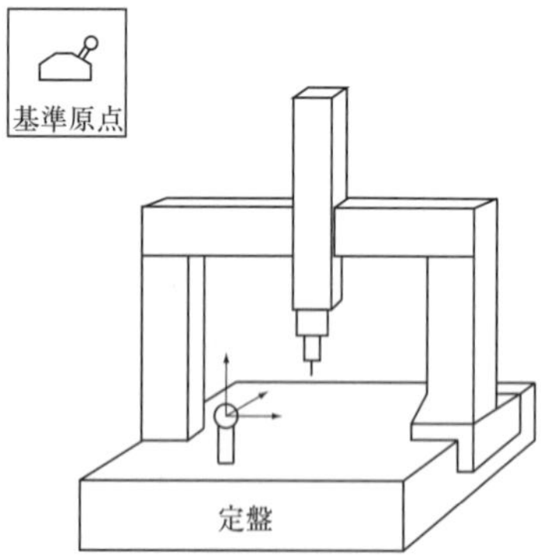

作業名	立体測定（測定中，プローブの向き変更や交換が必要な測定）	主眼点	立体測定の仕方

1．マスターボールの種類

参考図1　マスターボールオリジナル
　　　　　ポイントブロック

各種タッチシグナルプローブの
測定子の補正ボール径を極めて
効率良く求めることができる。

参考図2　キャリブレーションブロック

2．要素結果出力

C　軸，面の投影角……空間上ベクトルを基準面に投影したときの第1軸との交角。
　　　　　　　　　　※線要素成分のみ測定可能

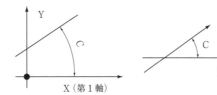

C＝出力

参考図3　C軸と面の投影角

W　軸，面の実交角度……空間上ベクトルと第3軸との交角。
　　　　　　　　　　　※線要素成分のみ測定可能

W＝出力　　　　　　　　　W＝出力

参考図4　W軸と面の実交角度

3．その他の機能

三次元測定機では，単に寸法や角度等の要素測定だけでなく，その他の機能も備えている。

TOL. 公差照合	平均 最大 最小

公差照合……あらかじめ設定した公差内に測定数値が入っているかどうかを判定
　　　　　　する。
平均・最大・最小……多点測定結果データの平均・最大・最小を示す。

シングル ラーン リピート モード選択	エディタ	END プログラム 終了

測定手順を自動的に記憶（プログラム）したり，記憶した手順のプログラムを修
正したりする。
同形状の多数部品を測定するとき，コマンド入力を省くことができる。

参考図5　その他の機能

備

考

| 作業名 | 三針法による測定 | 主眼点 | 三針法によるメートルねじの有効径の求め方 |

| | | 材料及び器工具など |

ボルト
ねじ
外側マイクロメータ
ピッチゲージ
三針
定盤又はVブロック

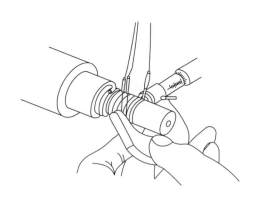

図1　三針法によるねじの測定

番号	作業順序	要　　　点	図　　解
1	準備する	1．ねじを洗い油で洗う。 　必要に応じてエアで測定部を掃除する。 2．ねじ山の角度60°を確かめる（図2）。 3．ねじ山のピッチ（P）を確かめる（図3）。	
2	針径を選ぶ	1．表1から，ねじのピッチに最も適した針径（d_w）を選ぶ（同径の針が3本1組になっている）。 2．それぞれの針径を外側マイクロメータで測定して確かめる。	
3	有効径を測る	1．ねじを定盤又はVブロック上に置いて，安定させる。 2．図4のように，外側マイクロメータのアンビル側に針2本を挟み，スピンドルを進ませながら，残り1本を挟む。 3．針に浮きが生じないように確かめながら，ラチェットストップを回し，測定値（M）を読む。	
4	有効径を算出する	測定値（M）と針径（d_w）から，次式により有効径（d_2）を求める。 山の角度60°の場合（メートルねじ，ユニファイねじ） 　$d_2 = M - (3d_w - 0.86602P)$ 山の角度55°の場合（ウイットねじ） 　$d_2 = M - (3.16568d_w - 0.960491P)$	

図2の上部:

ピッチ（P）

60°

図2　三角ねじ

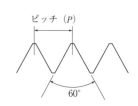

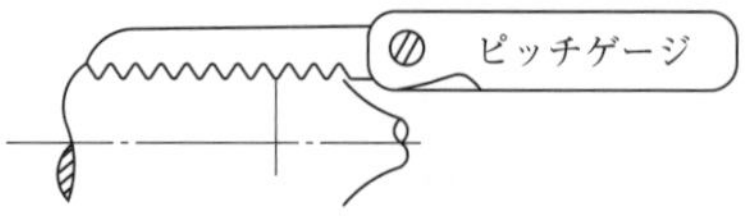

ピッチゲージ

図3　ピッチの測定

表1　ねじのピッチと使用する針径

ピッチ P [mm]	最も適当な d_w[mm]	$0.86602P$ [mm]
0.5	0.288	0.43301
0.7	0.404	0.60621
0.8	0.461	0.69281
1.0	0.577	0.86602
1.25	0.721	1.08252
1.5	0.866	1.2990
1.75	1.010	1.5155
2.0	1.154	1.7320
2.5	1.443	2.1650
3.0	1.732	2.5980
3.5	2.020	3.0310
4.0	2.309	3.4640
4.5	2.598	3.8970
5.0	2.886	4.3301
5.5	3.175	4.7631
6.0	3.464	5.1961
6.5	3.753	5.6201
7.0	4.041	6.0621
7.5	4.330	6.4951
8.0	4.619	6.9281
8.5	4.907	7.3611
9.0	5.196	7.7942
9.5	5.484	8.2272
10.0	5.773	8.6602

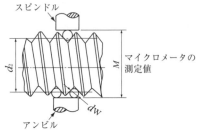

スピンドル

d_2

M　マイクロメータの測定値

d_w

アンビル

図4　有効径の測定

作業名	三針法による測定	主眼点	三針法によるメートルねじの有効径の求め方

1．参考図1は，外側マイクロメータに針取り付け具を用いて使用する測定器である。

2．参考図2はねじマイクロメータで，測定部にそれぞれのねじ山に適した測定子を取り付けることによって，有効径を直読できる。目盛の読み方は普通のマイクロメータと同じである。

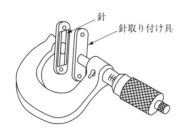

参考図1　針取り付け具を用いた測定器

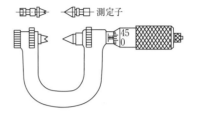

参考図2　ねじマイクロメータ

3．メートル並目ねじの各部の寸法を，参考表1に示す。

メートルねじの有効径は，次の式で求められる。$d_2 = d - 0.649519P$

（例）M 20×1.5 の有効径を求めると，$d_2 = 20 - 0.649519 \times 1.5 = 19.025722$

参考表1　メートル並目ねじ

[単位：mm]

ねじの呼び（※）			ピッチ	ひっかかりの高さ	め　ね　じ		
					谷の径 D	有効径 D_2	内　径 D_1
					お　ね　じ		
1欄	2欄	3欄	P	H_1	外　径 d	有効径 d_2	谷の径 d_1
	M14		2	1.083	14.000	12.701	11.835
M16			2	1.083	16.000	14.701	13.835
		M18	2.5	1.353	18.000	16.376	15.294
M20			2.5	1.353	20.000	18.376	17.294
	M22		2.5	1.353	22.000	20.376	19.294
M24			3	1.624	24.000	22.051	20.752

（注）　※は1欄を優先的に，必要に応じて2欄，3欄の順に選ぶ。

備

考

出所：(参考表1) JIS B 0205：1997「メートル並目ねじ」付表1（抜粋）

| 作業名 | 直線のけがき（1） | 主眼点 | けがき針による線の引き方 |

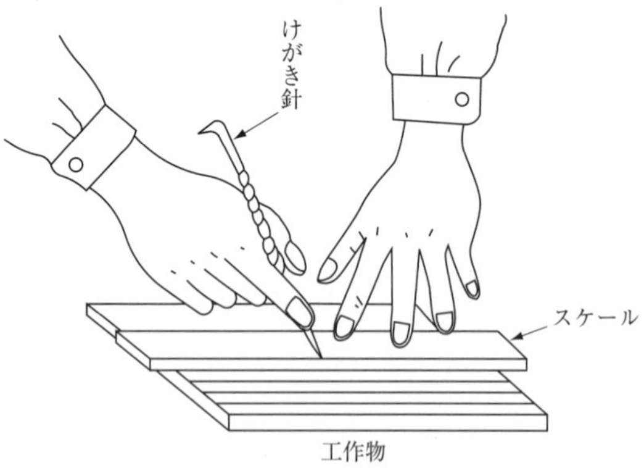

図1　直線のけがき

材料及び器工具など

薄鋼板（t 2 ×150×200）
青竹（けがき塗料）
けがき針
油といし
スケール（300mm）
台付きスコヤ
ウエス

番号	作業順序	要　点	図　解
1	準備する	1．けがき針の先端を油といしで円すい形に研ぐ（図2）。 2．けがき面をウエスで拭く。 3．けがき面に青竹を一様に塗る。 4．平らな端面を基準面に定める。	
2	横線を引く	1．工作物の両端面にスケールとけがき針で5mm間隔の印を付ける（図3）。 2．左端の印にけがき針の針先を置き，スケールを針先と右端の印に合わせる。 3．左手でスケールを動かないように，しっかり押さえる（図1）。 4．けがき針を引く方向右側に約15°倒し，針先がスケールから離れないようにして，左から右に引く（図4）。 5．1回で細く深く，はっきりと引く。 6．反復繰り返し，等間隔に直線を引く。	
3	縦線を引く	1．基準面側の端部に5mm間隔の印を付ける。 2．図5のように，台付きスコヤを基準面にあてがう。平スコヤの場合は，Vブロックを用いる。 3．端部の印に針先をのせ，スコヤをずらして針先に合わせる。 4．左手でスコヤを動かないようにしっかり押さえて，けがき線を下から上に引く。 5．反復繰り返し，等間隔に垂直線を引く。	

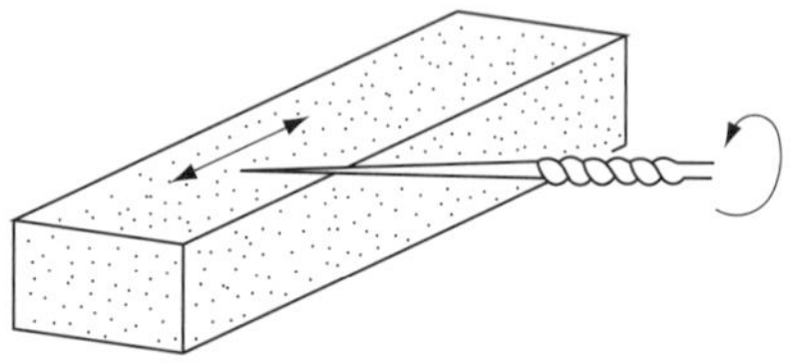

図2　けがき針の研ぎ方

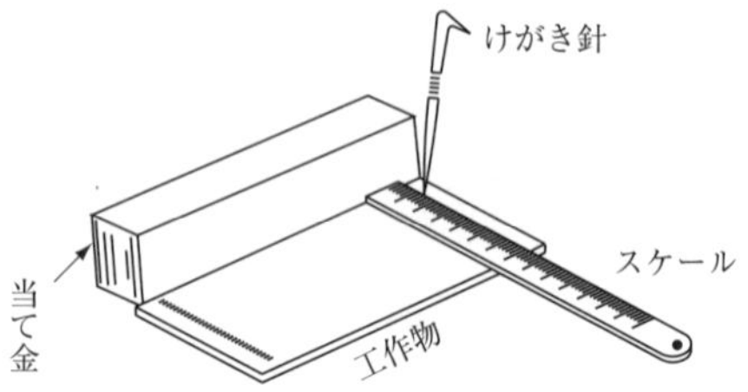

図3　けがきの準備

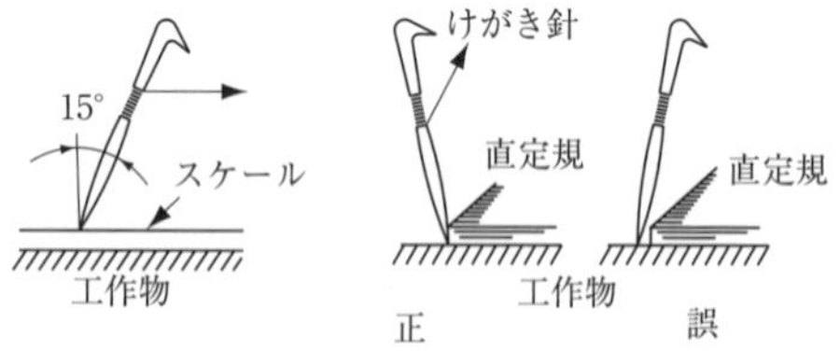

図4　直線（横線）のけがき方

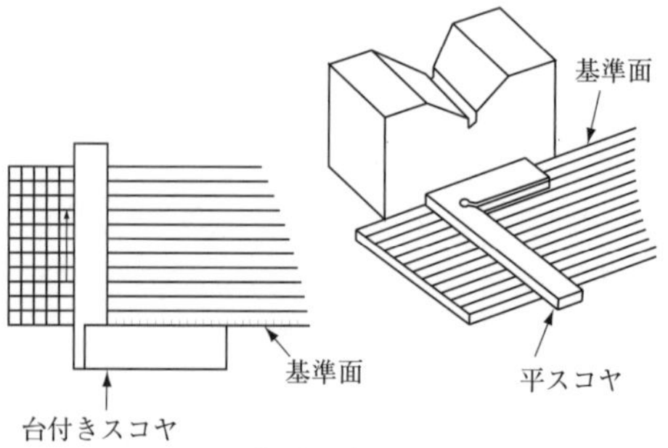

| | 1．縦線のけがきは，工作物が小物の場合は工作物をけがきやすい方向に置き替えて線を引いて差し支えない。本書では縦，横の線のけがき練習のために，この方法で行う。
2．針先に加える力の加減は，黒皮及び硬材には強く，磨き仕上げ面や軟金属は軽く引く。
3．丸棒の軸線に平行なけがき線は，参考図1のようにアングル材を使用すると便利である。
4．けがき塗料は，黒皮にはご粉かチョークを，仕上げ面には青竹かマジックインキを用いる。 |

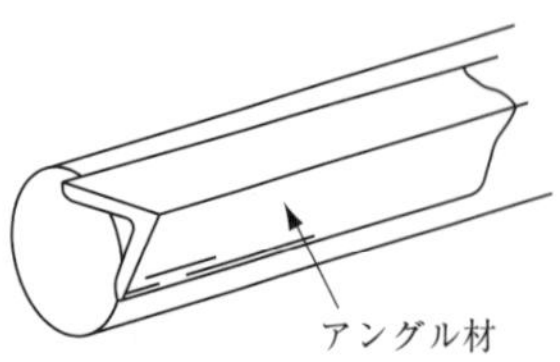

備

考

参考図1　丸棒へのけがき

図5　直線（縦線）のけがき方

		番号	No. 3.22－1
作業名	直線のけがき（2）	主眼点	トースカンによる線の引き方

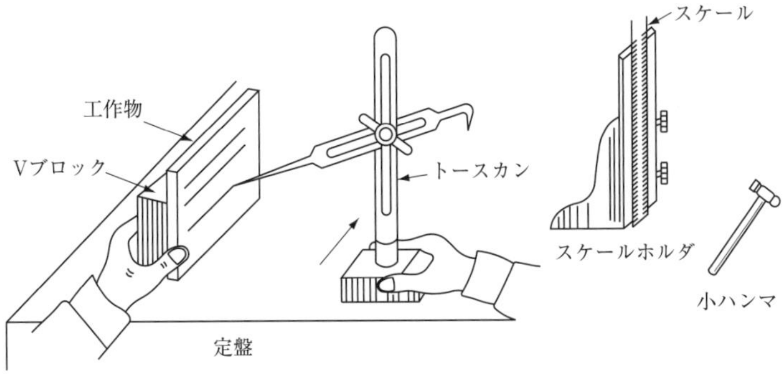

図1　けがきのやり方

材料及び器工具など

薄鋼板（t 2×150×200）
トースカン
スケールホルダ
油といし
小ハンマ
スケール
Vブロック
定盤
青竹（けがき用塗料）
ウエス

番号	作業順序	要　点	図　解
1	準備する	1．トースカン及び定盤をウエスで拭く。 2．スケールをスケールホルダに取り付ける。 3．トースカンの針先を油といしで鋭く研ぐ。 4．けがき面にけがき用塗料を塗る。 5．けがきの基準となる面を定める。	 図2　トースカンの締め方
2	針先をスケールの目盛に合わせる	1．ちょうねじを緩めて，針先がやや下を向く程度にスケールの目盛に合わせる。 2．ちょうねじを初めは手で締め，次に小ハンマで締め方向に小刻みにたたいて，ちょうねじを締め付ける（図2）。 3．再度トースカンの針先をスケールの目盛にあてがう。 　狂いを図3のように左手で台をしっかり押さえながら，小ハンマで針を小刻みにたたいて微調整し，針先を目盛に正確に合わせ，ちょうねじを再度小ハンマでしっかり締め付ける。	 図3　針先の微調整
3	けがく	1．左手で工作物が動かないように，薄物は図1のようにVブロックを添えて垂直に保持する。 2．右手でトースカンの台を定盤に押し付けるようにしてしっかり握る。 3．けがき方向に60°傾けて，トースカンの台を定盤に押し付けながら滑らせてけがく（図4）。 4．針先から切りくずが出てくるくらいに強く，はっきり線が出るようにけがく。	 図4　けがき方向の角度
4	繰り返す	1．2，3項を反復して，指示された間隔で直線を引く。 2．針先の向きが大きく変わらない範囲の寸法では，針先の移動はちょうねじを小ハンマで小刻みにたたいて軽く緩め，針先をスケールの目盛に合わせてから，再度小ハンマで締め付ける。	

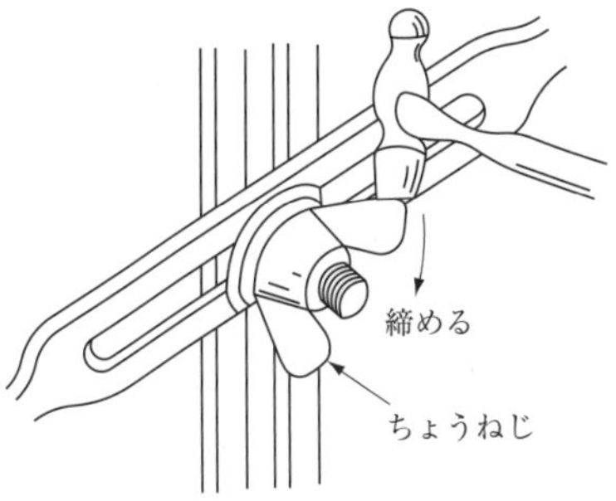

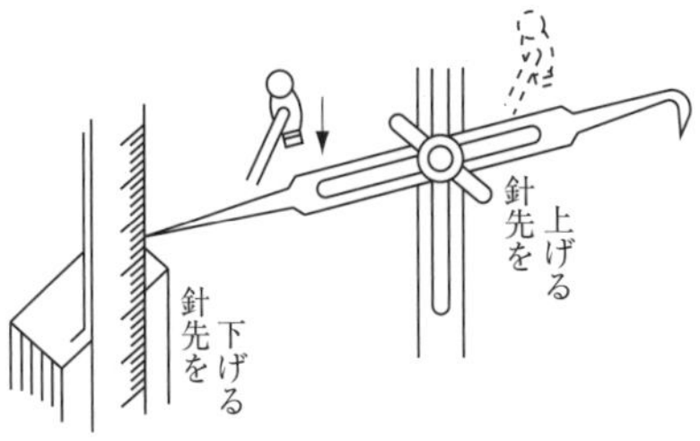

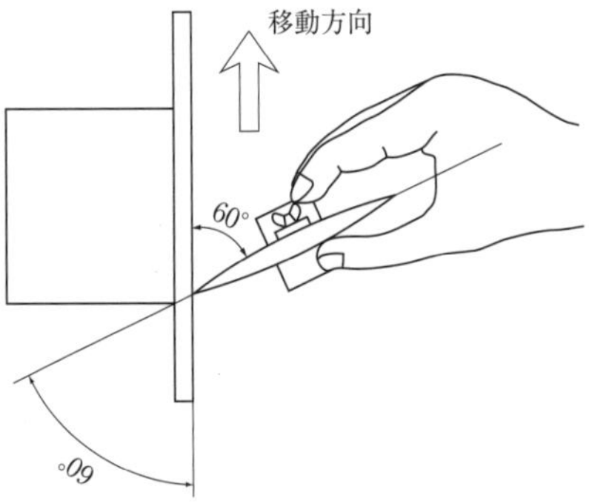

1．大物の薄板は，イケール又は金ますにしゃこ万力を用いて保持する。
2．工作物が重く安定しているときは，両手でトースカンの台を押さえながら引くとよい。
3．針先が上を向いていると，けがくときトースカンがぐらつき，線が曲がりやすい。
4．作業が終わったら，トースカンの針先は必ず参考図1のように下に向けて，反対側の針先にキャップをかぶせておかないと危険である。
5．曲がり針先は，平行又は心出しに用いる。
6．トースカンの針先でスケールの面上に，試し書きをしてはならない。目盛が読みにくくなる。
7．精密なけがきには，ハイトゲージが用いられている（「1．工具類」参照）。

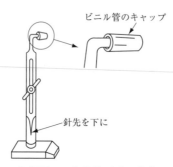

ビニル管のキャップ

針先を下に

参考図1　作業終了時の状態

備

考

| 作業名 | ハイトゲージによる直線のけがき | 主眼点 | ハイトゲージの取り扱い及び直線のけがき方 |

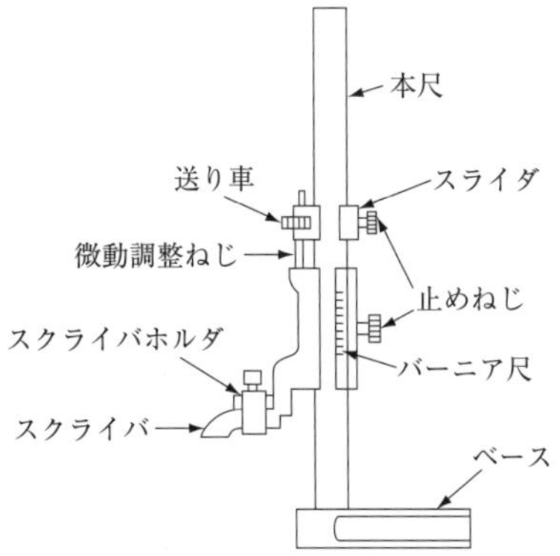

図1　ハイトゲージ

材料及び器工具など

工作物（測定用ピース）
ハイトゲージ
Ｖブロック
定盤

番号	作業順序	要　　　点	図　　解
1	寸法合わせ方法	1．バーニア尺の"0"を目標の本尺目盛付近に合わせる。 2．スライダをクランプする。 3．スクライバホルダを下に押し付ける。 　微動調整ねじのバックラッシをなくす。 4．バーニア尺目盛と本尺の目盛を正しく合わせる。 5．バーニア尺をクランプする。	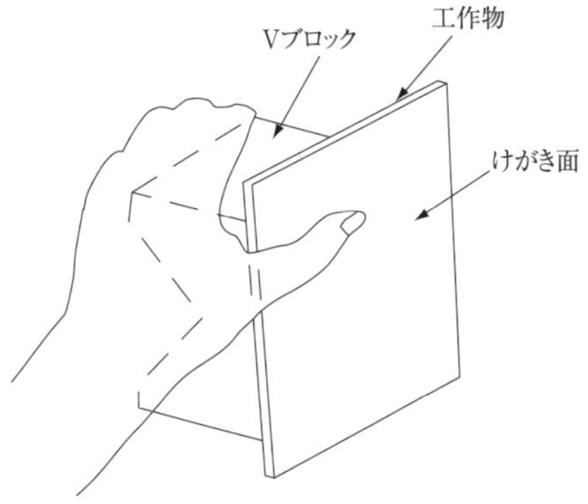 図2　工作物の持ち方
2	直線をけがく （薄板）	1．定盤の上にVブロックを立てて載せる。 2．工作物をVブロックで支えて左手で持つ（図2）。 　けがきの圧力に対して薄い工作物が倒れるのを防ぐ。 3．ハイトゲージをけがき面に対して60°に傾ける（図3）。 　※けがきが最もスムーズにできる角度である。 4．60°の角度を保ち↑の方向へ線を引く。	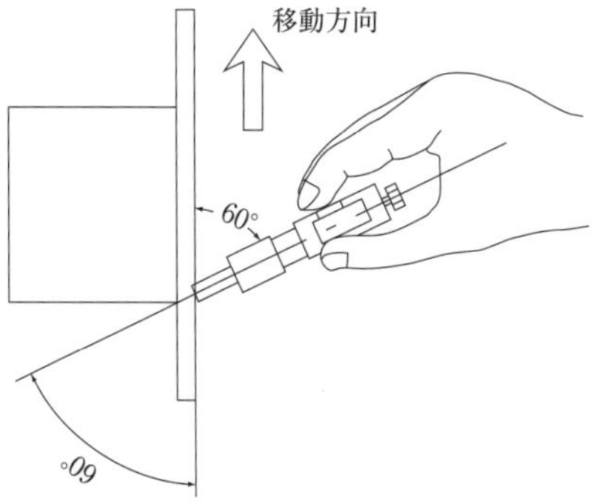 図3　けがきの仕方

| 備考 | 1．ハイトゲージのスクライバ先端は鋭く，けがき終了時に，工作物を支える手に当てて負傷することがある。工作物を支える手が，けがき線の延長線上にないかを確認する。
2．けがき前の姿勢に無理はないか確認する。 |

作業名	円のけがき	主眼点	コンパスによる円のけがき方

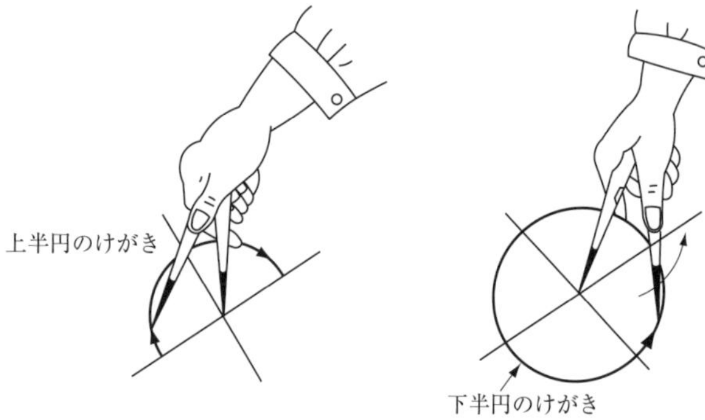

図1　円のけがき

上半円のけがき

下半円のけがき

材料及び器工具など

薄鋼板（ t 2 ×150×200）
コンパス
スケール
油といし
ポンチ

番号	作業順序	要　　　点	図　　　解
1	コンパスを点検する	1．コンパスの足先が両方合っているかを確かめる（僅かに段差をつける）（図2）。 2．コンパスの足先の摩耗は，油といしで研ぐ。 3．両手でコンパスを開閉し，かしめ具合を確かめる。	 不良　　　　良 図2　コンパスの足先形状
2	ポンチを打つ	けがき線の交点に正確にポンチを打つ（図3）。	 中心に小さく　　不正確 ポンチ穴　正　　ポンチ穴　過大 図3　交点のポンチ位置
3	コンパスを寸法に開く	1．左手にスケールを持ち，コンパスの開きを目盛に合わせる。 2．小寸法はやや大きめに開いておき，右手で絞るようにして，スケールの寸法に合わせる。 3．大寸法はスケールを作業台上に置き，両手で開閉しながら寸法に合わせる。 4．微調整は図4に示すように，小刻みに打ち付けながら寸法に合わせる。	
4	円をけがく	1．ポンチ穴に足先を合わせ，けがき中にコンパスが踊らないように，手のひらでコンパスの頭部を押さえながら握る（図1）。 2．左下から右回しに親指に力を加えながら，引く方向にやや傾けて半円をけがく。 3．コンパスにかかる親指の位置を変えて，左下から残りの半円をけがく。	 開くとき　　　閉じるとき 図4　微調整
備考		1．穴あけに際しては，参考図1に示すような，捨てけがき（捨てコンパス）を行う。捨てけがきには目安ポンチを打たない。捨てけがきの内側は，穴あけ途中における偏心の有無の案内となり，外側は穴をあけ終わってからの確認に用いる。 2．コンパスの開閉が軟らかすぎると，けがき中にコンパスの開きが変わり，正しい円がけがけない。 3．穴あけ用のけがきは，センタポンチを再度強く打ち直す。	 目安ポンチ センタポンチ 捨てけがき 参考図1　捨てけがき

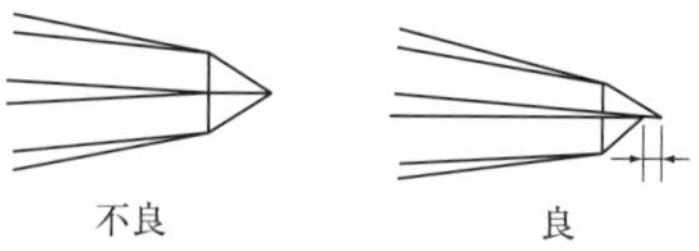

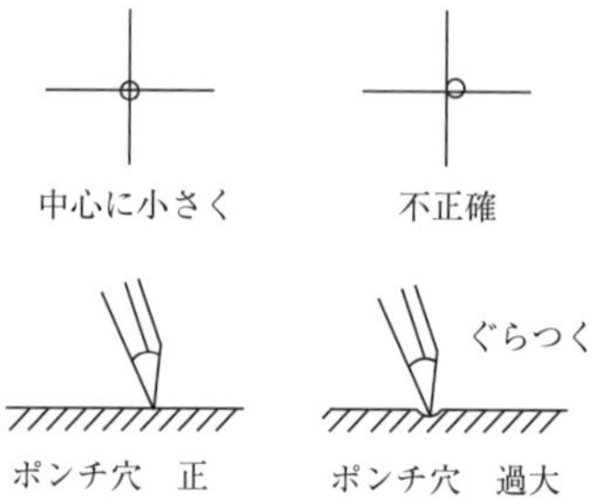

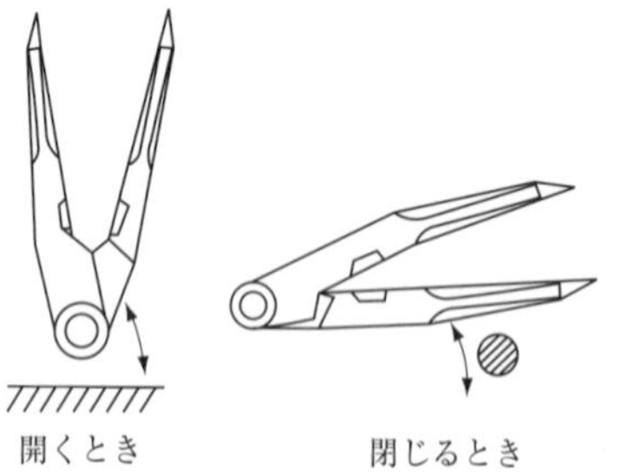

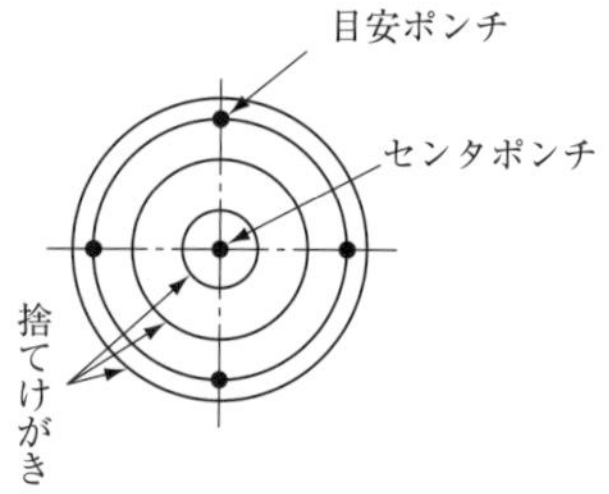

作業名	センタポンチの打ち方	主眼点	センタポンチの打ち方

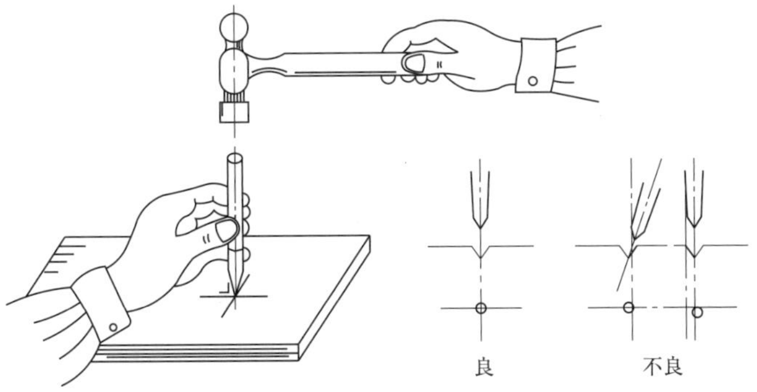

図1　ポンチの打ち方

材料及び器工具など

薄鋼板（t 2 ×150×200）
小ハンマ
センタポンチ
ウエス

番号	作業順序	要　　点	図　　解
1	準備する	1．ポンチ先端の損傷及び角度60°を確かめる（図2）。 2．ポンチ及びハンマの油はウエスで拭き取る。 3．けがき線を確かめる。	 図2　ポンチ先端
2	工具を持つ	1．左手にポンチを，図3に示すように，中指にほぼ直角に持つ。 2．右手で小ハンマの柄の端を握る。	 図3　ポンチの保持
3	ポンチを打つ	1．図1のように，打刻位置近くに左手を置く。 2．ポンチの先端をけがき線の交点に当て，ポンチを垂直に立てる。 3．ポンチを小ハンマで軽く打つ。打撃方向がポンチの軸線と一致するようにする。 4．ポンチ跡が正しく交点上にあるかどうかを確かめる。 5．ずれているときは，図4のように，ポンチを小ハンマでたたきながら起こして，修正する。 6．正しい位置にあるときは，もう一度ポンチ跡に合わせて，手首のスナップをきかせて強く打つ。	 図4　ポンチ跡の修正
備 考		1．けがき線が消えても形状が分かるように，けがき線上に打つポンチを目安ポンチ（マークポンチ）という。 2．穴あけの中心に打つポンチをセンタポンチといい，目安ポンチより強く打つ。 3．目安ポンチは，曲線部は細かく，また，けがき線の交点には必ず打っておく。 4．目安ポンチは，仕上がり品にポンチ跡が残ると具合の悪いものは，線の外側に打つ。 参考図1　センタポンチと目安ポンチ	

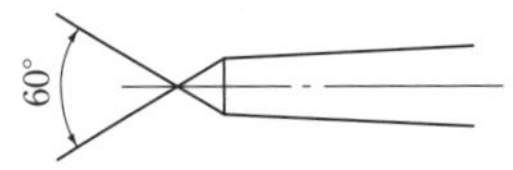

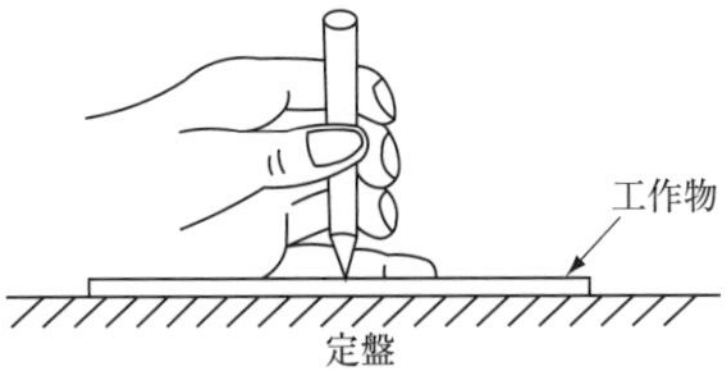

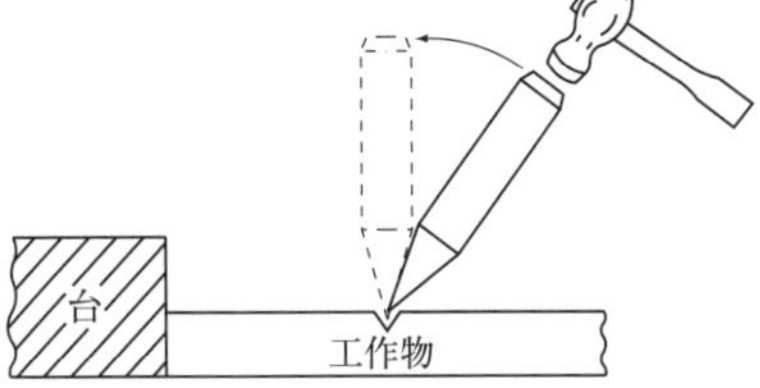

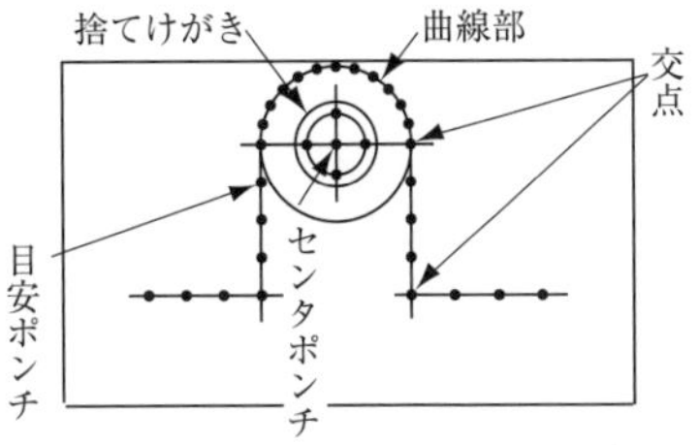

番号		No. 3.26
作業名	金ますによるけがき	主眼点
		金ますによる角度のけがき方

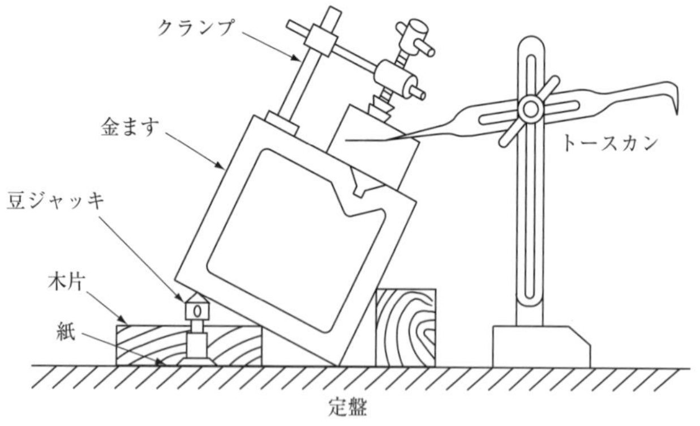

図1　金ますによるけがき

材料及び器工具など

工作物（測定用ピース）
金ます
ユニバーサルベベルプロトラクタ
トースカン
けがき用塗料
豆ジャッキ
小ハンマ
定盤
クランプ
ウエス

番号	作業順序	要　点	図　解
1	準備する	1．工具，定盤及び工作物をウエスで拭く。 2．トースカンの針先を確かめる。 3．けがき面にけがき塗料を塗る。 4．金ますの豆ジャッキが当たる部分に支え穴をもみ付けておく。	 図2　工作物の取り付け
2	金ますに工作物を取り付ける	1．図2のように，けがき面が金ます面と同一になるように定盤上に並べておいて，クランプで固定する。 2．工作物が定盤面と接触しているかどうかを確かめる。	
3	金ますを傾ける	1．ユニバーサルベベルプロトラクタで所要の角度を作る。 2．豆ジャッキ及び金ますの下に紙を敷いて，滑り止めをする。 3．金ますを傾け，豆ジャッキを支え穴にあてがう。 4．豆ジャッキを調整して，図3のように，金ますの側面をユニバーサルベベルプロトラクタのブレードに合わせる。	 図3　角度の調整
4	けがく	1．金ますが倒れたとき，危険防止のため当て木をする（図1）。 2．金ますが動かない程度にトースカンでけがく。	
備考		1．簡単なものでは，金ますを用いずに直接トースカンでけがく。 2．あまりトースカンに力を加えられないので，針先は特に鋭く研いでおく。 3．金ますは一般に小物のけがきに用い，直交線のけがきに便利である。 4．丸棒を金ますに取り付けるときは，V溝を使用する。 5．45°のけがきは，参考図1に示すように，金ますをVブロックに載せてけがくか，工作物の外周が仕上がっているときには，Vブロック上に直接工作物を載せてけがくとよい。	 参考図1　45°のけがき

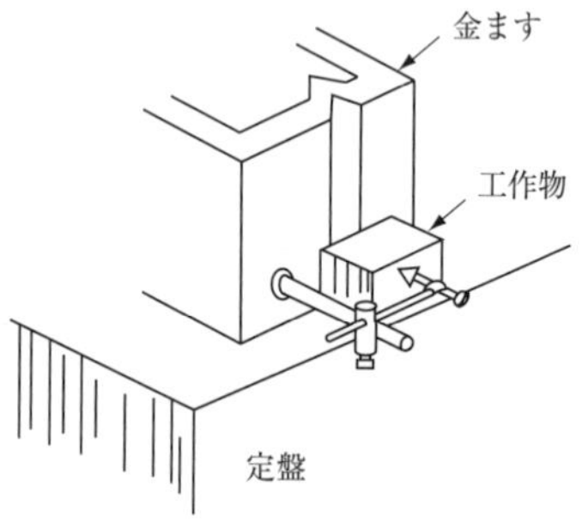

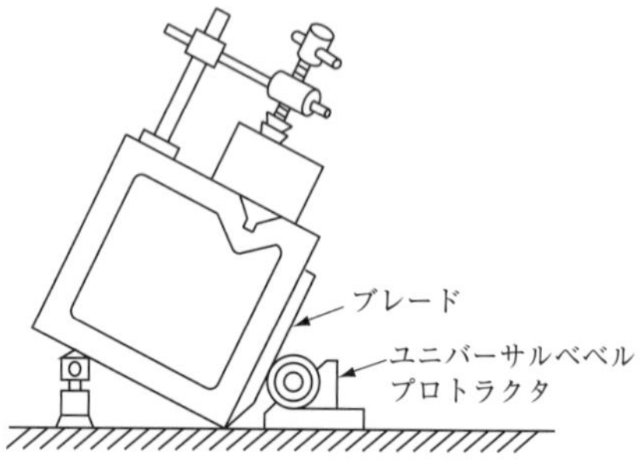

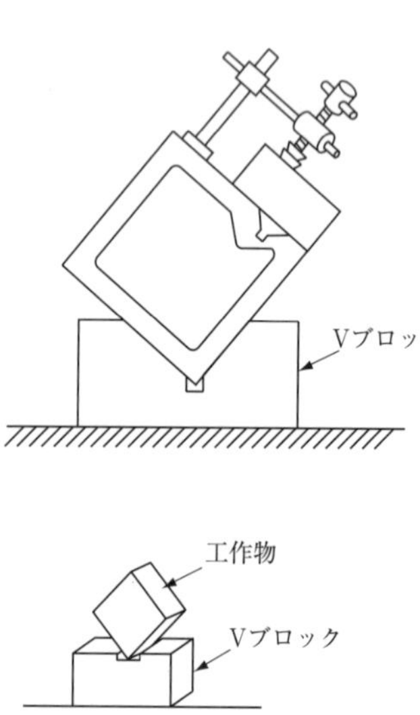

作業名	キー溝のけがき	主眼点	軸及び穴のキー溝のけがき方

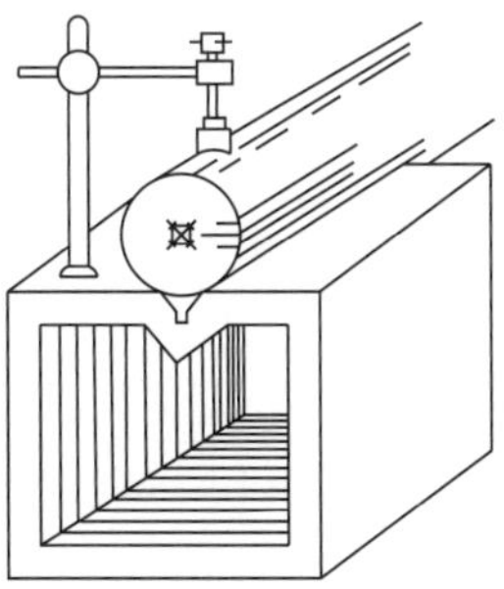

	材料及び器工具など

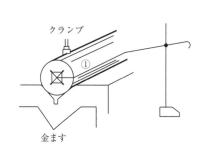

図1　軸のキー溝のけがき 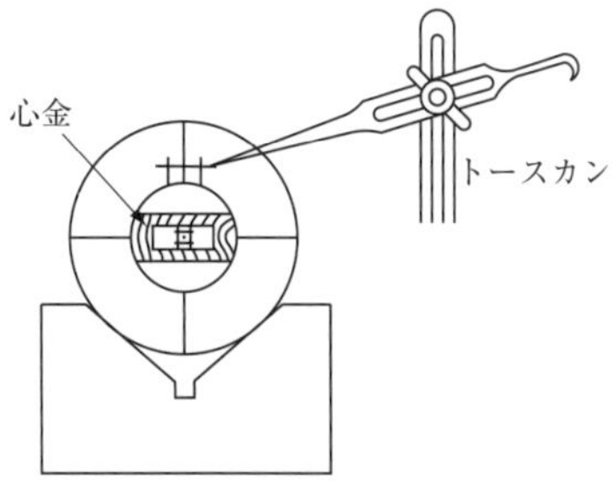　　　図2　穴のキー溝のけがき

工作物（測定用ピース）
トースカン
Ｖブロック
けがき針
けがき用塗料
金ます
片パス
スコヤ
スケール
スケールホルダ
小ハンマ

番号	作業順序	要　　点	図　　解
1	準備する	1．工作物のけがき部分及び端面に，けがき用塗料を塗る。 2．スケールをスケールホルダに取り付ける。 3．トースカンの針先を調べる。	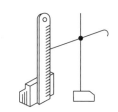 図3　中心線のけがき
2	軸にキー溝をけがく	1．端面の中心を求める（「No. 3.29」参照）。 2．軸を金ますのV溝にクランプで固定する。 3．図3のように，トースカンの針先を中心に合わせて，中心線①を端面及び軸線方向にけがく。 4．トースカンの針先の高さをスケールで読み取る（図4）。 5．キー溝の幅を中心線の上下に振り分けて，線②，③をけがく（図5）。 6．金ますを90°倒して，トースカンの針先を中心に合わせて，高さをスケールで読み取る。 7．軸径の1/2からキー溝の深さを減じた寸法だけトースカンの針先を上に移動させて，線④をけがく（図6）。 8．図7のように金ますを倒して，キー溝の長さ線⑤をけがく。	図4　トースカンの針先の読み取り 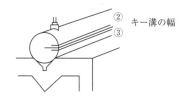 図5　キー溝幅のけがき

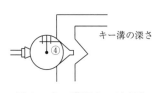

図6　キー溝深さのけがき

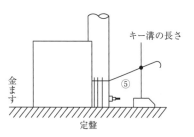

図7　キー溝長さのけがき

| 作業名 | キー溝のけがき | 主眼点 | 軸及び穴のキー溝のけがき方 |

番号	作業順序	要　　　点	図　　　解
3	穴にキー溝を けがく	1．穴に心金を入れ，中心を求める（「No. 3.28」参照）。 2．工作物をVブロックに載せ，トースカンの針先を中心に合わせる（図8）。 3．直角けがき線①，②をけがく（「No. 3.29」参照）。 4．キー溝の幅を線②の上下に振り分けて，線③，④をけがく（図9）。 5．キー溝の深さは，工作物を90°回して左手で動かないように押さえ，トースカンの針先を中心から穴径の1/2にキー溝の深さを加えた寸法だけ上に移動して，図2のようにけがく。 6．Vブロック上でけがき中に動かない大物の工作物は，図10のように片パスを穴径＋キー溝の深さに開き，足先にスコヤをあてがって，けがき針でけがくとよい。	心金 図8　穴の中心の求め方 ①②③④ 図9　穴のキー溝幅のけがき 図10　スコヤを用いたけがき

| 備考 | 1．参考図1のように，アームのある工作物では，キー溝は必ずアームのある部分にけがく。
2．Vブロックで工作物を支える場合は，必ずスコヤで直角けがき線の垂直を確かめてからけがく。

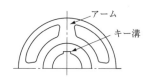
アーム
キー溝

参考図1　アームのある工作物のけがき |

作業名	穴の心出し	主眼点	片パスによる中心の求め方

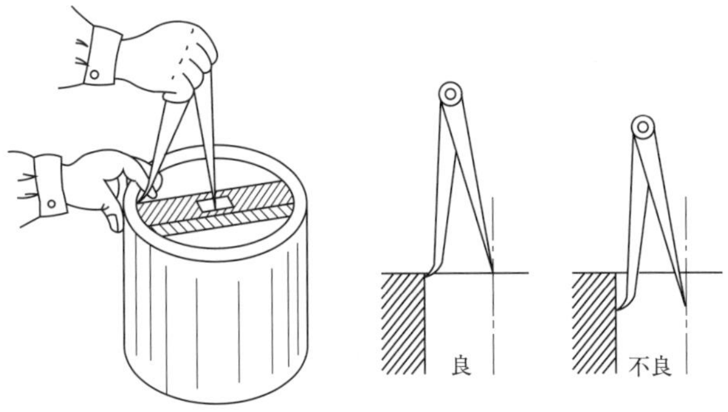

材料及び器工具など
工作物（測定用ピース） のこぎり 片パス ポンチ 銅ハンマ 木片 銅板 金切りばさみ

図1　穴の心出し

番号	作業順序	要　　点	図　　解
1	準備する	1．片パスの足先及び，かしめ具合を確かめる。 2．針先を研ぐ。	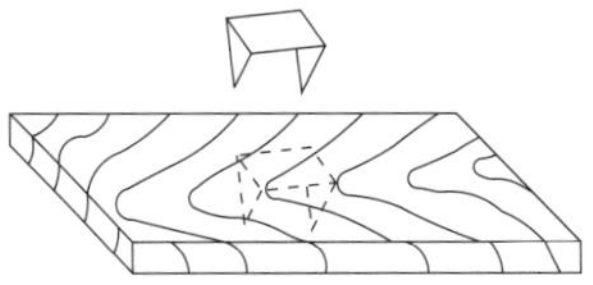 図2　銅板の打ち付け
2	ブリッジをかける	1．木片を工作物に合わせ，やや大きめに加工する。 2．図2のような銅板を木片の中央部に打ち付ける。 3．図3のように，けがき面と同じ高さになるように打ち込む。	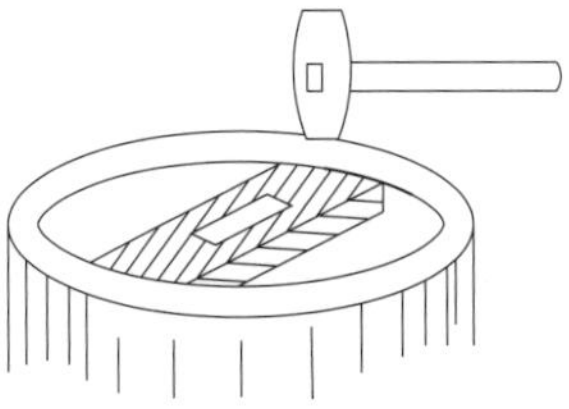 図3　木片の打ち込み
3	心出しをする	1．図1のように，片パスをほぼ穴径の1/2に開く。 2．片パスの曲がり足を図1のように人指し指で保持する。 3．右手で曲がり足を軸に円弧をけがく。 4．ほぼ90°ずつ位置を変えて，#形をけがく。 5．図4のようにけがかれたものを，目測又は対角線を引いて中心を求め，ポンチを打つ。	 図4　中心の求め方

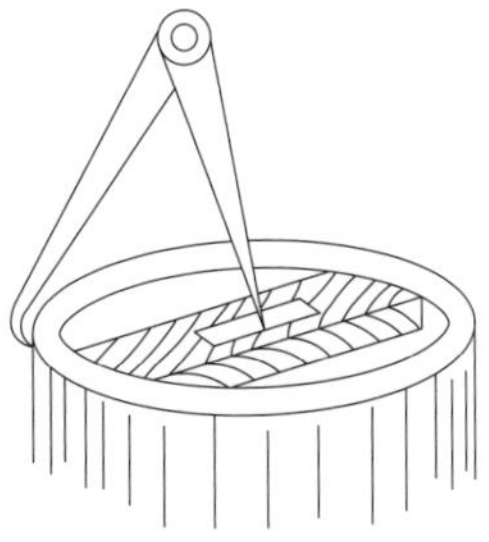

備考	1．穴径の小さいときは，銅板又は鉛板を直接打ち込む。 2．曲がり足は浅く，常に一定の深さに保持する。 3．工作物によって，外周を基準とするときは，参考図1に示すように，外周に曲がり足を当てる。 参考図1　外周基準の心出し

| 作業名 | 丸棒の心出し | 主眼点 | トースカン，片パス及び心出し定規による中心の求め方 |

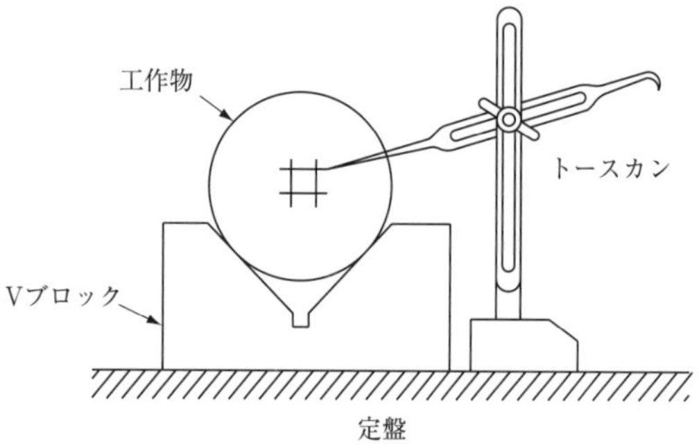

図1　丸棒の心出し

材料及び器工具など

工作物（測定用ピース）
けがき針
トースカン
小ハンマ
直定規
Ｖブロック
定盤
スコヤ

番号	作業順序	要　　　点	図　　　解
1	トースカンによる方法（1）（図2）	1．図1のように，定盤上のＶブロックに工作物を載せる。 2．トースカンの針先をほぼ中心に合わせ，水平な①線をけがく。 3．工作物を90°回して①線を定盤上に立てたスコヤに合わせる。 4．①線と同じ針先で②線をけがく。 5．同様にして，それぞれ90°ずつ回して③，④線をけがいて井形を求める。 6．直定規とけがき針で対角線⑤，⑥をけがき，交点Ｏ（中心）を求める。	
2	トースカンによる方法（2）（図3）	1．図3のように，トースカンの針先をほぼ中心に合わせて，水平線a－bをけがく。 2．工作物を180°回して，同一高さのトースカンの針先にけがき線の一端bを合わせる。 3．そのままトースカンを移動させて，他端に印cを付ける。 4．ａｃ間の1/4に相当する位置dに，トースカンの針先を修正する。 5．このトースカンの針先で水平線をけがく。 6．工作物を90°回して，けがき線をスコヤに合わせ，直交線のけがき交点（中心）を求める。	図2　トースカンによる心出し（1）

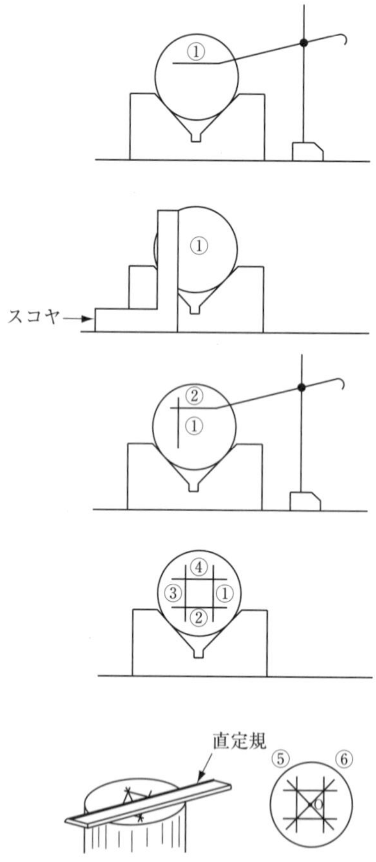

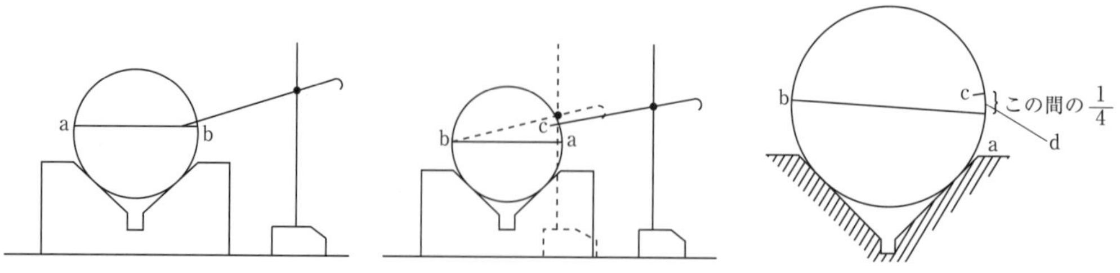

図3　トースカンによる心出し（2）

作業名	丸棒の心出し	主眼点	トースカン，片パス及び心出し定規による中心の求め方

番号	作業順序	要　　点	図　　解
3	片パスによる方法（図4）	1．工作物を平面上に垂直に安定した状態に立てる。 2．片パスをほぼ工作物の半径に開いて，図4に示すように，左手親指で曲がり足先端を押さえる。 3．右手で片パスを回して円弧をけがく。 4．ほぼ90°ずつ位置をずらして，♯形をけがく。 5．対角線をけがいて交点，又は目測によって中心を求める。	（3方向による） 図4　片パスによる心出し
4	心出し定規による方法（図5）	1．工作物を安定した状態に立てる。 2．V面を工作物の外周に密着させて，けがき針で直線をけがく。 3．ほぼ90°位置を変えて直線をけがき，交点（中心）を求める。	心出し定規　　　　工作物 図5　心出し定規による心出し

備考	1．外周が仕上がっている場合，正確な中心の求め方としては1項の方法がよい。♯形はできるだけ大きいほうが，正確な中心が求められる。 2．外周が黒皮のままの丸棒や旋盤加工における心もみでは，それほど正確な中心を必要としないので，スコヤを用いずに目測で90°ずつ回して，♯形をできるだけ小さくけがくか，3項及び4項の方法が多く用いられる。 3．直交線のけがきは，トースカンの針先を中心に合わせて，参考図1に示す順序で行う。2項は直交線のけがきに便利である。 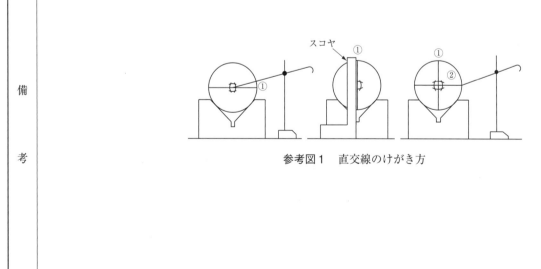 参考図1　直交線のけがき方

		番号	No. 4. 1－1
作業名	帯のこ盤の取り扱い	主眼点	操作と切断

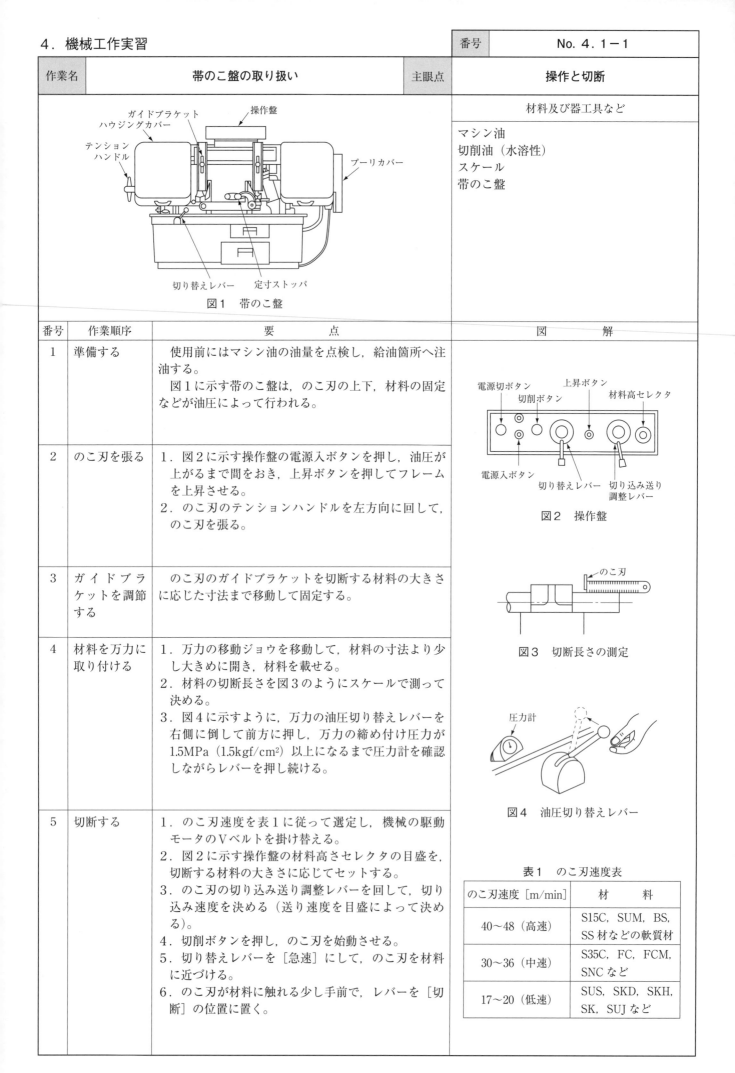

図1　帯のこ盤

材料及び器工具など

マシン油
切削油（水溶性）
スケール
帯のこ盤

図2　操作盤

図3　切断長さの測定

図4　油圧切り替えレバー

番号	作業順序	要　　　　点
1	準備する	使用前にはマシン油の油量を点検し，給油箇所へ注油する。 　図1に示す帯のこ盤は，のこ刃の上下，材料の固定などが油圧によって行われる。
2	のこ刃を張る	1．図2に示す操作盤の電源入ボタンを押し，油圧が上がるまで間をおき，上昇ボタンを押してフレームを上昇させる。 2．のこ刃のテンションハンドルを左方向に回して，のこ刃を張る。
3	ガイドブラケットを調節する	のこ刃のガイドブラケットを切断する材料の大きさに応じた寸法まで移動して固定する。
4	材料を万力に取り付ける	1．万力の移動ジョウを移動して，材料の寸法より少し大きめに開き，材料を載せる。 2．材料の切断長さを図3のようにスケールで測って決める。 3．図4に示すように，万力の油圧切り替えレバーを右側に倒して前方に押し，万力の締め付け圧力が1.5MPa（1.5kgf/cm²）以上になるまで圧力計を確認しながらレバーを押し続ける。
5	切断する	1．のこ刃速度を表1に従って選定し，機械の駆動モータのVベルトを掛け替える。 2．図2に示す操作盤の材料高さセレクタの目盛を，切断する材料の大きさに応じてセットする。 3．のこ刃の切り込み送り調整レバーを回して，切り込み速度を決める（送り速度を目盛によって決める）。 4．切削ボタンを押し，のこ刃を始動させる。 5．切り替えレバーを［急速］にして，のこ刃を材料に近づける。 6．のこ刃が材料に触れる少し手前で，レバーを［切断］の位置に置く。

表1　のこ刃速度表

のこ刃速度［m/min］	材　　　料
40～48（高速）	S15C，SUM，BS，SS材などの軟質材
30～36（中速）	S35C，FC，FCM，SNCなど
17～20（低速）	SUS，SKD，SKH，SK，SUJなど

作業名	帯のこ盤の取り扱い		主眼点	操作と切断

番号	作業順序	要　　　点	図　　　解
6	切断を繰り返す	1．材料が切断され，フレームが上昇したら，切り替えレバーを［停止］の位置に置く。 2．万力の油圧切り替えレバーを左側に倒して万力を緩め，材料を引き出す。 3．必要な数だけ材料を切断する。 4．切断が終わったら電源を切り，のこ刃の張りを緩めて，フレームを下降しておく。	
備考		1．のこ刃の取り替えを行う場合は，必ず皮手袋をはめて行う。 2．切断材料の取り出しは，機械が停止してから行う。	

作業名	のこ刃の取り扱い	主眼点	解き方，たたみ方

材料及び器工具など
のこ刃 皮手袋 保護めがね

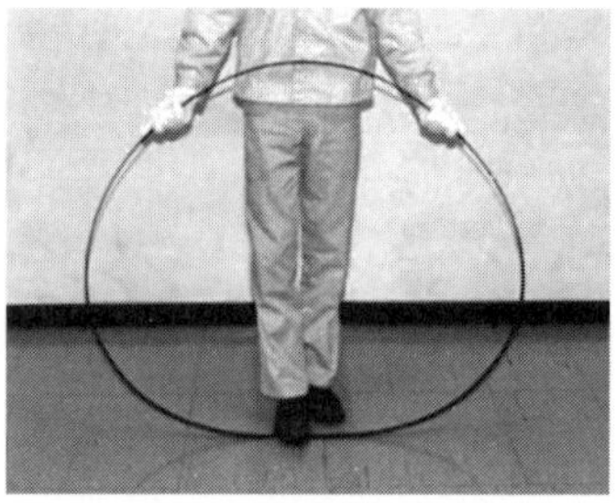

図1　たたんだのこ刃　　　　　図2　解いたのこ刃

番号	作業順序	要　　点	図　　解
1	準備する	保護めがねと皮手袋を着用する。	
2	右手で持つ	刃先を左向きにして，のこ刃を束ねているバンドの部分を右手で持つ（図3）。	
3	バンドを外す	ゆっくり外す。	
4	右手で2本を左手で1本を持つ	右手の2本は，X形になっている部分を持つ（図4）。	
5	左手側の1本を開く	ゆっくりと行う（図5）。	
6	下にあるX形部分を握る	しっかりと行う（図6）。	
7	右手の輪を下からむこうへ向けてほどく	左手の手のひら側を自分のほうに向け，ゆっくりと行う（図7）。	
8	左手X部分を1本ずつ持ち直し，全体を輪に広げる（解き方終了）	外側へひねるようにしながら行う（図8）。	

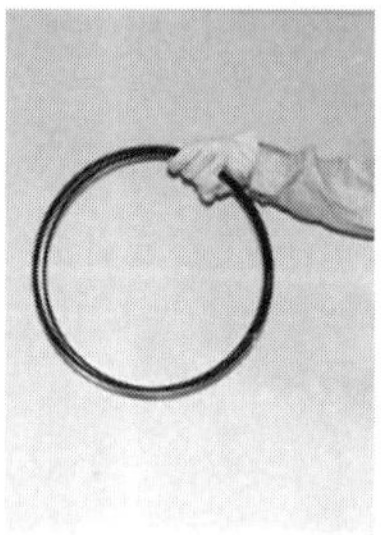

図3　のこ刃の
　　　解き方①

図4　のこ刃の
　　　解き方②

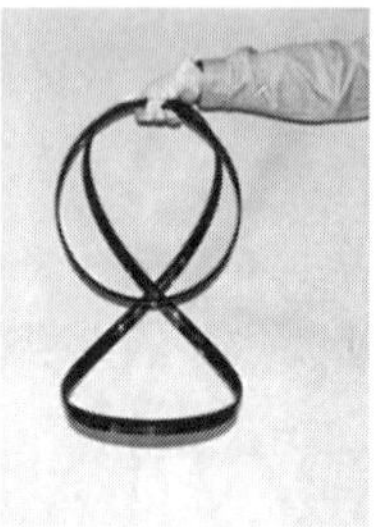

図5　のこ刃の
　　　解き方③

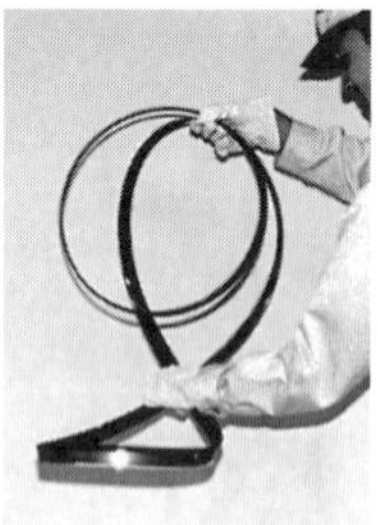

図6　のこ刃の
　　　解き方④

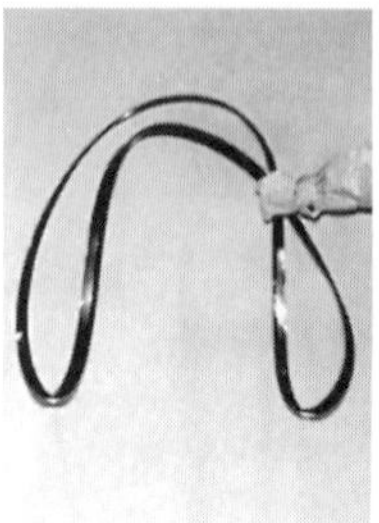

図7　のこ刃の
　　　解き方⑤

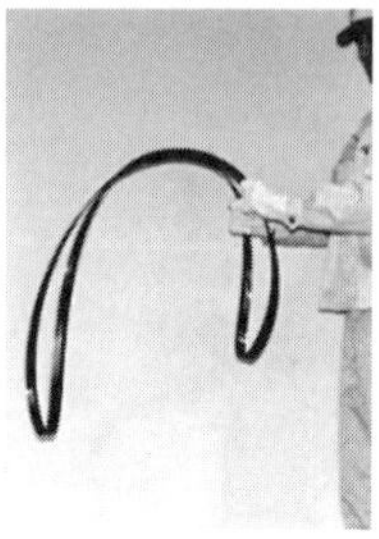

図8　のこ刃の
　　　解き方⑥

作業名		のこ刃の取り扱い	主眼点	解き方，たたみ方

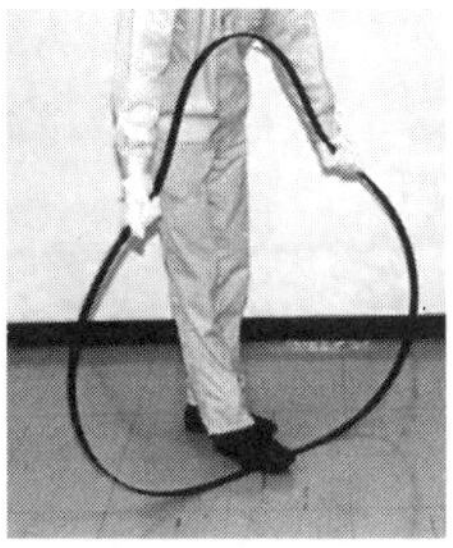

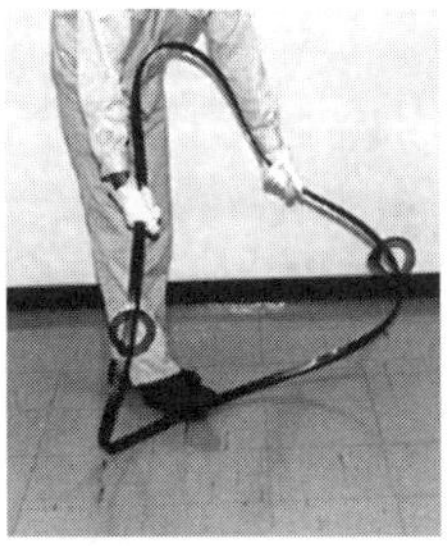

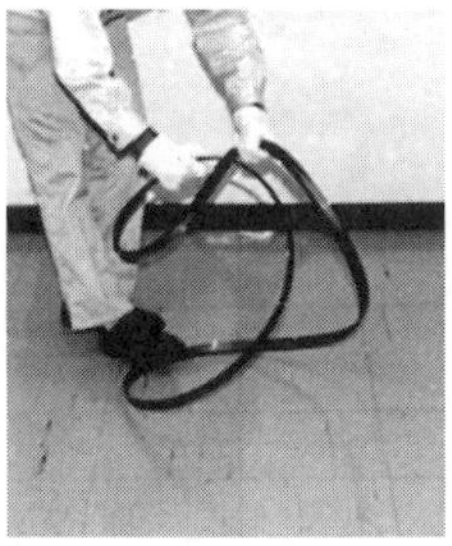

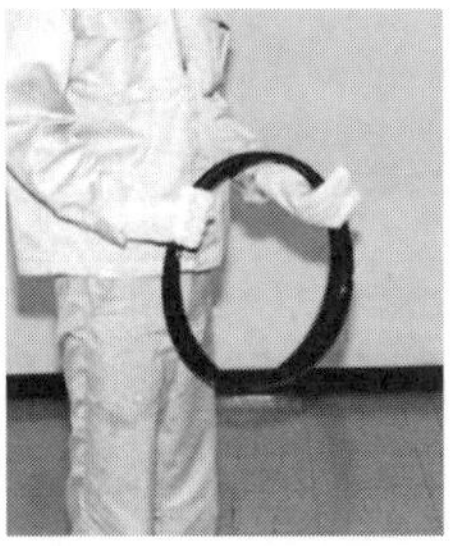

番号	作業順序	要　　点	図　　解
9	刃面を外側にして３点を固持する	両手，片足を使用して３点を固定する（図９）。	図9　のこ刃のたたみ方①
10	のこ刃を少したわませる	両手を寄せて上部をたわませる（図10）。	図10　のこ刃のたたみ方②
11	上の頂点を腹にすらせながら横の頂点を前方で合わせる	○部を前方に押し出すように力を加える（図11）。	図11　のこ刃のたたみ方③
12	腹をすらせた頂点を，そのまま前方に押し出すようにする	前方で両手を交差させるようなつもりで力を加える（図12）。	図12　のこ刃のたたみ方④
13	三つ折りにしてたたむ（図13）		図13　のこ刃のたたみ方⑤
14	バンドで縛って完了（図14）		図14　のこ刃のたたみ方⑥
備考			

| 作業名 | 卓上ボール盤の取り扱い | 主眼点 | 各部の操作とドリルの取り付け |

図1　卓上ボール盤

材料及び器工具など

卓上ボール盤
ストレートシャンクドリル
チャックハンドル
ウエス
マシン油

番号	作業順序	要　　　点	図　　解
1	主軸回転速度の変換操作をする	1．上部のベルトカバーを開ける。 2．図2に示す締め付けねじを緩め，ベルトのテンションレバーを緩み側に押して，ベルトに緩みを与える。 3．ドリルの回転速度を計算してVベルトを段車に掛ける（図3）。 　　上段が最高速で，下段になるほど低速になる。 4．テンションレバーを手前に引いてVベルトに張りを与え，締め付けねじを締める。 5．ベルトカバーをかぶせる。	
2	テーブルの上下動操作をする（図4）	1．テーブル固定レバーを緩める。 2．テーブル上下ハンドルを時計回りに回して，テーブルを上げる。 3．テーブル上下ハンドルを反時計回りに回して，テーブルを下げる。 4．テーブルを適当な高さに位置させ，テーブル固定レバーを締める。	
3	テーブルの左右動操作をする（図4）	1．テーブル固定レバーを緩める。 2．テーブルを手で押して，右側又は左側に回す。 3．テーブルを適当な位置まで回して，テーブル固定レバーを締める。	
4	主軸の上下動操作をする	1．機械の正面に立って，主軸上下ハンドルを軽く握る。 2．主軸上下ハンドルを回して，主軸を上下させる。 3．主軸の下降を一定の位置で止める場合は，ストッパを用いる。	
5	ドリルを取り付ける	1．ドリルチャックのスリーブを手で回して，つめを開く。 2．ドリルをつめの中央に，チャックのつめでシャンクが保持できる位置まで差し込む。 3．スリーブを回してつめを閉じ，チャックハンドルで強く締め付ける。	

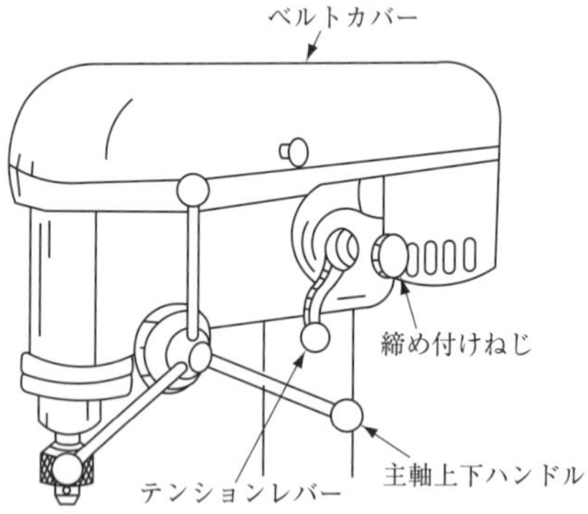

図2　主軸頭

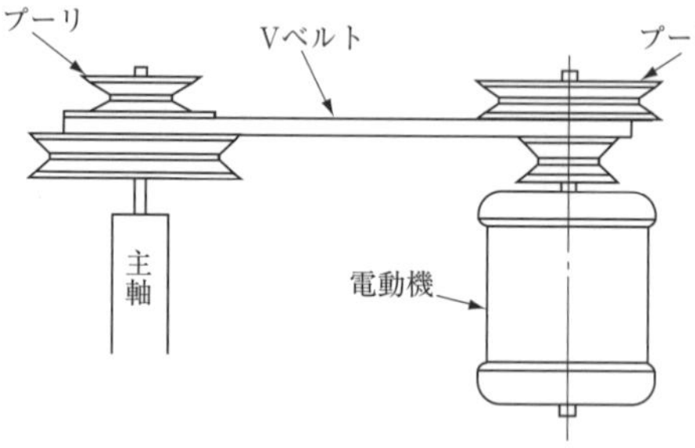

図3　ベルトの掛け替え

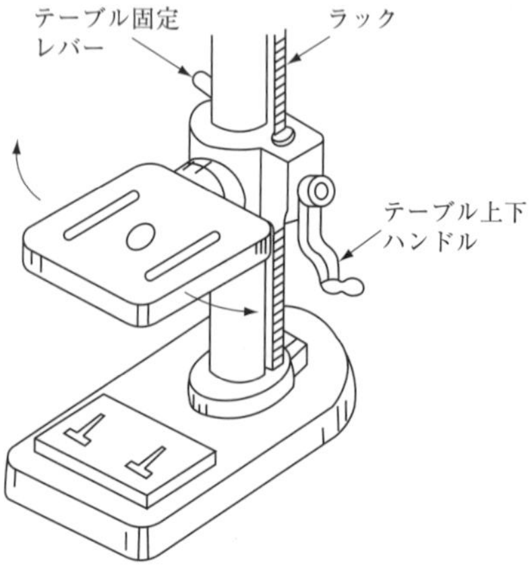

図4　テーブル

1．テーブルの固定が，参考図1のような形式のボール盤では，レバーAを緩めて，テーブルを適当な高さまで持ち上げて，レバーAを締める。次にレバーBを緩めて，受け具をテーブル支えの下側にぴったり当て，レバーBを締める。

2．テーブルを水平面内で左右に動かす場合は，レバーAのみを緩めて動かす。

3．テーブルを回転する場合は，レバーCを緩めて回転させる。

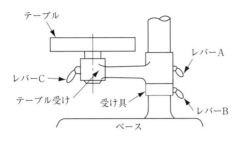 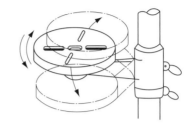

参考図1　テーブルの上下移動を直接行うボール盤

備

考

作業名	直立ボール盤の取り扱い	主眼点	各部の操作とドリルの取り付け及び取り外し

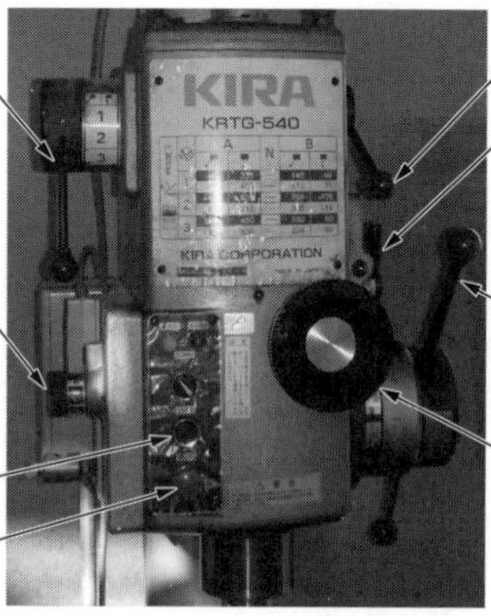

材料及び器工具など

直立ボール盤
テーパシャンクドリル
スリーブ
ドリフト
ハンマ
ウエス
マシン油

図1　直立ボール盤の主軸頭

主軸変速レバー（6段）
主軸変速レバー（2段）
自動送り変速レバー
きりもみ，ねじ立て切り替えノブ
主軸上下ハンドル
主軸起動スイッチ
主軸停止スイッチ
微動送り丸ハンドル

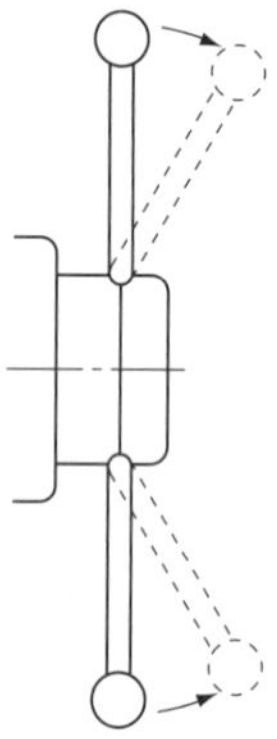

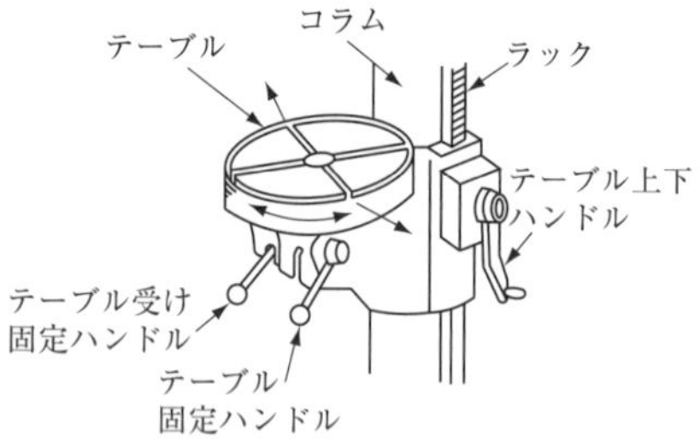

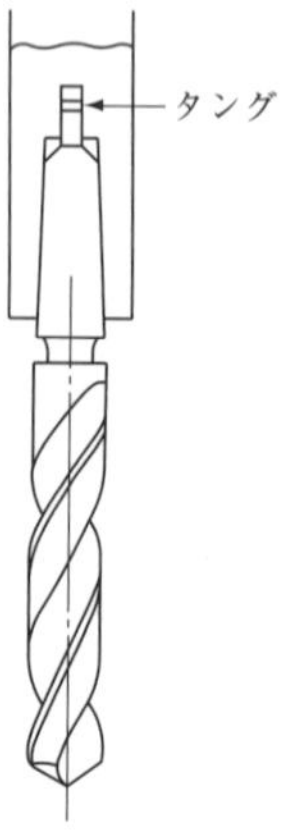

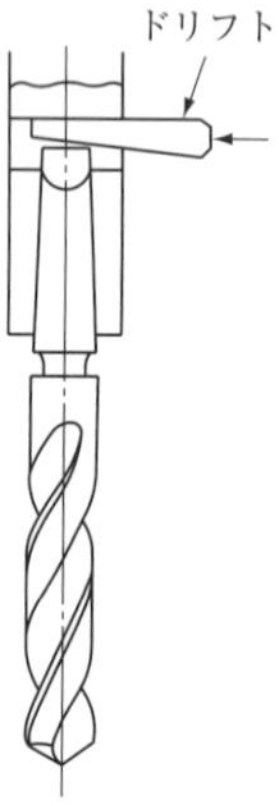

番号	作業順序	要　　点	図　　解
1	主軸の起動，停止，回転速度の変速操作をする	1. きりもみ・ねじ立て切り替えノブが，［きりもみ］の位置になっていることを確かめる。 2. 主軸変速レバーを，選択した回転速度の位置に正しくセットする（図1）。 3. 起動スイッチを入れて始動する。 4. 主軸が正常に回転するかどうかを確かめる。 5. 起動スイッチを切って停止する。	図2　主軸上下ハンドル
2	主軸の手動送り操作をする	1. 自動送り変速レバーを中立にする。 2. 主軸上下ハンドルを右手で握り，前方又は後方に回して，主軸を上下動させる。 3. 主軸を微動送りにするには，図2に示すように，主軸上下ハンドルを右側に倒し，丸ハンドルを右手で回して送る。	
3	主軸の自動送り操作をする	1. 自動送り変速レバーを所要の送り量の位置にセットする。 2. 機械を始動して，主軸上下ハンドルを図2のように右側に倒し，自動送りをかける。 3. 主軸上下ハンドルを元の位置に戻して，自動送りを止める。	テーブル　コラム　ラック テーブル上下ハンドル テーブル受け固定ハンドル テーブル固定ハンドル 図3　テーブル
4	テーブルを操作する（図3）	1. テーブルを上げ下げするには，テーブル受け固定ハンドルを緩め，テーブル上下ハンドルを回す。 2. テーブルを左右に動かすには，テーブル受け固定ハンドルを緩めたまま，テーブルを両手で押す。 3. テーブルを回転させるには，テーブル固定ハンドルを緩め，両手で右又は左方向に回す。 4. テーブルを固定させるには，テーブル受け固定ハンドルとテーブル固定ハンドルをしっかり締める。	タング　ドリフト
5	ドリルの取り付け，取り外しをする	1. ドリルのテーパ部と主軸のテーパ穴をウエスで奇麗に拭く。 2. ドリルのテーパが主軸のテーパ穴と合わないときや，主軸の下降長さが不足するときは，スリーブ又はソケットを用いる。 3. 主軸の回し溝にドリルのタングを合わせ，素早く押し込む（図4）。 4. ドリルを取り外すときは，図5に示すように，ドリフトを軸の回し溝に差し込み，ハンマでたたく。 　ドリルを落下させないように，かい物などを置いて行う。	図4　ドリルの　　図5　ドリルの 　　　取り付け　　　　　取り外し

| 作業名 | 穴　あ　け | 主眼点 | 穴あけと穴位置の修正及び座ぐりと皿もみ |

軟鋼板（t 10×80×110）
直立ボール盤
ドリル，ドリルチャック
六角穴付きボルト用沈めフライス（ストレートシャンク）φ10（φ10.3×φ16.8）
スリーブ，溝たがね
片手ハンマ，締め板，支え台
取り付けボルト，スパナ，平行台
けがき用具
切削油

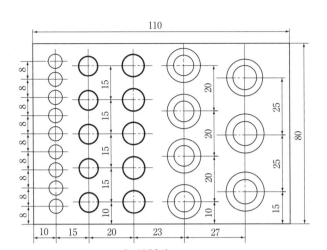

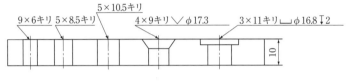

図1　製品図

番号	作業順序	要　　　　点
1	準備する	1．図1に示すように，穴位置をけがきする。 2．取り付けボルト，締め板，支え台を用意する。
2	工作物をテーブル上に取り付ける	取り付けボルトと締め板を使って，図2に示すように，工作物をテーブル上に正しく取り付ける（図2（b），（c）の取り付けはよくない例）。
3	主軸の回転速度を決める	工作物の材質とドリルの径に応じて，主軸の回転速度を決める。 　表1と下記公式により主軸の回転速度を算出する。 $n = \dfrac{1\,000v_\mathrm{c}}{\pi D_\mathrm{c}}$ [min⁻¹]　n：主軸の回転速度 　v_c：切削速度 [m/min] 　D_c：ドリルの直径 [mm]
4	穴あけ位置を合わせる	1．ポンチ穴の中心と，ドリルの刃先中心とをよく合わせて，テーブルを固定する。 2．手送りでドリルを下げ，試しもみする。 3．試しもみでできた円と，けがき線が同じであるかどうかを調べる。 4．図3（a）のように偏っている場合は，図3（b）のように溝たがねではつり，工作物をその方向に寄せて再びもみつけをして，図3（c）のようになるまで修正する。 　修正が正しくできれば，図4に示すように，ポンチ穴がどれも半分だけ残る。

図解

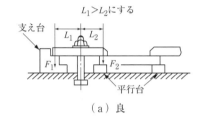

L₁＞L₂にする

（a）良

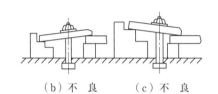

（b）不　良　　　（c）不　良

図2　工作物の取り付け

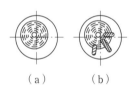

（a）　　　（b）　　　（c）

図3　試しもみの修正

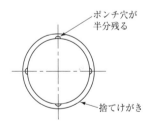

図4　正しい穴あけ

表1　ドリルの切削速度

工作物の材質	切削速度 [m/min]
普通鋼	23〜 33
合金鋼	16〜 23
鋳　鉄	33〜 50
黄　銅	65〜100

| 作業名 | 穴あけ | | 主眼点 | 穴あけと穴位置の修正及び座ぐりと皿もみ |

番号	作業順序	要　　　　点	図　　　解
5	穴をあける	1．手送りで穴あけする場合は，送りを一定にする。 2．穴のあけ際では，食込みを起こさないように，送り速度を加減する。 　　自動送りを使用する場合は，ドリルの径に応じた送り速度を選ぶ。 3．きりもみ中は切削油を十分に注ぎ，切りくずをブラシで取り除くようにする。 4．長くなった切りくずを切るには，送りを一瞬止めて行えばよい。	90° 図5　皿もみ用のドリル
6	皿もみをする	1．ドリルは，皿ビスの頭部の径より0.1mm程度大きいものを選び，図5に示すように，先端角を90°に研削する。 2．ドリルをチャックに取り付ける。 3．主軸の回転速度を決める。 　　皿もみのときの切削速度は，6〜8m/minくらいが適当である。 4．ドリルを静かに下げて，手送りで皿もみする。 5．皿もみの深さは，図6に示すように，皿ビスの頭が面一（つらいち）か少し隠れるぐらいにする。	少し隠れる 図6　皿もみの深さ
7	座ぐりをする	1．ドリルチャックにφ10の沈めフライスを取り付ける。 2．座ぐり深さをセットする（2mm）。 3．主軸の回転速度を決める。 　　座ぐりの切削速度は，工作物の材質によっても違うが，軟鋼で8〜15m/minくらいが適当である。 4．切削油を与え，座ぐり加工をする（図7）。	φ11 図7　沈めフライスによる座ぐり

備考

1．重なり合う穴をあけるには，参考図1のようにまず一つの穴をあけ，その穴に同じ材質の埋め金をしてから，もう一つの穴をあける。
2．参考図2のような交わる穴をあけるには，まず①の穴をあけ，次に②，③をあける。
3．傾斜した面に穴あけする場合は，参考図3のように，傾斜面を差し支えない範囲で平らに削ってからあける。
4．切削速度が大きすぎるとドリルの肩のところの摩耗が激しく，送り速度が大きすぎるとドリルの先端の摩耗が激しいので，この兆候に注意して適切な切削速度と送り速度を選ぶようにする。
5．銅のような軟らかい材質は，熱をもちやすいので冷却を考えるとともに，ドリルの切れ味にも注意する。
6．直立ボール盤の自動送り機能が，送り速度［mm/min］で表示されている場合は，以下の式で計算できる（通常は，送り量［mm/rev］で表示されている）。

$$v_f = f \times n$$

v_f：送り速度［mm/min］
f：1回転当たりの送り量［mm/rev］
n：主軸の回転速度［min^{-1}］

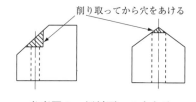

埋め金

参考図1　重なり合う穴の穴あけ

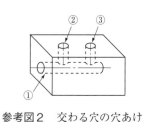

②　③

①

参考図2　交わる穴の穴あけ

削り取ってから穴をあける

参考図3　傾斜面への穴あけ

番号	No. 4．6－1

作業名	薄板の穴あけ	主眼点	薄板用ドリル及びホルソーによる穴あけ

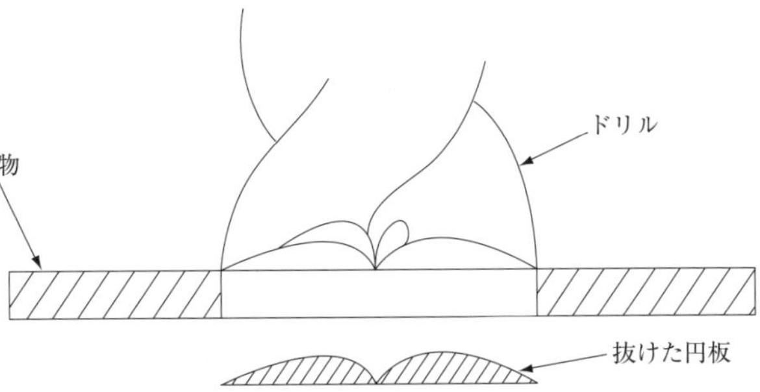

ドリル
工作物
抜けた円板

図1　薄板の穴あけ

材料及び器工具など

薄板用ドリル
ホルソー
電気ドリル
ブロック
締め板
だんご針

ホルソー：薄板などに大径（φ10～φ30mm 程度）の穴あけに用いる刃具

番号	作業順序	要　　点
1	薄板用ドリルによる穴あけをする	1．穴の大きさに合わせたドリルを準備する。 標準ドリルを図2のように研削する（「No. 4.22」参照）。 2．薄板を締め板を用いてテーブル上に固定する。絶対に手で押さえて作業をしない（図3）。 3．けがき線の中心にドリルの中心点を合わせる（だんご針による心出しも可）。 4．穴あけ作業を行う。 5．ばり取りを行う。 ささばきさげ及び専用工具にて行う。 （1）絶対に刃部近くに指をもっていかない。 （2）ばりに触れない。
2	ホルソーによる穴あけをする（図4）	1．薄板をバイスに取り付ける。 2．もみ付けを行う（普通の穴あけと同じに行う）。 3．油を付け回転が押し付ける強さで止まるくらい断続的な ON・OFF 操作で切削する。 4．周刃と材料の接触が一部となるように，上下左右僅かな角度をもって切削する。 5．ばり取りを行う。 ささばきさげ及び専用工具にて行う（図5）。 絶対に刃部近くに指をもっていかない。 【安全】 φ8mm 以上の穴あけをする場合は電気ドリルにハンドルが付いたものを使用する。

図　　解

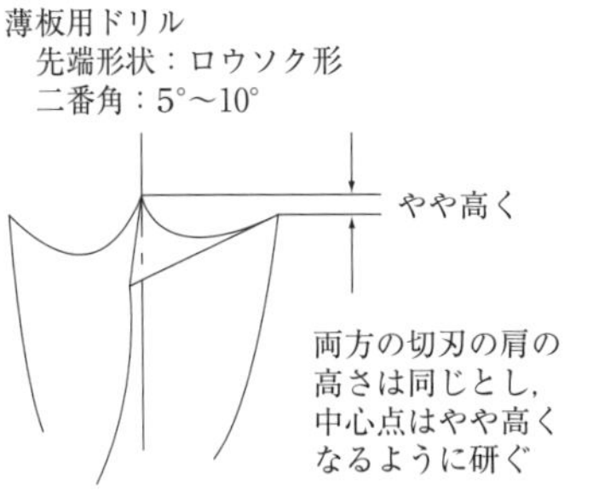

薄板用ドリル
先端形状：ロウソク形
二番角：5°～10°
やや高く
両方の切刃の肩の高さは同じとし，中心点はやや高くなるように研ぐ

図2　薄板用ドリルの研削

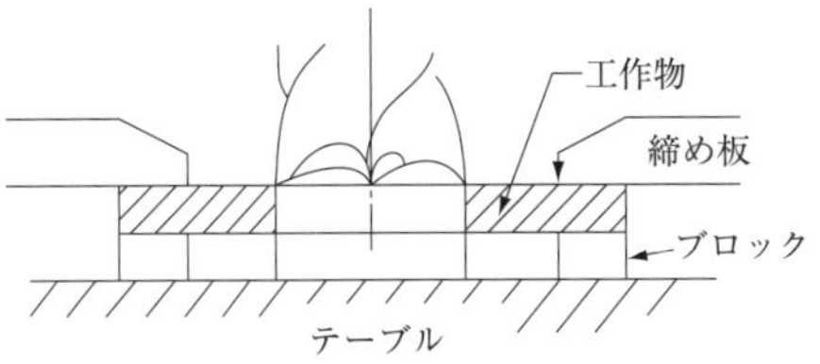

工作物
締め板
ブロック
テーブル

図3　工作物の取り付け

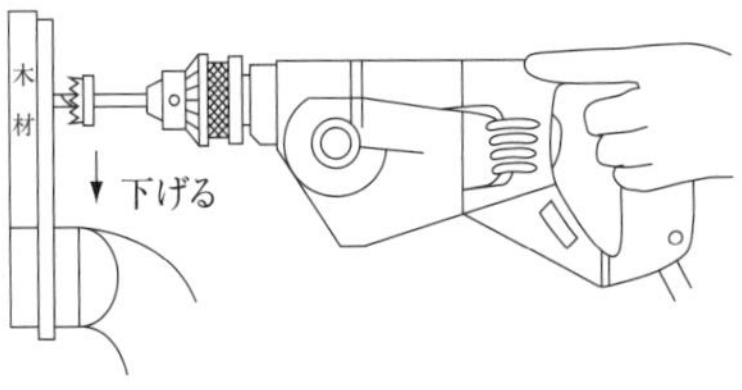

木材
下げる

図4　ホルソーによる穴あけ

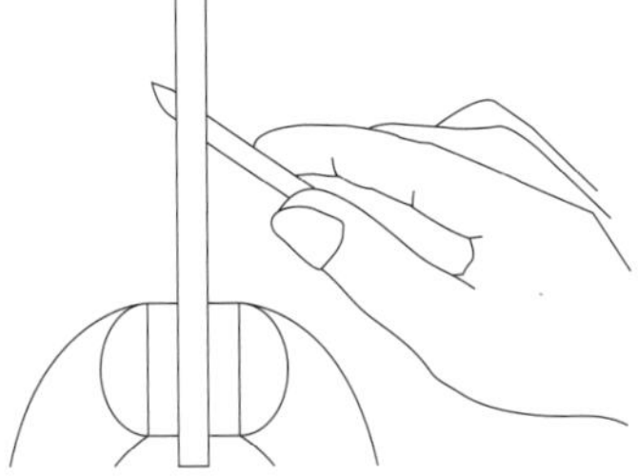
図5　ささばきさげによるばり取り

作業名	薄板の穴あけ	主眼点	薄板用ドリル及びホルソーによる穴あけ

【ボール盤作業上の注意事項】

1．ドリルをドリルチャックに取り付ける場合は，できる限り深くつかむ。

2．チャックハンドルでドリルを締め付けるときは，チャックハンドルがはずれないようにして，しっかり締める。

3．ドリルチャックの締め付け穴3カ所を，順次増し締めしなければ，必要なトルクで締め付けられない。

4．ドリルチャックに合ったチャックハンドルを用いる。

5．スピンドルの動かす距離を少なくするようにテーブルを上下に移動させ，高さを刃具の先端から20〜30mmに調整する。

6．薄板の穴あけをする場合は，参考図1のように締め板を使用し固定する。

【電気ドリル使用上の注意事項】

1．スイッチを「入り」にしたまま電源プラグをコンセントに差し込んだり，ドリルの取り付け，取り外しをしない。

2．感電防止のために，漏電遮断器が設置されていることを確認する。

3．加工をする際は，参考図2のように工作物をバイスに取り付け作業をする。

4．ドリルチャックに合ったチャックハンドルを使用する。

5．湿った場所，濡れた場所での使用はしない。

6．貫通時は食い込みやすく危険なので，押す力を加減する。

備

考

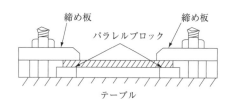

参考図1　薄板の取り付け①

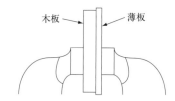

参考図2　薄板の取り付け②

作業名	やすり掛けの基本作業	主眼点	姿勢の取り方及びやすりの掛け方（直進法）

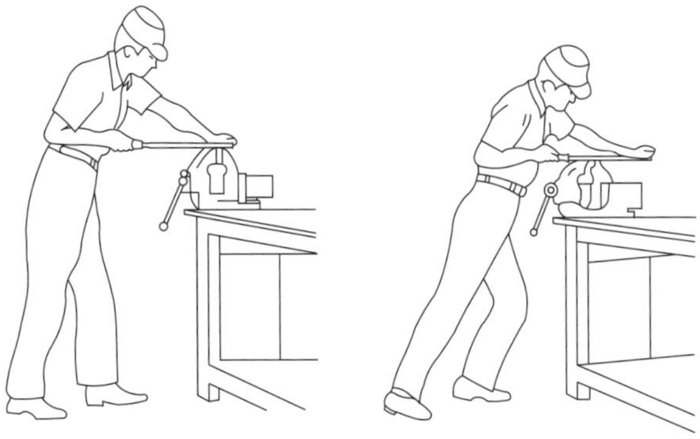

図1　やすり掛けの姿勢

		材料及び器工具など

軟鋼材〔（例）□ 30×80〕
鉄工やすり（平300，荒目，中目，細目，油目）
やすりブラシ
バイス
手ほうき
くぎなど

番号	作業順序	要　　　点	図　　解
1	準備する	1．やすりに柄を取り付ける（図2）。 　やすりのコミを柄の穴に差し込み，柄の頭を下にして，バイスの胴の上などに打ち付けて，やすりの慣性を利用して打ち込む。やすりと柄の軸線が真っすぐになっていることを左右から確認しながら行う。 2．工作物をバイスの中央に，加工部を口金から10mmくらい上に出し，水平にしっかり固定する。	 図2　柄の取り付け方
2	やすりの柄を持つ	右手の手のひらの中心のくぼみに柄の端（頭）を当て，親指を上に，他の指を下側に回して軽く握る（図3）。	 図3　柄の持ち方
3	位置につく	1．図4のように，やすりの先端部（穂先）を，工作物に軽く載せ，やすりの中心ラインが工作物に直角で，かつ水平となるように保持する。 2．この状態で，やすりの中心ライン上に右腕がくる位置で，身体の正面を作業台に向けて（右腕の肘から先を除く），「気を付け」の姿勢を取る（図4（a））。 3．そのまま，作業台に向かって左足を一歩前に踏み出し，半ば右向けをして，身体の正面を工作物に向ける（図4（b），（c））。	 図4　位置につく
4	姿勢を整える	1．位置についた状態で，やすりの先端を50mmくらい工作物より先に出し，図5（a）のように左手中指と薬指で下から支え，次に図5（b）のように親指の付け根のふくらみの部分で上から押さえる。 2．やすりを水平に保ちながら，柄を保持している右手手首を右胸に密着させ，右肘を脇腹から離さないように構える（図6）。 3．両腕の肘から先がほぼ水平に構えられるように，腰を下げるとともに，両足の位置と方向を修正して，安定させる（図7）。 　ここでの，足の位置，膝の曲げ具合などは，身長や作業台の高さにより多少個人差が出る。	 図5　先端部の持ち方 図6　やすりの構え方

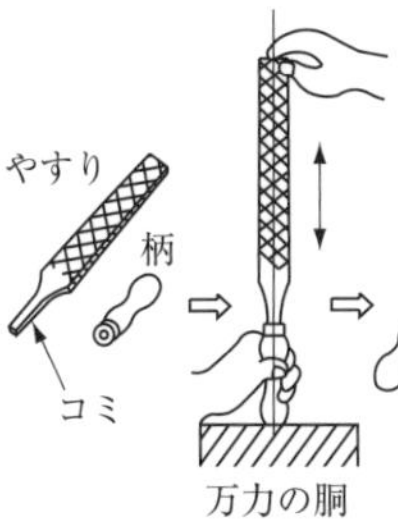

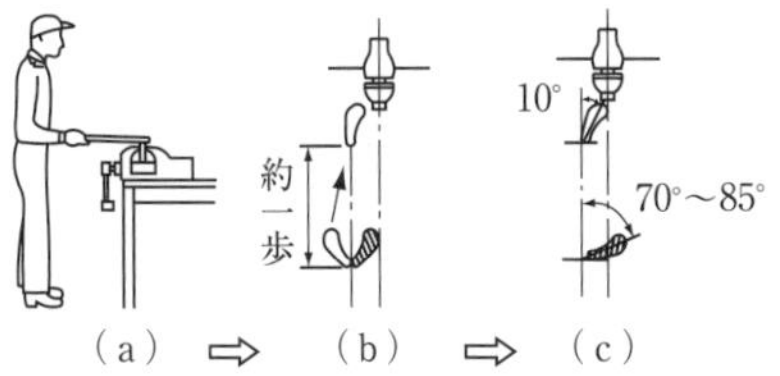

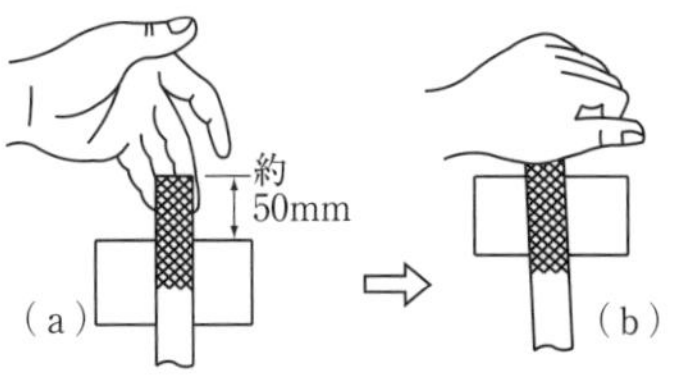

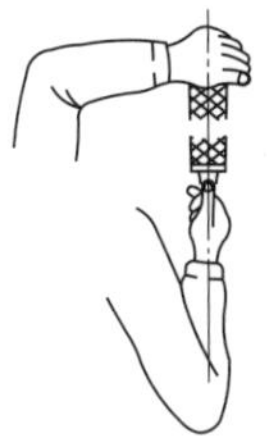

作業名		やすり掛けの基本作業	主眼点	姿勢の取り方及びやすりの掛け方（直進法）

番号	作業順序	要　　点	図　　解
5	やすりを押す	1．工作物に注目しながら，左足の膝を徐々に曲げながら，上体を静かに前に進め，やすりに斜め上からの力を加えながら，水平に押し出す。 　（1）特に，荒削りの場合は，胸を張り，右手の手首を脇腹に密着させた状態で，胸で押す気持ちで行い，やすりだけを突き出さない。 　（2）やすりを常に水平の状態で押し進めるため，胸の位置が上下しないよう，腰に力を入れ，背骨をまっすぐにして，腰を水平に動かし，腹を突き出したりしない。 2．やすりは刃の部分いっぱいまで押す。 　やすりは切れ刃全体をできるだけ長く使い，やすりがグラグラしないよう，やすりを押さえる前後の力のバランスに注意する（図8）。	 図7　肘から先を水平に保つ 図8　やすりを押さえる力のバランス
6	やすりを引き戻す	1．やすりを押さえている力を抜き，工作物から僅かに浮かす感じにする。 2．やすりは水平のまま，上体と一緒に引き戻し，最初の押す体勢にまで戻る。	
7	繰り返す	1．姿勢を崩さないように，やすりを掛ける位置を少しずつずらしながら繰り返し行う。 　やすりを掛ける位置を変える場合は，やすりを引き戻すときに，足の裏全体を浮かさずに，にじり寄せる感じで，少しずつ左右に移動する。 2．やすりを掛けるスピードは，1分間で30〜40往復くらいで行う。 　やすりの刃に大きな切粉が付いた場合は，やすりが滑ると同時に，工作面に無用な傷が付くので，時々，やすりブラシで切れ刃の上目に沿って払い落としたり，取れにくいものは，くぎなどの先のとがったもので落とすとよい（図9）。	 図9　やすりの上目と下目
8	やすりの柄を抜く	万力の胴のかどなどを利用して，図10のように，やすりを滑らすようにして，柄をかどに引っ掛け，やすりの慣性を利用して抜く。 　やすりが飛ばないよう，やすりの先は軽く支えておく。	 図10　柄の抜き方
9	後始末をする	やすりや万力に付いた切粉をよく清掃し，後始末を完全にする。 　やすりの刃に油が付かないよう注意する。油が付くと，次に使うときにやすりが滑り，ケガをしやすい。	
備考		普通，直進法と斜進法を混用して行う。 　直進法：切れ刃とやすりの運動方向が，ほぼ直角になるので，切れ味が良い（参考図1（a））。 　斜進法：切れ刃とやすりの動く方向は，ある角度をなすので，滑らかに削れる（参考図1（b））。 【安全】 　材料の端をやすり掛けする際は，やすりが材料から外れやすいので注意して行う。	 （a）直進法　　（b）斜進法 参考図1　直進法と斜進法

| 作業名 | 平面のやすり掛け | 主眼点 | すり合わせによる平面の仕上げ |

 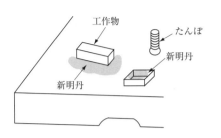

図1　工作物のすり合わせ

		材料及び器工具など

軟鋼（黒皮　□30×80）
すり合わせ定盤
直定規
やすりブラシ
チョーク
新明丹
棒形といし（まくれ取り用）
やすり（角350 荒目，平250 中目，平200
　細目）
たんぽ

番号	作業順序	要　　　　点	図　　　解
1	黒皮を取る	黒皮は硬いので，やすりのこば，又はかどで取る（図2）。やすり面を使うと切れ味が悪くなる。	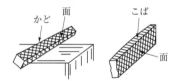 図2　黒皮の取り方
2	荒仕上げする	1．やすりは加工面に吸い付けられたような状態で押し出し，表面が平らになるまで削る。 2．加工面の高低は，時々直定規で調べ，低い部分にはチョークで印を付け，その部分を残す（図3）。 　　図4（a）又は（b）のようにやすりを掛けると，中高になりやすい。 　　図4（c）のように，やすり目が交差するように掛けると，中高が修正しやすくなる。	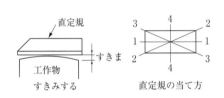 すきみする　　　直定規の当て方 図3　加工面の確認
3	中仕上げする	1．平やすり（250mm）の全長を使って，直進掛けで，やすりが長手方向に通るように掛ける。 2．加工面の高低は直定規で調べるか，新明丹をすり合わせ定盤にやや濃く塗って，加工面にすり合わせ，加工面に付着した新明丹（赤い部分）をやすりの反りを利用して削る。 　　この作業を赤当たりを取るという。	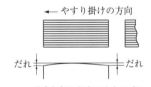 長手方向は中高になりやすい （a）長手方向
4	仕上げをする	1．すり合わせ定盤に新明丹を薄く平均に塗り，加工面をすり合わせて当たりを見る。 2．平やすり（200mm 細目）を使い，やすりの反りのある部分を，左手の3指で押し付けるようにして当たり取りをする（図5）。 3．当たり取りを反復して，全体に当たりが出るまで仕上げる。やすり目は美しく長手方向に目通しする。 4．加工面に新明丹を塗り，定盤とすり合わせを行い，加工面の新明丹が落ちた（黒い部分の）所をやすりで加工し，平面を作る。 　　この作業を黒当たりを取るといい，赤当たりを取るよりも精度の高い平面を得ることができる。	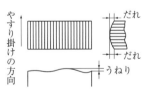 厚み方向は中高になりやすい （b）厚み方向 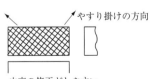 中高の修正がしやすい （c）交差方向 図4　やすり掛けの方向と加工面

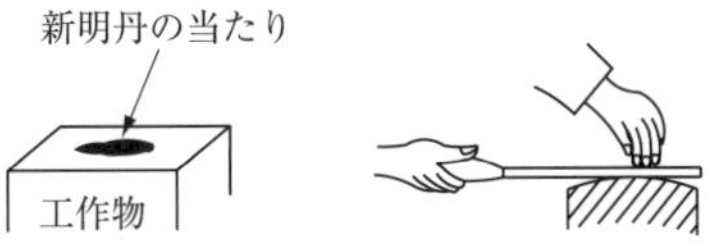

図5　当たりの取り方

| 作業名 | 平面のやすり掛け | 主眼点 | すり合わせによる平面の仕上げ |

1．やすり掛けした面は，まくれが出やすいから，細目やすりか油といしで取り除くとよい。

2．新明丹は，軟らかいウエス又はフェルトを巻いたたんぽに適量つけて，定盤の上に塗り，手で平均にならす。仕上がるにつれて新明丹は薄くしていく。

3．新明丹の当たりは，工作物を定盤に軽く押し付け，前後に往復してすり合わせる。

4．一般にやすり目は，面の長手方向に通すのが普通である。

5．やすりの目通しには，参考図1のような通し方がある。

6．やすり目に切りくずが詰まると，加工面にかじりを生じるので，チョークをすり込んでおくとよい。

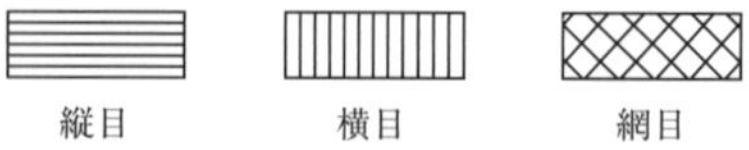

縦目　　　横目　　　網目

参考図1　やすりの目通し

備

考

作業名	平行面のやすり掛け	主眼点	平行面の仕上げ

図1　平行の確認

材料及び器工具など

軟鋼（黒皮　□ 30×80 「No. 4. 7」使用）
けがき用具
新明丹
チョーク
スケール
直定規
ノギス
やすりブラシ
棒形油といし
やすり（角 350 荒目，平 300 荒目，平 250 中目，平 200 細目）

番号	作業順序	要　点	図　解
1	削りしろをけがきする	工作物を定盤に置き，仕上がり面に平行な削りしろ 2 mm のけがき線を引く（図2）。	
2	荒仕上げする	1．黒皮を取る。 2．図3のように，各稜を面取りして，加工の目安を付ける。 3．角やすりでけがき線を目標に 1 mm ぐらい残して平らに削る。 4．平やすり（300mm）で，角やすり同様に，けがき線から 0.5mm ぐらい残るまで平らに削る（図4）。	
3	中仕上げする	1．定盤上に工作物とトースカンを置き，トースカンの曲がり針先を加工面の一端に合わせる。 2．トースカンを定盤上に滑らせて平行を見る（図1）。 3．低い部分にチョークで印を付ける。 4．低い部分にならって，高いところをやすりがけする。 5．直定規及びトースカンで平面度と平行度を調べながら，中仕上げする（図5）。 　必要に応じて新明丹で当たりを見るとよい。ただし，当たりと平行とは一致しないときがある。	
4	仕上げする	新明丹で当たりを見ながら，トースカンで 0.02〜0.03mm ぐらいの平行が出るように仕上げる。	

2mm
仕上がり面

図2　削りしろのけがき

0.1〜0.2mm
けがき線

図3　各稜の面取り

0.5mm ぐらい手前

図4　荒仕上げ

0.2mm ぐらい手前

図5　中仕上げ

備考

1．平行を調べるには，参考図1に示すように，外パスやノギスで測定する方法，又はマイクロメータやダイヤルゲージで精密測定する方法などもある。
2．寸法仕上げをする場合は，目標寸法の手前 0.5mm を荒仕上げで，約 0.2mm 手前を中仕上げで行い，残りを寸法仕上げする。これは熟練度によって異なるが，荒仕上げはできる限り目標寸法に近づけ，能率を上げるようにする。

外パス　　　　ノギス　　　　ダイヤルゲージ　　　　マイクロメータ

参考図1　平行の確認方法

| 作業名 | 直角面のやすり掛け | 主眼点 | 当てずりによる直角面の仕上げ |

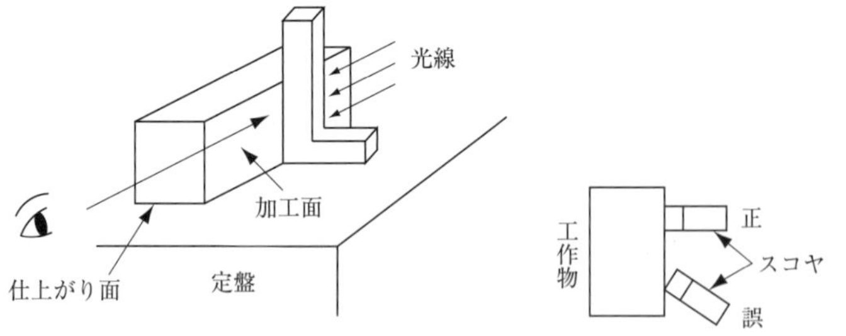

図1　直角の確認方法

材料及び器工具など

軟鋼（黒皮　□30×80「No. 4. 7」使用）
バイス，やすり
Ｖブロック，スコヤ
基準直角定規（円筒スコヤ）
直定規
パラレルブロック（当てずり用）
定盤，すきまゲージ
保護金
新明丹
棒形油といし

番号	作業順序	要　　　　点	図　　　解
1	加工面の直角を調べる	1．スコヤ及びパラレルブロックの直角度を基準直角定規に当てて調べる。 2．仕上がり面と定盤との間にごみが入らないように注意して置き，加工面の直角を調べる（図1）。 3．スコヤと接している箇所にチョークで印を付ける。	 図2　工作物の取り付け
2	荒仕上げする	1．仕上がり面に傷が付かないように，保護金を用いて工作物をバイスに取り付ける（図2）。 2．黒皮を取り，直角の悪い部分をやすり掛けする。 3．かどのかえりは細目やすりで取り，時々スコヤを当てて直角を調べて，すきまを目測する（図3）。 4．修正すべき量をやすり掛けして，ほぼ直角に荒仕上げする。	 図3　直角の確認
3	中仕上げする	直角と平面を見ながら中仕上げする。	
4	仕上げる	1．パラレルブロックに新明丹を塗り，図4のように定盤の上に置く。 2．左手でパラレルブロックを押さえ，右手で工作物の仕上がり面を下に押し付けるようにして，加工面をパラレルブロックとすり合わせて当たりを見る。 3．当たり取りを繰り返しながら，平面と直角を同時に仕上げていく。 4．時々スコヤで直角度を確かめる。 5．直角両面に生じたまくれは，必ず取る。	 図4　直角面のすり合わせ
備考		1．スコヤの柱には，反りや摩耗などがあるので，スコヤの柱のかどは信頼のおけるもの以外は，その部分で測定してはいけない。 2．薄板の側面に対する直角仕上げは，参考図1のように工作物を定盤上に置き，当てずりを動かしてすり合わせする。また，参考図2のように定盤に新明丹を塗り，工作物をパラレルブロックに添えて，一緒に動かしてすり合わせる。 3．すきまの量の測定は，すきまゲージを活用するとよい。	

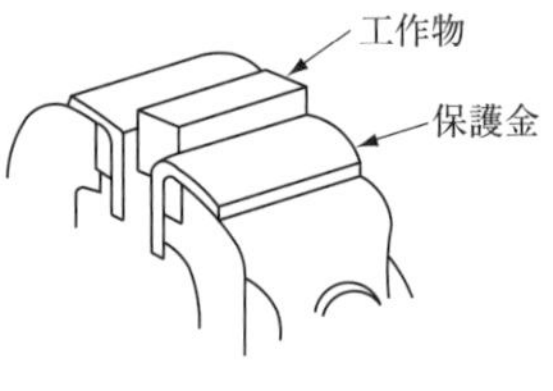

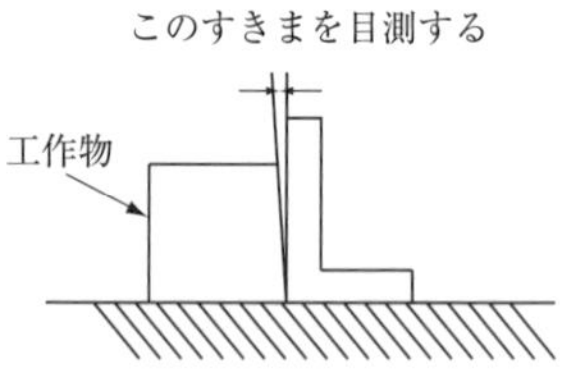

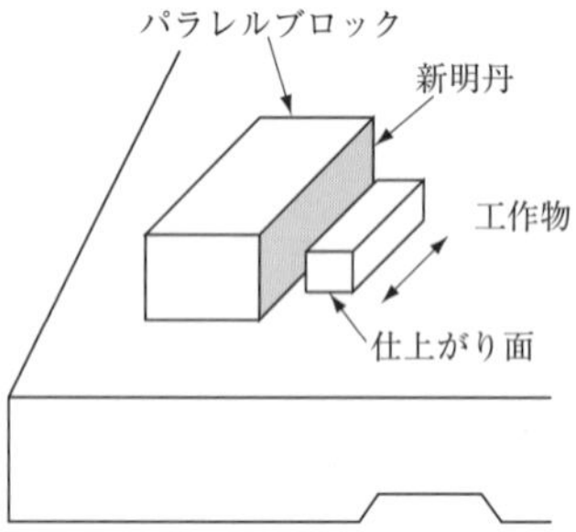

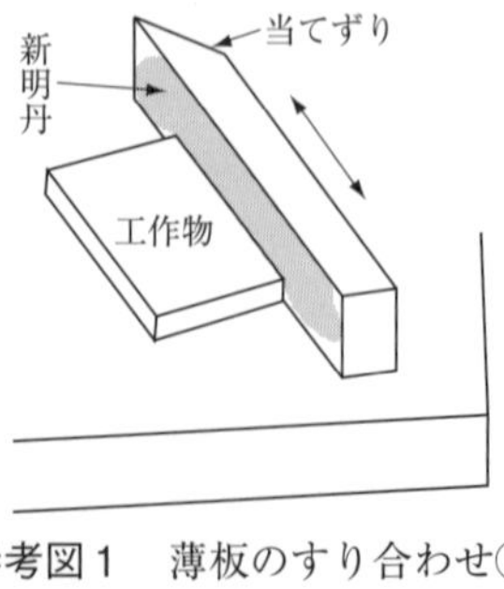

参考図1　薄板のすり合わせ① 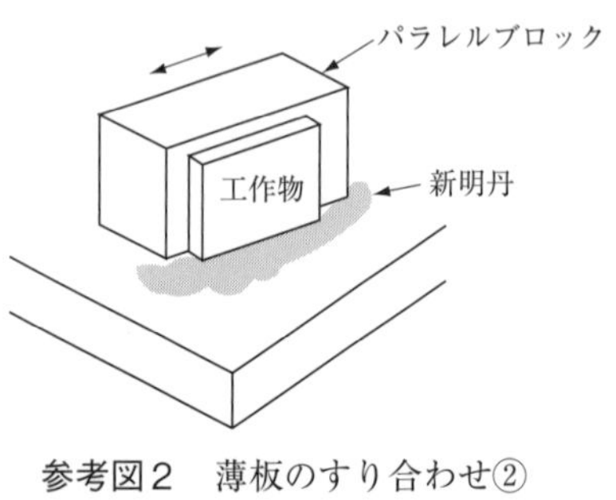　　　参考図2　薄板のすり合わせ②

| 作業名 | 隅，角，曲面及び角穴のやすり掛け | 主眼点 | 各種やすりの使い方 |

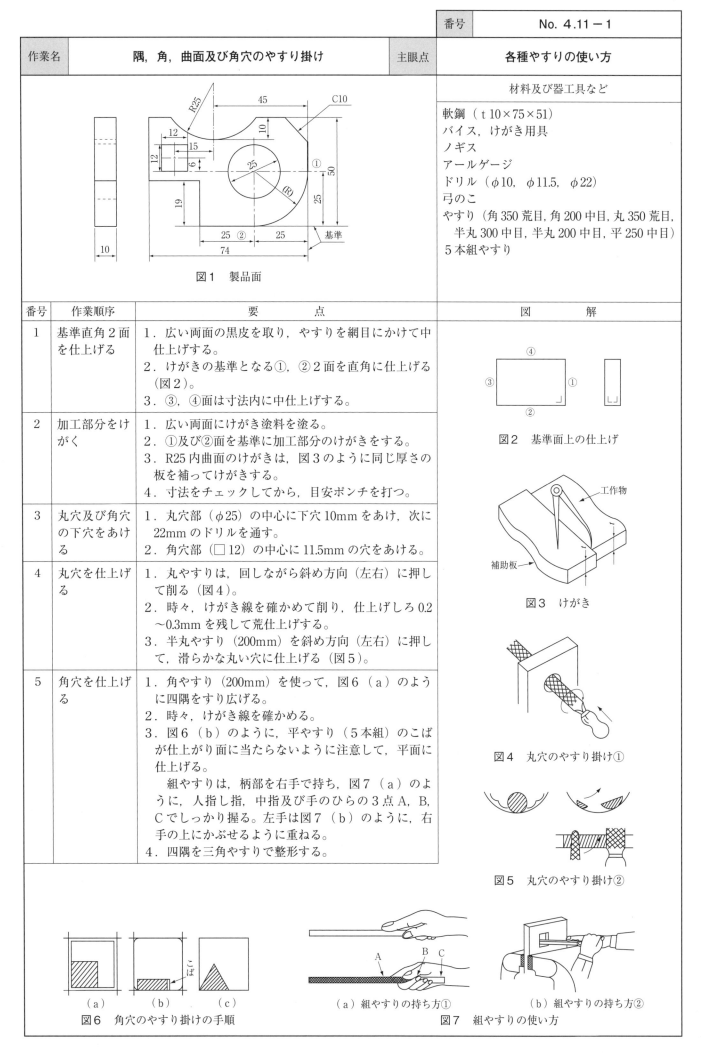

図1　製品面

材料及び器工具など

軟鋼（t 10×75×51）
バイス，けがき用具
ノギス
アールゲージ
ドリル（φ10，φ11.5，φ22）
弓のこ
やすり（角 350 荒目，角 200 中目，丸 350 荒目，
　半丸 300 中目，半丸 200 中目，平 250 中目）
5 本組やすり

番号	作業順序	要　　点	図　　解
1	基準直角2面を仕上げる	1．広い両面の黒皮を取り，やすりを網目にかけて中仕上げする。 2．けがきの基準となる①，②2面を直角に仕上げる（図2）。 3．③，④面は寸法内に中仕上げする。	図2　基準面上の仕上げ
2	加工部分をけがく	1．広い両面にけがき塗料を塗る。 2．①及び②面を基準に加工部分のけがきをする。 3．R25内曲面のけがきは，図3のように同じ厚さの板を補ってけがきする。 4．寸法をチェックしてから，目安ポンチを打つ。	図3　けがき
3	丸穴及び角穴の下穴をあける	1．丸穴部（φ25）の中心に下穴10mmをあけ，次に22mmのドリルを通す。 2．角穴部（□12）の中心に11.5mmの穴をあける。	
4	丸穴を仕上げる	1．丸やすりは，回しながら斜め方向（左右）に押して削る（図4）。 2．時々，けがき線を確かめて削り，仕上げしろ0.2～0.3mmを残して荒仕上げする。 3．半丸やすり（200mm）を斜め方向（左右）に押して，滑らかな丸い穴に仕上げる（図5）。	図4　丸穴のやすり掛け①
5	角穴を仕上げる	1．角やすり（200mm）を使って，図6（a）のように四隅をすり広げる。 2．時々，けがき線を確かめる。 3．図6（b）のように，平やすり（5本組）のこばが仕上がり面に当たらないように注意して，平面に仕上げる。 　組やすりは，柄部を右手で持ち，図7（a）のように，人指し指，中指及び手のひらの3点A，B，Cでしっかり握る。左手は図7（b）のように，右手の上にかぶせるように重ねる。 4．四隅を三角やすりで整形する。	図5　丸穴のやすり掛け②

（a）　（b）　（c）
図6　角穴のやすり掛けの手順

（a）組やすりの持ち方①

（b）組やすりの持ち方②
図7　組やすりの使い方

作業名	隅，角，曲面及び角穴のやすり掛け	主眼点	各種やすりの使い方

番号	作業順序	要　　点	図　　解
6	隅部を仕上げる	1．けがき線から1mmぐらい離して，弓のこで余肉を切り取る（図8（a））。 2．⑤，⑥面を平やすりで，けがき線を案内に荒仕上げする。 3．⑤面を①面に平行に，三角やすり及び平やすりで仕上げる（図8（b））。 4．⑥面を⑤面に直角に仕上げる（図8（c））。 5．隅を三角やすりで整形する（図8（d））。	（このセルには図8が入る）
7	C 10 面を仕上げる	1．けがき線近くまで，厚み方向にやすりを掛けて荒仕上げする。 2．面取り長さ約14mmを測りながら，広い面と直角に仕上げる（$M=10\times1.414=14.14$）（図9）。	
8	外曲面を仕上げる	1．図10のように，けがき線いっぱいまで，厚み方向にやすりを掛けて平らに削る。 2．工作物をつかみかえて，b−cの順に平らに削って多角形にする。 3．最後に図11のように，円弧に沿ってやすりを掛け，滑らかにする。 4．アールゲージを当てて，高いところを削り，ゲージの全面が当たるまで仕上げる。	
9	内曲面を仕上げる	1．図12のように，弓のこで①→②→③の方向から切り込み，余肉を切り取る。 2．半丸やすりを曲面に沿って掛け，荒仕上げする。 3．アールゲージで調べながら，滑らかな曲面に仕上げる。	

（図解欄）

余肉

| （a） | （b） | ① |

平やすり　三角やすり

⑤⑥　（c）　（d）

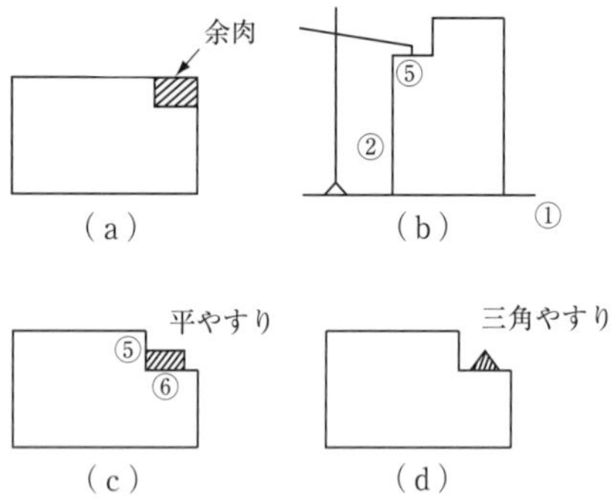

図8　すみ部の加工手順

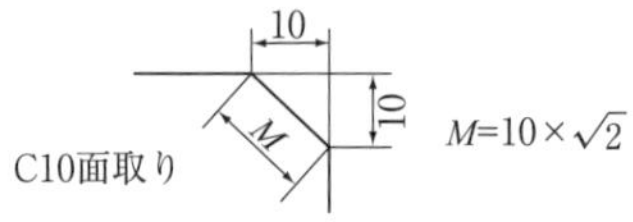

10
C10面取り　$M=10\times\sqrt{2}$

図9　C10面の仕上げ

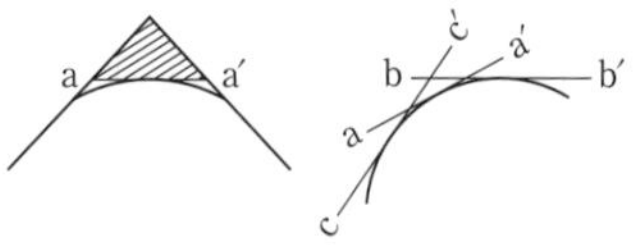

a　a′　b　c　a′　b′

図10　外アールの荒仕上げ

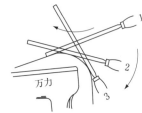

万力

図11　外アールの仕上げ

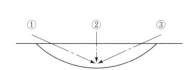

①　②　③

図12　内アールの荒仕上げ

備考

1．丸やすり又は半丸やすりを単にまっすぐに押すとでこぼこになり，滑らかな曲面に仕上げにくくなる。
2．穴やくぼみのやすり掛けは，できるだけ曲面に適した大きさの丸やすりか半丸やすりを選ぶ。
3．角穴の仕上げは，参考図1のようにくぼみの幅に注意しながら削っていくとよい。
4．角穴の仕上げは，厚み方向が中高になりやすいので，やすりの先端を左手の親指と人指し指で押し反らすように持って，やすりをかけるとよい（参考図2）。
5．隅の仕上げに用いる平やすりは，やすり目のないこばのかえりを油といしで取っておくか，グラインダで角を少し落としておくとよい。
6．組やすりは，小物の工作物や狭い部分又は仕上げしろの少ないときに用いる。

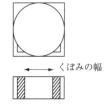

くぼみの幅

参考図1　角穴の仕上げ

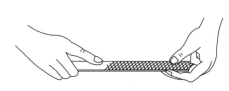

参考図2　やすりの持ち方

作業名	六角柱の製作	主眼点	六角柱の仕上げとゲージ合わせ

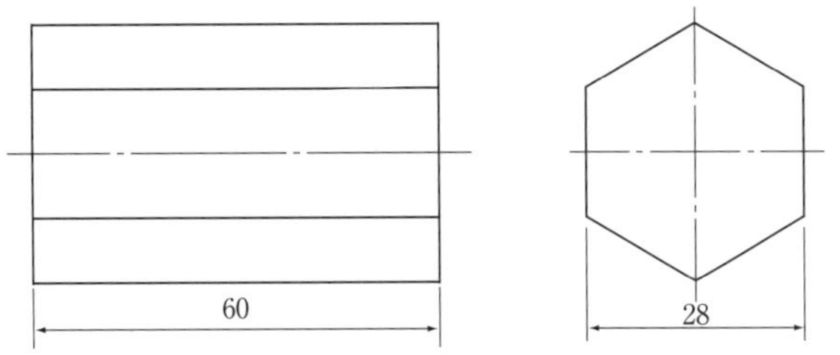

材料及び器工具など
アルミニウム（φ34×65）
アルミニウム板（t 1 ×30×50）
バイス
定盤
分度器
スコヤ
ノギス
マイクロメータ
けがき用具一式
単目やすり（角 350 荒目，平 250 中目，平 200 細目）

図1　製品図

番号	作業順序	要　　点	図　　解
1	120° ゲージを作る	図2の120°ゲージを，アルミニウム板から角度ゲージに合わせて作る。	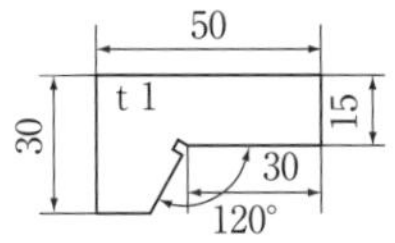 図2　120°ゲージ
2	端面を中仕上げする	1．素材の寸法及び傷の有無を調べる。 2．両端面を外周にほぼ直角（図3）に，仕上げしろを 0.5mm ぐらい残して中仕上げする。 3．やすり目は網目とする。	 スコヤで二方向から直角を見る 図3　直角の確認
3	けがきをする	1．端面にけがき塗料を塗る。 2．中心を求めて，軽くセンタポンチを打つ。 3．半径 16mm の円をけがく。 4．円周を 6 等分して，Vブロック上に載せて交点をトースカンで結び，他の端面及び外周にもけがいておく（図4）。 5．けがき寸法をチェックする。 6．目安ポンチを打つ。	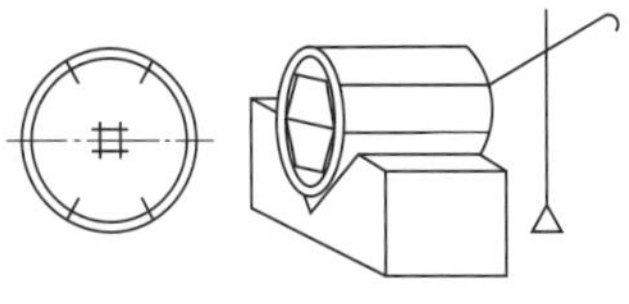 図4　けがき
4	面取りする	両端面のかどを 45°くらいに，けがき線近くまで面取りする（図5）。	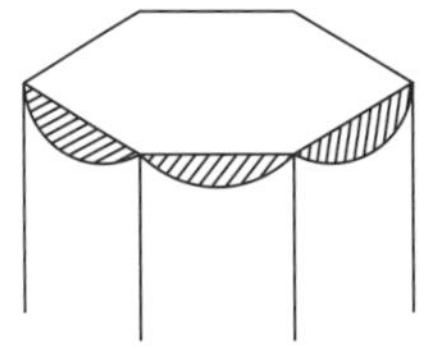 図5　面取り
5	正六角形に仕上げる	1．外周のけがき線を案内に，①面を外周に平行にトースカン又はノギスで調べながら平面に仕上げる。 2．②面は①面を基準にして，28mm に平行に仕上げる（図6 （b））。 3．③，④面は①，②面を基準に 120°ゲージに合わせて，けがき線を残して平面に仕上げる（図6 （c））。 4．③，④面に 120°ゲージを当て，図6 （d）のようにすきま θ のあるときは，ゲージの狂い 1/3 θ が原因であるから，これを修正した後，再び①，②面を基準に③，④面をゲージに合わせて，修正しながら幅 16mm に仕上げる。 5．⑤，⑥面は①，②面を基準に 120°ゲージに合わせて④，③面に平行に仕上げる（図6 （e））。 6．両端面の直角を修正し，全長を決める。 7．やすり目は①面を網目，他の面は縦目とする。	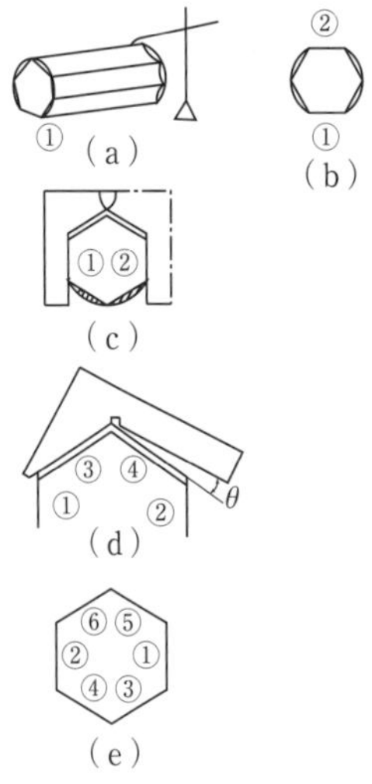 ①（a）　②（b） （c） （d） （e） 図6　正六角形加工

作業名	六角柱の製作	主眼点	六角柱の仕上げとゲージ合わせ

1．①，②面の平行仕上げは，できるだけ誤差を少なくしておくこと。

2．120°ゲージによる修正は，参考図1に示すように，頂点と距離（d）を目測し，これの1/3を参考図2のようにして修正する。

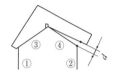

参考図1　角度誤差の確認

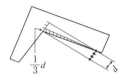

参考図2　角度の修正

備

考

| 作業名 | ポンチの製作 | 主眼点 | 八角仕上げ，円すい仕上げ及び磨き仕上げ |

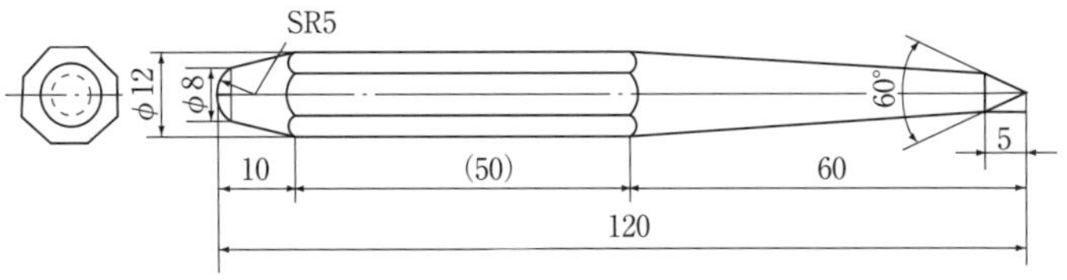

	材料及び器工具など

図1　製品図

硬鋼（φ14×125）
バイス
けがき用具一式
金ます
135°ゲージ
スコヤ
ノギス
布やすり（P80，P100）
やすり（平350荒目，平250中目，平200細目）

番号	作業順序	要　　点	図　　解
1	準備する	1．素材の寸法及び傷の有無を調べる。 2．曲がりのあるものは修正する。	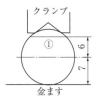  図2　①面のけがき　図3　①面の中仕上げ
2	両端面を中仕上げする	両端面を外周にほぼ直角に，長さを120mmに中仕上げする。	
3	四角柱を作る	1．図2のように工作物を金ますに取り付け，13mmのけがき線を両端面及び外周にもけがく。 2．けがき線を目標に，図3のようにトースカンの曲がり針の高さを13mmに定めて，全長に対する平行を見ながら①面を中仕上げする。 3．図4に示すように，①面を基準に12mmのけがき線（②面）を書く。 4．トースカンの曲がり針の高さを12mmに定めて，全長の平行を見ながら②面を中仕上げする。 5．③及び④面は，それぞれ①，②面との直角に注意しながら①，②面と同様な方法で中仕上げする（図5）。	 図4　②面のけがき  図5　②，③，④面の中仕上げ
4	八角柱を作る	1．図6に示すように，工作物を金ますのV溝の上に載せ，四角形の対角線（中心線）をけがき，4カ所に中心線から6mmのけがきをする。 2．⑤，⑥，⑦，⑧面をけがき線を案内に，135°ゲージで見ながら，一辺約4.6mmの正八角形に中仕上げする（図7）。	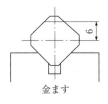 図6　八角形のけがき
5	けがきをする	両端から60mm，10mmのけがき線を引き，先端の端面にφ3，頭部にφ8の円をけがく（図8）。	

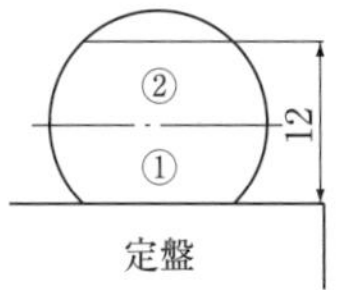

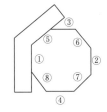

図7　⑤，⑥，⑦，⑧面の中仕上げ

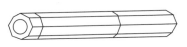

図8　円すい境界のけがき

作業名	ポンチの製作	主眼点	八角仕上げ，円すい仕上げ及び磨き仕上げ

番号	作業順序	要　　点	図　　解
6	円すい部分を仕上げる	1．両端部の円に外接する八角すい，さらに十六角すいへと荒仕上げする（図9）。 2．八角柱と円すい部との交わり部の波形をそろえながら，次第に円すいに仕上げる（図1）。	
7	頭部及び先端を仕上げる	1．頭部を球面に仕上げる（図10）。 2．先端を60°の円すいに仕上げる（図11）。	
8	布やすりを掛ける	1．布やすりを縦方向に20mmくらいの幅に裂いて，図12のように平やすりに巻き付けて，八角柱部分を磨く。 2．円すい部分は，仕上がり面を傷付けないように万力にくわえ，図13のように磨く。	図9　円すい部分の仕上げ 図10　頭部の仕上げ　図11　先端の仕上げ

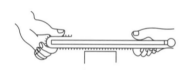

図12　布やすりによる平面の仕上げ

図13　布やすりによる円すい部分の仕上げ

備考	1．円すい部を仕上げるとき，膨らみやくぼみを作らないように，直定規で長手方向をすきみするか，定盤に新明丹を付けて円すい部を転がし，新明丹の付き具合を見て仕上げるとよい。 2．布やすりを裂いて用いるときは，必ず長手方向に裂いて用いる。 3．布やすりをかけるときは，必ずやすり目をそろえて目通ししてから行う。 4．先端部の焼入れは5mmぐらい加熱し，油中で急冷する。

作業名	平形スコヤの製作	主眼点	狭い面のやすり精密仕上げの仕方

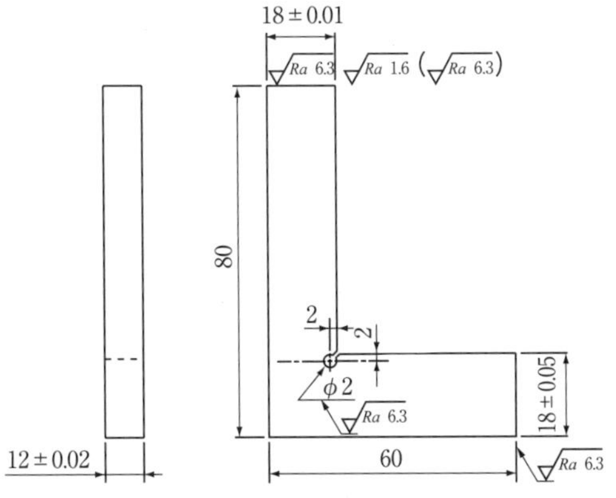

材料及び器工具など

硬鋼（ t 13×65×85）
バイス
けがき用具一式
スコヤ，ノギス
マイクロメータ，Ｖブロック
弓のこ
ドリル（φ5，φ2）
布やすり
やすり（角350荒目，平250中目，平200細目，
　平150細目）
新明丹

図1　製品図

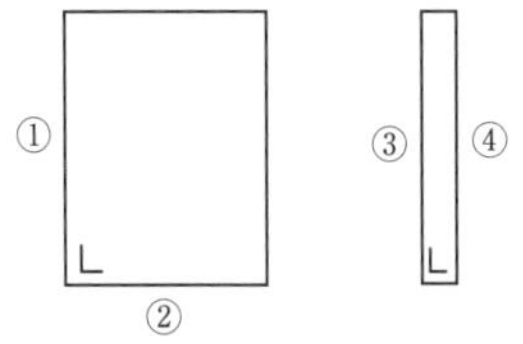

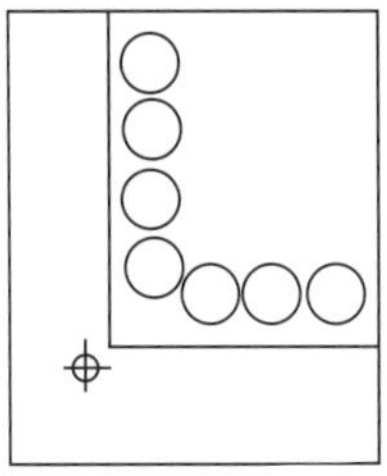

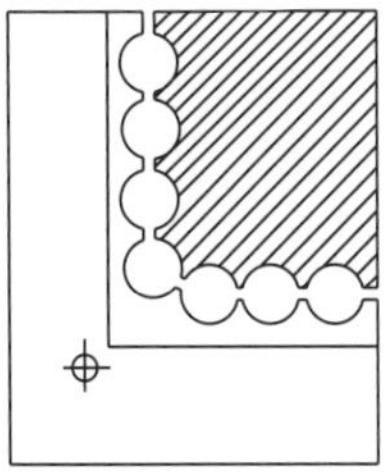

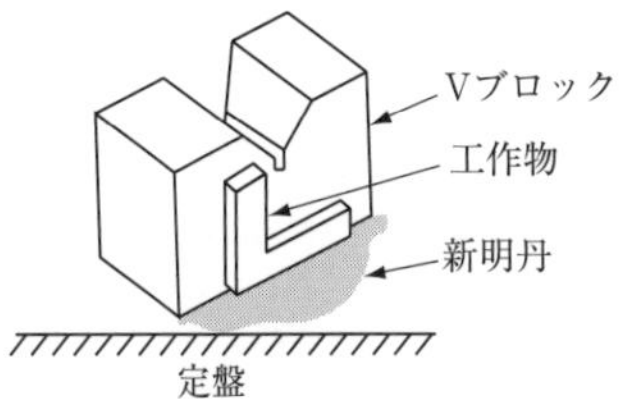

番号	作業順序	要　　　点	図　　解
1	基準直角面を中仕上げする	1．素材の寸法を検査し，反りがあるときは修正する。 2．①面を広い面に直角に中仕上げする。 3．②面を広い面及び①面に直角に中仕上げする（図2）。	図2　基準面の仕上げ
2	けがきをする	①，②面を基準に両面に寸法けがきをする。	
3	穴をあける	1．図3に示すように，内直角けがき線より1mmくらい離して，φ5ドリルで数珠つなぎに穴をあける。 2．隅にφ2のドリルで，逃げ穴をあける。	図3　ドリルによる穴あけ
4	切り取る	穴と穴の間を弓のこで切り離す（図4）。	
5	荒仕上げする	けがき線より0.5mmくらい残して，やすりで荒仕上げする。	図4　弓のこによる切断
6	厚みをそろえる	1．③面を正しく平面に仕上げる。 2．④面を③面に平行に仕上げる。	
7	外角を仕上げる	1．①面を図5のように，Ｖブロックに添えて当たりをとりながら側面に直角に仕上げる。 2．②面を①面及び側面に直角に仕上げる。 3．長辺側を基準スコヤに接して検査を行い，修正は短辺側で行う。	図5　基準面①の当たりの確認

| 作業名 | 平形スコヤの製作 | 主眼点 | 狭い面のやすり精密仕上げの仕方 |

番号	作業順序	要　　　点	図　　解
8	内角を仕上げる　（図6）	1．内角の寸法けがきをする。 2．隅は弓のこで，見ばえよく逃げを入れる。 3．⑤面をマイクロメータで測定しながら，①面に平行に仕上げる。 4．⑥面を②面に平行に仕上げ，⑤面との直角を確かめる。	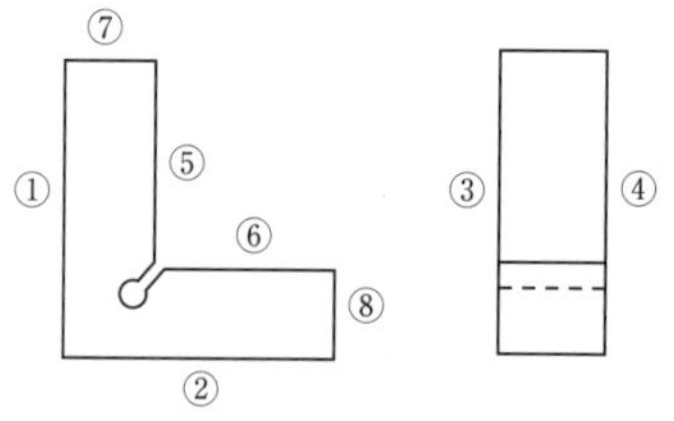 図6　内角（⑤⑥）の仕上げ
9	端面を仕上げる	⑦，⑧面の寸法は，ノギスで測りながら仕上げる。	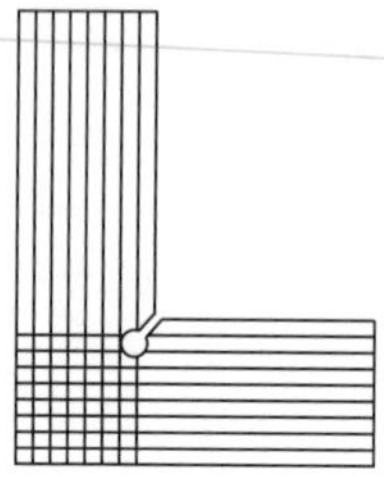
10	布やすりを掛ける	1．③，④面に布やすりを掛けて，図7のように目通しする。 2．面や角がだれないように注意する。	 図7　布やすりによる目通し

備
考

1．内角の仕上げでは，やすりを長手方向に掛けるが，中低になりやすいから，注意して行うこと。
2．外角及び内角の面には，布やすりを掛けない。

作業名	弓のこ作業	主眼点	弓のこの取り扱いと切断の仕方

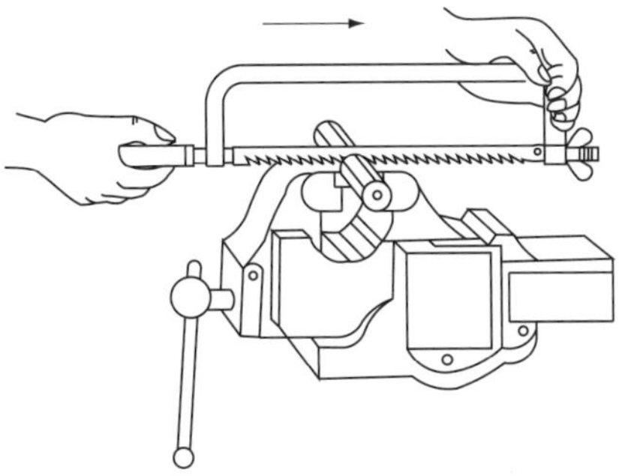

図1　弓のこによる切断作業

材料及び器工具など

平鋼〔(例)　t 6×25×100〕
鋼管〔(例)　25 A×100〕
弓のこ
けがき針
スケール（300mm）
バイス
手ぼうき

番号	作業順序	要　　　点	図　　解
1	準備する	1．材料に寸法線をけがく（10mm 間隔）。 2．フレームにのこ刃を取り付ける（図2）。 　（1）フレームの柄とちょうねじ両方のピンの方向が刃を取り付ける方向と合っているか確認する。 　　　ピンの方向は，柄やちょうねじを抜いて変えられるようになっている。 　（2）のこ刃の向きをのこを押すときに切れる方向に合わせ，まず，柄に付いているピンに，のこ刃の穴を引っ掛け，ぐらぐらしないように指で押さえておく（図3（a））。 　（3）もう一方ののこ刃の穴が，ちょうねじ側のピンに合うように，ちょうねじを調整して，ピンに差し込む（図3（b））。 　（4）ちょうねじを締めて，のこ刃を張る（図3（c））。 　　　のこ刃の張り方は，のこ刃の中央付近を指で挟んでねじってみて，ぐらぐらしないで，僅かに弾力がある程度にしっかり締める。	 図2　弓のこ（ハクソー，ハクソーフレーム） （a）　　　（b）　　　（c） 図3　のこ刃の取り付け方
2	材料をバイスにくわえる	材料の切断箇所をバイスの口金近くに水平にくわえ，固定する。 　材料のくわえ方は，切断部分が口金に近いほどびびりが出なくてよいが，のこを押しているとき刃が滑り，柄を握った手がバイスに当たって思わぬケガをすることがあるので，バイスに手が当たらない距離に固定する。 　板材，角材は広い面が上になるように固定する（図4）。	 手が当たらない 図4　材料をくわえる位置
3	位置につく	のこ刃を切断部に垂直に載せ，柄を握り，姿勢の取り方はいずれもやすり掛けの場合とほぼ同様に行う。	
4	切り込みを入れる	左手の親指のつめを切断位置に当て，のこ刃をつめにそわせ，右手だけで軽く押して切り込みを入れる。 　ある程度切り込みがないと，本格的に切り始めるとき，刃が左右に滑って正しい位置での切断ができない（図5）。	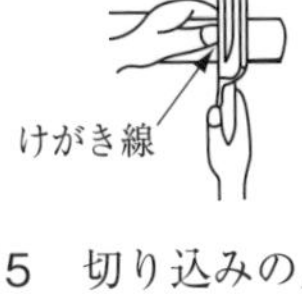 けがき線 図5　切り込みの入れ方

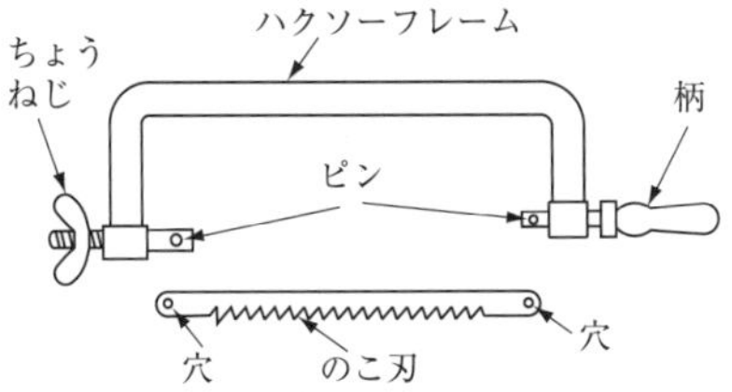

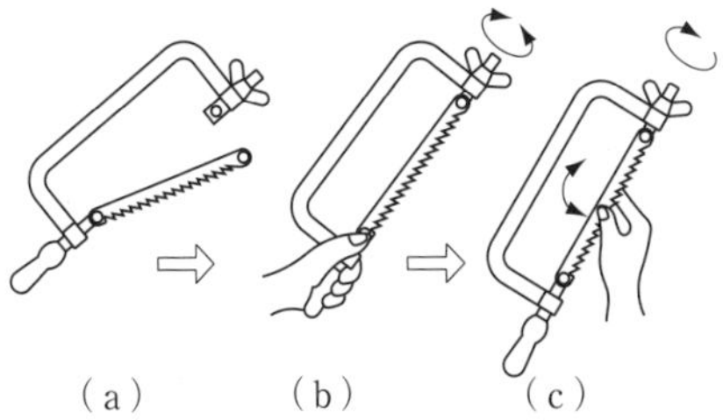

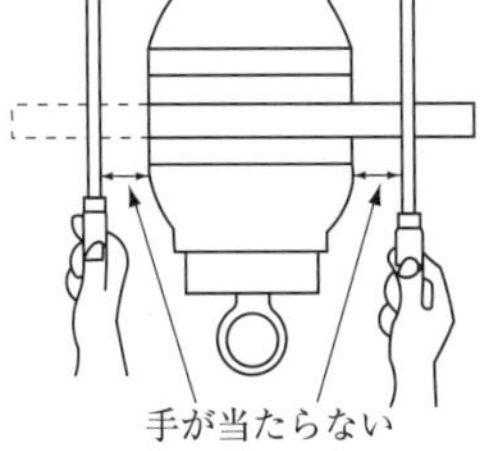

作業名		弓のこ作業	主眼点	弓のこの取り扱いと切断の仕方

番号	作業順序	要　　点	図　　解
5	切断する	1．左手でフレームの前の部分を垂直にしっかり握る。 　のこ刃より下側に指が出ないように注意する。の こを引いたときにケガをする危険がある（図6）。 2．両脇を締め，フレームがぐらつかないようにのこ と身体が一体となった感じにする。 3．切断箇所を真上の方向から見ながら，フレームが 傾かないように注意して，胸で押す気持ちで，まっ すぐにのこ刃いっぱいまで押す。 　最初のうちは，あまり力を入れないで軽く行い， 体勢を整えながら，徐々に力を入れて切る。 4．引き戻すときは，僅かにのこ刃を浮かす気持ちで， 身体と一体のまま，静かにまっすぐ引く。 　のこ刃は非常に折れやすいので，曲がったり，よ じれたりするとすぐに折れる。のこを手先だけで押 すと，工作物に刃が引っ掛かったとき，押す方向が 狂って，刃が折れやすくなる。 　のこは身体と一体で動かす。 5．太い材料については，角材や板材は図7の①〜⑤ のとおり，丸材は図8の①〜④のとおりに，角度を 変えながら加工するとよい。 6．切り終わりに近づいたら，左手で切り落とされる 側の材料を支え，右手だけでのこを軽く小きざみに 動かして，ゆっくり切り落とす。	図6　正しい姿勢 （a） （b） 図7　太い角材及び板材の加工 図8　太い丸材の加工
6	繰り返す	2〜5項を繰り返し，次のけがき線を切断する。	
7	後始末をする	1．作業が終わったら，ちょうねじを緩め，刃が外れ ない程度にのこ刃の緊張を緩めておく。 2．バイスや作業台，周囲の清掃をする。	

備考

1．切断する材料の材質や形状に応じて，適当な刃数ののこ刃を使用する（参考表1）。
2．長物を順次一定の長さに切断するときは，切断箇所を万力の口金の右側に出したほうが，工作物をつかみ替える
　のに便利である。
3．パイプ材は，時々回しながら加工するとよい（参考図1）。
4．薄板は，木片に挟んで切断するとよい（参考図2）。

参考表1

刃　　数 （25.4mm につき）	切　断　材
14 山	軟鋼・黄銅・ねずみ鋳鉄・軽合金
18 山	硬鋼・合金鋳鉄・青銅
24 山	硬鋼・合金鋼・形鋼
32 山	薄鋼板・管

刃が折れやすい

参考図1　パイプ材の加工

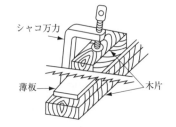

シャコ万力

薄板　　　　　木片

参考図2　薄板の加工

| 作業名 | タップねじ立て作業 | 主眼点 | ハンドタップによるねじ立て |

材料及び器工具など

軟鋼板
タップ
タップハンドル
スコヤ
ドリル
バイス
切削油

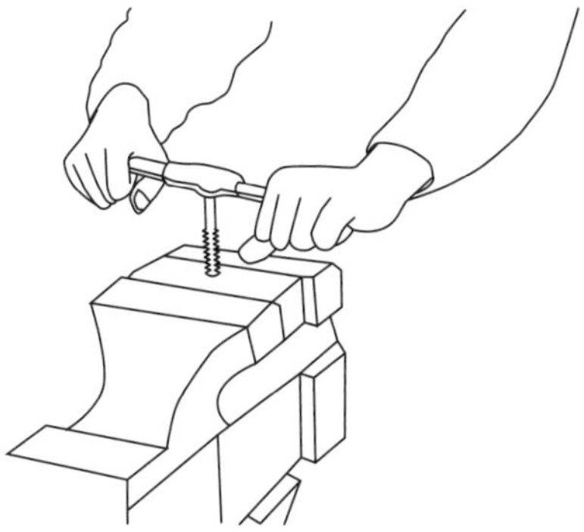

図1　タップによるねじ立て

番号	作業順序	要　　点	図　　解
1	ねじ下穴をあける	1．ねじの下穴をあける。 　　下穴の寸法は，巻末の「付表」を参照のこと。 2．下穴の両側を面取りする（図2）。 3．下穴をあけた工作物をバイスに水平にくわえる。	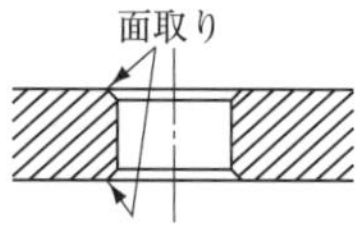 図2　下穴の面取り
2	タップをタップハンドルに取り付ける	1．タップハンドルは，タップの径に適した長さのものを用いる。 2．先タップをハンドルの角穴に差し込み，落とさないように締め付ける（図3）。	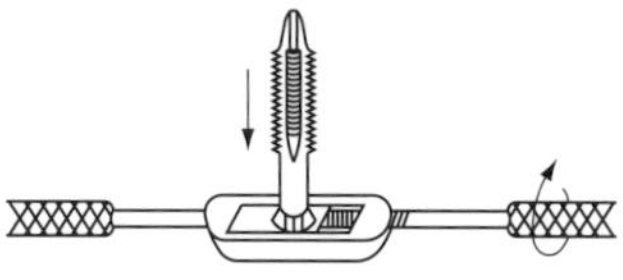 図3　先タップの取り付け
3	タップを下穴に食い付かせる	1．バイスの正面に両足を少し開いて立つ。 2．図4のように右手でハンドルの中央部を持ち，タップを落とさないように支えながら，下穴に垂直にあてがう。 3．両手でハンドルを水平に保ちながら，押し付けるようにして2～3回，回す。	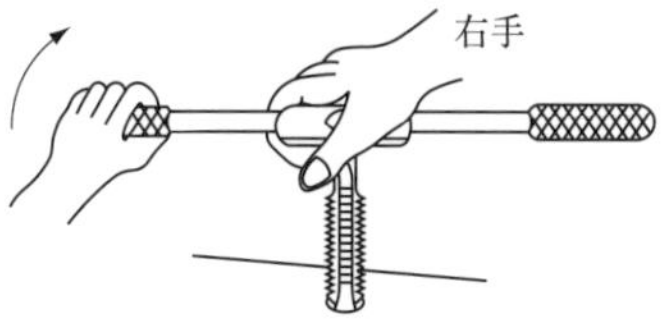 図4　先タップのあてがい方
4	タップの倒れを見る	スコヤでタップの倒れを直角2方向から調べる（図5）。	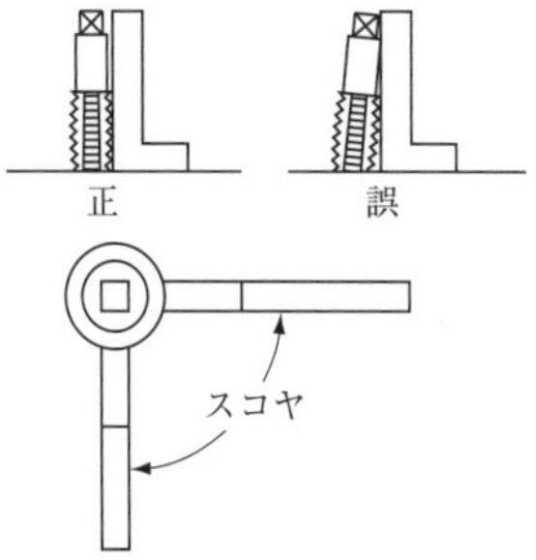 図5　タップの倒れの見方
5	ねじを立てる	1．図1のように両手でハンドルを握り，タップの倒れを修正しながら，両手の力は平均に水平を保って回す。 2．ねじ立ては，図6に示すように，大きく回しては少し戻して，少しずつタップを進める。 3．時々，切削油を与える。	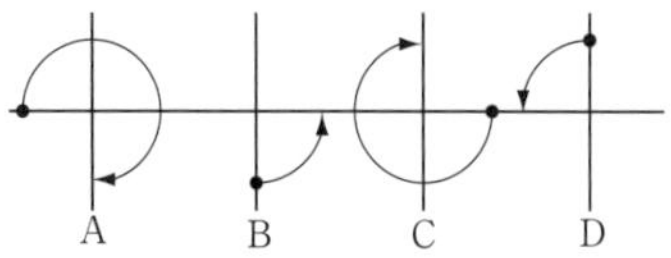 図6　タップの回し方
6	タップを抜く	1．両手で静かに水平に逆転させる。 2．抜き終わりは，タップに左手を添えて落とさないようにする（図7）。 3．使用した後は，必ずブラシで刃部を掃除しておく。	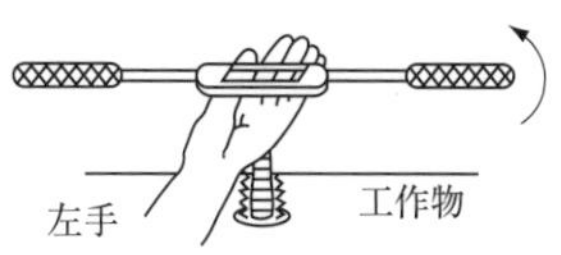 図7　タップの抜き方
7	繰り返す	ねじ径に応じて，穴数だけねじ立てを繰り返す。	

1．通し穴は，先タップだけでもよいが，厚物では中タップまで通す。

2．止まり穴については，次の事項に注意する。

　（1）下穴の深さは，図面の指示による。

　（2）タップに所要の深さを印しておく。

　（3）時々タップを抜き取り，中の切りくずを取り除く。

　（4）先・中・上げタップを順次用いて完成する。

3．タップが折れたときは，よく洗浄して観察し，参考図1のような方法を試みてみる。

4．鋳鉄のタップ立てには，切削油を使用しない。

5．ねじ下穴の簡便式は，呼び径（D）−ピッチ（P）＝下穴（d）で求めることができる。

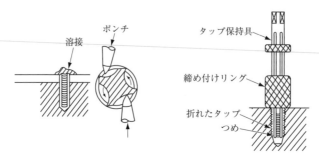

参考図1　折れたタップの抜き取り方

備

考

番号	No. 4.17

作業名	ダイスねじ立て作業	主眼点	丸駒割りダイスによるねじ立て

材料及び器工具など

軟鋼磨き丸棒（φ10×37　4本）
バイス
ダイス（M10）
ダイスハンドル
切削油
やすり（250中目）
磨きナット（M10）

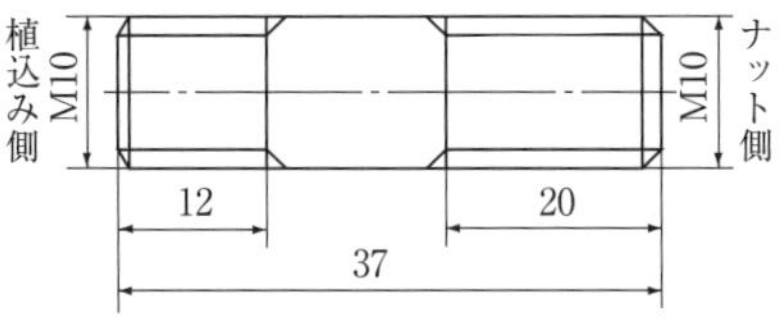

図1　製品図

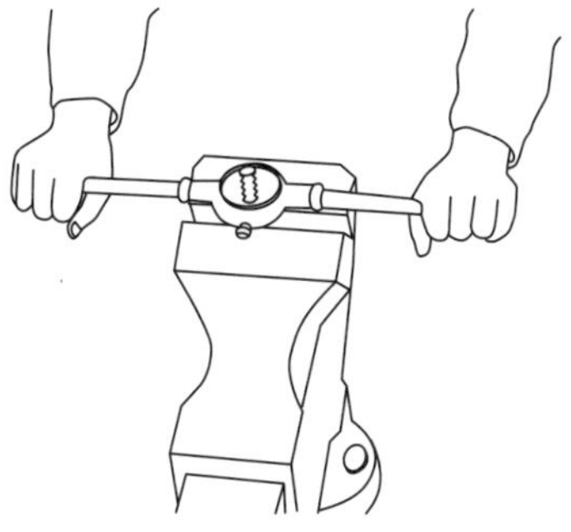

図2　ダイスによるねじ立て

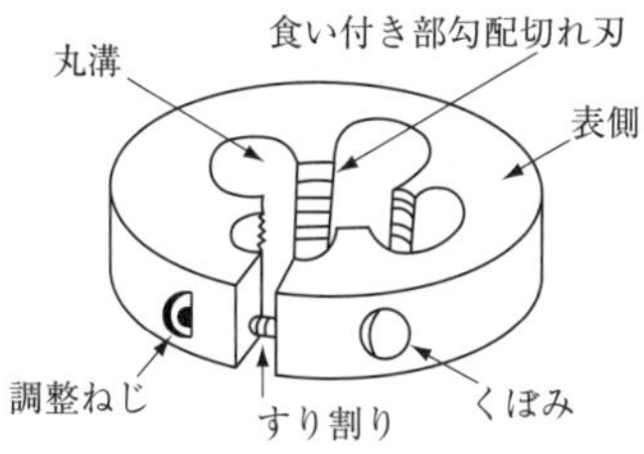

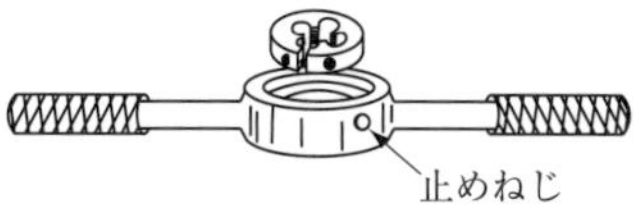

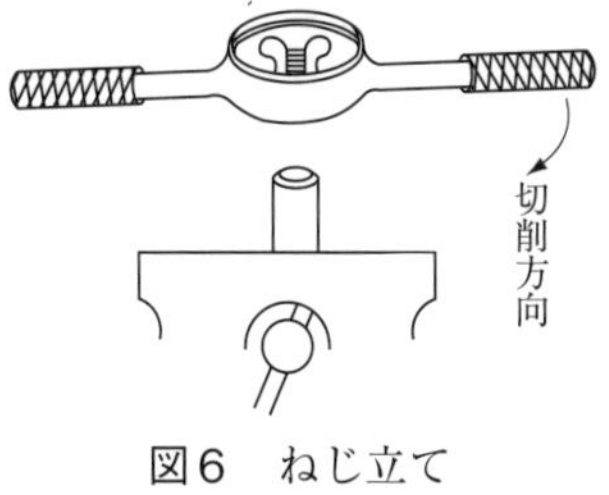

番号	作業順序	要　　　　点	図　　　解
1	ダイスをハンドルに取り付ける	1．ダイスの口径を，調整ねじを締めて広げる（図3）。 2．ダイスの表側（長い食い付きのある側）を上にして，ハンドルにはめる。 3．止めねじをダイスのセット穴に合わせて締め付け，ダイスをハンドルに固定する（図4）。	 丸溝　食い付き部勾配切れ刃　表側　調整ねじ　すり割り　くぼみ 図3　ダイス
2	ねじを立てる	1．工作物の両端を，ダイスが食い付きやすいように，やすりで面取りする（図5）。 2．ナット側を上にして，バイスに垂直にくわえる。 3．ダイスの表側を下にして，工作物に水平に載せる（図6）。 4．両手の力を平均に掛け，ハンドルは常に水平に保ちながら，タップと同じ要領で，所要の長さだけねじを立てる（図2）。 5．時々切りくずを払い，切削油を与える。	止めねじ 図4　ダイスとダイスハンドル 20° 図5　工作物の面取り
3	ダイスを抜く	ハンドルを戻すときは静かに回し，抜き終わりでは，工具を落とさないように注意する。	
4	ねじ径を調べる	磨きナットをはめてみる（ナットの入り具合をよく感じとっておく）。	切削方向 図6　ねじ立て
5	繰り返す	1．調整ねじを緩めて，ねじ径を加減する。 2．ナット側は，磨きナットがたなく入る程度に，植え込み側は，磨きナットが1〜2山のぞく程度にやや太くしておく。	

| 備考 | 1．ダイスの口径は，調整ねじによって広げることができるので，荒削りと仕上げ用に使い分けることができる。
2．ダイスの表側は食い付き部の長いほうで，一般にねじ径が刻印されている。
3．他端をねじ立てするときは，ねじ部に割りナットをはめて，万力に締め付けるとよい（参考図1）。
4．6mm以下の細いねじを切るときは，ダイスが振れやすく，曲がってねじが切れるので注意する。
5．植込み側の締めしろを正確に求めるには，ねじ栓ゲージとねじマイクロメータで測定して決めるとよい。材質にもよるが，あまり硬いと，ねじを折ったり，ねじ穴が割れることがある。 | 
参考図1　他端のねじ立て |

| 作業名 | ハンドリーマ作業 | 主眼点 | ハンドリーマ，テーパピンリーマの通し方 |

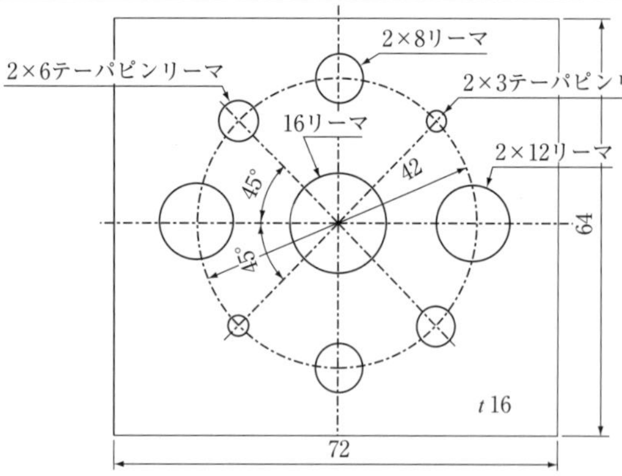

図1　製品図

材料及び器工具など

軟鋼板（16×64×72）
バイス
けがき用具一式
ドリル各種
ハンドリーマ（φ8，φ12，φ16）
テーパピンリーマ（φ3，φ6）
タップハンドル
テーパピン（φ3，φ6）
切削油

番号	作業順序	要　点	図　解
1	下穴をあける	1．穴あけ位置をけがきする。 2．テーパピン穴に，φ3，φ6の穴をあける。 3．リーマφ8，φ12，φ16にφ5程度の下穴加工を行い，続けてφ12，φ16はφ10程度の下穴加工を行う。 4．φ8リーマ穴は，φ7.8の下穴をあける。 5．φ12リーマ穴は，φ11.8の下穴をあける。 6．φ16リーマ穴は，φ15.8の下穴をあける。	表1　リーマ径と削りしろ （下記の表参照）
2	ハンドリーマを通す	1．工作物をバイスに水平にくわえる。 2．リーマをタップハンドルに取り付ける。 3．タップ立てと同じように，リーマを下穴に垂直に食い付かせる（図2）。 4．ゆっくり同じ速さで水平に右に回して進め，逆転させない。 5．切削油を十分に与える。 6．リーマを抜き取るときは，逆転しないで，切削方向に回して引き上げる。	 図2　リーマの食い付き
3	テーパピンリーマを通す	1．テーパピンリーマを下穴に垂直に食い付かせる。 2．切れ刃に切りくずが詰まりやすいので，時々抜いてブラシで払う。 3．切削油を十分に与える。 4．リーマを通す深さは，テーパピンの頭部が2mmぐらい表面に出る程度とする（図3）。	 図3　テーパピンの取り付け深さ
4	繰り返す	穴数だけリーマ通しする。	

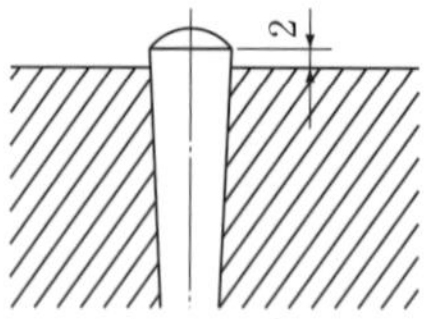

表1　リーマ径と削りしろ

リーマ	削りしろ（直径について）
5mm 以下	0.1～0.2mm
5～20mm	0.2～0.3mm
20～50mm	0.3～0.4mm
50mm 以上	0.4～0.6mm

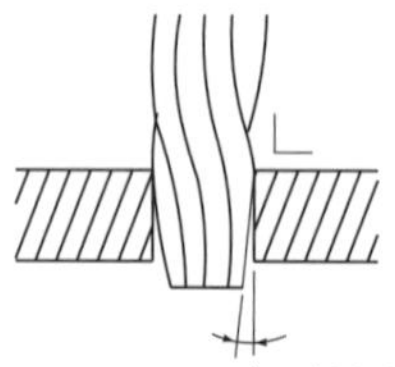

備考	1．ハンドリーマの径は，リングゲージ又はマイクロメータで測る。 2．穴の精度を要求される場合は，栓ゲージで検査する。 3．穴径を修正する場合は，アジャスタブルリーマ（調整リーマ）を使用する。 4．テーパピンの呼び径は，小端径で表す（参考図1）。 5．リーマの下穴きりは，他の材料に穴あけして穴径を確かめておくのがよい。

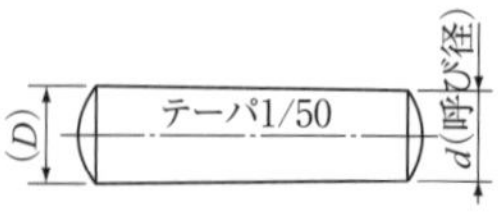

参考図1　テーパピン呼び径

作業名	きさげ掛け	主眼点	腰押しによる平きさげの掛け方及び平きさげの研ぎ方

図1　きさげ掛け 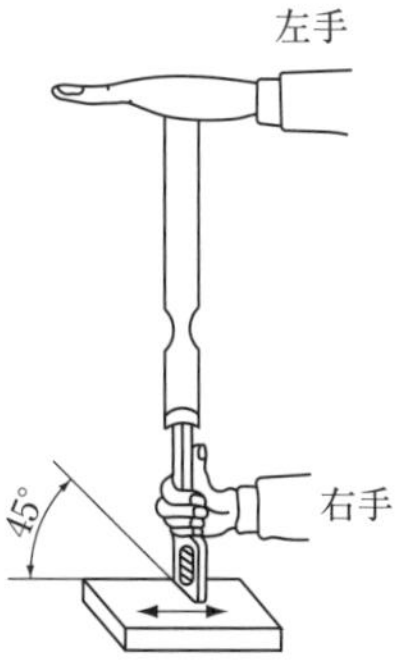　　　　　左手　　右手　45°　　図2　研ぎ方

	材料及び器工具など
	鋳鉄ブロック 木材 平きさげ（柄付き） 油といし（赤褐色，中目） 新明丹

番号	作業順序	要　　　点	図　　　解
1	工作物を固定する	1．作業がしやすく身長に適した台上に，工作物が動かないように固定する。 2．工作物のかどをやすりで面取りする。	正　誤　　良　不良　不良 図3　きさげの研ぎ方
2	刃先角を90°に研ぐ	1．図2に示すように，左手で柄の端を支え，右手で刃部の近くを握る。 2．刃先角が90°になるように，しかも刃先をといし軸線に対して45°傾けて，といしに載せる。 3．きさげの柄はまっすぐに，2～3回前後に動かし，刃先が丸くならないように研ぐ（図3）。	正 誤 図4　裏刃の研ぎ方
3	裏刃を研ぐ	1．図4に示すように，柄の端を右足のももに固定し，左手で裏刃をといしに密着させる。 2．左手を左右に動かし，刃のかえりを取る程度に研ぐ。 3．親指の腹で刃先に軽く触り，引っ掛かりを感じればよい。	20°～30° （a）　　（b） 図5　きさげの当て方
4	姿勢を取る	1．図1に示すように，右手で柄の先端を握り，ももの付け根に柄の端を当てる。 2．左手の手の平を右手に重ねる。 3．右足を約半歩前に出して図1のように構え，きさげは図5（a）のように加工面と20°～30°に保ち，両足のひざを曲げ，体重を前に移す。 4．刃先は図5（b）のように，加工面に平均に当てる。	図6　きさげ掛けの方向
5	きさげを掛ける	1．右手で切削角を保持し，左手で押さえる力（切削量）を加減しながら，腰できさげを押し出す。 2．押し終わる瞬間に左手の力を抜き，右手ですくい上げるようにする。 3．きさげ掛けは，きさげの幅いっぱいに削る。	
6	繰り返す	1．加工面に新明丹を塗り，図6のように一様にきさげを掛ける。 2．きさげの切れ味が悪くなったら，研ぎ直す。	

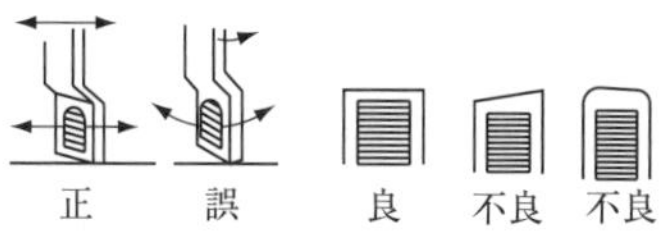

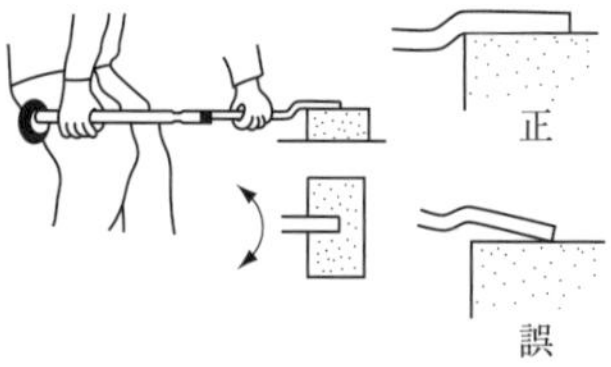

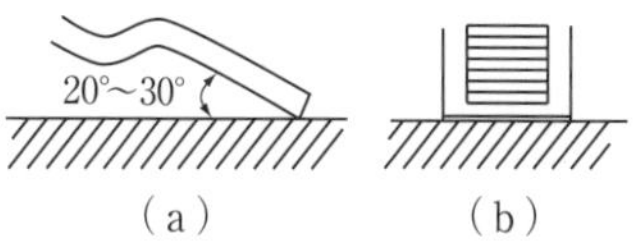

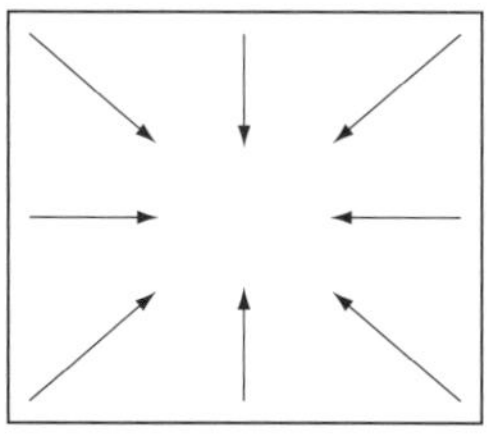

1．油といしは常に平らになるように使用する。くぼみができたら早めに直す。
2．油といしは一般に中目を用いるが，更に切削面を美しく仕上げたい場合は，きめの細かい白といしを用いるとよい。
3．加工面のかど取りはできる限り行い，ケガを防ぐようにする。
4．最終仕上げにおいて装飾も兼ね，しゅう動面に油だまりを作る型置きをすることもある（参考図1）。
5．きさげ刃先に超硬チップを取り付けたものは，切削量は少ないが，きさげ面が美しく，硬い材料にも適する。

参考表1　材質ときさげの刃先角度

材　質	仕上げ程度	刃先角度
鋳鉄及び軟鋼	荒仕上げ	70°〜 90°
	本仕上げ	90°〜120°
黄銅，青銅	本仕上げ	75°〜 80°
アルミニウム合金，ホワイトメタル，鉛	荒仕上げ	60°
	本仕上げ	85°〜 90°

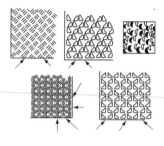

参考図1　型置き

備　考

6．平面の製作（すり合わせ）について
　　きさげで平面を作る場合，基準になる平面をもつ治具（すり合わせ治具という）を加工面にすり合わせを行って，きさげで赤当たり取り，黒当たり取りを行うことで，平面が得られる。例えば，定盤の平面を作る場合，基準となる正確な平面をもつすり合わせ治具があれば，これを用いる。
　　適切なすり合わせ治具がない場合，三つの定盤を用いて「3面すり合わせ」を行うことで，正確な平面を得ることができる。これは，以下のとおりである。
○　A，B，Cの定盤があるとして，AとBの定盤をすり合わせによって平面を作り，BとCの定盤をすり合わせによって平面を作っても，AとCの定盤のすり合わせは一致しない。なぜなら，すり合わせた定盤同士が凹凸逆の形状になるだけで，平面になったわけではないからである。このことから，平面を作るためには，以下の手順で3面すり合わせを行う。
①　AとBの定盤ですり合わせを行い，平面を作る（参考図2（a））。
②　AとCの定盤ですり合わせを行い，平面を作る（参考図2（b））。
③　BとCの定盤ですり合わせを行い，平面を作る（参考図2（c））。
④　BとAの定盤ですり合わせを行い，平面を作る（参考図2（d））。
⑤　CとAの定盤ですり合わせを行い，平面を作る（参考図2（e））。
⑥　ここまでで，三つの定盤で確認作業を行い，まだ精度が低い場合は，①から繰り返す。

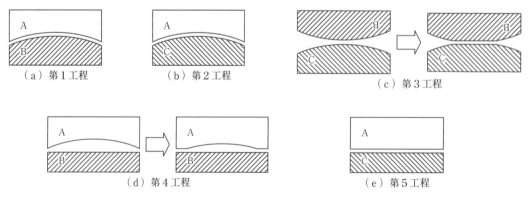

（a）第1工程　　　（b）第2工程　　　（c）第3工程

（d）第4工程　　　（e）第5工程

参考図2　3枚合わせ作業

出所：（参考図2）愛恭輔・成瀬治夫著『現場で役立つ　手仕上げ加工の勘どころ』（株）日刊工業新聞社，2009年，p.15，図2.6

| 作業名 | 割りメタルのすり合わせ | 主眼点 | ささばきさげによる割りメタルのすり合わせ |

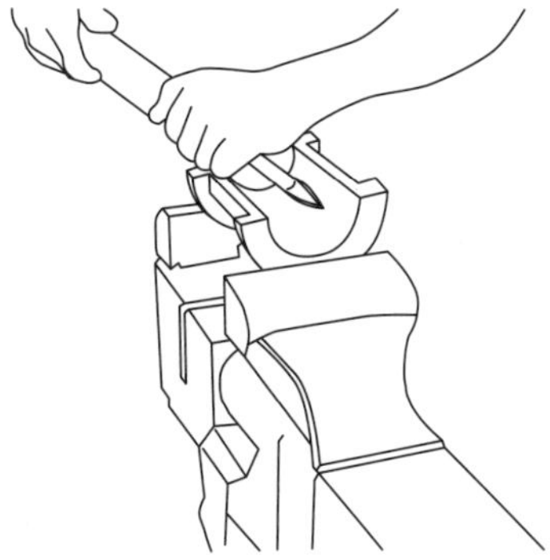

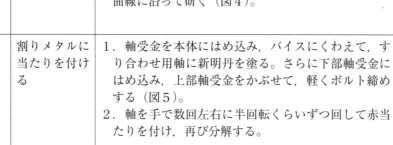

図1　きさげ掛け

材料及び器工具など

割りメタル（砲金），キャップ
軸受胴，ボルト
バイス
新明丹，マシン油
ささばきさげ
油といし
すり合わせ軸
すきまゲージ
やすり（平250中目・細目）
スパナ

番号	作業順序	要　　点	図　　解
1	軸受金と本体との接触面の当たりを調べる	軸受金と本体との接触状態は新明丹を付けて調べ，当たりの悪い部分があれば，軸受金をやすりで削り，一様に当たるように手入れする（図2）。	
2	ささばきさげを研ぐ	1．図3のように，右手で柄の端を握り，左手で刃先近くを握る。 2．刃裏をといしに斜めにあてがい，刃部の先端から根元のほうへ刃裏の曲面に沿ってすくい上げるように研ぐ。 3．刃部の側面を刃先角が60°になるように傾けて，曲線に沿って研ぐ（図4）。	
3	割りメタルに当たりを付ける	1．軸受金を本体にはめ込み，バイスにくわえて，すり合わせ用軸に新明丹を塗る。さらに下部軸受金にはめ込み，上部軸受金をかぶせて，軽くボルト締めする（図5）。 2．軸を手で数回左右に半回転くらいずつ回して赤当たりを付け，再び分解する。	
4	きさげを掛ける	1．きさげは，図1のように右手で柄の上部を持ち，左手は刃部の近くを握る。 2．切削は，左手の力で底のほうから端のほうに向かって，左右，斜め方向にすくい上げるように削る（図6）。 3．荒取りは刃の根元を用い，仕上げは刃先のほうを使用して，赤当たりが全面に出るまで繰り返す（図7）。 4．所要の油間げきを付ける。	

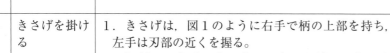

赤当たり

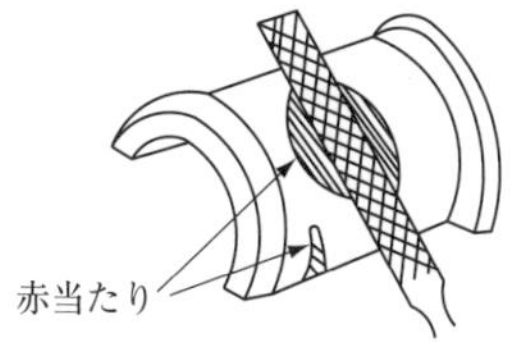

図2　軸受金の当たりの調整

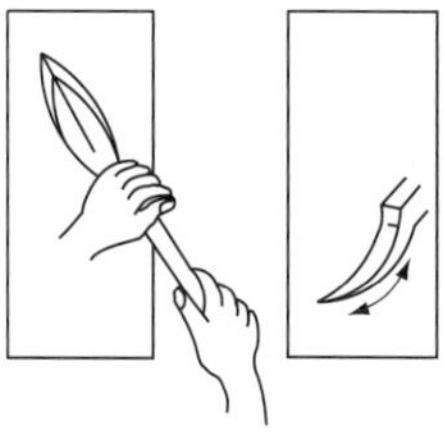

図3　ささばきさげの研ぎ方①

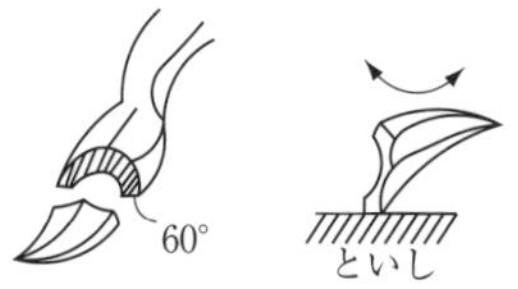

60°　といし

図4　ささばきさげの研ぎ方②

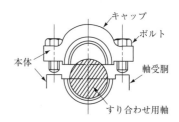

キャップ
ボルト
本体
軸受胴
すり合わせ用軸

図5　当たりの確認

図6　きさげの掛け方

荒取り　　仕上げ

図7　荒取りと仕上げ

作業名	割りメタルのすり合わせ		主眼点	ささばきさげによる割りメタルのすり合わせ

番号	作業順序	要　　　　　点	図　　　解
5	組み立てる	1．きさげかけによる油溝のかえりは，布やすりで取る。 2．軸受金（上・下）の端に，油だまりをやすりで仕上げる（図8）。 3．軸受金を本体にはめ込み，軸に潤滑油を与え，軸受胴にキャップをかぶせて，所要のトルクでボルトを締め付ける。 4．軸受と軸とのすきまや軸が，滑らかに回るかどうかを確認する。	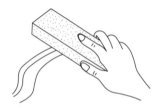 図8　油だまりのやすり掛け

1．ささばきさげの切れ刃角は，一般に60°（砲金）を標準としているが，材質によって刃先角を変えるようにする。
2．刃部の側面は曲面なので，研ぎにくいときは，油といしを手に持って研ぐとよい（参考図1）。
3．割りメタルは，合わせ目にライナを挟んでおき，メタルが摩耗したとき，ライナの厚さを減じて調整する。
4．油間げきは，一般に軸受メタルが白色合金の場合は，直径の0.6～0.8/1 000程度，銅—鉛合金の場合は1/1 000が標準となっており，水平方向は垂直方向に対して，やや大きくするのが望ましい。

参考図1　刃部側面の研ぎ方

備

考

作業名	両頭グラインダの取り扱い	主眼点	安全作業と研削の仕方

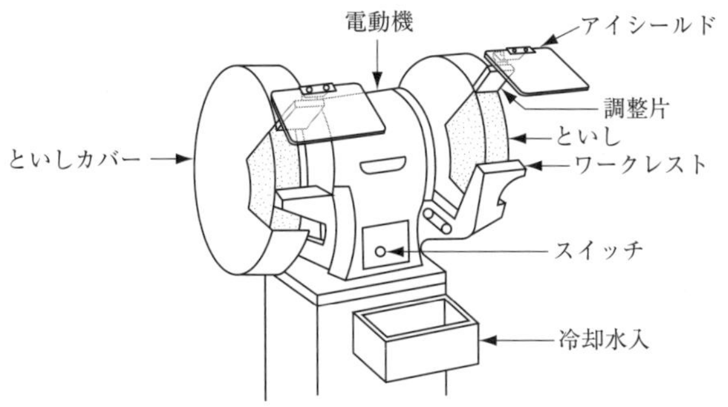

材料及び器工具など

軟鋼〔(例) □ 20×100〕
ドレッサ
保護めがね
ウエス

図1　両頭グラインダ各部の名称

番号	作業順序	要　　点	図　　解
1	準備する	1．といしカバーをウエスで奇麗に拭く。 2．冷却水を十分に入れておく。	
2	安全を確かめる	1．といしを手で回しながら，傷や割れがないかを調べる。 2．ワークレスト（工作物支持台）とといしのすきまが，3mm以下になっているかを調べる。 3．調整片とといしのすきまが10mm以下になっているかを調べる（図2）。	図2　ワークレストと調整片の正しい位置
3	始動する	1．シールドが付いていない場合は，必ず保護めがねをかける。 2．といしの回転方向から身体を避けて立つ（図3）。 3．スイッチを入れ，1分間以上の試運転を行う。 　　振動が大きかったり，異常な音が発生する場合は使用しない。	
4	といし面を修正する（ドレッサをかける）	といしの研削面が，変則目詰まりの状態になっているときにドレッサを用いて修正する（図4）。 1．ドレッサの柄を両手でしっかりと持つ。 2．ドレッサの下端をワークレストに載せ，といしに軽く当てる。 3．ドレッサを押し付ける力をやや強めて，左右に移動させながら研削面全体を一様に修正する。	図3　といしの正面を避けて立つ
5	研削する	1．工作物を両手でしっかりと持ち，ワークレストに載せる。 2．工作物をワークレストの上を滑らすように，といしに静かに近づけて研削を開始する。 　　特に，かど部や板厚の薄い材料を研削するときは，工作物がといしにはね飛ばされることがあり危険である。必ずワークレストを使用し，最初は軽く触れる状態から始める。 3．工作物に研削圧を与え，といしの研削面全体を使って研削する。 （1）工作物をといしに激突させたり，無理な力で押し付けない。 （2）といしの側面を使用して研削しない。 （3）工作物がといしから外れて手がといしに当たらないように注意する。	図4　といしの研削面の修正

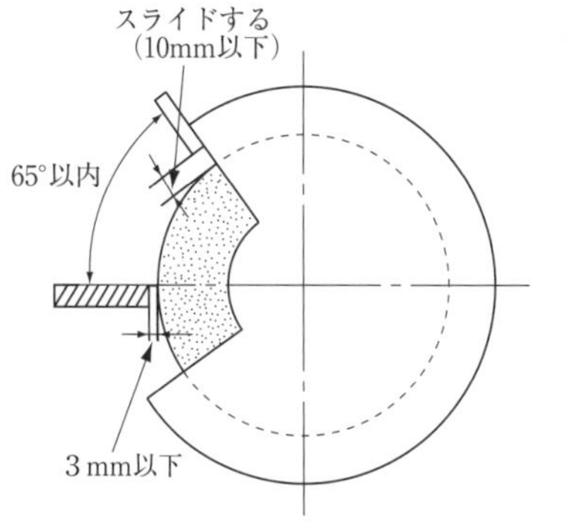

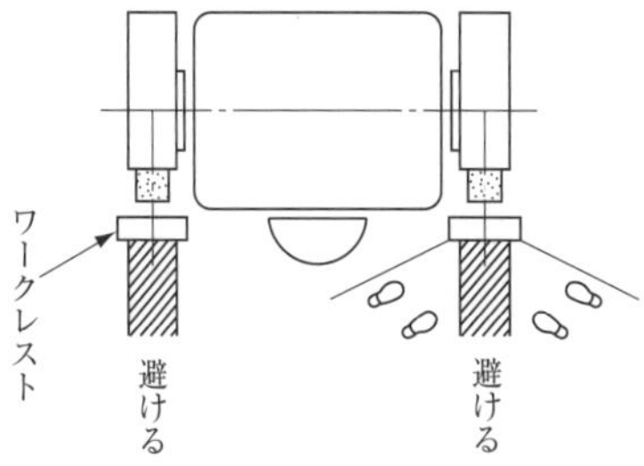

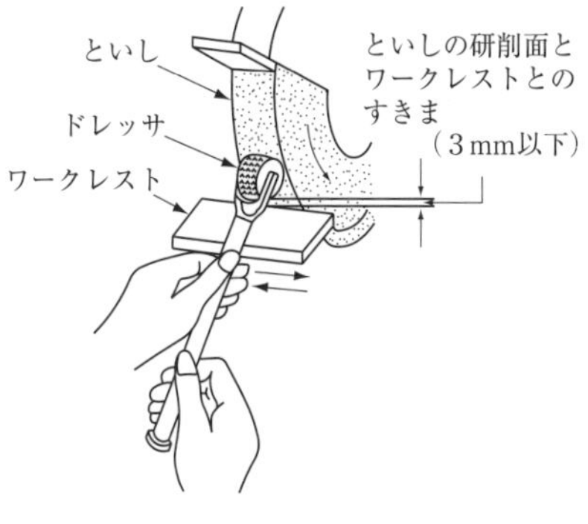

作業名	両頭グラインダの取り扱い	主眼点	安全作業と研削の仕方

番号	作業順序	要　　点	図　　解
5		4．時々，研削を中止して，工作物を水で冷やすとともに研削状態を調べる。 （1）研削による発熱で，工作物が非常に高温になる場合があるので，やけどに注意する。 （2）焼入れしてある材料の場合は，特に早め早めに水冷して，焼きが戻らないように注意する。	
6	後片付けをする	1．スイッチを切り，といし車が完全に止まるまで待つ。 2．グラインダ全体をウエスで拭くとともに周囲を清掃する。 3．冷却水を取り替えておく。	

備考

1．作業のじゃまになるからといって，保護覆いや調整片は絶対に取り外して研削してはならない。
2．といしの側面を使用してはならない。
3．といしを交換するときは，次のことに留意する。
（1）といしを木ハンマなどで軽くたたいて，割れの有無を調べる。
（2）といしとフランジの間には，必ずパッキンを入れて締め付ける。
（3）といしを交換したら，3分間以上運転して，安全を確かめた後に使用する。
（4）指定された者以外は，といしの交換を行ってはならない。
（5）新しいといしに貼付されている検査票は，後日の参考のために取っておくとよい（参考表1）。
4．研削といしを構成する三要素を参考図1に示す。
5．研削といしにとって，バランスウエイトの調整は重要である。
　以下に調整法を示す。
（1）バランスウェイトを，180°の角度で対象に固定する（参考図2（a））。
（2）といしをゆっくり回し，回転が止まって下になった所にチョークで印をつける（一番重い所になる）。
（3）②の状態で，バランスウェイトのうち，上に来ているAと垂直の角度が対象になる位置に，Bを移動させる（参考図2（b））。
（4）最後にバランスを確認する。
　　といしをゆっくり回し，特定の位置が下になって止まらなければバランスがとれている。

参考表1　研削といし検査票の例

研削といし検査票	
（規格番号）	JIS R 6210
と粒（研削材の種類）	A
粒　度	F46
結合度	P
組　織	7
結合剤	V
形　状	1号縁形A
寸　法	205×19×16
最高使用速度	40m/sec（2,400m/min）
製造番号	00000000
製造元（製造業者）	（株）○○××

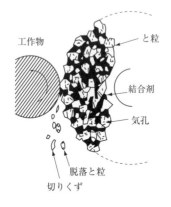

参考図1　研削といしの三要素

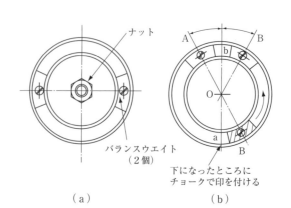

参考図2　バランスウエイト調整法

作業名	ドリルの研削	主眼点	ドリルの研ぎ方

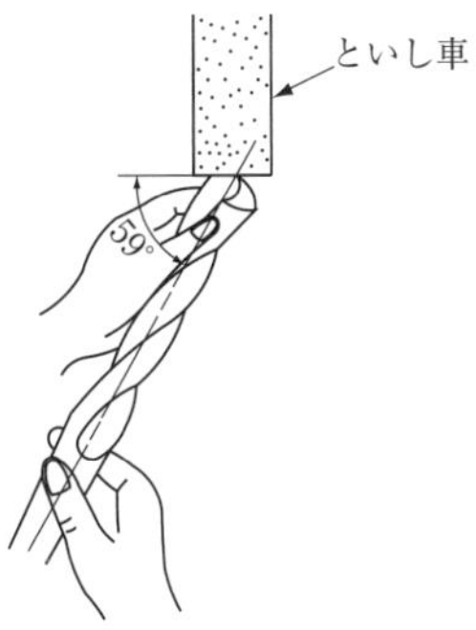

材料及び器工具など

高速度鋼ドリル
スチールプロトラクタ又はドリルポイント
　ゲージ
両頭グラインダ
ドレッサ

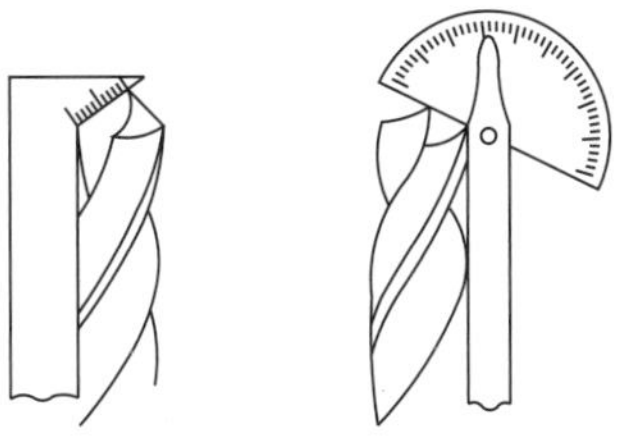

といし車

図1　ドリルの当て方　　　　図2　刃先角度の確認

番号	作業順序	要　　　点	図　　解
1	準備する	1．安全点検後，1分間の試運転を行う（「No. 4.21」参照）。 2．といしの研削面が悪ければ，ドレッサを用いて修正する。	118° 先端角　　切れ刃 　　　　の長さ　　逃げ角　10°～15° ウエブ 135° チゼル角 図3　研ぎ上がりの確認
2	逃げ面を研削する	1．図1に示すように，切れ刃を水平にして左手で先端部を，右手で柄のほうを持ち，といし面に対して59°傾ける。 2．この状態を保ったまま，ドリルをといし面に軽く触れさせ，研削圧を与える。 　　必ずワークレストを利用し，最初は軽く触れる状態から始める。 3．ドリルを右回りの方向にねじると同時に，上に上げるような回転運動を与えて，逃げ面全体を研削する。 　（1）研削圧を与えすぎると，逃げ角が大きくなる。 　（2）焼入れ材料であるので，早め早めに水冷して，焼きが戻らないように注意する。 4．同様にして，他方の逃げ面を研削する。 5．スチールプロトラクタ又はドリルポイントゲージで刃先の角度を調べる（図2）。 6．研ぎ上がりは，先端角が118°，両切れ刃の長さを等しく，逃げ角を10°～15°にしチゼル角が約135°になるよう研削する（図3）。	図4　シンニングの方法
3	シンニングする	1．ドリルをすくい面に対して傾けて持つ（図4）。 2．下側になっている切れ刃をといし車に当てないように注意して，ウエブが片寄らないよう，両側から等しい大きさに研ぎ落とす（図5）。 　　大径ドリルなど，ウエブの厚くなったドリルは，ドリルの送り抵抗を増すので，必ずシンニングする。	図5　シンニング

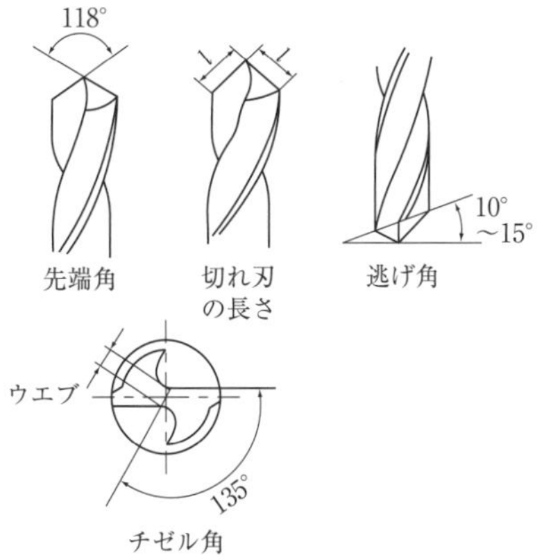

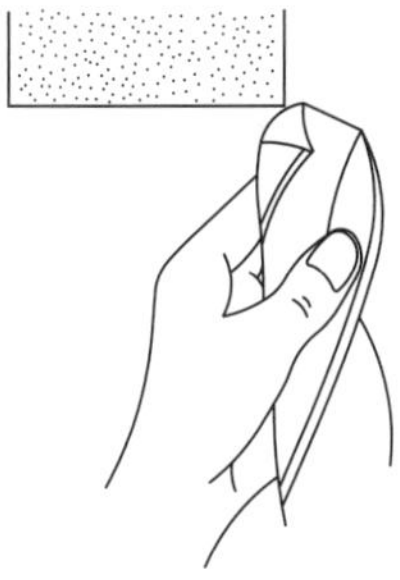

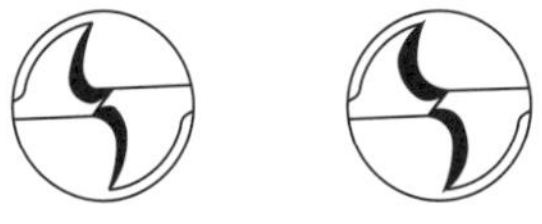

備考

1．ドリルの刃先研削が悪いと，もみ付けのとき正しい円を作らず，穴の拡大，穴面の汚れ，ドリルの振れの原因となる。
2．シンニングを行う場合のといしの角は，ねじれ溝の底の丸みより，いくぶん小さい丸みになっていなければならない。
3．各種材質に対するドリルの刃先角度は，参考表1のようになる。
4．板材に穴あけするときには，ロウソク形すい（錐）に研削するとよい（参考図1）。

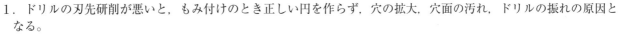
刃先研削　　シンニング
0.1～0.2d
0～10°
参考図1　ロウソク形すい

参考表1　材質とドリルの刃先角度

工作物	先端切れ刃角	逃げ角
一般の材料	118°	12°～15°
軟鋼	118°	12°
硬鋼	130°～140°	10°
鋳鋼	90°～118°	12°～15°
黄銅	118°	12°～15°
アルミニウム	118°～130°	12°

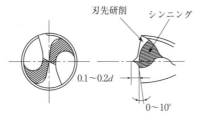

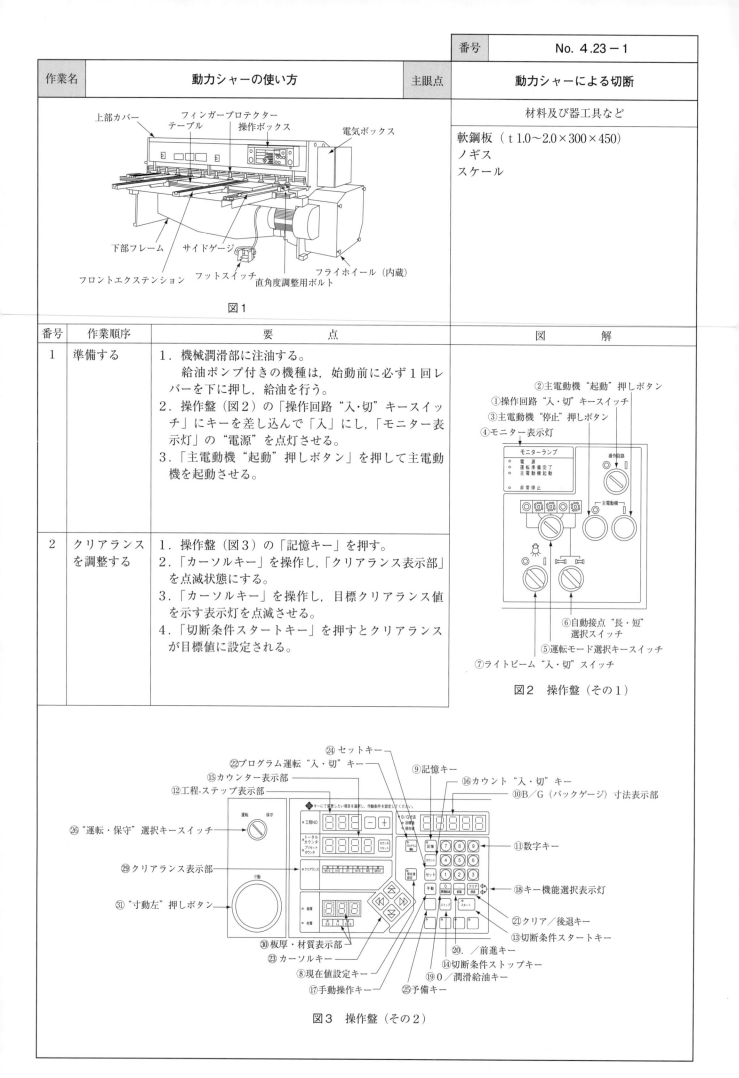

番号	No. 4.23-1

作業名	動力シャーの使い方	主眼点	動力シャーによる切断

材料及び器工具など

軟鋼板（t 1.0～2.0×300×450）
ノギス
スケール

図1

番号	作業順序	要　　点	図　　解
1	準備する	1．機械潤滑部に注油する。 　　給油ポンプ付きの機種は，始動前に必ず1回レバーを下に押し，給油を行う。 2．操作盤（図2）の「操作回路"入・切"キースイッチ」にキーを差し込んで「入」にし，「モニター表示灯」の"電源"を点灯させる。 3．「主電動機"起動"押しボタン」を押して主電動機を起動させる。	
2	クリアランスを調整する	1．操作盤（図3）の「記憶キー」を押す。 2．「カーソルキー」を操作し，「クリアランス表示部」を点滅状態にする。 3．「カーソルキー」を操作し，目標クリアランス値を示す表示灯を点滅させる。 4．「切断条件スタートキー」を押すとクリアランスが目標値に設定される。	

②主電動機"起動"押しボタン
①操作回路"入・切"キースイッチ
③主電動機"停止"押しボタン
④モニター表示灯

⑥自動接点"長・短"選択スイッチ
⑤運転モード選択キースイッチ
⑦ライトビーム"入・切"スイッチ

図2　操作盤（その1）

㉔セットキー
㉒プログラム運転"入・切"キー
⑮カウンター表示部
⑫工程-ステップ表示部
⑨記憶キー
⑯カウント"入・切"キー
⑩B／G（バックゲージ）寸法表示部
㉖"運転・保守"選択キースイッチ
⑪数字キー
㉙クリアランス表示部
⑱キー機能選択表示灯
㉛"寸動左"押しボタン
㉑クリア／後退キー
⑬切断条件スタートキー
㉚板厚・材質表示部
⑳．／前進キー
㉓カーソルキー
⑭切断条件ストップキー
⑧現在値設定キー
⑲0／潤滑給油キー
⑰手動操作キー
㉕予備キー

図3　操作盤（その2）

| 作業名 | 動力シャーの使い方 | 主眼点 | 動力シャーによる切断 |

番号	作業順序	要　　　点	図　　　解
3	切断寸法の設定（バックゲージ使用）	1．操作盤（図3）の「記憶キー」を押し，切断寸法の入力が可能な状態にする。 2．「数字キー」を使用し，切断寸法を入力する。 3．「切断条件スタートキー」を押すと表示されている切断寸法の位置にバックゲージが移動する。	
4	切断位置決め（ライトビーム使用）	1．操作盤（図2）の「ライトビーム"入・切"スイッチ」を「入」にし，ライトビームを点灯させる。 2．材料に引いたけがき線を，ライトビームの明暗の境界線に合わせる。	
5	切断する	1．操作盤（図2）の「運転モード選択キースイッチ」を「単動」にする。 2．板の端面をバックゲージ面に確実に突き当てる。 3．「フットスイッチ」（図1）を踏んで，材料を切断する。 4．切断を終了したら，「運転モード選択キースイッチ」を「切」にする。 5．「フィンガープロテクター」（図1）より奥に入ってしまう幅の狭い板を切断する場合は，補助具等を用いる。 6．材料の持ち方が悪いと材料とテーブルの間で手を挟むので，材料の持ち方に注意すること。	
6	切断材を取り出す	1．操作盤（図2）の「主電動機"停止"押しボタン」を押して主電動機を停止させる。 2．シャー背後から切断された材料を取り出す。 3．機械内部に落ちた切断材やスクラップを取り出すときは，「操作回路"入・切"キースイッチ」のキーを抜き，作業者自身が保持して作業にあたる。	

| 備考 | 【日常の保守】
1．潤滑油タンク内のオイル残量が1/3以上あることを確認する。潤滑油不足はスライドの焼付きの原因となる。
2．板押さえ作動油のオイル残量を確認する。
3．バックゲージ突当て面に傷や突起がないかを確認する。

【週間，月間の保守】
1．操作回路キースイッチ機能を確認する。
2．運転モード選択キースイッチ機能を確認する。
3．ライトビームの点灯状態を確認する。 |

【調整】

1．バックゲージ寸法表示と切断寸法の誤差を確認し，誤差のある場合は調整する。

　3枚の板をテーブルの異なる位置で切断し（参考図1），それらの寸法を測定する。切断された3枚の板の寸法関係によって，バックゲージの真直度や平行度を調整する。

2．ライトビームの明暗境界線が，正しい寸法に一致していない場合は調整する。

　調整する場合は，切断寸法50mmにセットしたバックゲージにスケールを突き当て，ライトビームの明暗線がちょうど50mmの目盛上に一致するようにライトホルダーを前後に移動させる。

3．シャー角，クリアランスを適正にする。

　シャー角やクリアランスが不適当だと，刃の損傷，切断精度の低下，かえりの増大等の原因となる（参考図2，参考図3）。

【その他】

1．シャーの切断能力を超えた厚さの材料を切断しないこと。

2．切断幅が大きいときは，シャー後方で板が下方にたわみ，板がバックゲージに突き当たらなくなる。

　このような場合には，材料保持装置を使用したり，フロントゲージを使用する（参考図4，参考図5）。

3．バックゲージの位置と切断幅の関係，かえりの方向について知っておかなければならない（参考図6）。

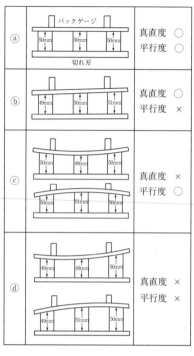

参考図1　切断結果とバックゲージの関係

備

考

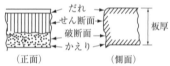

（a）クリアランス適正

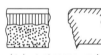
（b）クリアランス大

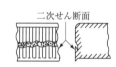
（c）クリアランス小

参考図2　せん断切り口の形状

（a）そり（ボウ）

（b）ねじれ（ツイスト）

（c）キャンバー

参考図3　せん断品の形状不良

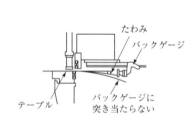

参考図4　シャー後部での材料のたわみ

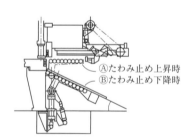

参考図5　材料保持装置

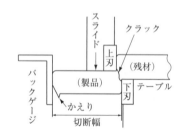

参考図6　バックゲージの位置と切断幅の関係及び，かえりの方向

【安全衛生】

1．シャーを初めて取り扱う作業者には，安全教育を行うこと（「労働安全衛生規則」第35条）。

2．刃の交換や安全装置の調整作業にあたる作業者には，特別教育を行うこと（「労働安全衛生規則」第36条）。

3．定期自主検査を，1年以内ごとに1回実施すること（「労働安全衛生規則」第135条）。

4．カバーやフィンガープロテクターなどの保護具を外したり，所定以上の開口寸法になるように取り付けないこと。

5．テーブルの上には，工具などを置かないこと。

6．2人以上で作業を行う場合は，互いの作業状況を確認し合うこと。

| 作業名 | 油圧プレスブレーキの使い方 | 主眼点 | プレスブレーキによるV曲げ加工 |

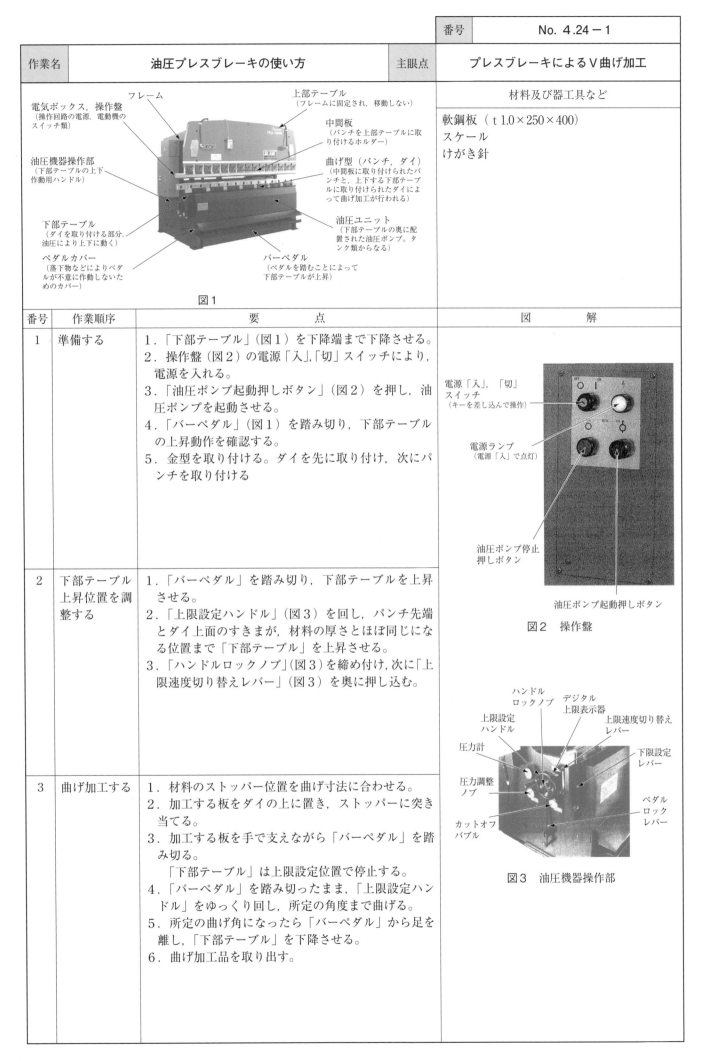

図1

材料及び器工具など

軟鋼板（t 1.0×250×400）
スケール
けがき針

番号	作業順序	要　　点	図　　解
1	準備する	1．「下部テーブル」（図1）を下降端まで下降させる。 2．操作盤（図2）の電源「入」，「切」スイッチにより，電源を入れる。 3．「油圧ポンプ起動押しボタン」（図2）を押し，油圧ポンプを起動させる。 4．「バーペダル」（図1）を踏み切り，下部テーブルの上昇動作を確認する。 5．金型を取り付ける。ダイを先に取り付け，次にパンチを取り付ける	電源「入」，「切」スイッチ （キーを差し込んで操作） 電源ランプ （電源「入」で点灯） 油圧ポンプ停止押しボタン 油圧ポンプ起動押しボタン 図2　操作盤
2	下部テーブル上昇位置を調整する	1．「バーペダル」を踏み切り，下部テーブルを上昇させる。 2．「上限設定ハンドル」（図3）を回し，パンチ先端とダイ上面のすきまが，材料の厚さとほぼ同じになる位置まで「下部テーブル」を上昇させる。 3．「ハンドルロックノブ」（図3）を締め付け，次に「上限速度切り替えレバー」（図3）を奥に押し込む。	ハンドルロックノブ デジタル上限表示器 上限設定ハンドル 上限速度切り替えレバー 圧力計 下限設定レバー 圧力調整ノブ ペダルロックレバー カットオフバブル 図3　油圧機器操作部
3	曲げ加工する	1．材料のストッパー位置を曲げ寸法に合わせる。 2．加工する板をダイの上に置き，ストッパーに突き当てる。 3．加工する板を手で支えながら「バーペダル」を踏み切る。 　「下部テーブル」は上限設定位置で停止する。 4．「バーペダル」を踏み切ったまま，「上限設定ハンドル」をゆっくり回し，所定の角度まで曲げる。 5．所定の曲げ角になったら「バーペダル」から足を離し，「下部テーブル」を下降させる。 6．曲げ加工品を取り出す。	

備

考

【曲げ加工順序】
1. 複数の曲げ箇所をもつ製品では，曲げ順序を誤ると途中から曲げ加工ができなくなる。
2. 曲げ加工順序の一例を参考図1に示す。

【始業前点検】
1. キースイッチ，押しボタン，ランプ類を点検する。
2. 油圧ポンプ，モータから異常音のないことを確認する。
3. 作動油の油量，漏れのないことを確認する。

【安全衛生】
1. プレスブレーキを初めて取り扱う作業者には，安全教育を行うこと（「労働安全衛生規則」第35条）。
2. 金型交換や安全装置の調整作業に当たる作業者には，特別教育を行うこと（「労働安全衛生規則」第36条）。
3. 定期自主検査を，1年以内ごとに1回実施すること（「労働安全衛生規則」第135条）。
4. 操作盤の切り替えスイッチのキーは，作業主任者が保管すること。
5. パンチとダイの間には絶対に手を入れないこと。
6. パンチとダイには耐圧が刻印されているので，必ず耐圧以下で使用すること。
7. 2人以上で作業を行う場合は，互いの安全を十分確認し，主作業者だけがバーペダルを踏むようにすること。
8. 大きな板を曲げる場合には，材料の急激なはね上がりに注意すること。
9. つかみしろの短い材料を曲げるときには，必ず下部テーブルの移動量を6mm以下に設定してから作業を行うこと（参考図2）。
10. 曲げ作業を行うときの材料の持ち方は，参考図3に示すように正しく持つこと。材料を正しく持たないと，パンチと材料の間で指を挟まれることがあり，大変危険である。

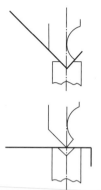
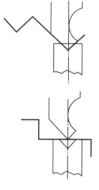

参考図1　曲げ加工の順序

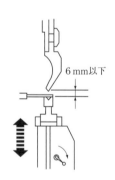

参考図2　つかみしろの短い
　　　　材料の折曲げ

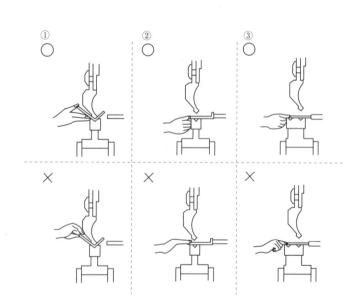

参考図3　材料の持ち方

作業名	三本ロール機の使い方（手動式）	主眼点	三本ロール機による平板の円筒曲げ

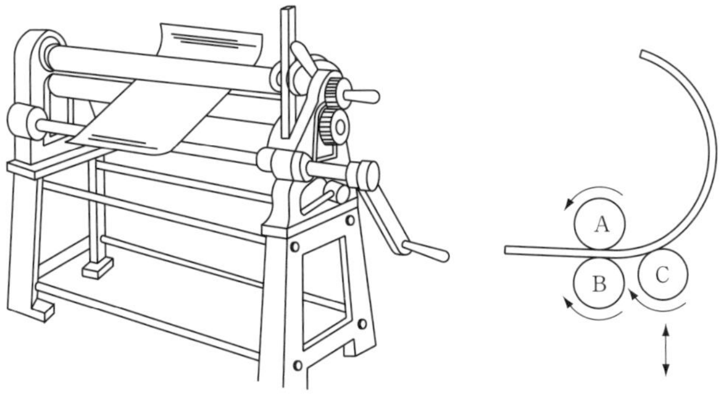

図1　三本ロール機（手動式）

材料及び器工具など

亜鉛鉄板（ t 0.35×400×650）
又は
軟鋼板（ t 1.0×400×650）
スケール
けがき針
拍子木
木ハンマ
パイプ
油差し
曲げゲージ
ウエス

番号	作業順序	要　点	図　解
1	準備する	1．ロール機の滑動部に注油する。 2．ロール面をウエスで拭き，清掃する。	図2　板の差し込み①
2	両端を曲げる （はな曲げ）	板の両端を，パイプを心金に用い，曲げゲージに合わせながらロール径の1/3程度の部分を湾曲させる。	
3	板を差し込む	ロール軸線と板端面を直角にロールの間に差し込み，下ロール締め付けハンドルを下に下ろして，板を上ロールAと下ロールBで締め付ける（図2，図3）。 　はな曲げ部の先が調整ロールCの中心より先へ出る程度まで差し込む（図4）。	図3　板の差し込み②
4	調整ロールを調整する	調整ロールの調整ねじで，ロール間隔を左右均等に調整する。 　最初の調整は，はな曲げの板に当たるより少し強めにする。	図4　板の差し込み③
5	円筒に曲げる	1．ハンドルでロールを回転させ，材料を送り，曲げ半径，左右均等に注意しながら曲げ進める。 　一定の速さで回す。 2．1回の送りが終わるごとに調整ロール間隔を調整し，2～3回反復し，円筒とする。 （1）ロール調整は少しずつ行い，曲げゲージに合うまで繰り返す。一度に急激に湾曲させない。 （2）最後の曲げは，スプリングバックを考慮して少し強めに曲げる（図5）。	図5　円筒の曲げ方

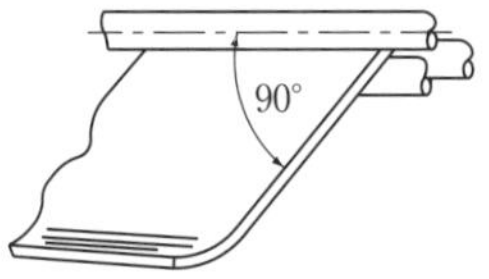

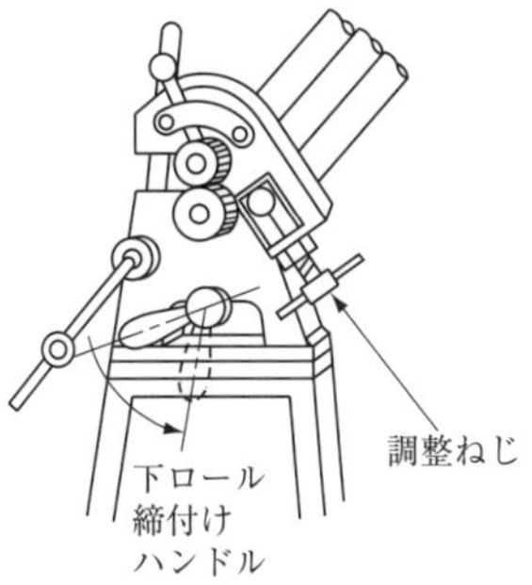

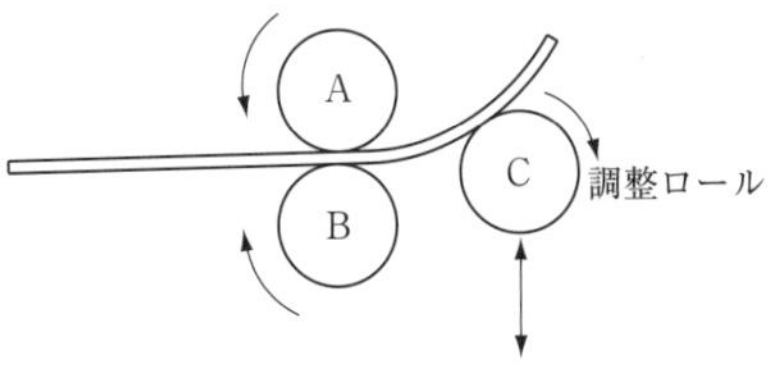

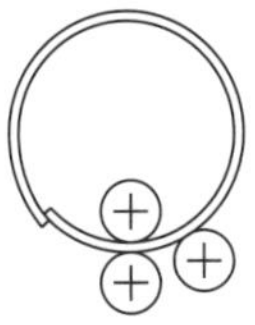

作業名	三本ロール機の使い方（手動式）	主眼点	三本ロール機による平板の円筒曲げ

番号	作業順序	要　　　点	図　　解
6	取り出す	1．上部ロールのふたを開ける。 2．ロールを静かに斜め右に持ち上げる（図6）。 3．曲げた円筒を抜き出す。 4．ロールを前の位置に戻し（ギアのかみ合いに注意）， 　ふたをする。 5．調整ロールを下げる。	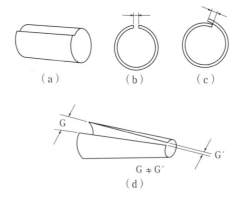 図6　ロールの持ち上げ

備考

1．曲げすぎると，外面をたたいて修正するので凹凸が生じやすい。曲げすぎないよう注意する。
2．ロール調整が左右均等でないとねじれが生じ，修正が困難となる。
3．参考図1は三本ロール機による円筒曲げの悪い例である。
4．ハンドル回転中に，手を挟まれないように特に注意する。

　　　　　（a）　　　　　　（b）　　　　　　（c）

G ≠ G′
（d）

参考図1　円筒曲げの悪い例

			番号	No. 5. 1－1
作業名	旋盤の取り扱い（1）	主眼点		保守の仕方

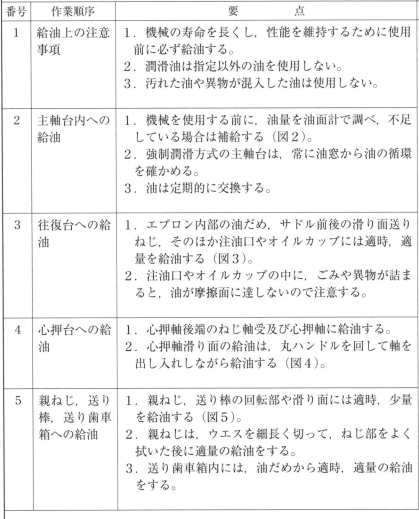

送り箱給油口　主軸台油窓　横送りねじ給油口　適時手差し給油口
主軸台給油口
エプロン油窓　　エプロン給油口

図1　普通旋盤

材料及び器工具など

油差し
潤滑油（タービン油・マシン油）
ウエス

番号	作業順序	要　　点	図　解
1	給油上の注意事項	1．機械の寿命を長くし，性能を維持するために使用前に必ず給油する。 2．潤滑油は指定以外の油を使用しない。 3．汚れた油や異物が混入した油は使用しない。	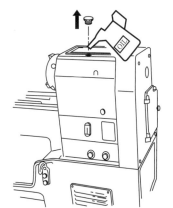
2	主軸台内への給油	1．機械を使用する前に，油量を油面計で調べ，不足している場合は補給する（図2）。 2．強制潤滑方式の主軸台は，常に油窓から油の循環を確かめる。 3．油は定期的に交換する。	図2　主軸台内への給油
3	往復台への給油	1．エプロン内部の油だめ，サドル前後の滑り面送りねじ，そのほか注油口やオイルカップには適時，適量を給油する（図3）。 2．注油口やオイルカップの中に，ごみや異物が詰まると，油が摩擦面に達しないので注意する。	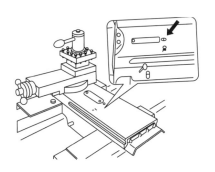 図3　横送りねじへの給油
4	心押台への給油	1．心押軸後端のねじ軸受及び心押軸に給油する。 2．心押軸滑り面の給油は，丸ハンドルを回して軸を出し入れしながら給油する（図4）。	
5	親ねじ，送り棒，送り歯車箱への給油	1．親ねじ，送り棒の回転部や滑り面には適時，少量を給油する（図5）。 2．親ねじは，ウエスを細長く切って，ねじ部をよく拭いた後に適量の給油をする。 3．送り歯車箱内には，油だめから適時，適量の給油をする。	

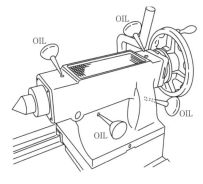

図4　心押台への給油

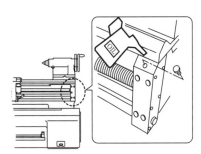

図5　親ねじ送り棒軸受への給油

作業名	旋盤の取り扱い（1）	主眼点	保守の仕方

番号	作業順序	要　　　点	図　　　解
6	ベッド及び各滑り面への給油	1．ベッドや往復台，刃物台の滑り面は，ウエスでよく拭いてから給油する（図6）。 2．給油後は，往復台，刃物台を左右に移動して，滑り面全体に油が行きわたるようにする。 3．横送り台についても同様にして給油する（図7，図8）。	

図6　複式刃物台への給油

図7　送り箱への給油　　　　　図8　自動送り方向の切り替えレバー部への給油

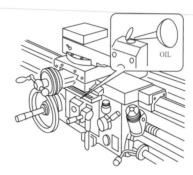

一度給油した油は戻らないため，給油口から毎日適量の手差し給油を行うようにする

備

考

1．工作機械に使われる潤滑油

参考表1　潤滑油の種類と性質・用途

種　類	性質・用途
スピンドル油	軽荷重で高速回転する機械に最適（研削盤など）。粘度が低くさらりとした油で劣化しにくい性質がある。
タービン油	タービンの軸受や作動油として最適で，工作機械にも適している（旋盤主軸台，フライス盤など）。
マシン油	最も一般的な潤滑油で，外部油としてベッド，エプロン，縦送り，横送り台，その他のしゅう動面に用いる。

2．旋盤における給油法
　（1）手差し給油法……油差しにより必要に応じて給油する方法で，比較的軽荷重で使用頻度の少ない部分に用いられる。一般機械の軸受，ベッドなどのしゅう動面への1日2〜3回程度の給油に用いられる。参考図1に様々な油差しの種類を示す。
　（2）強制循環給油法……オイルポンプを使用して，主軸台内部のベアリングや歯車への給油に用いられる。
　（3）その他の給油法……エプロン内に設けられたプランジャポンプが，エプロン，ハンドルの回転により作動し，エプロン内部の油をそれぞれのしゅう動面に給油する。

丸紋形　　　どびん形　　　ジェット形　　　オイルジョッキ　　　ピストル形オイラ

ねずみ形

参考図1　油差しの種類

| 作業名 | 旋盤の取り扱い（2） | 主眼点 | 操作の仕方 |

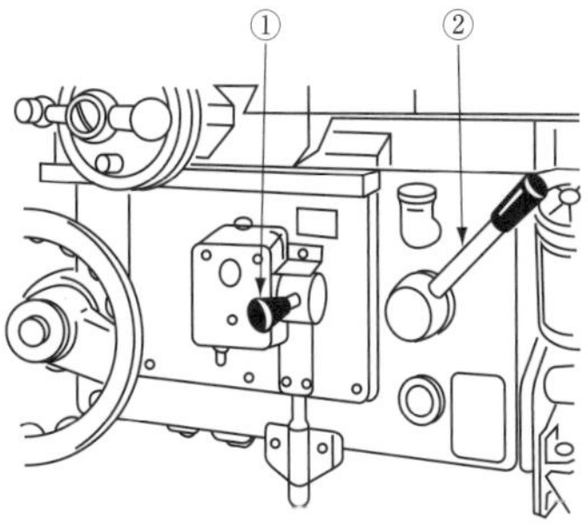

材料及び器工具など

図1　安全の確認

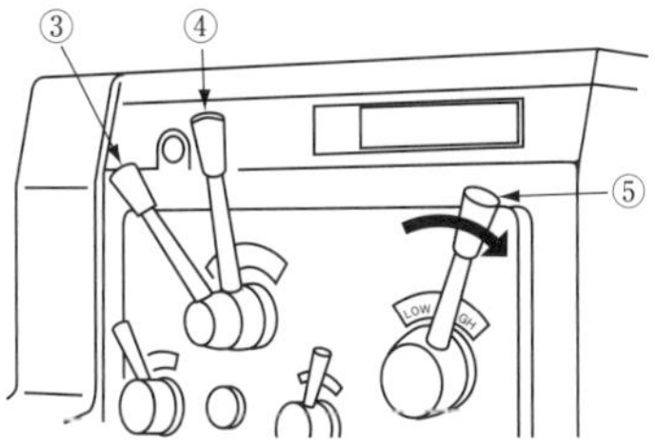

図2　主軸回転速度の設定

番号	作業順序	要　　点	図　　解
1	主軸速度の変換操作	1．安全のため自動送りレバー①を中立位置（図1）にして，ねじ切りハーフナットレバー②が親ねじに接続されていないことを確認する。 2．主軸の回転速度を変えるには，三つのレバー主軸台前部の①，②，③（図1，図2）を回転速度表示板（図3）に従って操作し，主軸台内部の歯車のかみ合いを変える。 3．レバー⑤（図2）は主軸の高速低速の切り替えに，レバー③，④は主軸速度を段階的に変えるときに操作する。 4．レバーの操作は主軸の停止中に行う。 5．レバーがうまく入らないときは，主軸を僅かに手で回して行う。	 図3　回転速度表示板
2	主軸の始動,停止,逆転操作	1．起動レバーは中央が停止位置（図4）で，右に押しながら上げる（図5）と，主軸は正転する（手前に回る）。起動レバーを右に押しながら下げる（図6）と，主軸は逆転する。 2．正転から逆転に切り替えるときは，主軸の回転がいったん停止してからレバーを操作する。 　正転から逆転に連続操作すると，瞬間的に大きな電流が流れるため，電気的故障を起こす。 3．主軸を回転中に急停止させたい場合は，ブレーキペダルを踏む（図7）と，ブレーキ装置により主軸は急停止する。急停止した後，ブレーキを離しても主軸は回転しない。	 図4　停　止

回転速度表示板

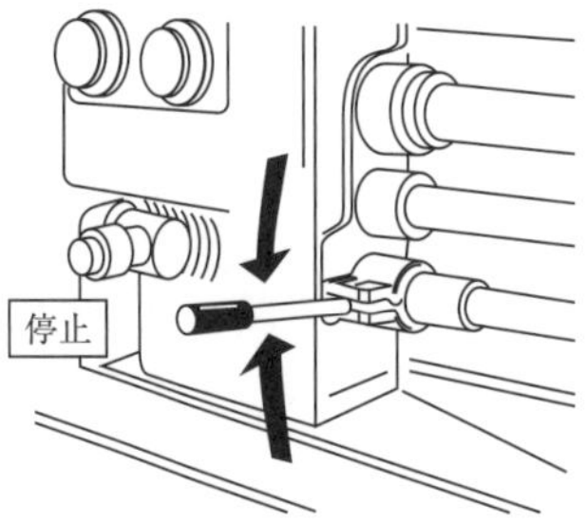

28		225
52		312
67		400
93		558
126		765
165		1350

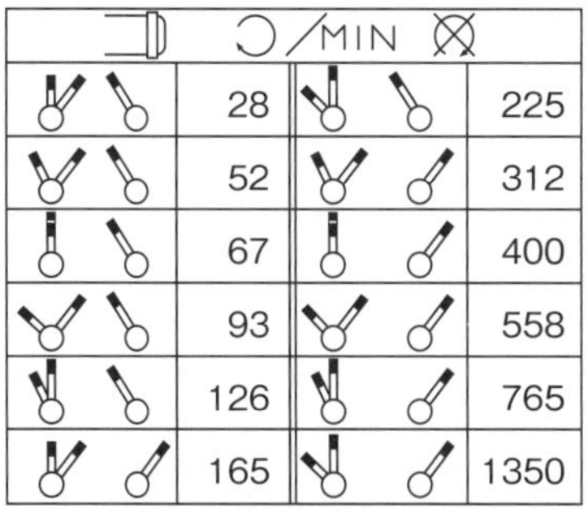

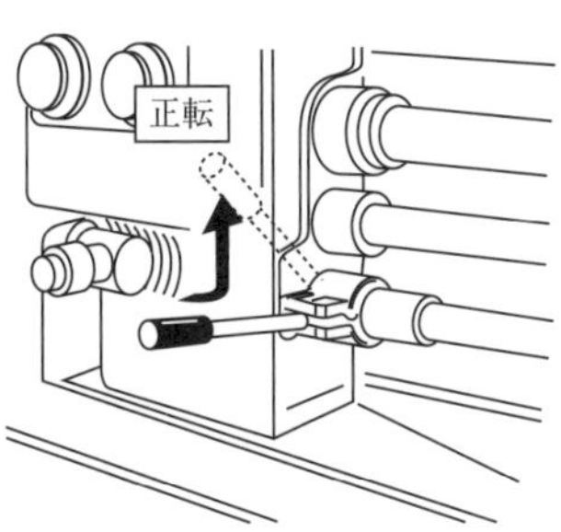

図5　正　転

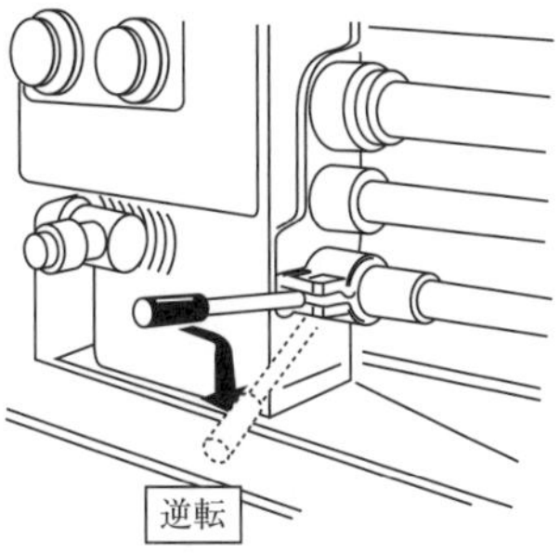

図6　逆　転

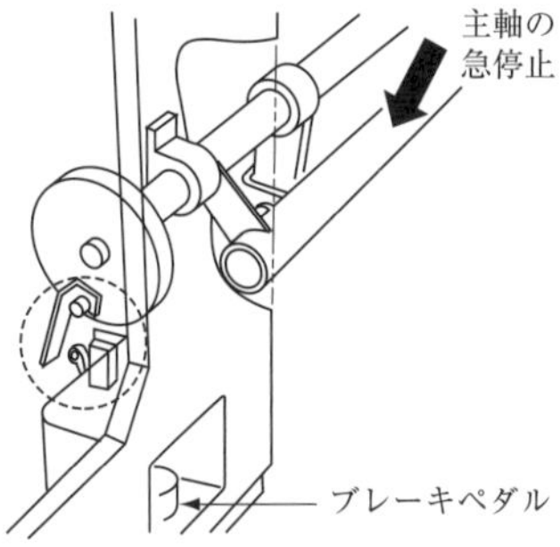

図7　急停止

作業名	旋盤の取り扱い（2）	主眼点	操作の仕方

番号	作業順序	要　　　点	図　　解
3	自動送り速度の変換操作	1．縦横の自動送り速度を変えるには，送り箱 AB レバー⑥，送り箱 CD レバー⑦，送り箱 GFE レバー⑧，送り箱 I-STOP-H レバー⑨，変換歯車レバー⑩を操作する（図8）。 2．各レバーの切り替え位置を送り速度表示板（図9）から選定する。	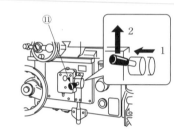 図8　変速レバー
4	送り方向の切り替えと自動送りの掛け外し操作	1．送り方向（縦送り，横送り）を切り替える場合は，エプロン自動送りレバー⑪を左へ押し付けながら上げる（図10）と，エプロンを縦方向に送ることができる。 　また，エプロン自動送りレバー⑪を右へ押し付けながら下げる（図11）と，横送り台を横方向に送ることができる。 2．自動送りの正逆の切り替えを，送り正逆切り替えレバー⑫（図12）によって行う。 3．自動送りの掛外しをエプロン自動送りレバー⑪（図10）を操作して行う。	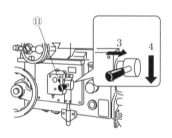 図10　縦方向送り操作
5	心押台の操作	1．心押台固定レバー⑬を心押台側に引いて緩め，手動で任意の位置に心押台を移動する（図13）。 2．心押台をベッドに固定するには，心押台固定レバー⑬をベッド側に倒して行う。 3．心押軸の出し入れを心押軸固定レバー⑮を緩めてから後部の丸ハンドルで行う（図14）。 　心押軸を出しすぎるとねじが外れて戻らなくなり，引っ込めすぎると工具が外れる。 4．心押軸に工具（ドリルなど）を取り付ける場合は，工具の柄と心押軸のテーパ穴をよく拭いた後，タングのはまる位置を合わせてはめ込む。 5．心押台のずれの調整は，調整ねじの一方（図13に示す⑭と図14に示す⑯）を緩め，反対側を締めて心押台を寄せることにより行う。	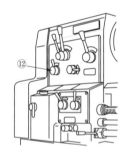 図11　横方向送り操作

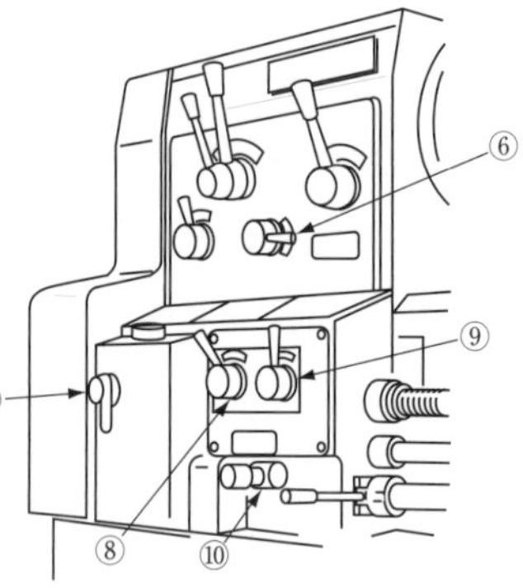

図12　送り正逆切り替えレバー

～～～～～ mm／○

ハンドル ＼ ポート数	1	2	3	4	5	6	7	8
A－C－F	0.500	0.450	0.430	0.400	0.370	0.340	0.310	0.290
B－C－F	0.250	0.225	0.215	0.200	0.185	0.170	0.155	0.145
B－C－G	0.125	0.113	0.107	0.100	0.092	0.085	0.078	0.072
B－C－G	0.062	0.056	0.053	0.050	0.046	0.042	0.039	0.036
A－C－F	0.540	0.480	0.450	0.430	0.390	0.360	0.330	0.300
B－C－F	0.270	0.240	0.225	0.215	0.195	0.180	0.165	0.150
B－C－G	0.135	0.120	0.113	0.107	0.097	0.090	0.082	0.075
B－C－G	0.067	0.060	0.056	0.053	0.049	0.045	0.041	0.037

図9　送り速度表示板

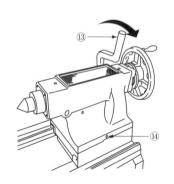

図13　心押台のクランプ，アンクランプ

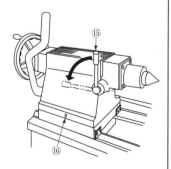

図14　心押軸のクランプ，アンクランプ

作業名	旋盤の取り扱い（2）	主眼点	操作の仕方

1．旋盤は高速回転する機械なので，服装に十分注意し，回転中にはチャック及び工作物に絶対に触れてはならない。また素手で切りくずに触れてはならない。

2．作業終了後は，電源を切った後，各部をウエスで奇麗に拭き，ベッド，滑り面などに潤滑油を与えておく。

3．作業終了後は，心押台をベッドの右端に固定し，往復台も右端に寄せておく。またクラッチは忘れずに外しておく。

4．工作機械（旋盤）の操作表示記号は，JIS B 6012-1：1998「工作機械−操作表示記号」で参考表1のように決められている。

参考表1　工作機械（旋盤）操作表示記号

連続回転運動の向き	⌒→	1回転当たり送り量	$\wedge\wedge\wedge\ x\mathrm{mm}/\circlearrowright$
2方向の回転運動	⌒↔	毎分当たり送り量	$\wedge\wedge\wedge\ x\mathrm{mm/min}$
主軸回転運動の向き		送り（普通）	$\wedge\wedge\wedge\ 1/1$
毎分回転速度（主軸速度）	$x\circlearrowright/\mathrm{min}$	低速(減速)送り	$\wedge\wedge\wedge\ 1/x$
高速(増速)送り	$\wedge\wedge\wedge\ x/1$	増　加（例えば増速）	＋
縦送り	$\xrightarrow{\wedge\wedge\wedge}$	減　少（例えば減速）	−
横送り	$\uparrow\wedge\wedge\wedge$	中ぐり	$x\mathrm{m/min}$
ねじ切り			

備

考

出所：(参考表1) JIS B 6012-1：1998「工作機械−操作表示記号」

| 作業名 | 旋盤の取り扱い（3） | 主眼点 | 送りハンドル操作 |

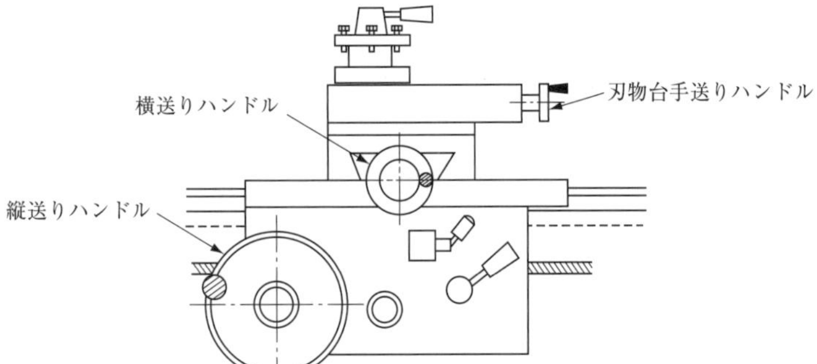

図1　往復台

材料及び器工具など

模擬バイト
三つ玉部品

番号	作業順序	要　　点	図　　解
1	ハンドル操作の位置に立つ	1．往復台をベッド中央に移動する。 2．縦送りハンドルを操作する場合は，図2に示す往復台の前面中央部に立つ。 3．横送りハンドルと刃物台送りハンドルを操作する場合は，図3に示す往復台のやや右側に立つ。 4．目はバイトの刃先を見る。	 図2　縦送りハンドルを操作するときに立つ位置
2	縦送りハンドルと横送りハンドルの操作	1．縦送りハンドルを左手で握り，横送りハンドルを右手で握る。 2．縦送りハンドルを回す（右手は横送りハンドルにかけたまま）。 　　正送り（主軸台側に送る）→左回し（図4） 　　逆送り（心押台側に送る）→右回し 3．横送りハンドルを回す（左手はハンドルにかけたまま）。 　　前進（向こう側に送る）→右回し（図5） 　　後退（手前側に送る）→左回し	 図3　横送りハンドルと刃物台送りハンドルを操作するときに立つ位置
3	縦送りハンドルと横送りハンドルの同時操作	1．両手で各ハンドルを握り，同時に回す。 2．刃物台の各方向の移動を，表1に従って繰り返し練習する。 3．縦送り，横送り同時操作は，主としてバイトを切削開始位置に移動するとき，又は加工終了したときに行う。	 図4　縦送りハンドルの操作　　図5　横送りハンドルの操作
4	横送りハンドルと刃物台手送りハンドルの操作	1．横送りハンドルを左手で握り，刃物台送りハンドルを右手で握る。 2．横送りハンドルを回す（右手はハンドルにかけたまま）。 　　前進（向こう側に送る）→右回し 　　後退（手前側に送る）→左回し 3．刃物台送りハンドルを回す（左手は横送りハンドルにかけたまま）。 　　前進（主軸台側に送る）→右回し 　　後退（心押台側に送る）→左回し	表1　縦送りハンドルと横送りハンドルの同時操作

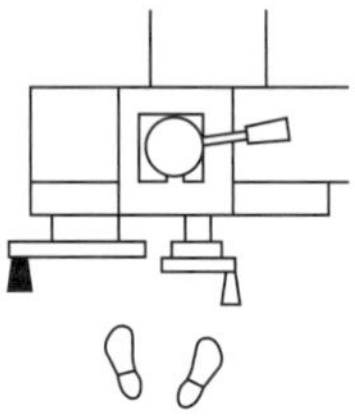

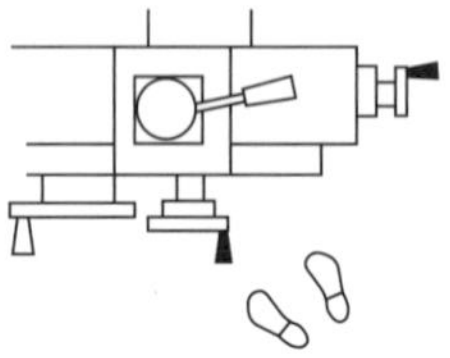

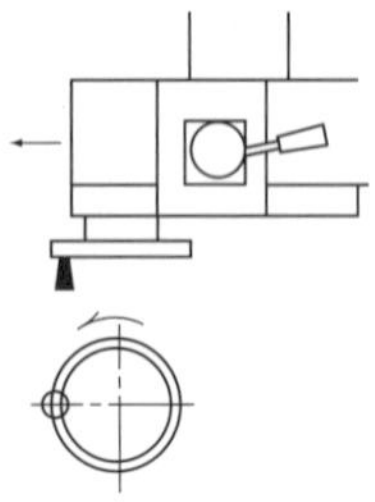

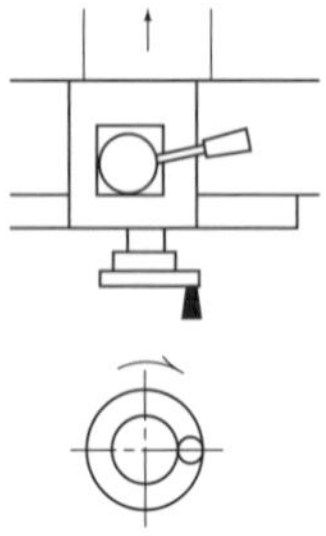

表1　縦送りハンドルと横送りハンドルの同時操作

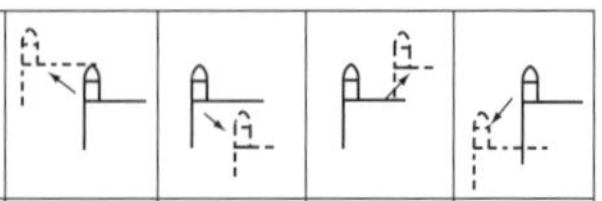

方向				
左手	左回し	右回し	右回し	左回し
右手	右回し	左回し	右回し	左回し

| 作業名 | 旋盤の取り扱い（3） | 主眼点 | 送りハンドル操作 |

番号	作業順序	要　　　　点	図　　　解
5	横送りハンドルと刃物台送りハンドルの同時操作	1．両手で各ハンドルを握り，同時に回す。 2．刃物台の各方向の移動を，表2に従って繰り返し練習する。 3．両手同時操作は，テーパ，曲面削りなどのときに行う。	表2　横送りハンドルと刃物台送りハンドルの同時操作

表2　横送りハンドルと刃物台送りハンドルの同時操作

方向	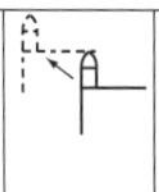	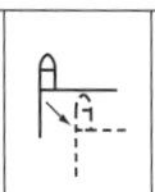	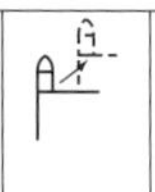	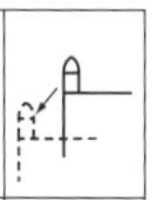
左手	右回し	左回し	右回し	左回し
右手	右回し	左回し	左回し	右回し

【三つ玉ハンドルによる操作練習】
　旋盤の送りハンドル操作の練習には，三つ玉ハンドル操作がよく行われる。以下にその方法を示す。
1．参考図1に示すように，三つ玉ハンドルをチャックに取り付ける。
2．模擬バイト（先端に針金付き）を刃物台に取り付ける。模擬バイトの先はセンタの高さに合わせる。
3．各ハンドルを両手で操作して，三つ玉及びテーパ部を円滑に移動させる練習を繰り返す。

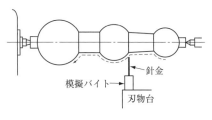

参考図1　ハンドル操作の練習

備

考

作業名	旋盤の取り扱い（4）	主眼点	替え歯車の掛け方（2段掛け）

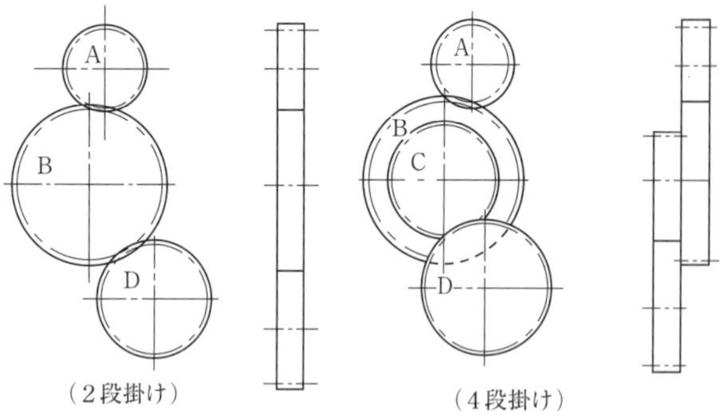

（2段掛け）　　　　　（4段掛け）

図1　替え歯車の掛け方

材料及び器工具など

スパナ
油差し
ウエス

番号	作業順序	要　　点	図　　解
1	準備する	1．旋盤に付いている，ねじ切り替え歯車表により，掛け替えに必要な歯車A，B，Dを用意する。 2．図2に示す各軸及び替え歯車をよく掃除し，軸Ⅱに給油しておく。 3．主軸高速低速切り替えレバーを低速側に，送り正逆切り替えレバーを正転側に入れる。 4．側面板固定ねじを緩めて，下方へ下ろしておく。	 図2　替え歯車の取り付け軸
2	歯車を各軸に取り付ける	1．軸Ⅰに歯車Aを入れ，ボルトと座金でしっかりと固定する。 2．軸Ⅱに歯車Bを入れ，カラーを入れて止め座金で押さえる。 3．軸Ⅲに歯車Dを入れ，カラーを入れてボルトと座金でしっかり固定する。 　替え歯車の掛け方には，図1に示す2段掛けと4段掛けがある。	 （歯車BをずらせてDとかみ合わせる） 図3　歯車Bと歯車Dのかみ合わせ
3	歯車をかみ合わせる	1．軸Ⅱの固定ねじを緩めて，図3に示すように歯車BとDをかみ合わせて，軸Ⅱを側面板に固定する。 2．側面板の固定ねじを緩め，図4に示すように側面板を上方に持ち上げ，歯車AとBをかみ合わせて，側面板を固定する。 　歯のかみ合わせは，深すぎたり浅すぎたりしないように注意する（適度なバックラッシをとる。）。	 （側面板を持ち上げて歯車AとBをかみ合わせる） 図4　歯車Aと歯車Bのかみ合わせ
4	かみ合い状態を調べる	送り正逆切り替えレバーを中立にして，歯車Dを手で回してみて，歯車のかみ合い状態を調べる。	
5	歯面に給油する	歯車A，B，Dの各歯車の歯面に潤滑油を与える。	

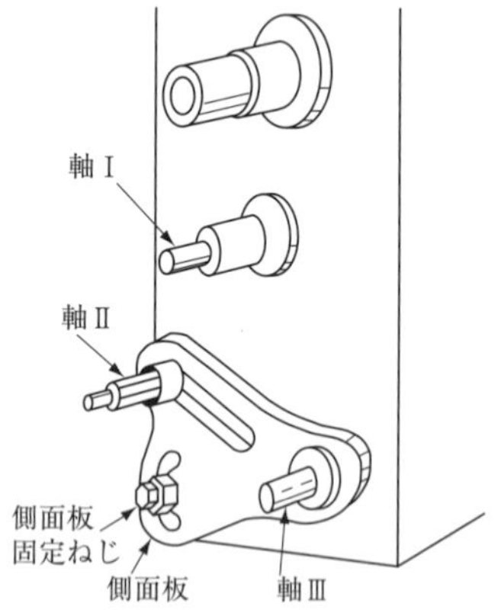

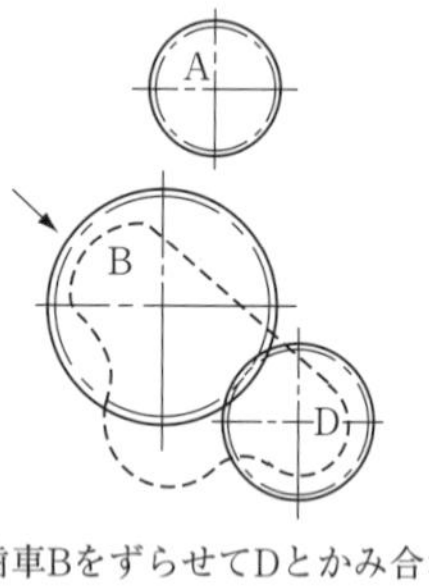

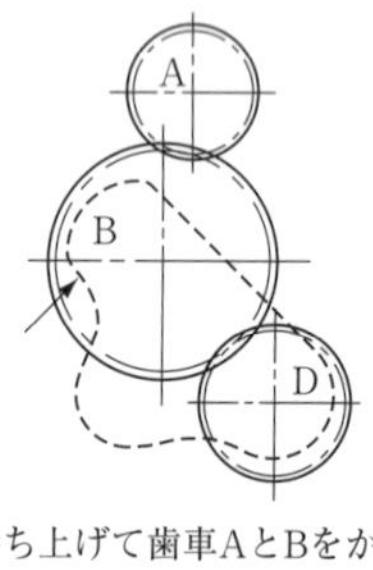

備考	最近の旋盤では，特別のねじ以外では歯車の掛け替えを必要としないものが多い。メートル式の親ねじ旋盤で，インチねじを切る場合，又はその反対の場合のみ掛け替えることがある。

作業名	旋盤の取り扱い（5）	主眼点	チャックの取り付け及び取り外し（フランジタイプ）

| | | | 材料及び器工具など |

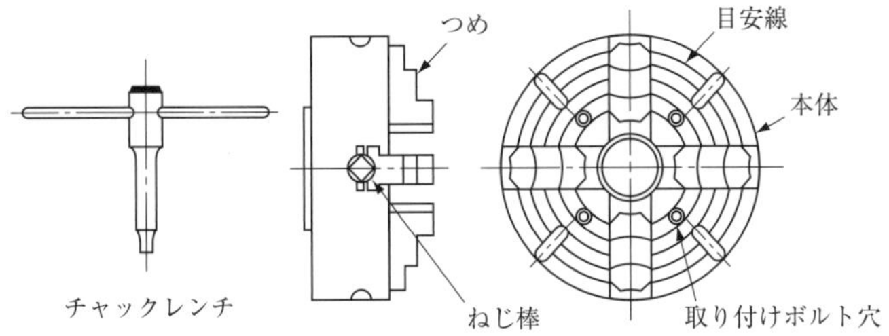

マシン油
受け台
チャックハンドル
六角レンチ
プラスチックハンマ
チャック支え棒
ウエス

図1　単動チャック

番号	作業順序	要　点	図　解
1	チャック取り付け面の掃除をする	1．主軸前面の取り付け部及びチャックの取り付け部をウエスでよく拭く。 　微細な切りくずや異物が付着していると，チャックの振れの原因になる。 2．主軸を手で回して，図2のように主軸駆動ピンを真上の位置にし，主軸高速低速切り替えレバーを低速側に入れる（主軸が回らず安定する）。 3．図3に示すような木製の台をベッド上に置く。	図2　チャック取り付け面（主軸端） 主軸駆動ピン
2	チャックを取り付ける	1．単動チャックは重量物であるから，両手でしっかり持って受け台に載せる。 2．チャックの主軸駆動ピン穴を上にして，両手で持ち上げ，主軸前面の主軸駆動ピンに主軸駆動ピン穴を合わせてはめ込み，左手でしっかり押さえて，素早くボルトをねじ込み，六角レンチで仮締めする。 3．残り3本のボルトを同様に仮締めする。 4．図4に示すように，相対する2本のボルトを交互に締めて，しっかり本締めする。 5．受け台を片付ける。	チャック ベッド 受け台 図3　受け台
3	振れ及びつめの作動状態を調べる	1．主軸を回転させ，チャックの取り付け状態を調べる。もし振れているようなら，もう一度取り付け直す。 2．つめを動かしてみて，正常に動くかどうかを調べる。正常に動かないときは，つめを外してよく掃除する。 　チャックを手で回すときは，主軸高速低速切替えレバーを中立にする。	
4	チャックを取り外す	1．取り付けの場合と同様に，受け台をベッドの上に置き，主軸穴に支え棒を通しておく。 2．取り付けボルトを全部緩め，1本のボルトを残して，ほかのボルトを抜き取る。 3．チャックがずり落ちないよう左手でしっかり押さえ，右手で残りの1本のボルトを抜き取り，次いで両手でチャックを保持して，いったん受け台の上におろす。支え棒を抜いて，片付ける。 4．チャックは決められた場所に整頓し，抜き取ったボルトはチャックに差し込んでおく。	相対する2本のボルトを交互に締める 図4　ボルトの締め付け順序

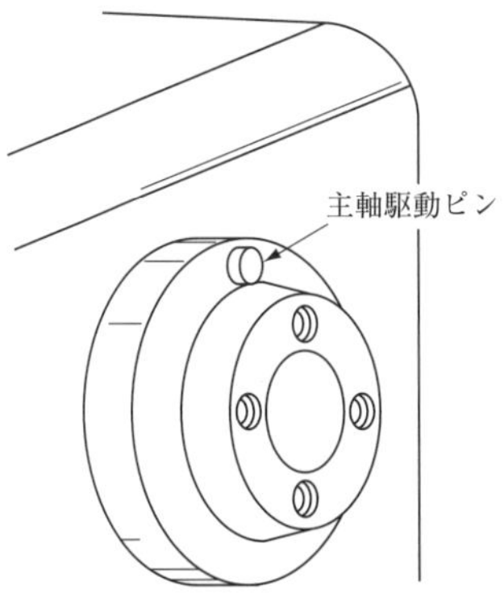

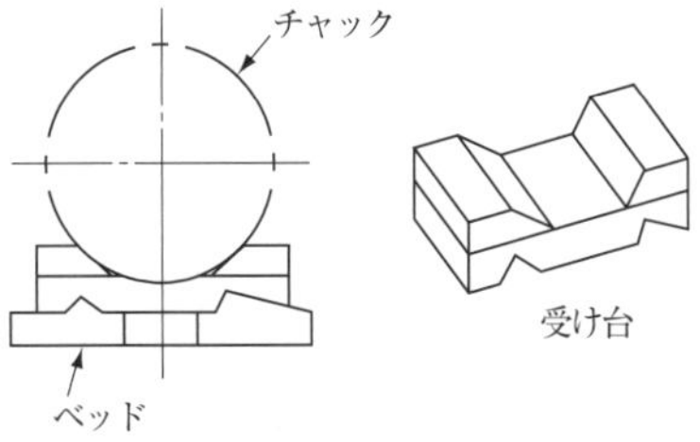

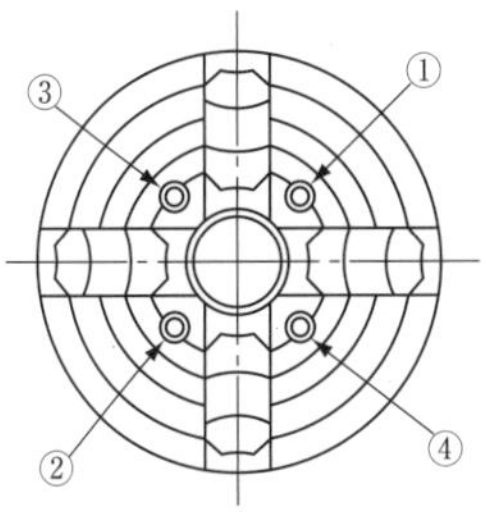

通常使用されるチャックには，四つづめ単動チャックと，スクロールチャック（連動チャック）がある。

1．四つづめ単動チャック

　単動チャックは，4本のつめがそれぞれ単独に移動し，丸棒のほか複雑な形状物の取り付けができる。締め付け力はスクロールチャックより強い。

2．スクロールチャック

　スクロールチャックは，渦巻状の溝にはまったつめが同時に動き，自動的に心が出るので便利であるが，取り付け材料は，丸棒，六角棒など限られた形状のものとなる。締め付け力は単動チャックに比べて弱い。

（注）スクロールチャックのつめの入れ替えには，チャックのつめの入る位置に付けてある番号とつめの番号を合わせて，1番から順に入れていく必要がある。順序を間違えると自動調心にならないので，注意が必要である。

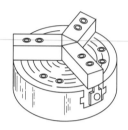

参考図1　スクロールチャック

備

考

		番号	No. 5.6
作業名	工作物の取り付け	主眼点	工作物の取り付け及び取り外し（単動チャック）

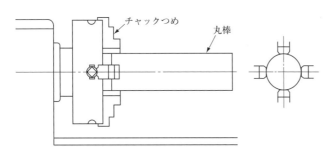

図1　工作物の取り付け

		材料及び器工具など
		軟鋼丸棒（φ50×205） 外パス 内パス スケール ノギス

番号	作業順序	要　点	図　解
1	つめを開く	1．チャックに取り付ける丸棒の外径寸法を，外パス又は内パスに移し取るか，スケール，ノギスで測定する。 2．図2に示すように，四つのつめを目安線を利用して，パスの開き又はスケールの寸法より少し大きめに，主軸中心から等距離になるように開く。	 図2　つめを開いてパスの開きに合わせる
2	丸棒をチャックに取り付ける	1．図3に示すように，左手でチャックハンドルを持ち，右手で丸棒を持って，つめの間に20mm差し込む（つかみしろは作業条件によって異なる）。 2．上部のつめを締めて，丸棒をつかむ。 3．右手で丸棒を支えながらチャックを約90°回して，次のつめを同様に締める。	
3	つめをきつく締める	1．図4に示すように，チャックハンドルと平行な位置に身体を向け，両手でハンドルを握り，足はやや大きく開いて腕に力を入れ，きつく締める。 2．同様にして残りのつめもきつく締める（つめを本締めする前に，心出しという作業を行うが，ここでは省略してある）。	 図3　丸棒をチャックつめでつかむ
4	丸棒を取り外す	1．一つのつめを少し緩める。 2．チャックを約90°回して，次のつめを少し緩める。 3．右手で丸棒を支えながら，左手でつめを緩めて丸棒を外す。	 図4　チャックハンドルで締める
備考	* 1．チャックのつめの使い方には，参考図1のような2通りがある。 2．工作物はできるだけ深くくわえたほうが，取り付けが強固になる（参考図2）。 3．仕上がった製品の取り付けには，製品に傷が付かないように銅板などの保護板を当てて取り付ける。 4．段付きの工作物は，参考図3のように段付き部をつめにぴったりつけて取り付けると，心も出しやすく，取り付けも強固になる。		

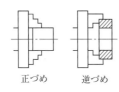

正づめ　逆づめ

参考図1　つめの使い方

参考図2　丸棒の取り付け方

参考図3　段付き丸棒の取り付け方

		番号	No. 5. 7－1
作業名	丸棒の心出し	主眼点	トースカンによる心出し

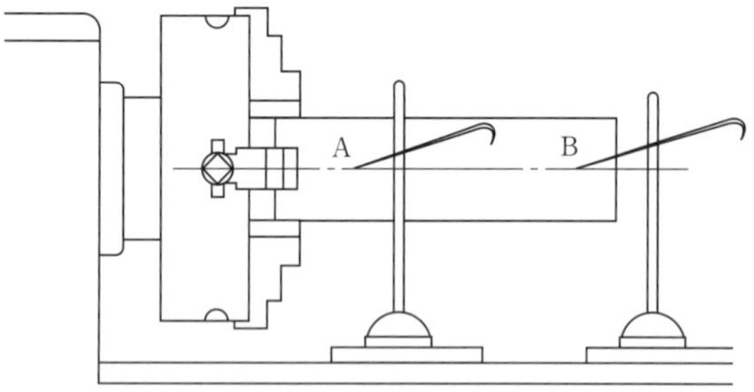

図1　丸棒の心出し

材料及び器工具など

軟鋼丸棒（φ50×205　「No. 5. 6」使用）
受け台
トースカン
銅ハンマ
ダイヤルゲージ及びスタンド

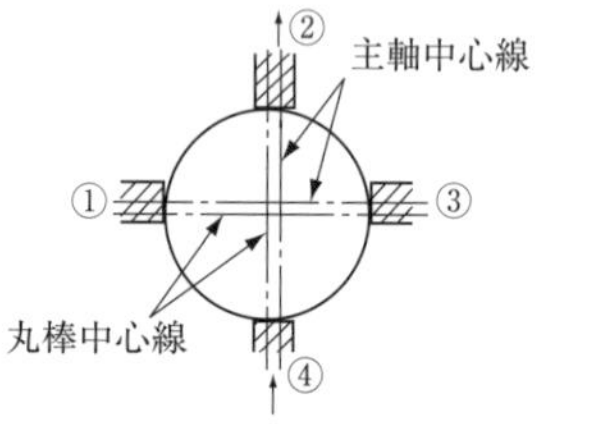

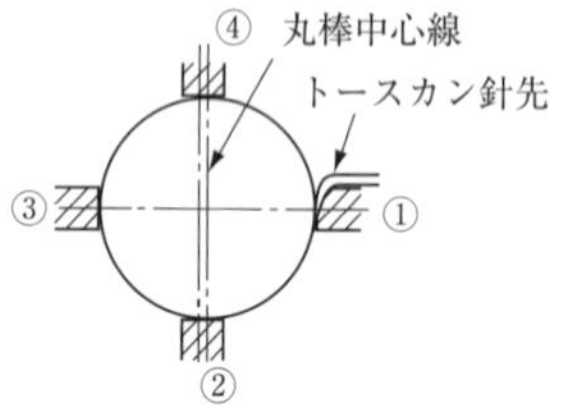

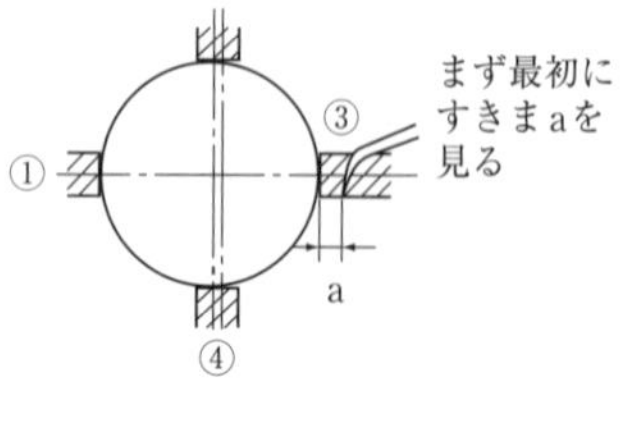

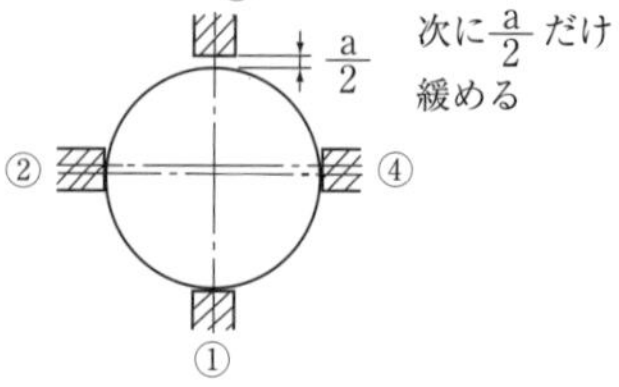

番号	作業順序	要　点	図　解
1	トースカンをベッド上に据える	1．ベッド上に受け台を置き，その上にトースカンを載せ，針先を図1のAの位置に置く。 2．丸棒の外周とトースカンの針先との間に，僅かなすきまができる程度に針先を接近させる。 　白紙を丸棒の下に置くと，すきまが見やすい。	 図2　主軸中心と丸棒中心のずれ
2	丸棒の振れを調べる	1．主軸高速低速切り替えレバーを中立にする。 2．チャックを左手で回して，トースカンの針先と丸棒の外周とのすきまの状態を調べる。 　すきまが一様でないのは，図2に示すように，丸棒の中心と主軸の中心が一致していないからである。これを一致させる作業が心出しである。	
3	A部の心出しをする	1．図3のように①のつめですきまが少なく，③のつめのところですきまが大きければ，すきまの大きい③のつめを図4及び図5に示すようにすきまaの半分だけ緩め，①のつめを締め，③のつめのほうに寄せる。 　すきまの差が大きいときは，少しずつ数回に分けて寄せていく。 2．②と④のつめのすきまも同様の手順で行い，すきまが一様になるまで以上の手順を繰り返す。	 図3　丸棒の振れの確認
4	B部の心出しをする	1．A部の心出しが大体できたら，トースカンを図1に示すように丸棒の先端に近いB部に移す。 2．A部の心出しのときと同様に，針先と丸棒外周のすきまを調べる。 3．すきまの小さい側を上方にして，銅ハンマですきまの半分が動く程度にたたく。 4．すきまが一様になるまで，以上の手順を繰り返す。	 図4　つめの調整の仕方①
5	繰り返し心出しをする	1．B部の心出しができたら，再びトースカンをA部に移し，振れを調べ，振れがあれば直す。 2．心出しができたら，四つのつめを等分に締めて本締めする。 3．チャックハンドルを片付け，機械を始動して振れを確かめる。 　丸棒の心出しでは，A部とB部の心出しを交互に行って，全体の心出しをする。	 図5　つめの調整の仕方②

| 作業名 | 丸棒の心出し | 主眼点 | トースカンによる心出し |

1．工作物の形状によっては，参考図1に示すように，穴の内周や端面で心出しする場合もある。
2．鍛造，鋳造品の場合は，加工後に残る部分を基準にして心出しする。
3．上記のほか，端面のけがきから心出しをする場合もある。
4．一部仕上げられている製品など，特に正確な心出しが必要なときには，参考図2のようにベッド上に受け台を置き，その上にダイヤルゲージスタンドを載せ，トースカンによる心出しと同じ要領で心出しする。

内周を基準とした心出し 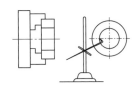 端面を基準とした心出し

参考図1　内周や端面を基準とした心出し

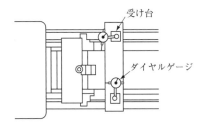

参考図2　ダイヤルゲージによる心出し

備

考

作業名	高速度鋼付刃バイトの研削	主眼点	斜剣バイトの研削

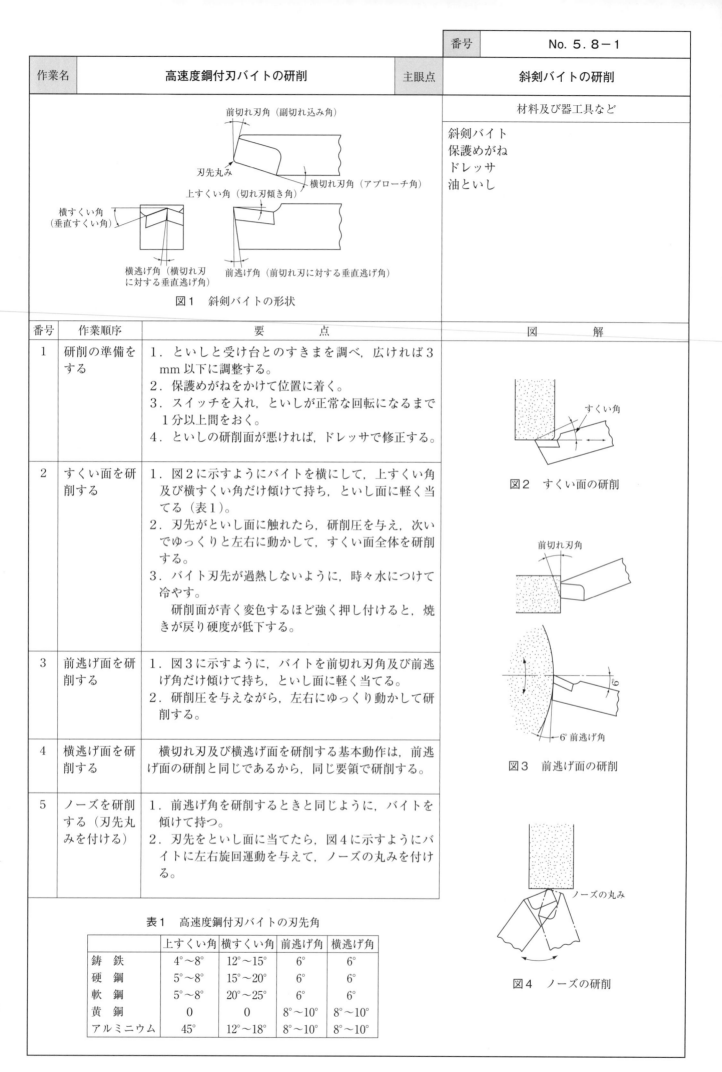

材料及び器工具など

斜剣バイト
保護めがね
ドレッサ
油といし

図1　斜剣バイトの形状

番号	作業順序	要　　点	図　　解
1	研削の準備をする	1．といしと受け台とのすきまを調べ，広ければ3mm以下に調整する。 2．保護めがねをかけて位置に着く。 3．スイッチを入れ，といしが正常な回転になるまで1分以上間をおく。 4．といしの研削面が悪ければ，ドレッサで修正する。	図2　すくい面の研削
2	すくい面を研削する	1．図2に示すようにバイトを横にして，上すくい角及び横すくい角だけ傾けて持ち，といし面に軽く当てる（表1）。 2．刃先がといし面に触れたら，研削圧を与え，次いでゆっくりと左右に動かして，すくい面全体を研削する。 3．バイト刃先が過熱しないように，時々水につけて冷やす。 　研削面が青く変色するほど強く押し付けると，焼きが戻り硬度が低下する。	
3	前逃げ面を研削する	1．図3に示すように，バイトを前切れ刃角及び前逃げ角だけ傾けて持ち，といし面に軽く当てる。 2．研削圧を与えながら，左右にゆっくり動かして研削する。	図3　前逃げ面の研削
4	横逃げ面を研削する	横切れ刃及び横逃げ面を研削する基本動作は，前逃げ面の研削と同じであるから，同じ要領で研削する。	
5	ノーズを研削する（刃先丸みを付ける）	1．前逃げ角を研削するときと同じように，バイトを傾けて持つ。 2．刃先をといし面に当てたら，図4に示すようにバイトに左右旋回運動を与えて，ノーズの丸みを付ける。	図4　ノーズの研削

表1　高速度鋼付刃バイトの刃先角

	上すくい角	横すくい角	前逃げ角	横逃げ角
鋳　鉄	4°〜8°	12°〜15°	6°	6°
硬　鋼	5°〜8°	15°〜20°	6°	6°
軟　鋼	5°〜8°	20°〜25°	6°	6°
黄　銅	0	0	8°〜10°	8°〜10°
アルミニウム	45°	12°〜18°	8°〜10°	8°〜10°

作業名	高速度鋼付刃バイトの研削	主眼点	斜剣バイトの研削

番号	作業順序	要　　　点	図　　解
6	油といしをかける	1．バイトを旋盤の刃物台に取り付ける。 2．図5に示すように，油といしを逃げ面にぴったりと当て，軽い上下運動を与えて研ぐ。 　といしの上下運動が逃げ面に平行でないと，刃先が丸刃になり，2番が当たるようになる。	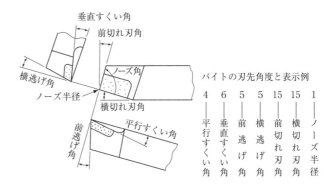 図5　油といしによる仕上げ研削

備考

1．研削したままのバイトの切れ刃は粗く，そのまま使用すると摩耗が早く，構成刃先も付きやすいので，必ず油といしをかけて，切れ刃を滑らかにして使用する。

2．平形のといしで研削したバイトの逃げ角は，参考図1に示すように凹面になっている。したがって実際の逃げ角の大きさは，見掛け上の逃げ角よりも大きくなる。この傾向は，といしの径が小さくなるほど著しい。
　　バイト刃先角の名称と表示法を，参考図2に示す。

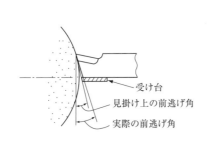

参考図1　見掛け上の前逃げ角と
　　　　　実際の前逃げ角

参考図2　バイト刃先角の名称と表示法

バイトの刃先角度と表示例

4－平行すくい角
6－垂直すくい角
5－前逃げ角
5－横逃げ角
15－前切れ刃角
15－横切れ刃角
1－ノーズ半径

作業名	超硬バイト研削盤の取り扱い	主眼点	操作の仕方

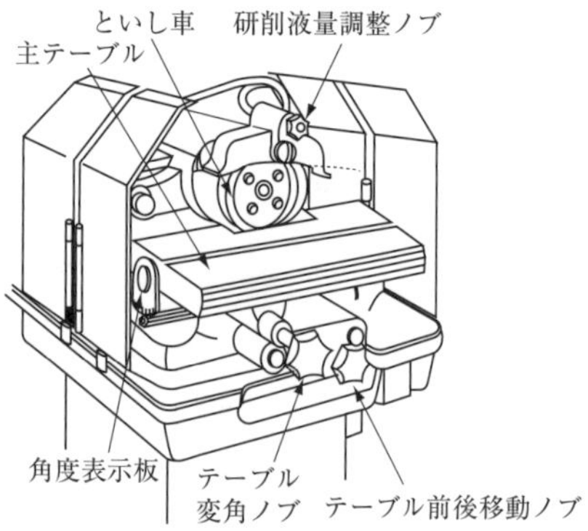

といし車　研削液量調整ノブ
主テーブル
角度表示板　テーブル変角ノブ　テーブル前後移動ノブ

図1　超硬バイト研削盤

		材料及び器工具など
		油差し 研削液

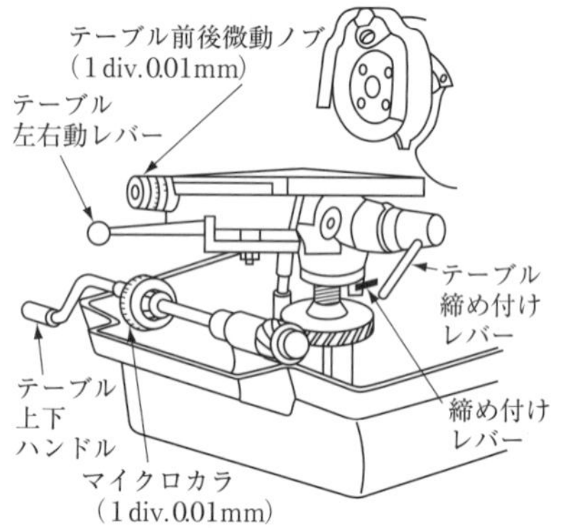

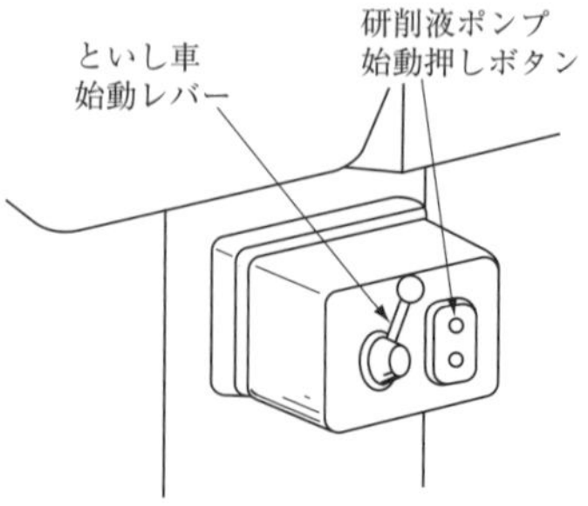

番号	作業順序	要　　　点	図　　解
1	主テーブルの操作	1．各給油箇所に給油する。 2．主テーブルを前進（右回り），後退（左回り）させるには，テーブル前後移動ノブを回して行う。 3．主テーブルに傾き（すくい角又は逃げ角）を与えるには，図1に示すテーブル変角ノブを回し，必要な角度だけ左側面にある角度表示板により傾ける。	 テーブル前後微動ノブ（1 div. 0.01mm） テーブル左右動レバー テーブル締め付けレバー テーブル上下ハンドル 締め付けレバー マイクロカラ（1 div. 0.01mm） 図2　チップブレーカ研削用テーブル①
2	チップブレーカ研削用テーブルの操作	1．テーブルに前後の傾きを与えるには，図2に示すテーブル締め付けレバーを緩め，図3に示す上下動指示目盛によって必要な傾きを与えた後，レバーを締める。 2．テーブルに左右の傾きを与えるには，図2に示す締め付けレバーを緩め，図3に示すテーブル回転角度表示板の目盛によって必要な角度だけ傾けた後，レバーを締める。 3．テーブルの上下は，図2に示すテーブル上下ハンドルによって行う。ハンドルを右に回すとテーブルは上昇し，左に回すと下降する。移動量は目盛で読む。 4．テーブルの前後移動は，図2に示すテーブル前後微動ノブによって行う。ノブを右に回すとテーブルは前進し，左に回すと後退する。移動量は目盛で読む。 5．テーブルの左右動は，図2に示すテーブル左右動レバーによって行う。テーブルの運動は，レバーの運動と同じ方向になる。	 テーブル回転角度表示板　テーブル上下角度表示板　上下動指示目盛 図3　チップブレーカ研削用テーブル②
3	といし車の始動操作	といし車の始動は，図4に示す始動レバーによって行う。左側に倒すと，主テーブル側から見て左回転し，右側ではこの反対になる。	 といし車始動レバー　研削液ポンプ始動押しボタン
4	研削液の供給	1．研削液は，油そうの底より50mmの高さになるまで供給する。 2．図4に示す始動押しボタンを押し，図1に示す研削液量調整ノブにより，液量を適宜に調整する。	図4　スイッチ類

| 作業名 | 超硬バイト研削盤の取り扱い | 主眼点 | 操作の仕方 |

1．チップブレーカ部の幅，角度，R の大きさの関係は，送り粗さと関係する（参考表1）。

2．チップブレーカは一般的に，H は 0.5mm とし，W は送り粗さの約5倍として使用されることが多い（参考表2，参考図1）。

参考表1　チップブレーカ R 部（近似値）

R [mm]	テーブル旋回角
0.5	2.5°
1.0	5°
1.5	6.5°
2.0	8.5°
2.5	9°
3.0	10°

参考表2　チップブレーカの大きさ

記号	W [mm]	$a°$	R [mm]
A	1.4	14	0.4
B	1.7	14	0.5
C	2.2	14	1.0
D	2.7	10	2.0
E	3.2	10	2.0

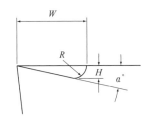

参考図1　チップブレーカの形状

備

考

作業名	超硬バイトの研削（1）	主眼点	三段研削

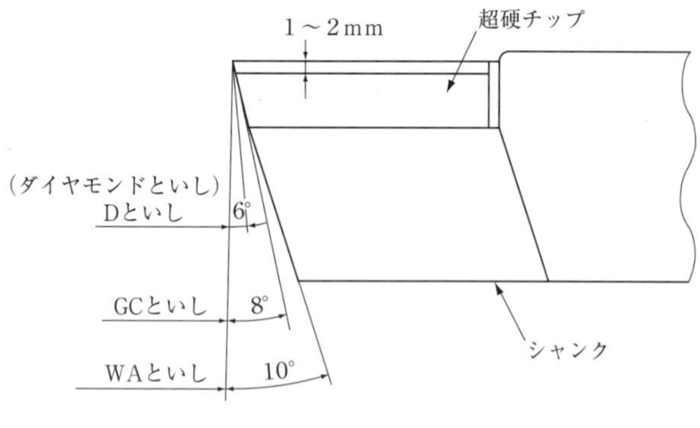

材料及び器工具など

超硬バイト（斜剣バイト 31 形）
油差し
研削といし（WA，GC，ダイヤモンド）
研削液

図1　超硬バイトの三段研削

番号	作業順序	要　　　　点	図　　　解
1	準備する	1．機械の給油部分に給油し，調子を整える。 2．研削液が不足していれば，補充する。 　研削液には，粘度の低い，透明度の大きい油，スピンドル油，軽油などを使用する。	 図2　粗研削（両頭グラインダ）
2	粗研削する （両頭研削盤）	1．図1に示すように，シャンクの部分と超硬チップの部分に分けて研削する（三段研削法）。 2．WA といしで，シャンクの部分を規定の逃げ角度より約4°大きく研削する。 3．超硬チップの部分を GC といしで，規定の逃げ角度より約2°大きく研削する。 4．研削圧はあまり大きくしない。また刃先は熱くなっても，絶対に急冷しない。 　といし車の回転方向は，図2に示すように，必ず刃先に向かうようにする。	 図3　テーブルの角度調整 （超硬バイト研削盤）
3	前逃げ面の仕上げ研削をする（超硬バイト研削盤）	1．図3に示すように，テーブルを6°傾ける。 2．図4に示すように，バイトを保持具に載せ，保持具の旋回座を前切れ刃角だけ回して固定する。 3．スイッチを入れてといし車を回し，研削液を出す。 4．両手でバイトを保持して，刃先をといし面に近づける。 5．刃先がといし面に触れたら，軽い研削圧を与え，といし面いっぱいに左右に動かして研削する。 6．図1に示すように，仕上げ研削幅が1～2mmになるまで研削する。	 図4　前逃げ面の仕上げ研削 （超硬バイト研削盤）

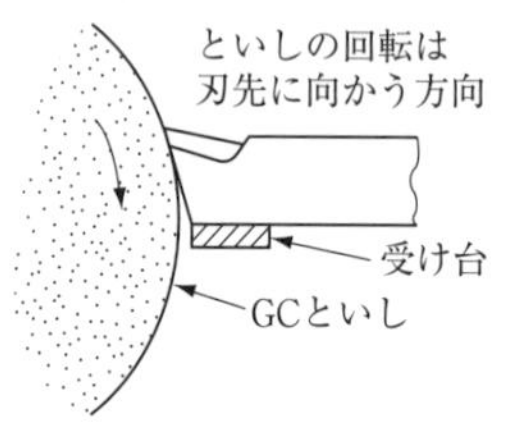

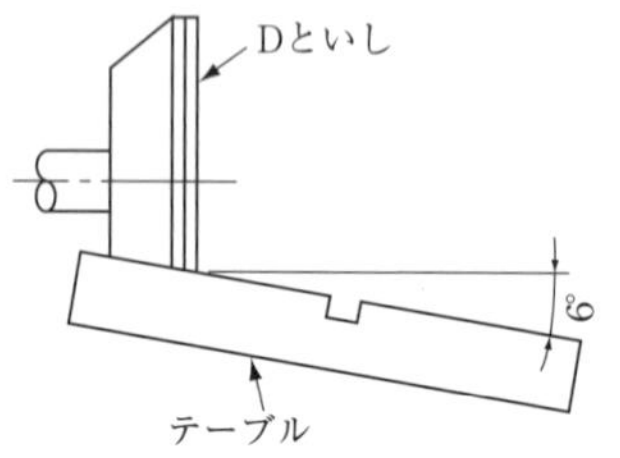

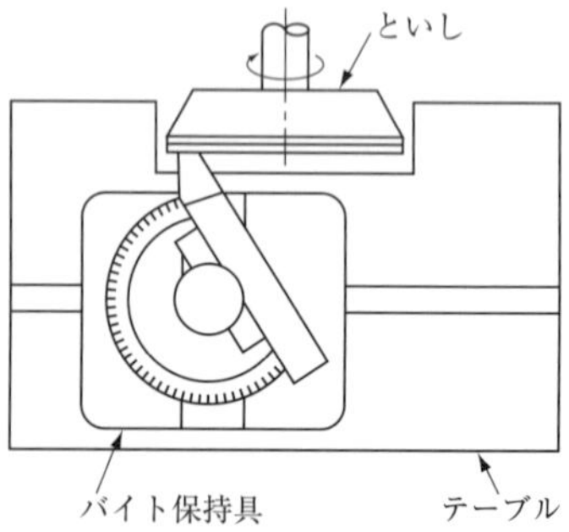

作業名	超硬バイトの研削（1）		主眼点	三段研削

番号	作業順序	要　　　点	図　　解
4	横逃げ面を仕上げ研削する（超硬バイト研削盤）	1．図5に示すように，保持具の旋回座をバイトの横切れ刃角だけ回して固定する。 2．以下3項と同様にして，横逃げ面を仕上げ研削する。	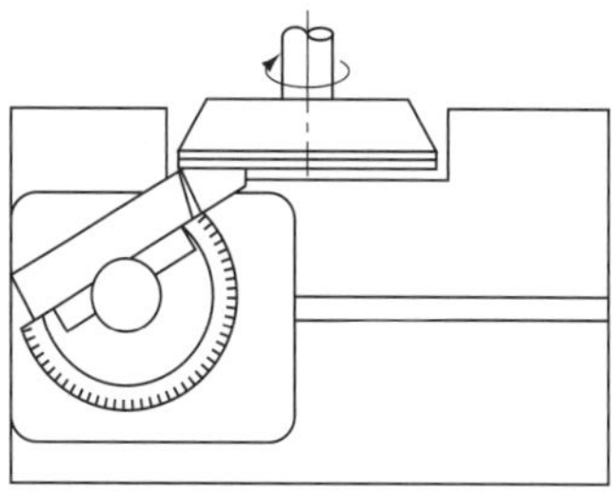 図5　横逃げ面の仕上げ研削 （超硬バイト研削盤）

| 備

考 | 1．超硬バイトの仕上げ研削は，ダイヤモンドといしを使用し，研削は必ず湿式（研削液を用いる研削法）で行う。
2．研削は一般的に，すくい面（必要があれば）→前逃げ面→横逃げ面→ノーズの順に行う。
3．前逃げ角，横逃げ角は普通6°であるが，被削材の材質，送り量などの関係で，もっと大きくすることもある。
4．シャンクの部分までGCといしで研削すると，といしの摩耗が早いので，必ずといし車を使い分けるようにする。研削といしの種類と記号を以下に示す。

【参考】　研削といしの種類と記号
　　　　（1）WA ── 白色溶融アルミナ質　（乾式）
　　　　（2）A ── かっ色溶融アルミナ質（乾式）
　　　　（3）GC　── 緑色炭化けい素質1級（乾式）
　　　　（4）BGC── 緑色炭化けい素質2級（乾式）
　　　　（5）C ── 炭化けい素質　　　　（乾式）
　　　　（6）D ── ダイヤモンド　　　　（湿式） |

作業名	超硬バイトの研削（2）	主眼点	チップブレーカの研削（平行形）

<table>
<tr><td colspan="2" style="text-align:center">材料及び器工具など</td></tr>
<tr><td colspan="2">超硬バイト（斜剣バイト 31 形）
研削といし
研削液
スケール
ハンドラッパ</td></tr>
</table>

図1　チップブレーカの形状

$h ≒ (0.08～0.15)W$
a：すくい角
W：溝　幅
h：溝の深さ
r：溝底の丸みの半径

図2　バイトの取り付け方

番号	作業順序	要　点	図　解
1	テーブルを傾け，バイトを取り付ける	1．バイトに所要のすくい角が付くように，目盛によって，テーブルを上方に傾ける。 2．チップブレーカの溝底の丸みに応じて，テーブルを旋回して固定する。 　旋回する角度は，角度表示板から求める。 3．バイトをチップブレーカ研削用バイスに取り付ける。 4．図2に示すように，基準ゲージに横切れ刃を正しく合わせて，バイスを固着させる。このとき，テーブルの左右動レバーは中央に位置させておく。	といし 幅は表1参照 図3　溝幅寸法の調整
2	溝幅寸法を決める	図3に示すように，といし車がちょうど横切れ刃の中央で交差する位置までテーブルを前進させ，この位置から，さらに所要の溝幅寸法だけテーブルを前進させる（表1）。	ハンドラッパ
3	溝を研ぎ付ける	1．スイッチを入れ，といし車を回転させると共に研削液も出す。 2．右手でテーブルの左右動レバーを握り，テーブルを左右動させながら，左手でテーブル上下ハンドルを回して，チップ上面と接触させる。 3．その位置から，テーブルの1往復当たり 0.02mm の切り込みを目盛で与えて，溝を研ぎつける。 4．途中で一度といし車の回転を止め，溝幅寸法を調べ，所要寸法になっていないときは修正する。 5．溝深さが所要寸法になるまで研ぎ付ける。	ラッパは約10°の傾きでかける 図4　刃ころし
4	刃ころしのホーニングをする	図4に示すように，ハンドラッパを約10°傾けて切れ刃に当て，0.05～0.1mm のランドを付ける。 　鋼の荒削りには切れ刃を強くし，刃こぼれを防ぐために刃ころしのホーニングを行う。	表1　チップブレーカの標準寸法 <table><tr><td>切削条件</td><td>W</td><td>h</td><td>r</td></tr><tr><td rowspan="3">荒削り 中削り</td><td>3</td><td rowspan="3">0.4</td><td rowspan="3">0.5～1.5</td></tr><tr><td>4</td></tr><tr><td>5</td></tr><tr><td>仕上げ削り</td><td>2</td><td>0.3</td><td>1</td></tr></table> （注）　Wが5のときは，送りは 1.6mm/rev 以上のこと。
備考		最も一般的なチップブレーカは平行形であるが，このほか角度形，溝付き形など，いろいろな形状がある（参考図1）。	45° 2 角度形　　溝付き形　　仕上げ削り用 参考図1　チップブレーカの種類

作業名	バイトの取り付け	主眼点	バイトの取り付け

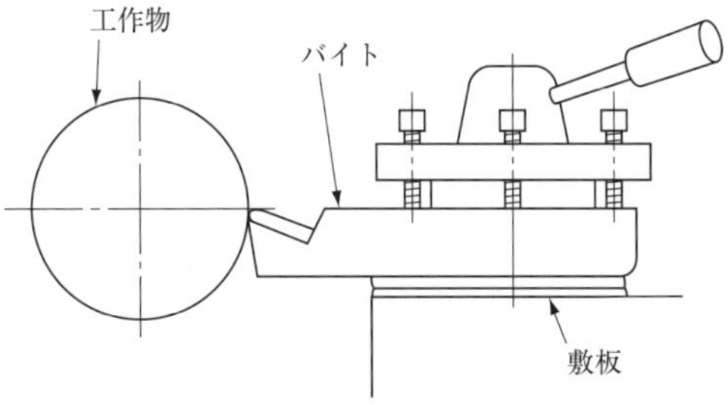

材料及び器工具など

高速度鋼付刃バイト
ウエス
ソケットレンチ
敷板

図1　バイトの取り付け

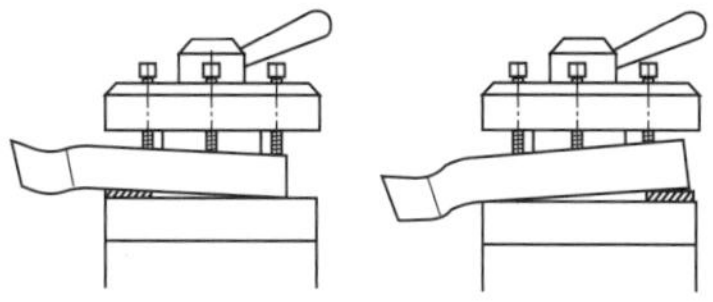

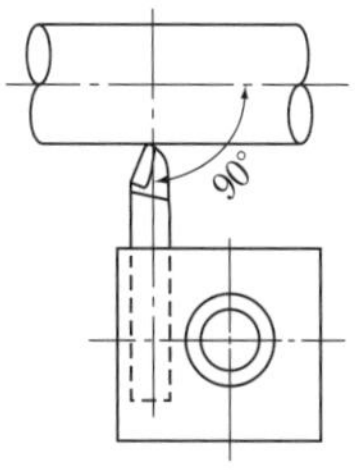

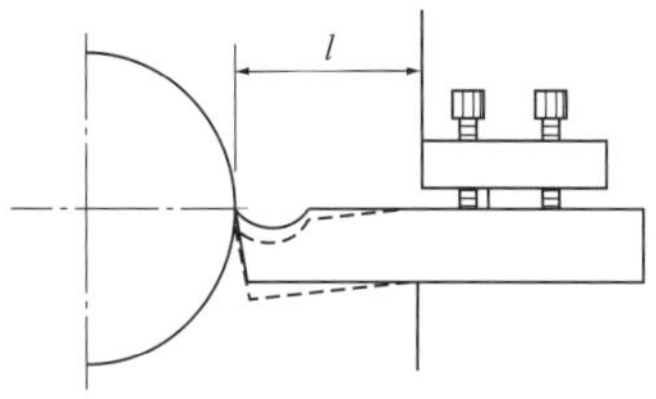

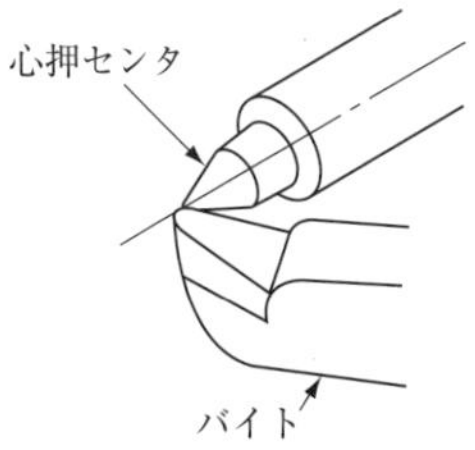

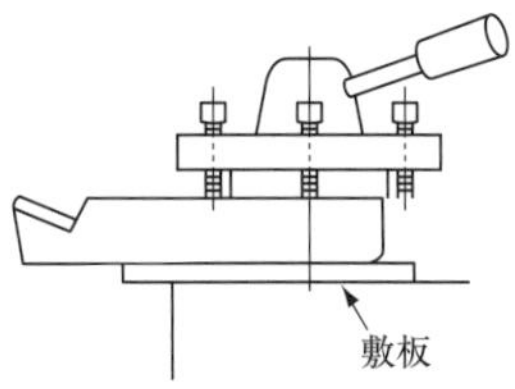

番号	作業順序	要　　　点	図　　解
1	バイトに敷板を重ねる	1．刃物台の取り付け面，バイトシャンク及び敷板をウエスで拭く。 2．バイトの刃先高さが工作物のほぼ中心高さになるように，敷板の厚いものを選び，できるだけ枚数を少なくして，図1のように重ねてバイトの下に敷く。 3．図2のような敷板の使い方は危険なので，絶対にしてはならない。	図2　敷板の悪い使い方
2	刃先高さを合わせる	1．図3に示すように，バイトを刃物台と平行に，また刃物台からの突き出し長さをできるだけ短くして仮締めする（図4）。 　バイトの突き出し長さが長いと，切削力によるたわみが大きくなる。 2．刃物台を45°回して固定し，バイトの刃先を心押センタの先端高さに一致するように，敷板を使って調整する。 　刃先高さが低いと，実質的なすくい角が小さくなり切れ味が悪く，高いと前逃げ面（2番）が当たり，大きな切削力が働いたとき，食い込みを起こして刃先が欠けたりする（図5）。	図3　バイトの取り付け方 図4　バイトの突き出し長さはできるだけ短くする
3	本締めする	1．締め付けねじは，1本ずつきつく締めないで，平均した力で交互に少しずつ締め付ける。 2．締め付けねじは，必ず2本以上で締める。	図5　刃先高さを心押センタに合わせる
備考		1．図2のようなバイトの取り付けをすると，振動で緩むことがあり危険である。 2．図2のような取り付けをすると，刃先高さが正しく一致していても，バイトのすくい角や逃げ角が変化する。 3．バイトの突き出し量はできるだけ短くし，バイトシャンク高さの1.5倍以内程度にとどめるようにする。 4．敷板はなるべく研削仕上げされたものを使用する。板厚も各種寸法のものを多数用意する。 5．バイトの突出し長さを長くしなければいけない場合は，敷板を刃物台より前に出し，バイトのたわみ強度を上げるとよい。そのときは，敷板の干渉，ねじの締め付けに注意する（図6）。	図6　敷板による補強

| 作業名 | 丸棒削り（1） | 主眼点 | 端面削り |

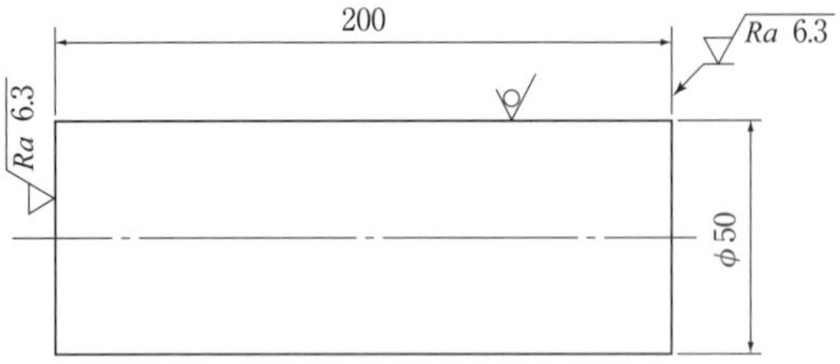

材料及び器工具など

軟鋼丸棒（φ50×205 「No. 5. 6」使用）
外径加工バイト（荒削り用）
　（刃先交換工具（スローアウェイ），超硬
　　コーティング，刃先角80°切り込み角95°，
　　ノーズR 0.8）
外径加工バイト（仕上げ用）
　（刃先交換工具（スローアウェイ），サー
　　メット，刃先角60°切り込み角91°ノーズ
　　R 0.4）
スケール，ノギス
（単動チャック）

図1　製品図

番号	作業順序	要　　　点	図　　解
1	準備する	工作物をチャックに取り付け（約40mm），心出しをする。	
2	端面を荒削りする	1．主軸回転速度を決める。 　　切削速度を100m/minとすれば， $$n=\frac{1\,000v_c}{\pi D}=\frac{1\,000\times100}{3.14\times50}\fallingdotseq637\text{min}^{-1}$$ の計算から，回転速度約637min^{-1}を得る。 　　主軸回転速度を約637min^{-1}に近い値にセットする。 2．外径加工バイト（荒削り用）を刃物台に取り付ける。 3．バイト刃先を工作物端面に近づけ，図2に示すように，端面から1.5mm切り込みを与える。 　　端面1回の切り込み量は，刃先の形状による。 4．バイト刃先に注目しながら横送りハンドルを回し，手送りで端面を削る。 5．バイトが工作物の中心まで削ったら，バイトを図3に示すように工作物から少し離して，元の位置まで戻す。 6．再度1.5mm切込みを与え，1回目と同様に手送りで端面を削る。	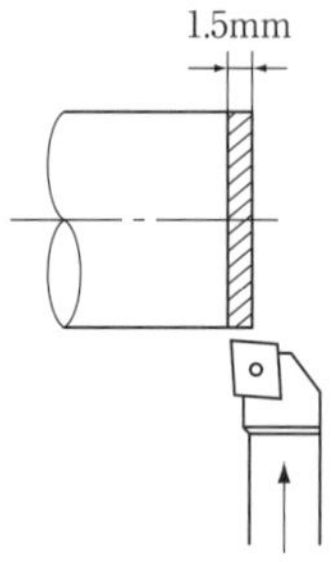 図2　端面の切り込み 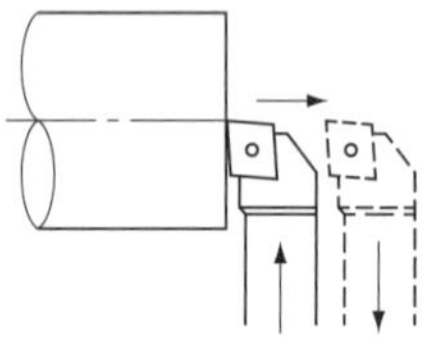 図3　バイトの逃がし 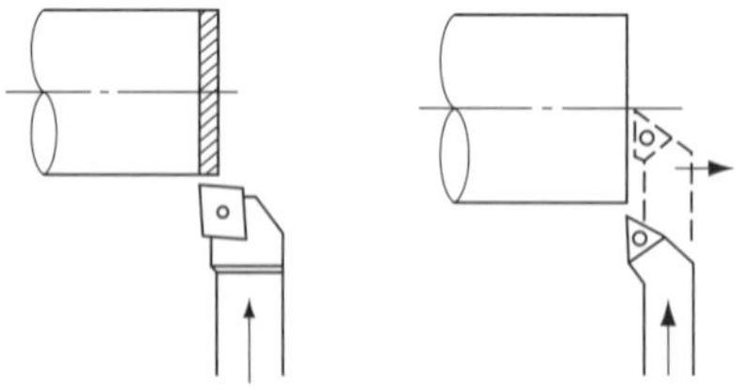
3	端面を仕上げる	1．荒削りと同様に，切削速度を200m/minとして計算すると，主軸回転速度1 520min^{-1}を得るので，近い値にセットする。 2．主軸を正転させ，外径加工バイト（仕上げ用）を端面に触れさせ，上部送りの目盛りを0合わせ（このような作業を0セットという），外形側に逃がす。 3．0.4mm切り込みを入れ，図4（b）のように，工作物中心に向かって手送りを行う。	（a）荒削り　　　　（b）仕上げ削り 図4　端面削り
4	工作物を振り替えて仕上げる	1．高速低速切り替えレバーを中立にして，工作物を取り外し，左右振り替えて取り付け，心出しをする。 2．工作物の全長を測定し，仕上げしろ0.4mm程度を残して荒削りする。 3．0.2mm切り込みを入れ，図4（b）のように，工作物中心に向かって手送りを行う。 4．全長を測定し，目的の寸法（200mm）に足りない値を求め，その寸法を切り込み，3．と同様に仕上げ加工を行う。	

作業名	丸棒削り（1）	主眼点	端面削り

<table>
<tr><td rowspan="30">備

考</td><td>

1．切削速度と回転速度の関係

（1） $v_c = \dfrac{\pi D n}{1\,000}$ v_c ……切削速度 ［m/min］

  D ……被削材の直径 ［mm］

（2） $n = \dfrac{1\,000 v_c}{\pi D}$ n ……主軸回転速度 ［min^{-1}］

2．高速度鋼及び超硬バイトによる切削速度（被削材 S35C～45C の場合）

（1） v_{c1}（高速度鋼）……約 30～40m/min

  v_{c2}（超硬合金）……約 90～200m/min

（2） ドリル及びエンドミルの場合

  v_{c3} ………………………約 15～18m/min（切削速度は旋削の約 1/2 とする）

3．高速度鋼によるヘール仕上げ及びねじ切りの場合

  ヘール仕上げバイトによる仕上げ……約 4～8 m/min

  ねじ切りの場合……（荒削り）約 10～12m/min

  （仕上げ）約 7～9 m/min

（例） $v_c = 30$m/min $\pi \fallingdotseq 3$ として $\phi50$ を削る場合

$$n = \dfrac{1\,000 \times 30}{3 \times 50} = \dfrac{10\,000}{50} = 200\text{min}^{-1}$$

4．高速度鋼，超硬バイトにおける被削材の直径と回転速度の早見表

参考表1　中炭素鋼（S30C～S50C）

	高速度 $v_c = 30$m/min	超硬合金 $v_c = 100$m/min
ϕ 10mm	1 000min^{-1}	3 300min^{-1}
ϕ 20mm	500	1 660
ϕ 30mm	330	1 110
ϕ 40mm	250	830
ϕ 50mm	200	660
ϕ 60mm	170	550
ϕ 70mm	140	480
ϕ 80mm	125	420
ϕ 90mm	110	370
ϕ 100mm	100	330
ϕ 120mm	83	280

（注）小径の被削材の場合は高速度鋼が適当。

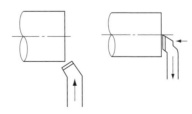

高速度鋼バイトによる端面削りの仕上げ加工は，
中心より外径側に向かって削る

  （a）荒削り   （b）仕上げ削り

参考図1　高速度鋼バイトによる端面削り

</td></tr>
</table>

番号	No. 5.14

作業名	心もみ（センタ穴加工）	主眼点	センタ穴のもみ方

材料及び器工具など

軟鋼丸棒（φ50×205 「No. 5.13」使用）
センタ穴ドリル（A形）
ドリルチャック
チャックハンドル

図1　心もみ

番号	作業順序	要　　点	図　　解
1	準備する	1．心押軸にドリルチャックを取り付ける。 2．ドリルチャックのつめを開いてセンタ穴ドリル（図2）を差し込み，チャックハンドルで締め付ける。 3．工作物の直径に対するセンタ穴ドリルの大きさは，表1を参考にする。	図2　センタ穴ドリル（A形）
2	心押台を移動して固定する	心押台を静かに移動して，センタ穴ドリルを工作物端面に近づけて，ベッドに固定する。	（a）良　い
3	主軸の回転速度を決める	工作物の形状や，取り付け状態により多少配慮が必要であるが，回転速度は約700～1 000min⁻¹程度でよい。	（b）浅　い　　（c）深　い 図3　心もみの深さ
4	心もみをする	1．センタ穴ドリルは折れやすいので，切削油を与えながら静かに押し込んでいく。 2．センタ穴ドリルは，切りくずの排出が良くないから，時々抜き出して，切りくずを排除する。 3．円すい部が2/3くらい入る深さまでもみ込む（図3）。	

備考

1．センタ穴の形状には，参考図1に示すような3種類がある。
　　A形は普通のセンタ穴で，B形・C形に保護皿を付けたものである。ゲージ，切削工具などには，保護皿付きのセンタ穴が用いられる。
2．センタ穴ドリルは，60°のほかに，大径軸など重量物，重切削などのところに75°，90°などが使用される。

A形　　　　B形　　　　C形

参考図1　センタ穴の形状

表1　センタ穴ドリルの呼び径と
適応工作物の直径

単位〔mm〕

呼び径 d	工作物の直径
0.5	3～4
0.7	4～6
1.0	6～10
1.5	10～15
2.0	15～25
2.5	20～35
3.0	25～45
4.0	45～70

作業名	丸棒削り（2）	主眼点	丸棒外径削りの基本

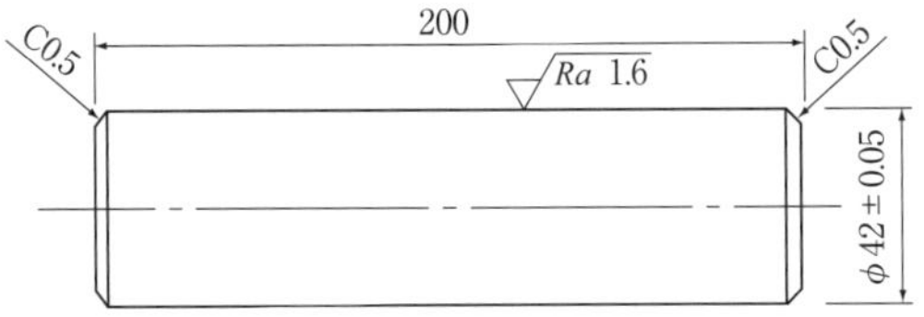

図1　製品図

材料及び器工具など

軟鋼丸棒（φ50 × 205 「No. 5.14」使用）
外径加工バイト（荒削り用）
　（刃先交換工具（スローアウェイ），超硬コーティング，刃先角80°切り込み角95°，ノーズR 0.8）
外径加工バイト（仕上げ用）
　（刃先交換工具（スローアウェイ），サーメット，刃先角60°切り込み角91°ノーズR 0.4）
スケール，ノギス，保護板，単動チャック
回転センタ，マイクロメータ

番号	作業順序	要　　点	図　　解
1	準備する	1．図2に示すように，工作物をチャックに取り付けて心出しをする（センタをしっかり押す）。 2．切削速度を100m/minとして，主軸回転速度を選択する（約637min⁻¹）。 3．自動送り量が0.3mm/revになるように，プレートの表よりレバーを選んでセットする。 4．外径加工バイトの荒削り用と仕上げ用を取り付け，荒削り用を準備する。	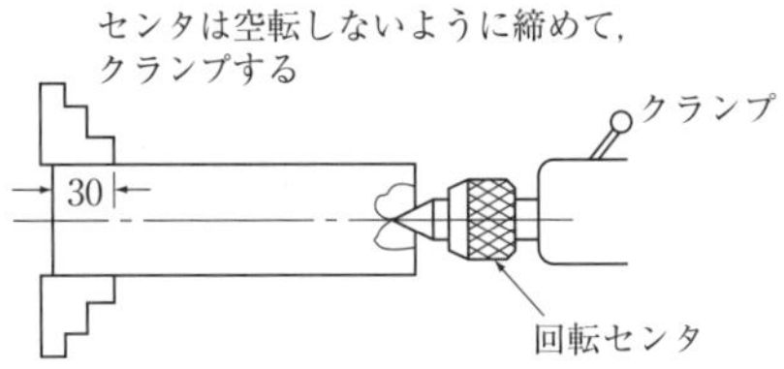 図2　工作物の取り付け
2	外径を荒削りする	1．主軸を正転し，バイト刃先を材料の端で外形に軽く触れさせ，バイトを右に外して，横送りハンドルの目盛りを0にセットする（0セット）。 2．仕上げしろ1mmを残して，外径を荒削りする。つめの10mmくらい前で送りを止める（図3）。 3．バイトを元の位置に戻して，主軸を止める。	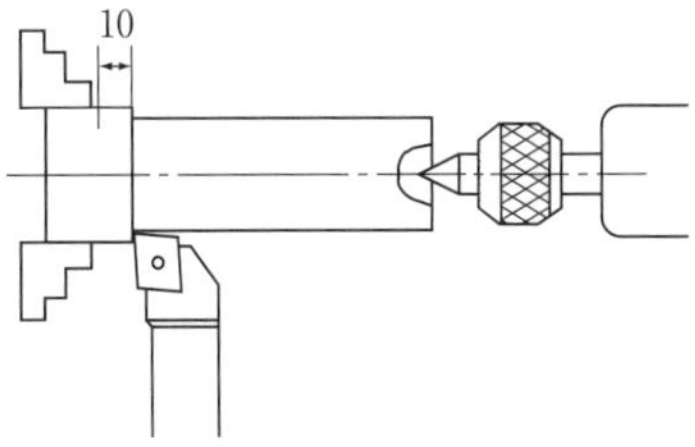
3	外径を中仕上げする	1．自動送り量を0.1mmにセットする。 2．外径寸法をマイクロメータで正確に測定する。 3．外径の仕上げしろが0.2mm残るように，外径を中仕上げする。	図3　自動送りによる切削
4	外径を仕上げる	1．刃物台を回して，仕上げ用バイトに替える。 2．主軸回転速度を切削速度200m/min程度になるようにセットする（約1 500mm⁻¹）。 3．主軸を正転させ，材料の端でハンドルを0セットする。直径で0.1mm程度切り込み，マイクロメータが測定できる程度（5～6mm）自動送りで削って送りを止め，目盛りはそのままでバイトを元の位置に戻して回転を止める。 4．外径をマイクロメータで正確に測定し，残りの仕上げしろだけ切り込みを与え，自動送りをかけて仕上げる。 5．外径寸法が寸法公差内にあることを確かめる。	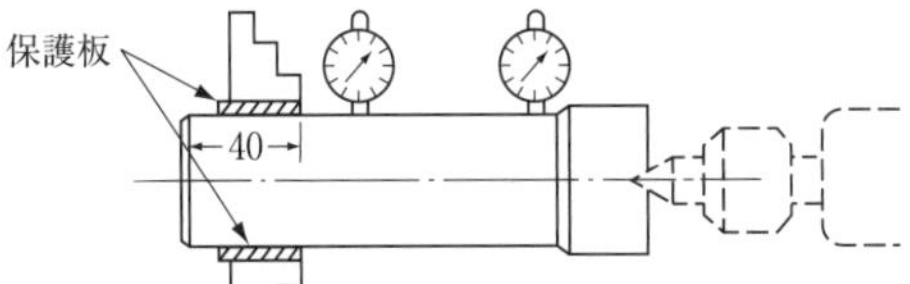 図4　反対側の心出しと心もみ
5	工作物を振り替えて反対側を削る	1．図4に示すように，工作物を振り替えて取り付け，心出しをして心もみをする。 2．センタを押し，2～4項と同様に，外径を図面寸法に仕上げる。	

			番号	No. 5.16−1

作業名	丸棒削り（3）	主眼点	ヘールバイトによる外径仕上げ削り

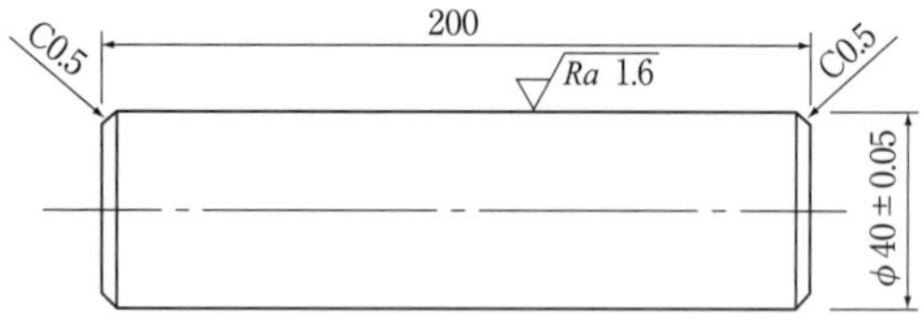

材料及び器工具など

軟鋼丸棒（φ50×205 「No. 5.15」使用）
単動チャック
斜剣バイト（SKH）
ヘール仕上げバイト
面取りバイト
ノギス
マイクロメータ（25〜50mm 測定用）
ダイヤルゲージ，ダイヤルゲージスタンド
保護板
止まりセンタ
新明丹

図1　製品図

番号	作業順序	要　　点	図　　解
1	準備する	1．工作物をチャックに取り付け,心出しする（図2）。 2．図3に示すように，切れ刃の中央が工作物の外周面と幅広く当たるようにして，ヘール仕上げバイトを刃物台に取り付ける。 3．斜剣バイトを刃物台に取り付ける。 4．センタ穴に新明丹を付け，センタを軽く押してクランプする（指先の力くらいで押す）。	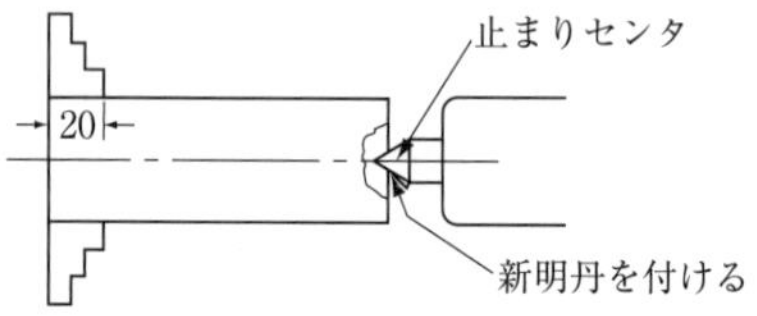 図2　工作物の取り付け
2	外径を中仕上げする	1．主軸回転速度を，荒削りのときより1段階上の回転にセットする。 2．斜剣バイトを丸棒外径に刃先を合わせて，横送り目盛を0にセットする。 3．切り込みを1mm入れ，送りをかけて外径を削る。 4．工作物の外径をマイクロメータで測って，削りしろを調べる。 5．ヘール仕上げしろとして，0.15〜0.2mm 外径が大きくなるように，目盛によって切り込みを入れる。 6．外径を測定できる長さだけ削ったら，送りを止め，回転を止めて寸法を確かめる。 7．寸法が適当であれば，そのまま自動送りをかけて，外径を中仕上げする。	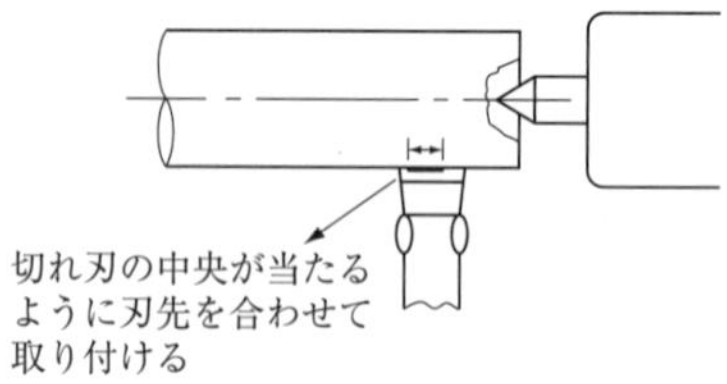 図3　ヘール仕上げバイトの取り付け 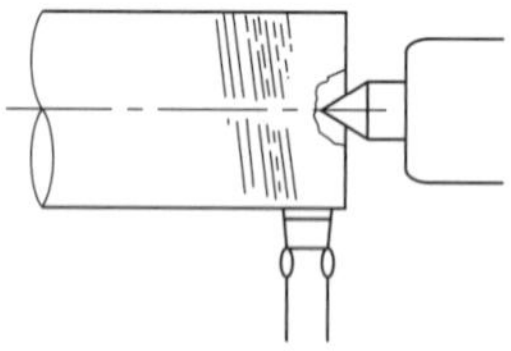 （a）中仕上げ目の取れる程度の切り込みを入れる
3	外径を公差内に仕上げる	1．主軸回転速度を，ヘール仕上げの切削速度5m/min になるようにセットする（約40min⁻¹）。 2．自動送り量を高送りにセットする。 3．図4に示すように，工作物の端部付近で中仕上げ目の取れる程度の切込みを与えて切削し，寸法を確かめた後，自動送りをかける。 4．ヘール仕上げは2〜3回以内で仕上げる（繰返し数が多くなると真円度が悪くなる）。 5．切削中は，切削油を十分に与え，構成刃先の発生を防ぐ。 6．寸法が公差内に仕上がっているか，測定して確かめる。	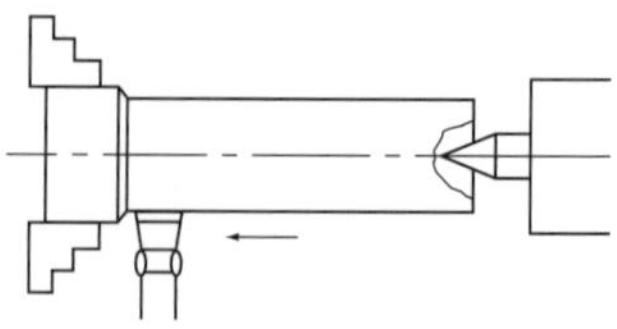 （b）自動送りをかける 図4　外径の仕上げ加工

作業名	丸棒削り（3）	主眼点	ヘールバイトによる外径仕上げ削り

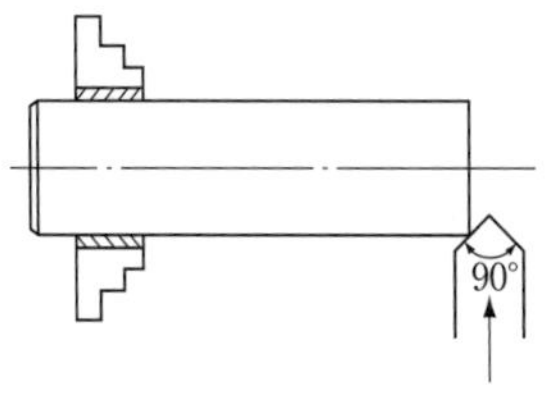

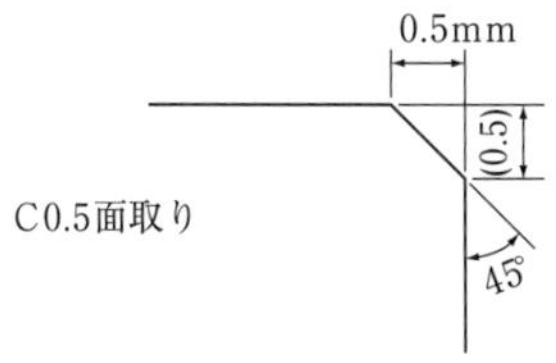

番号	作業順序	要　　　点	図　　　解
4	面取りをする	1．図5に示すように，面取りバイトを刃物台に取り付ける。 2．図5に示すように，バイト刃先を工作物のかどに軽く触れさせて，横送り目盛又は刃物台送りの目盛を0にセットする。 3．切削油を与えながら，半径で0.5mmゆっくり切り込み，面取りをする（図6）。	図5　面取りバイトによる面取り 0.5mm (0.5) 45° C0.5面取り 図6　C記号による面取り （45°の面取りのみ）
5	工作物の反対側を仕上げる	1．工作物を取り外し，振り替えて取り付け，心出しをする。取り付けには保護板を使用する。 2．心出しは，ダイヤルゲージを使用して正確に出す（図7）。 3．2〜4項と同様の手順で，反対側を寸法に仕上げる。	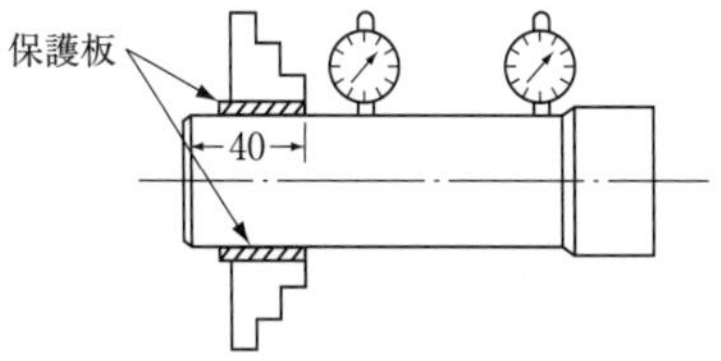 保護板 40 図7　ダイヤルゲージによる心出し
備考			

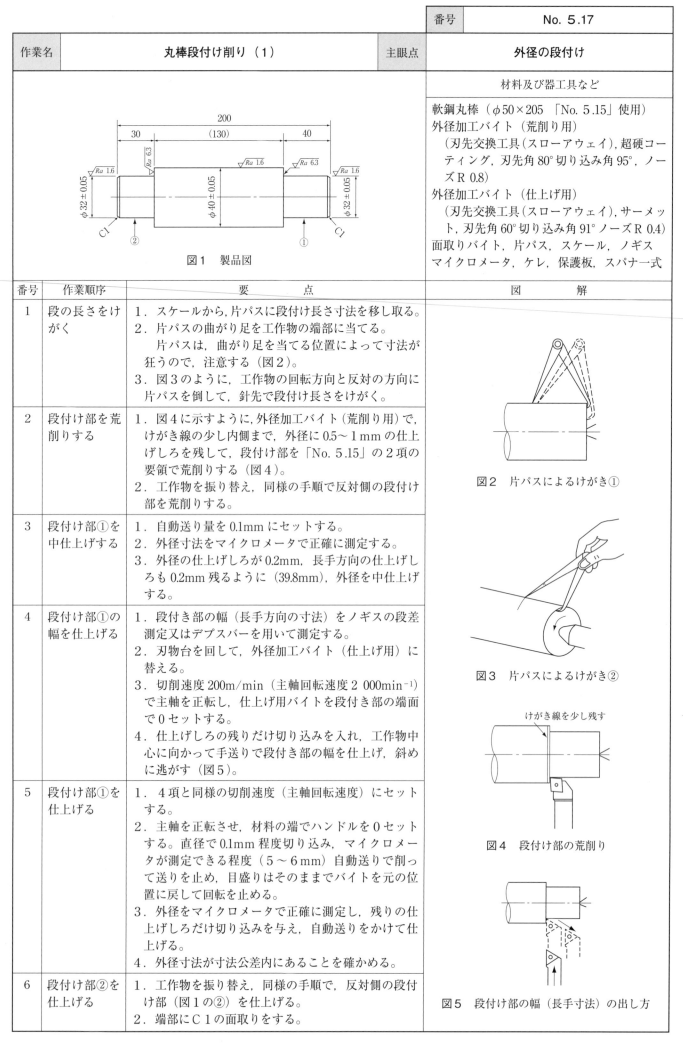

| 作業名 | 丸棒段付け削り（1） | 主眼点 | 外径の段付け |

材料及び器工具など

軟鋼丸棒（φ50×205 「No. 5.15」使用）
外径加工バイト（荒削り用）
　（刃先交換工具（スローアウェイ），超硬コーティング，刃先角80°切り込み角95°，ノーズR 0.8）
外径加工バイト（仕上げ用）
　（刃先交換工具（スローアウェイ），サーメット，刃先角60°切り込み角91°ノーズR 0.4）
面取りバイト，片パス，スケール，ノギス
マイクロメータ，ケレ，保護板，スパナ一式

図1　製品図

番号	作業順序	要　　　　点	図　　　解
1	段の長さをけがく	1．スケールから，片パスに段付け長さ寸法を移し取る。 2．片パスの曲がり足を工作物の端部に当てる。 　片パスは，曲がり足を当てる位置によって寸法が狂うので，注意する（図2）。 3．図3のように，工作物の回転方向と反対の方向に片パスを倒して，針先で段付け長さをけがく。	
2	段付け部を荒削りする	1．図4に示すように，外径加工バイト（荒削り用）で，けがき線の少し内側まで，外径に0.5～1mmの仕上げしろを残して，段付け部を「No. 5.15」の2項の要領で荒削りする（図4）。 2．工作物を振り替え，同様の手順で反対側の段付け部を荒削りする。	図2　片パスによるけがき①
3	段付け部①を中仕上げする	1．自動送り量を0.1mmにセットする。 2．外径寸法をマイクロメータで正確に測定する。 3．外径の仕上げしろが0.2mm，長手方向の仕上げしろも0.2mm残るように（39.8mm），外径を中仕上げする。	
4	段付け部①の幅を仕上げる	1．段付き部の幅（長手方向の寸法）をノギスの段差測定又はデプスバーを用いて測定する。 2．刃物台を回して，外径加工バイト（仕上げ用）に替える。 3．切削速度200m/min（主軸回転速度2 000min⁻¹）で主軸を正転し，仕上げ用バイトを段付き部の端面で0セットする。 4．仕上げしろの残りだけ切り込みを入れ，工作物中心に向かって手送りで段付き部の幅を仕上げ，斜めに逃がす（図5）。	図3　片パスによるけがき②
5	段付け部①を仕上げる	1．4項と同様の切削速度（主軸回転速度）にセットする。 2．主軸を正転させ，材料の端でハンドルを0セットする。直径で0.1mm程度切り込み，マイクロメータが測定できる程度（5～6mm）自動送りで削って送りを止め，目盛りはそのままでバイトを元の位置に戻して回転を止める。 3．外径をマイクロメータで正確に測定し，残りの仕上げしろだけ切り込みを与え，自動送りをかけて仕上げる。 4．外径寸法が寸法公差内にあることを確かめる。	けがき線を少し残す 図4　段付け部の荒削り
6	段付け部②を仕上げる	1．工作物を振り替え，同様の手順で，反対側の段付け部（図1の②）を仕上げる。 2．端部にC1の面取りをする。	図5　段付け部の幅（長手寸法）の出し方

作業名	丸棒段付け削り（2）	主眼点	超硬バイトによる外径段付け削り

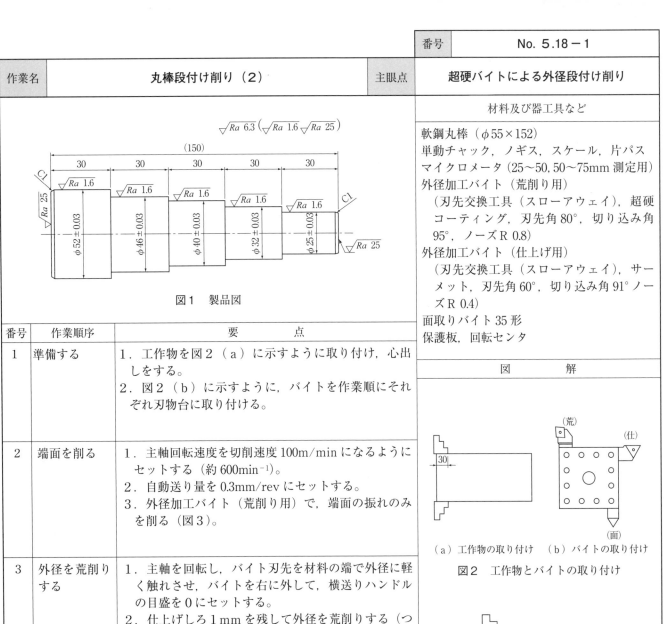

図1　製品図

材料及び器工具など

軟鋼丸棒（φ55×152）
単動チャック，ノギス，スケール，片パス
マイクロメータ（25〜50, 50〜75mm 測定用）
外径加工バイト（荒削り用）
　（刃先交換工具（スローアウェイ），超硬
　コーティング，刃先角80°，切り込み角
　95°，ノーズR 0.8）
外径加工バイト（仕上げ用）
　（刃先交換工具（スローアウェイ），サー
　メット，刃先角60°，切り込み角 91°ノー
　ズR 0.4）
面取りバイト 35 形
保護板，回転センタ

番号	作業順序	要　　　　　　点
1	準備する	1．工作物を図2（a）に示すように取り付け，心出しをする。 2．図2（b）に示すように，バイトを作業順にそれぞれ刃物台に取り付ける。
2	端面を削る	1．主軸回転速度を切削速度100m/min になるようにセットする（約 600min⁻¹）。 2．自動送り量を 0.3mm/rev にセットする。 3．外径加工バイト（荒削り用）で，端面の振れのみを削る（図3）。
3	外径を荒削りする	1．主軸を回転し，バイト刃先を材料の端で外径に軽く触れさせ，バイトを右に外して，横送りハンドルの目盛を0にセットする。 2．仕上げしろ1mm を残して外径を荒削りする（つめの5mm くらい前で送りを止める）（図4）。 3．バイトを元の位置に戻して，主軸回転を止める。
4	外径を中仕上げする	1．自動送り量を 0.1mm/rev にセットする。 2．外径寸法をマイクロメータで正確に測定する。 3．外径の仕上げしろが 0.2mm 残るように，外径を中仕上げする。
5	外径を仕上げ面取りをする	1．刃物台を回して，外径加工バイト（仕上げ用）に替える。 2．主軸回転速度を切削速度200m/min 程度になるようにセットする（約 1 500〜1 600min⁻¹）。 3．主軸を回転させ，材料の端でバイト刃先を外周に軽く触れさせて右に外し，横送りハンドル目盛を0にセットする。直径で 0.1mm 程度切り込み，5〜6mm 自動送りで削って送りを止め，目盛はそのままでバイトを元の位置に戻して回転を止める。 4．外径をマイクロメータで正確に測定し，残り仕上げしろだけ切込みを与え，自動送りをかけて仕上げる。 5．外径寸法が許容寸法内にあることを確かめる。 6．面取りバイトに替え，C 1の面取りをする。

図　　　　　解

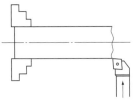

（a）工作物の取り付け　（b）バイトの取り付け
図2　工作物とバイトの取り付け

図3　端面の切削

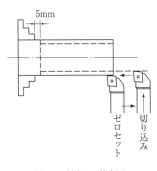

図4　外径の荒削り

| 作業名 | 丸棒段付け削り（2） | 主眼点 | 超硬バイトによる外径段付け削り |

番号	作業順序	要　　　点	図　　　解
6	工作物を振り替えて取り付け，心出しする	1．工作物を振り替え，保護板を使って取り付ける。 2．図5に示すように，ダイヤルゲージを使って正確に心出しをする。	 図5　反対部の取り付け
7	端面を削り，心もみをする	1．荒削り用バイトに替え，主軸回転速度を約600min⁻¹にセットし，全長150mmまで端面を削る。 2．主軸回転速度を700〜1 000min⁻¹程度とし，心もみをする。	
8	段の長さをけがく	スケールから片パスに段付け長さより1mmだけ短く寸法を移し，材料にけがく（図6）。	 図6　片パスによる段幅のけがき
9	段付け部外径を荒削りする	荒削りは外径寸法をそれぞれ1mm大きく削り，段の長さは，図7に示すように削っておく。	 図7　段付け部外径の荒削り
10	段付け部外径を中仕上げする	1．主軸回転速度を1 500〜1 600min⁻¹にセットし，自動送り量を0.1mm/revにセットする。 2．刃物台を回して，仕上げ用バイトに替える。 3．図8に示すように，各段外径を仕上げ寸法より0.2mm大きく中仕上げする。	 図8　段付け部外径の中仕上げ
11	各段の幅を仕上げる	段付き部の幅（長手方向の寸法）を「No. 5.17」の4項の要領で，図面寸法どおりに仕上げる（図9）。	 図9　各段幅の仕上げ
12	各段外径を仕上げる	1．各外径の仕上げは，5項の要領で仕上げる。 2．各外径寸法をマイクロメータで測定し，確かめる。	
13	面取りをする	1．φ25部のC1の面取りをする。 2．各外径端部の糸面取りをする（C 0.1〜0.2）。	

備考
1．荒削り用バイトは，ノーズ半径の大きいものを使用し（R 0.8），仕上げ用バイトには，ノーズ半径の小さいもの（R 0.4）を使用する。
2．仕上げ用バイトにノーズ半径の大きいものを使用すると，びびりを発生することがある。
3．仕上げ面を良くするためには，鋼の場合，刃先温度を約600〜650℃以上（材料の再結晶温度以上）になるようにする。

作業名	穴あけと突切り	主眼点	座金の製作

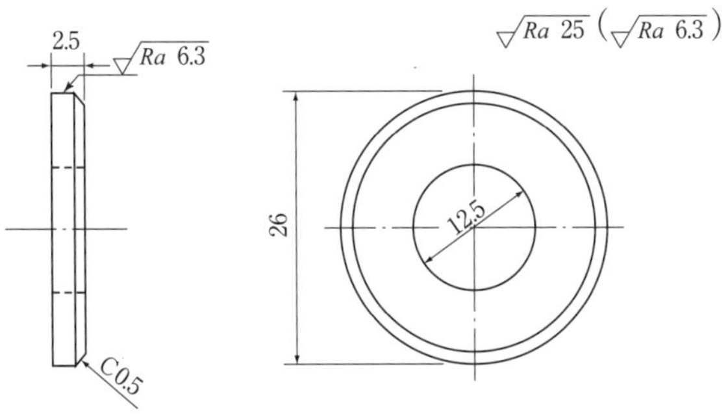

図1　製品図

番号	作業順序	要　　　点
1	準備する	1．厚さ1mm程度の板材で，図5に示すような板ゲージを作る。 2．工作物をスクロールチャックに取り付ける。 　必要長さ＋10mmぐらいとし，必要以上に出さない。図2に示すように，5個分取れる程度がよい。
2	バイトを取り付ける	図3に示すように，バイトを使用順に刃物台に取り付ける。 　外径溝入れバイト（図4）は，バイトの側面が当たらないように，まっすぐに取り付ける。
3	端面と外径を削る	1．外径加工バイト（荒削り用）で，端面を削る。 2．外径を5個分取れる長さだけ削って，寸法に仕上げる。 3．外径加工バイト（仕上げ用）で端面を仕上げる。 4．端部にC 0.5の面取りをする。
4	穴あけをする	1．センタ穴ドリルで心もみをし，下穴をあける。 2．12.5mmのドリルで，5個分取れる深さに穴あけをする。 3．穴が深くなると，切りくずの排出が悪くなるので，時々ドリルを穴から抜き出して切りくずを払い落とし，切削油を与えて繰り返す。
5	突き切る	1．図5に示すように，板ゲージを工作物の端面に当て，溝入れバイトの位置を決める。 2．刃先が工作物に触れたら，排出される切りくずに注意しながら，送り速度を一定にして切り込んでいく。 3．座金が切り落とされる直前には，送り量を加減して，静かに切り落とす。
6	作業を繰り返す	1．端面仕上げ，面取り，突切りを繰り返して，5個製作する。 2．5個作り終えたら，材料を取り付け直し，3～5項を繰り返して，座金を製作する。

材料及び器工具など

軟鋼丸棒（φ30×100）
外径加工バイト（荒削り用）
　（刃先交換工具（スローアウェイ），超硬コーティング，刃先角80°，切り込み角95°，ノーズR 0.8）
外径加工バイト（仕上げ用）
　（刃先交換工具（スローアウェイ），サーメット，刃先角60°，切り込み角91°ノーズR 0.4）
面取りバイト
外径溝入れバイト
　（刃先交換工具（スローアウェイ），超硬コーティング，刃幅3mm）
センタ穴ドリル，ドリル（φ12.5とその下穴用）
ノギス，スケール
寸法ゲージ，スクロールチャック
ドリルチャック，チャックハンドル

図　　　解

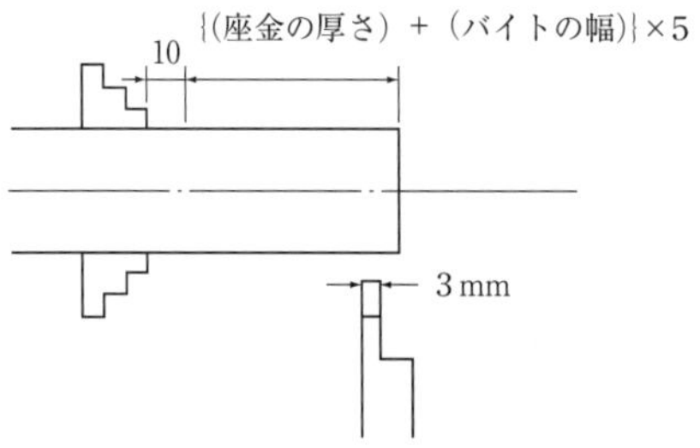

図2　工作物の取付け

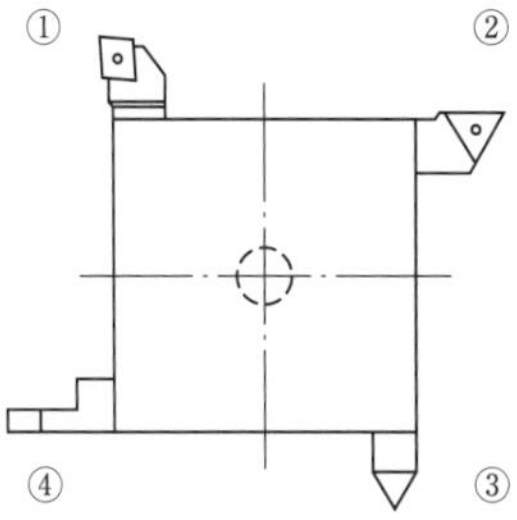

図3　バイトの取付け

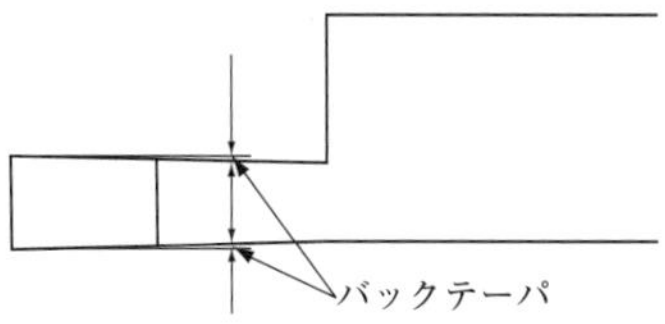

図4　溝入れバイトの形状

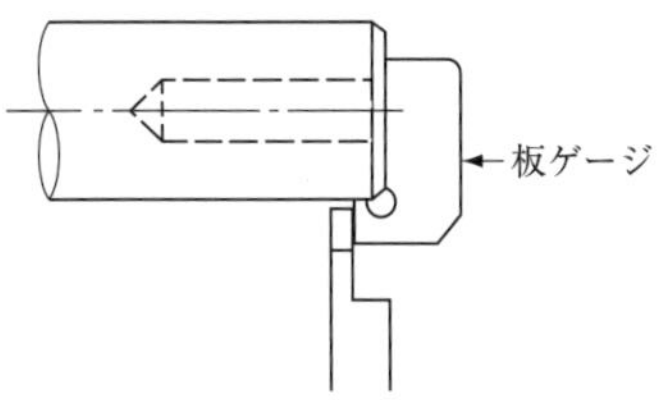

図5　溝入れバイトの位置決め

作業名	穴あけと突切り	主眼点	座金の製作

1．座金は一般に，切断後の裏面仕上げは行わないが，必要があれば，参考図1に示すようなジグを使用するか，生づめを使用する。

2．溝入れバイトにろう付け工具（突切りバイト）を用いる場合，参考図2に示すように少し傾けておくと，切れ残りの部分が製品に付くのを防ぐことができる。

3．センタ穴ドリルで心もみしないときは，参考図3に示すように，きり押しを使ってドリルが振れないようにする。

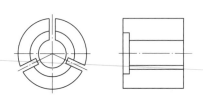

参考図1　裏面仕上げ用ジグ

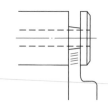

参考図2　突切りバイトの切れ刃角の工夫

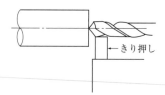

参考図3　きり押しによる心振れの防止

備

考

作業名	穴ぐり（1）	主眼点	通し穴の穴ぐり（中仕上げ）

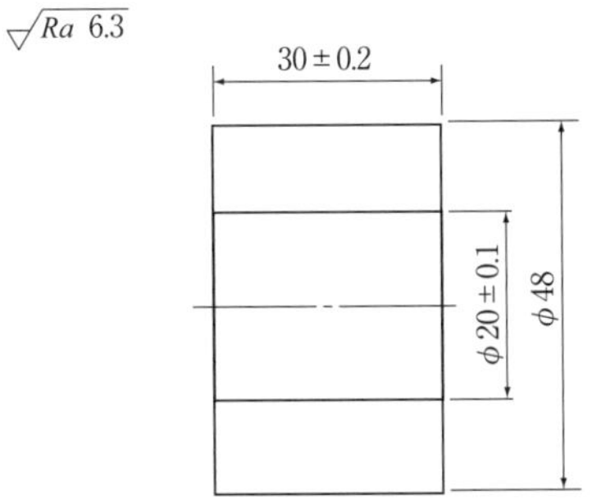

$\sqrt{}$ Ra 6.3

30±0.2

φ20±0.1 φ48

図1　製品図

材料及び器工具など

軟鋼丸棒（φ50×45）
外径加工バイト（荒削り用）
　（刃先交換工具（スローアウェイ），超硬コーティング，刃先角80°，切り込み角95°，ノーズR 0.8）
内径加工バイト（荒削り用）
　（刃先交換工具（スローアウェイ），超硬コーティング，刃先角80°，切り込み角95°，ノーズR 0.8）
外径溝入れバイト
　（刃先交換工具，超硬コーティング，刃幅3mm）
ドリル（センタ，下穴用適宜，φ18）
スケール，ノギス，スリーブ
トースカン，ハンマ

番号	作業順序	要　　　点	図　　解
1	準備する	1．図2に示すように，単動チャックに工作物の一端を約10mm くわえて心出しする。 2．図3に示す位置に，外径加工バイトと内径加工バイトを取り付ける。 　内径加工バイトは，刃先高さが高いと，すくい角の働きが小さくなり，低いと大きく作用するため，切れ味は良くなるが，シャンクの下部が内面に当たるようになるので注意する（図4）。	10mm 図2　工作物の取り付け
2	端面と外径を削る	1．外径加工バイトで，端面を振れの取れる程度に削る。 2．外径を図1の寸法（φ48mm）に仕上げる。 　外径を直径で1mm程度切り込み，5mmくらい削り，バイトを戻し，回転を止め，ノギスで測定し，残る寸法を切り込み寸法に仕上げる。	超硬バイト 図3　バイトの取り付け
3	穴をあける	1．ドリルをスリーブに合わせ，スリーブのタングを心押軸の溝に合わせて，軽く打ち込む。 2．心押台を固定して，センタもみ，下穴加工，φ18mmのドリル加工を行う。	
4	穴を仕上げる	1．図5に示すように，一度穴ぐりバイトを穴に挿入してみて，シャンクが穴の内面に当たらないかを調べる。 2．刃先を穴の内面に触れさせ，その位置で目盛を0にセットする。 3．直径切込みで，1.5mm切り込み，穴の口元を寸法が測れる程度削り，ノギスで寸法を確認して送りをかける。 4．バイトを元の位置に戻し，再び残り寸法を切り込んで，図1の寸法に仕上げる。 5．仕上げ段階では目盛環を正しく使って，慎重に行う。	すくい角として作用（小）　すくい角として作用（大） （a）刃先が高い場合　（b）刃先が低い場合 図4　内径加工バイトの刃先位置
5	突切りする	1．内径加工バイトを外して，外径溝入れバイトを取り付ける。 2．図面寸法より0.5～1mm長くして突き切る。	図5　シャンクの干渉チェック

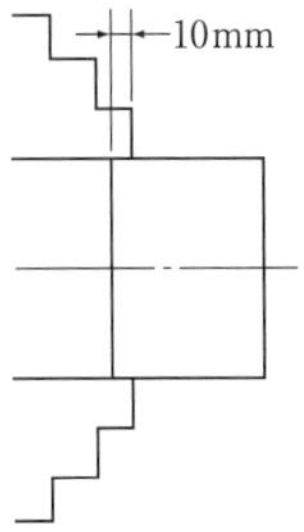

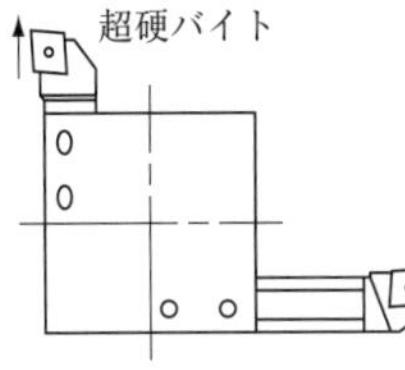

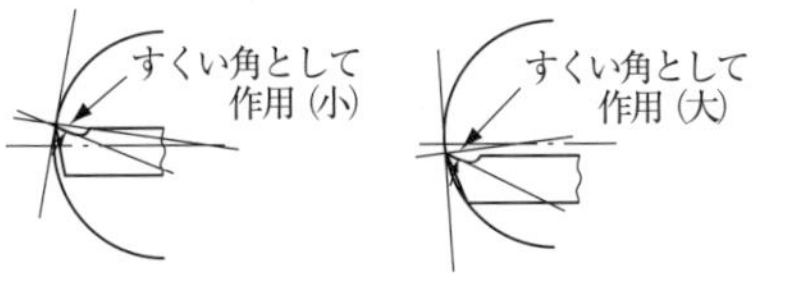

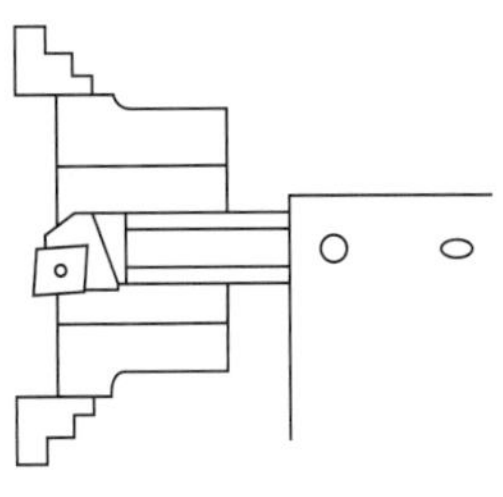

作業名		穴ぐり（1）		主眼点	通し穴の穴ぐり（中仕上げ）

番号	作業順序	要　　　　点	図　　　　解
6	裏端面を削って寸法に仕上げる	1．工作物に保護板を当ててチャックに取り付け，図6のように外周面と端面から正確に心出しする。 2．端面を削って，図1に示す幅寸法に仕上げる。 　端部に面取りの指示がなくても，必ず糸面を取っておく。	保護板 図6　反対側の心出し

備 考	1．内径加工バイトは，外径加工バイトに比較してバイトの突き出し量が多いので，できるだけ太いシャンクを使う。 2．特に厳密に心出しする必要のある場合は，ダイヤルゲージを用いて外径と端面の両方で心出しする（参考図1）。 3．バイトの刃先形状によって，参考図2に示すような切削力の影響を受けるから，注意しなければならない。 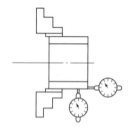 参考図1　ダイヤルゲージによる心出し 　　 穴の奥が小さくなる　穴径がほぼ一定になる　穴の奥が大きくなる 参考図2　刃先形状の影響

作業名	穴ぐり（2）	主眼点	通し穴の穴ぐり（仕上げ）

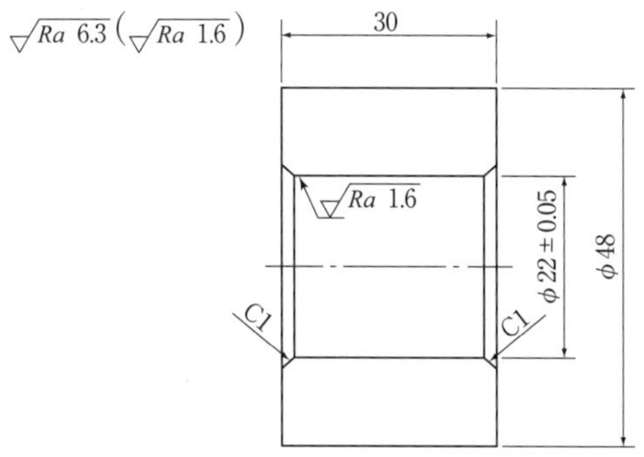

$\sqrt{Ra\ 6.3}\ (\sqrt{Ra\ 1.6})$

30

$\sqrt{Ra\ 1.6}$

$\phi 22 \pm 0.05$　$\phi 48$

C1　C1

図1　製品図

材料及び器工具など

軟鋼丸棒（φ50×45 「No. 5.20」使用）
内径加工バイト（荒削り用）
　（刃先交換工具（スローアウェイ），超硬
　コーティング，刃先角80°切り込み角95°，
　ノーズR 0.8）
内径加工バイト（仕上げ用）
　（刃先交換工具（スローアウェイ），サー
　メット，刃先角60°切り込み角91°ノーズ
　R 0.4）
穴面取りバイト，ノギス
内側マイクロメータ，スクロールチャック

番号	作業順序	要　点	図　解
1	端面と外径を削る	1．「No. 5.20」の1項の要領で，片側の端面と外径を加工する。 2．材料を振り替えて同様に加工し，外径を図1の寸法に仕上げる。 3．「No. 5.13」の要領で端面を加工し，長さを図1の寸法に仕上げる。	図2　内径荒・中仕上げ削り
2	穴仕上げの準備をする	1．工作物をスクロールチャックで約20mmくわえ，心振れのないように取り付ける。 2．内径加工バイトの荒削り及び仕上げ用を刃物台に取り付ける。 3．主軸回転速度を切削速度80m/minになるようにセットし，自動送り量を0.25mm/revにセットする。	
3	穴の中仕上げをする	1．下穴寸法は20mmであるから，荒削り用バイトを内径で0セットして，直径切り込みで1.5mm与えて送りをかける（目盛を記憶しておく）（図2）。 2．バイトを元の位置に戻し，内径をノギスまたは内側マイクロメータで測定し，仕上げしろを0.2mm残して（φ21.8mm）中仕上げする。	図3　仕上げ削り
4	穴を仕上げる	1．仕上げ用バイトを準備する。 2．主軸回転速度を切削速度150m/minになるようにセットする。 3．主軸を正転させ，仕上げ用バイトをφ21.8の内径で0セットし，0.1mm程度切り込み内径測定器で測ることが出来る最小長さ（10mm以上）を仕上げ，刃先や横送りハンドルはそのままにして，測定ができるように往復台ハンドルで大きく右側に移動させる。 4．内径を測定し，残り仕上げしろを切り込み，自動送りで仕上げる（図3）。 5．内径寸法が公差内にあることを確認する。	図4　穴の面取り
5	面取りをする	1．面取りバイトを取り付け，図4に示すように，穴の口元にC1の面取りをする。 2．工作物を振り替え，同様にして反対側の面取りをする。	
備考		ブシュのような肉厚の薄い工作物は，つめをあまり強く締めると変形するので注意が必要である。 　特に肉厚の薄い場合は，ソフトジョウ（生つめ）を使用して，円周を広く，締め付け力を弱めにしてつかむようにすると変形を防げる。	

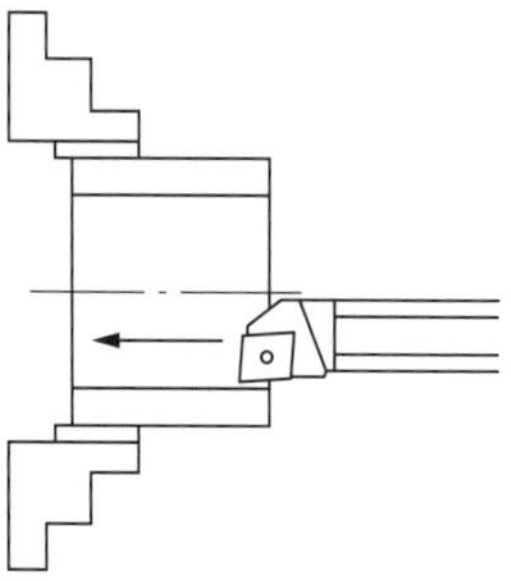

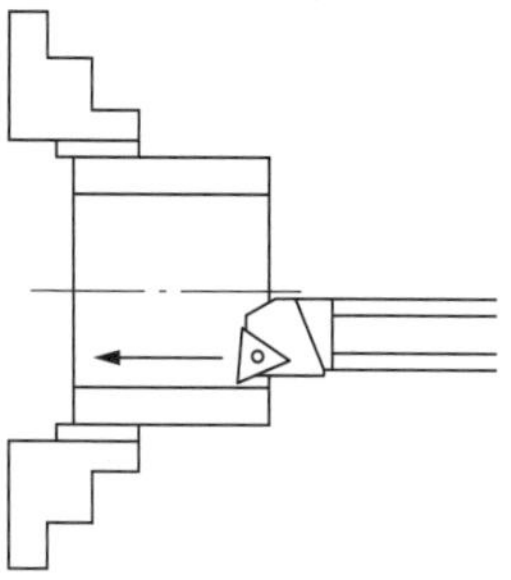

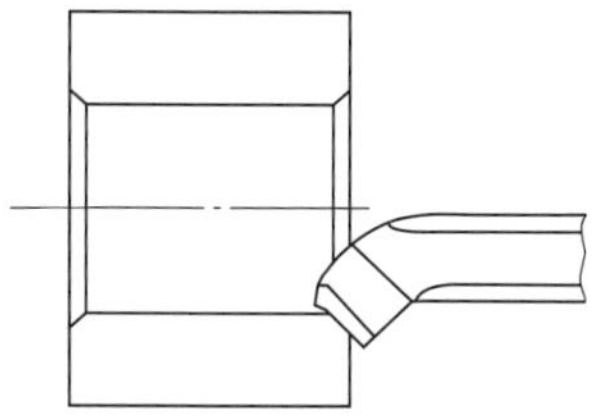

				番号	No. 5.22－1
作業名		穴ぐり（3）	主眼点		段付き穴の穴ぐり

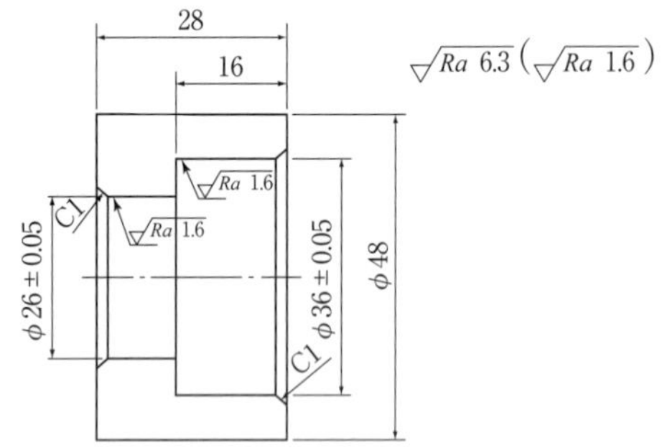

図1　製品図

材料及び器工具など

軟鋼丸棒（φ50×45「No. 5.21」使用）
内径加工バイト（荒削り用）
　（刃先交換工具（スローアウェイ），超硬コーティング，刃先角80°切り込み角95°，ノーズR 0.8）
内径加工バイト（仕上げ用）
　（刃先交換工具（スローアウェイ），サーメット，刃先角60°切り込み角91°ノーズR 0.4）
外径加工バイト（荒削り用）
　（刃先交換工具（スローアウェイ），超硬コーティング，刃先角80°切り込み角95°，ノーズR 0.8）
外径加工バイト（仕上げ用）
　（刃先交換工具（スローアウェイ），サーメット，刃先角60°切り込み角91°ノーズR 0.4）
穴面取りバイト
シリンダゲージ（18～35mm，35～60mm）
リングゲージφ26，φ36
スケール，ノギス，スクロールチャック

番号	作業順序	要　　点	図　　解
1	端面の仕上げ，小径穴の荒削りをする	1．「No. 5.21」の1項の要領で両端面を加工し（外径は仕上がっている），長さを図1の寸法に仕上げる。 2．内径加工バイト（荒削り用）を取り付け，主軸回転速度を100m/minになるようにセットし，自動送り量を0.25mm/revで内径φ25に通し加工を行う。 　バイトの剛性等を考慮して最大切り込み量に注意する（通常は直径で4mm程度）。	 図2　深穴の穴ぐり
2	大径穴の荒削りをする	1．大径穴の深さを決めるには，次のいずれかの方法による。 （1）複式刃物台の目盛りを利用する。 （2）穴の深さが深い場合は，図2に示すように，あらかじめバイトのシャンクに印を付けておいて，その位置まで穴ぐりをする。 2．図3に示すように，内径と深さの両方に0.5～1mm程度の仕上げしろを残して，荒削りをする。	 図3　大径穴の荒削り
3	中仕上げ，深さの仕上げをする	1．内径加工バイト（荒削り用）を用い，仕上げしろを0.2mm残し，φ25.8，φ35.8×15.8に削る（自動送り量0.1～0.15mm/rev） 2．段付きの端面で長手方向の0セットを行い，0.5mm程度切込んで，中心側から外側に向かい端面加工を行う（図4）。 3．ノギスのデプスバーで長さを測定し，前項の要領で残りの仕上げしろを端面加工して，深さ寸法を仕上げる。	 図4　深さの加工

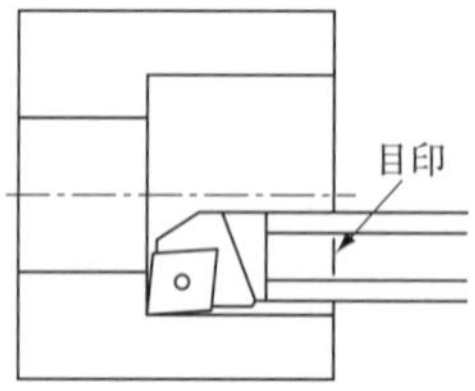

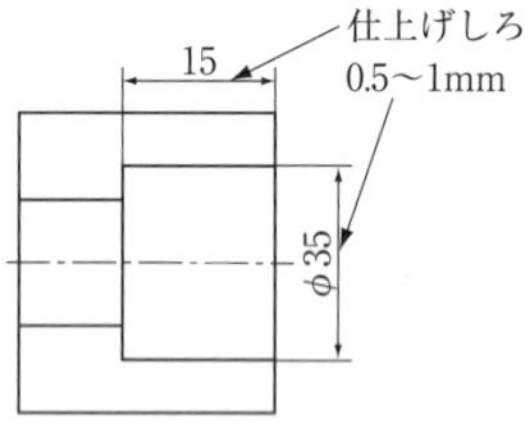

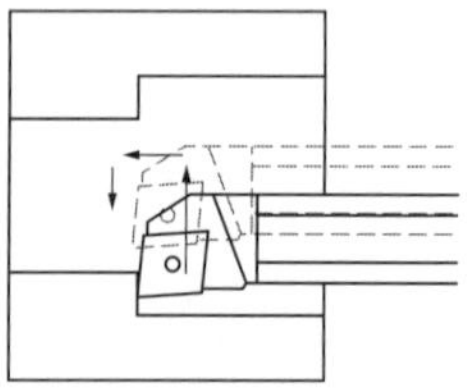

作業名	穴ぐり（3）	主眼点	段付き穴の穴ぐり

番号	作業順序	要　　　　　点	図　　　解
4	内径を仕上げる	1．内径加工バイト（仕上げ用）を準備する。 2．主軸回転速度を切削速度150m/min 程度になるようにセットする。 3．主軸を正転させ，最初にφ25.8 で 0 セットし，0.1mm 程度切り込み，内径測定器で図ることができる最小長さ（10mm 以上）を仕上げ，刃先や横送りハンドル目盛りはそのままにして，測定ができるように往復台ハンドルで大きく右側に移動させる。 4．シリンダゲージで内径を測定し，残り仕上げしろを切り込み，自動送りで仕上げる。 5．内径寸法が公差内にあることを確かめる。 6．同様にφ36 を仕上げる（図 5）。 7．内径用の面取りバイトに替え，Ｃ 1 の面取りをする。	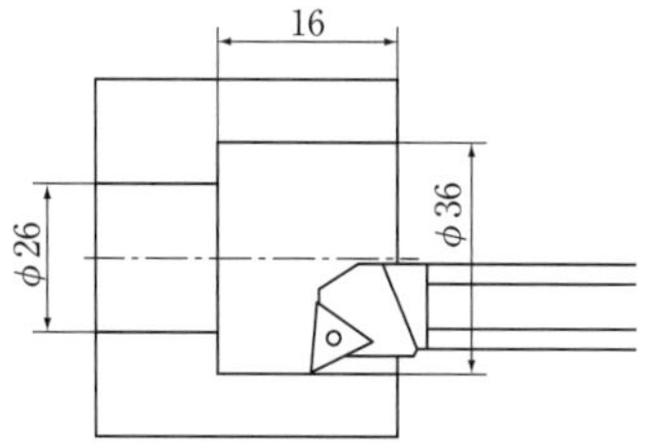 16 φ26　　φ36 図 5　内径の仕上げ削り

備 考	1．穴ぐり加工では，工作物の保持状況やバイトのオーバーハング（突き出し量）を考慮し，外径切削に比べ切削速度や切り込みを 1 ～ 2 割落として切削することが望ましい。 2．荒削り用バイトについては，チップのノーズ半径を 0.4～0.8mm にし，仕上げ用バイトは 0.2～0.4mm にするとよい。

| 作業名 | リーマ通し | 主眼点 | リーマによる穴仕上げ |

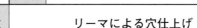

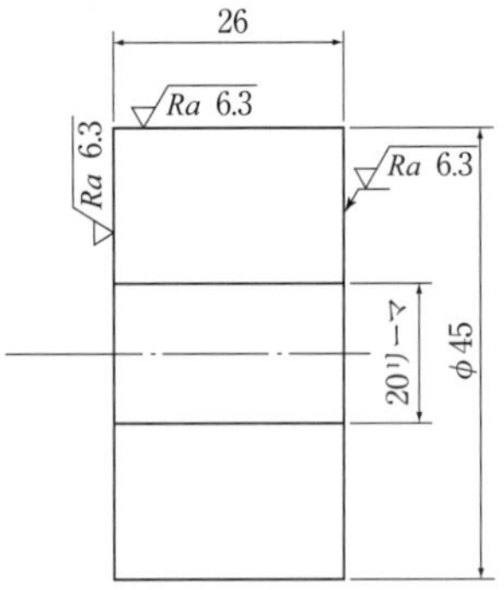

図1 製品図

| | | 材料及び器工具など |

軟鋼丸棒（φ50×30）
外径加工バイト（荒削り用）
　（刃先交換工具（スローアウェイ），超硬コーティング，刃先角 80°，切り込み角 95°，ノーズ R 0.8）
内径加工バイト（荒削り用）
　（刃先交換工具（スローアウェイ），超硬コーティング，刃先角 80°，切り込み角 95°，ノーズ R 0.8）
内径加工バイト（仕上げ用）
　（刃先交換工具（スローアウェイ），サーメット，刃先角 60°，切り込み角 91° ノーズ R 0.4）
ドリル（センタ，下穴用適宜，φ19）
マシンリーマ，スリーブ
センタドリル，ドリルチャック

番号	作業順序	要　　　点
1	外径と端面を削り，穴あけする	1．工作物を約 10mm くわえてチャックに取り付け，外径と端面を仕上げる。 2．センタもみ，下穴加工，φ19mm のドリル加工を行う（リーマの下穴）。
2	リーマ下穴を作る	ドリル穴をバイトで削って，リーマ下穴を作る。リーマ仕上げしろは，0.2mm 程度残す。 　ドリル穴に直接リーマを通す場合は，リーマが振れるので，穴の入口だけバイトで削って案内にすることもある（図2）。
3	リーマを通す	1．表1に示す切削速度を参考にして，主軸の回転速度を決める。 2．ドリルをリーマと取り換え，心押軸に取り付け，心押台のハンドルを静かに回して，リーマの先を穴の口元に合わせる（図3）。 3．切削油を十分に与えながら，きりもみのときよりもいくぶん速い送りで切削する。 4．図4に示すように，リーマのテーパ部が完全に通り抜けるまでリーマを通す。 5．リーマ穴から抜くには，主軸を逆転させないで正転のまま静かに抜く。
4	反対側の外径と端面を仕上げる	1．工作物を振り替えてチャックに取り付け，心出しする。 2．削り残しの外径を削り，幅を図1に示す寸法に仕上げる。
備考		1．ハンドリーマを使用する場合は，リーマを穴の入口に合わせ，ハンドルは刃物台で支え，リーマの後端を止まりセンタで支えてリーマを通す（参考図1）。 2．リーマには直線刃とねじれ刃の2種があり，ねじれ刃には右ねじれと左ねじれがある。特に左ねじれは，食い込みも少なく，仕上げ面が良い。 3．標準のリーマは刃の数が 6～12 である。特に高精度の穴加工をするときは，刃の数を増し，刃1枚当たりの切りくずの厚さを薄くすることにより，良好な仕上げ面が得られる。 4．リーマ仕上げでは，下穴の不正又は粗さが粗い場合には，切削抵抗の変動でびびりなどを起こしやすい。これを防止するために，不等分割にするのが通例である。

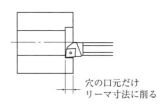

図2 リーマ下穴の加工

表1 材質と加工条件

材質	切削速度	送り（φ16～25）
軟鋼	4～5 m/min	0.4～0.5mm/rev
硬鋼	3～5	〃
鋳鉄	5～8	1.0～1.5
青銅	3～5	〃
黄銅	8～15	〃

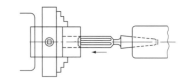

図3 リーマ通し

図4 リーマのテーパ部が完全に通り抜けるまで通す

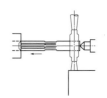

参考図1 ハンドリーマの使用方法

作業名	ローレット掛け	主眼点	ローレットの掛け方

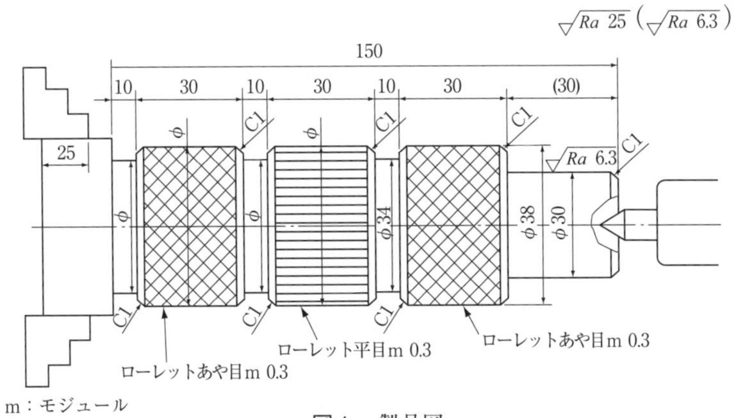

$\sqrt{Ra\ 25}\ (\sqrt{Ra\ 6.3})$

図1　製品図

ローレットあや目 m 0.3
ローレット平目 m 0.3
ローレットあや目 m 0.3
m：モジュール

材料及び器工具など

軟鋼丸棒（φ40×180）
単動チャック
外径加工バイト（荒削り用）
　（刃先交換工具（スローアウェイ），超硬
　コーティング，刃先角80°，切り込み角
　95°，ノーズR 0.8）
面取りバイト
外径溝入れバイト
ローレット（あや目，平目）
回転センタ，止まりセンタ
スケール，ノギス，片パス，ブラシ

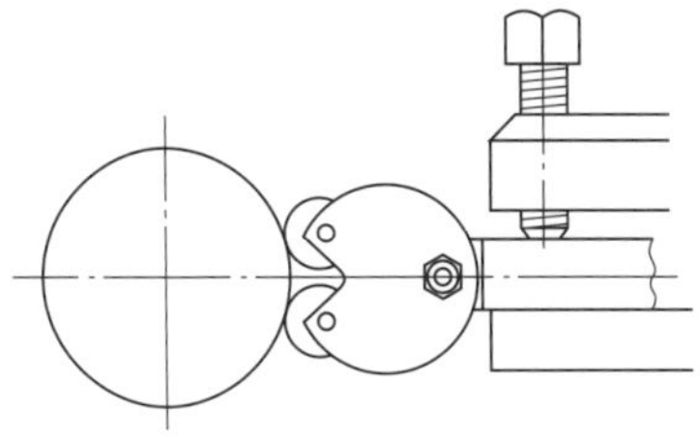

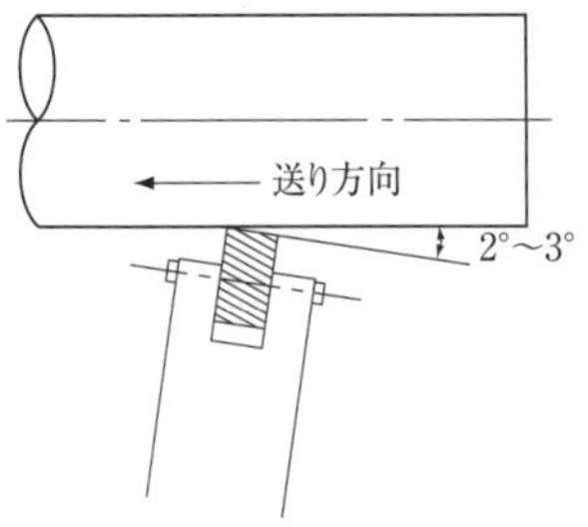

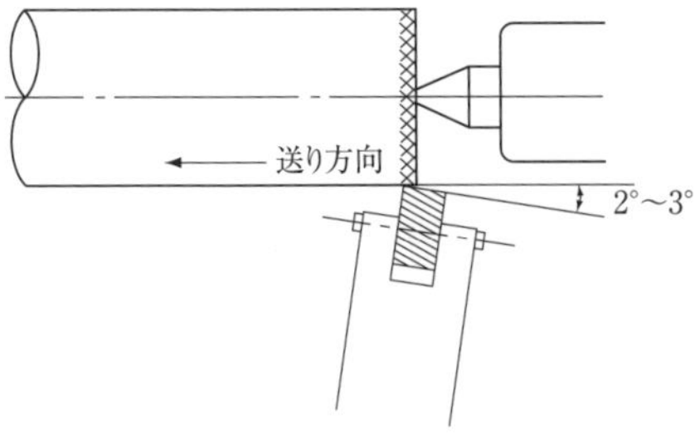

番号	作業順序	要　　　点	図　　　解
1	準備する	1．工作物を約25mmくわえて単動チャックに取り付け，心出しをする。 2．外径加工バイト（荒削り用）を取り付け，端面の振れのみ削り，心もみをして，回転センタで支える。	図2　ローレットホルダの取り付け高さ
2	外径削り及び溝入れをする	1．荒削り用バイトで外径φ38を削る。 2．外径φ30を削る。 3．外径φ34の逃げ溝を外径溝入れバイトで幅10mmの寸法に仕上げる。 4．止まりセンタに交換する。止まりセンタを押すときは，センタの先端に潤滑油かグリース，新明丹などを塗る。	
3	あや目のローレットを掛ける	1．図2に示すように，あや目ローレットホルダをホルダの中心と工作物の中心がほぼ一致するようにし，図3に示すように，コマが工作物の軸心に対して2°〜3°傾くように取り付ける。 2．ローレットかけの切削速度は5m/minくらいとし，送り量は0.2mm/revくらいにする。 3．図4に示すように，工作物の端部にコマの半分くらいがかかるような位置で，回転を停止したままでローレットを少し強く押し付けて回転させ，刻み目を付ける。 4．刻み目が付いたら一度回転を止めて，刻み目が重なっていないかどうかを確かめ，重なっていなければ，そのまま回転させて送りをかける。 5．工作物とコマの接触点に十分切削油を与え，細かい切りくずはブラシで落とす。 6．ローレット掛けは，刻み目の大きさにもよるが，普通2〜3回で仕上げる。 7．最終仕上げでローレットの傾きを0°に戻して仕上げを行う。	送り方向　2°〜3° 図3　ローレットホルダの取り付け角度 送り方向　2°〜3° 図4　刻み目の確認
4	平目ローレットを掛ける	1．あや目と同様にして，平目ローレットを掛ける。 2．コマにがたがありすぎたり，傾きすぎると，刻み目にねじれが付くようになるので注意する。	
5	面取りをする	面取りバイトを取り付け，各端部をC1の面取りをする。	

| 作業名 | ローレット掛け | 主眼点 | ローレットの掛け方 |

1．ローレットは，手で握って操作する部分に滑り止めの目的で掛けるものであり，同時に装飾的な役割も兼ねている。

2．ローレットの刻みには，参考図1に示すように，いろいろなものがある。

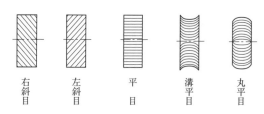

右斜目　　左斜目　　平目　　溝平目　　丸平目

参考図1　ローレット駒の種類

3．ローレット作業では，止まりセンタが緩みがちになるので，絶えずセンタの押し加減に注意する。

4．あや目のローレットは，参考図2に示すように，ホルダの上下に目の大きさの等しいR（右），L（左）の斜目の駒を一対にしたものを使用する。

平目のローレットは，参考図3に示すように，1個の駒が付いたホルダを使用する。

ローレット目は，平目とあや目の2種が規定されている。
目の大きさはモジュール（m）で表し，0.2, 0.3, 0.5モジュールが
規定されている（JIS B 0951：1962「ローレット目」）。

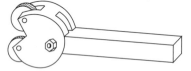

参考図2　あや目用ホルダ

参考図3　平目用ホルダ

備

考

作業名	両センタ作業の段取り（1）	主眼点	両センタの合わせ方

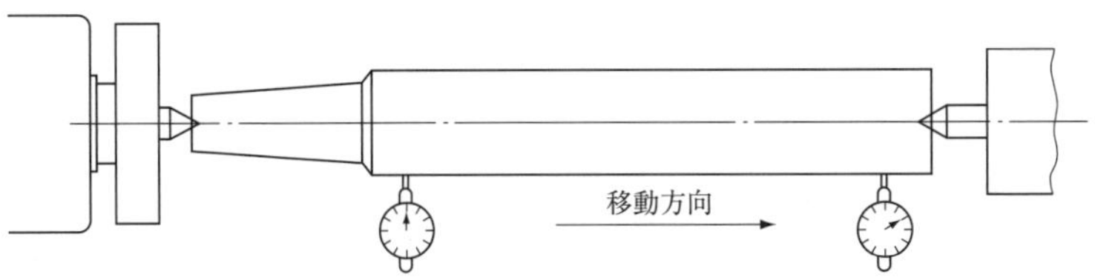

材料及び器工具など

主軸スリーブ
主軸回転センタ
心押止まりセンタ
テストバー
ダイヤルゲージ及びスタンド
スパナ
ウエス

図1　テストバーによる両センタのずれの確認

移動方向

番号	作業順序	要　点	図　解
1	主軸センタを取り付ける	1．主軸テーパ穴，主軸スリーブ，主軸回転センタをウエスで奇麗に拭く。 2．主軸回転センタをスリーブにはめてから，主軸テーパ穴に取り付ける。 3．主軸を高速回転させて，センタの振れを調べる。 4．振れがある場合は，主軸後方から突き棒で突いてセンタを抜き取り，テーパ部の傷の有無を調べて取り付け直す。	主軸中心 心押止まりセンタ （a）心押止まりセンタが手前にある場合 主軸中心線 （b）心押止まりセンタが先にある場合 図2　両センタのずれの修正
2	両センタの振れの有無を確かめる	1．主軸回転センタと心押止まりセンタとの間に，テストバーを取り付ける。 2．ダイヤルゲージをスタンドに取り付けて，往復台上に固定する。 3．ダイヤルゲージを，図1に示すように，主軸台側で0に合わせ，心押台側に移動してダイヤルゲージの針の振れを読む。 4．針の振れがなければ，両センタは一致している。 5．針が右回りしている場合は，心押止まりセンタが手前側に寄っている。また，針が左回りしている場合は，心押止まりセンタが向こう側に寄っているので，修正が必要である。	心押台固定レバー 心押軸固定レバー 丸ハンドル 心押軸 心押台調整ねじ（向こう側） 図3　心押台
3	両センタのずれを修正する	1．図2（a）のように，心押止まりセンタが手前に寄っている場合は，心押台の固定ナットを緩めて，図3の心押台調整ねじを回して，ダイヤルゲージの針を見ながら調整する。 2．上記の修正を繰り返し，針の振れがなくなるまで行う。	
備考		テーパの度数が少なく，テーパ部の長い工作物のテーパ加工では，心押台調整ねじによって心押止まりセンタを移動する方法で行われる。	

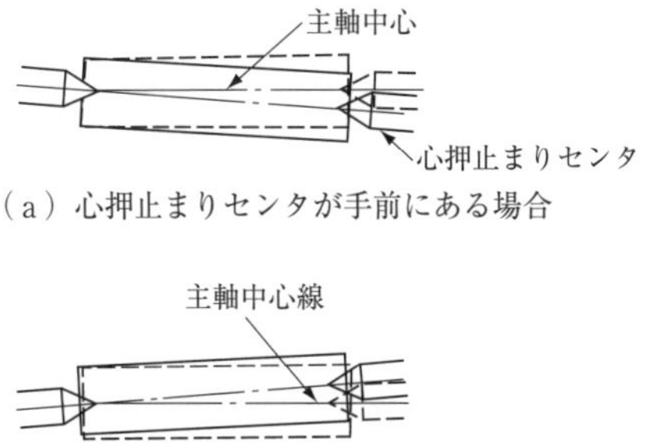

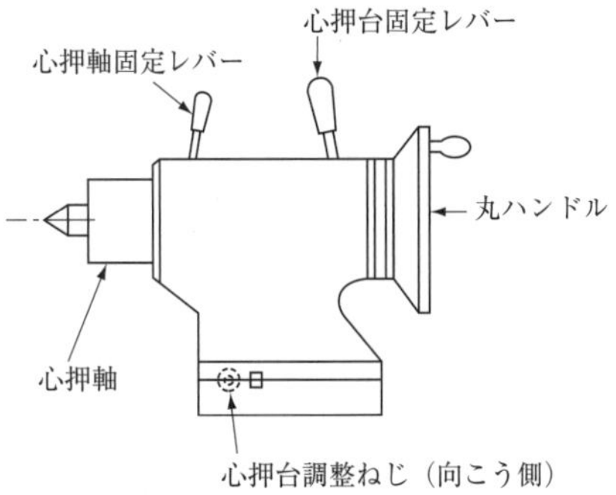

作業名	両センタ作業の段取り（2）	主眼点	両センタによる丸棒削りの段取り

	材料及び器工具など

軟鋼丸棒（φ50×200　両面心もみしたもの）
主軸スリーブ
主軸回転センタ
心押止まりセンタ
回し板
回し棒
ケレー
スパナ
スケール
新明丹
ウエス

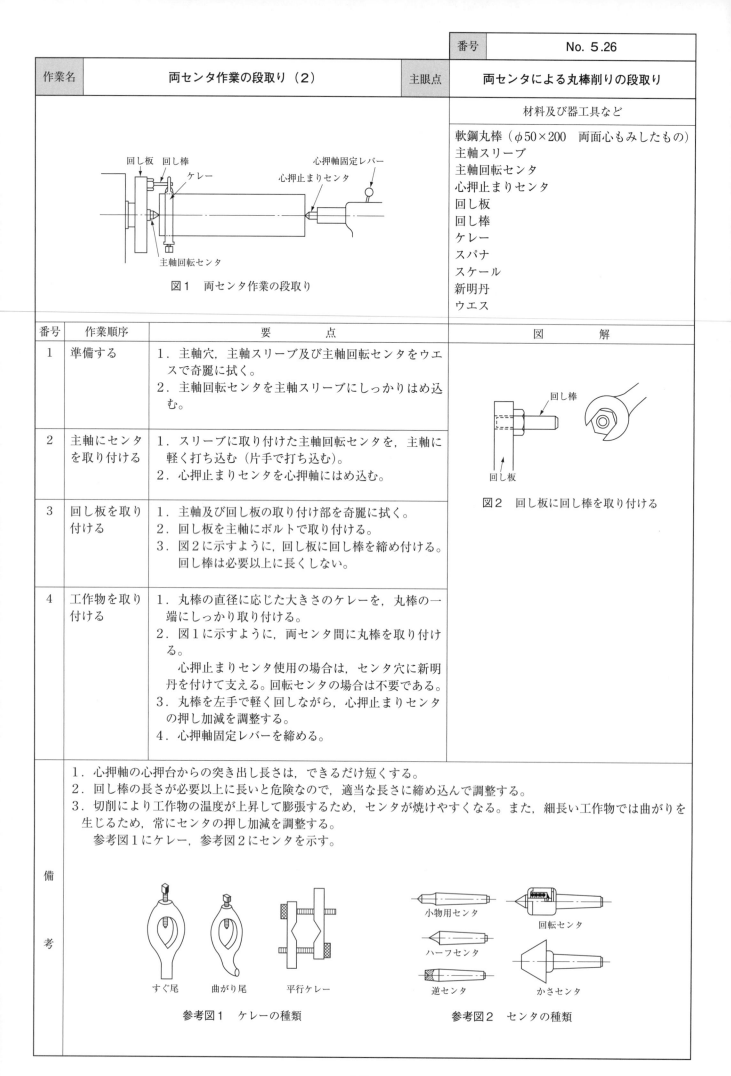

図1　両センタ作業の段取り

番号	作業順序	要　　　点	図　　解
1	準備する	1．主軸穴，主軸スリーブ及び主軸回転センタをウエスで奇麗に拭く。 2．主軸回転センタを主軸スリーブにしっかりはめ込む。	
2	主軸にセンタを取り付ける	1．スリーブに取り付けた主軸回転センタを，主軸に軽く打ち込む（片手で打ち込む）。 2．心押止まりセンタを心押軸にはめ込む。	図2　回し板に回し棒を取り付ける
3	回し板を取り付ける	1．主軸及び回し板の取り付け部を奇麗に拭く。 2．回し板を主軸にボルトで取り付ける。 3．図2に示すように，回し板に回し棒を締め付ける。回し棒は必要以上に長くしない。	
4	工作物を取り付ける	1．丸棒の直径に応じた大きさのケレーを，丸棒の一端にしっかり取り付ける。 2．図1に示すように，両センタ間に丸棒を取り付ける。 　心押止まりセンタ使用の場合は，センタ穴に新明丹を付けて支える。回転センタの場合は不要である。 3．丸棒を左手で軽く回しながら，心押止まりセンタの押し加減を調整する。 4．心押軸固定レバーを締める。	

備考

1．心押軸の心押台からの突き出し長さは，できるだけ短くする。
2．回し棒の長さが必要以上に長いと危険なので，適当な長さに締め込んで調整する。
3．切削により工作物の温度が上昇して膨張するため，センタが焼けやすくなる。また，細長い工作物では曲がりを生じるため，常にセンタの押し加減を調整する。
　参考図1にケレー，参考図2にセンタを示す。

すぐ尾　　曲がり尾　　平行ケレー

参考図1　ケレーの種類

小物用センタ
回転センタ
ハーフセンタ
逆センタ
かさセンタ

参考図2　センタの種類

作業名	両センタ作業丸棒削り（1）	主眼点	両センタによる端面削り

	材料及び器工具など

軟鋼丸棒（φ50×205）
右横剣バイト
右片刃バイト
スケール
ノギス
ケレー
半割りセンタ
スパナ一式

荒削り　　　仕上げ削り

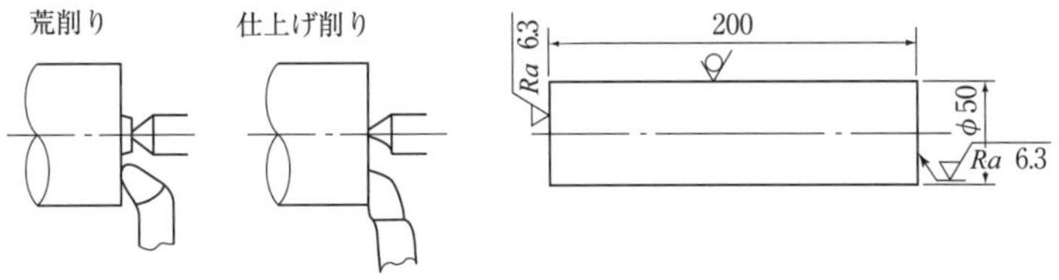

図1　両センタによる端面削り

番号	作業順序	要　　点	図　　解
1	準備する	1．刃物台に右横剣バイトと右片刃バイトを取り付ける。 2．主軸の回転速度を決める。 　　切削速度を30m/minとすれば $$n = \frac{1\,000v_c}{\pi D} = \frac{1\,000 \times 30}{3.14 \times 50} \fallingdotseq 180\text{min}^{-1}$$ の計算から，約180min^{-1}を得る。 3．これに最も近い回転速度になるように，主軸速度変換レバーをセットする。 4．右横剣バイトを出す。	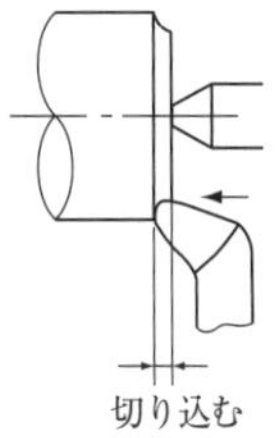 切り込む 図2　端面の切り込み 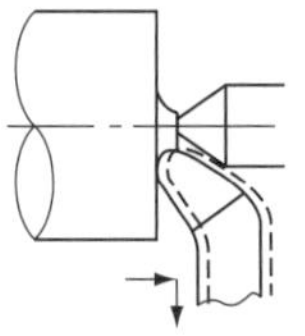　　図3　バイトの逃がし方
2	端面を荒削りする	1．バイトの刃先を工作物端面に近づけ，図2に示すように，軸方向の切り込みを与える。 2．バイトの刃先に注目しながら横送りハンドルを回して端面を削る。 3．刃先がセンタに近づいたら，図3に示すように，バイトを工作物から少し離して，元の位置に戻す。 4．工作物を振り替え，同様の手順で，反対側の端面を削る。 5．工作物の全長を測って0.2〜0.3mmの仕上げしろを付けておく（図4）。	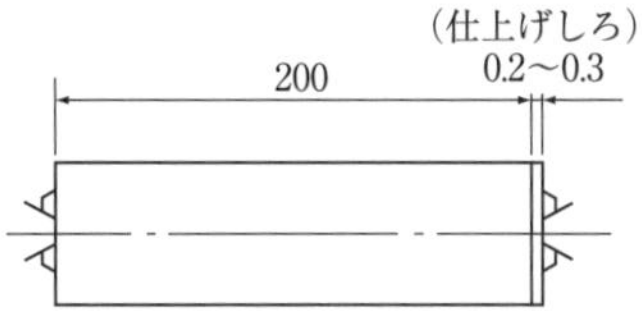 （仕上げしろ） 200　0.2〜0.3 図4　端面の仕上げしろ
3	端面を仕上げる	1．図5に示すように，半割りセンタの切り欠きが手前になるようにして心押軸にはめ込み，工作物を支える。 2．片刃バイトの刃先を工作物端面で，図6に示すように，刃先の方が僅かに余分に当たる程度に取り付け直す。 　　あまり傾けすぎると，粗い送り目が残る。 3．中心部の削り残しの部分を，2〜3回に分けて削り取る。この間センタが緩みがちになるから，センタの押し加減に十分注意する。 4．図7に示すように，中心部から僅かの切り込みを与え，切削油を付けながらバイトを手前に送って仕上げる。 　　びびりが起こるときは，回転速度を下げる。 5．工作物を振り替え，同様の手順で反対側の端面を仕上げる。この間全長を測定して，図1の寸法にする。	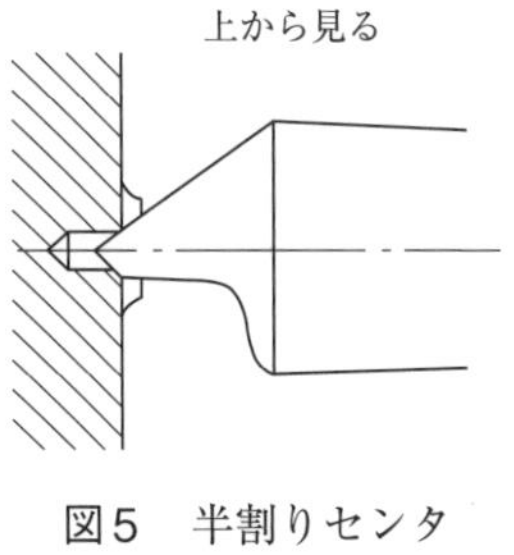 上から見る 図5　半割りセンタ 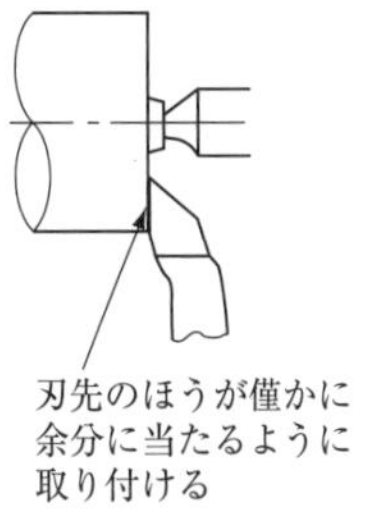 刃先のほうが僅かに余分に当たるように取り付ける 送り方向 図6　右片刃バイトの取り付け 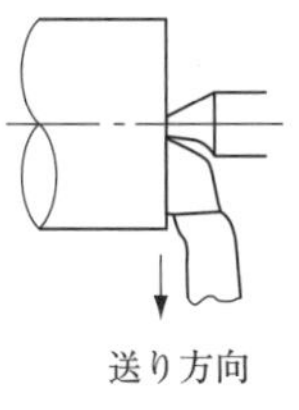　　図7　右片刃バイトの送り方向

		番号	No. 5.27－2
作業名	両センタ作業丸棒削り（1）	主眼点	両センタによる端面削り

　工作物によってはチャック作業によって，端面削りと心立てを同じ工程で行う。参考図1は，チャック作業の場合のいろいろな端面削りである。

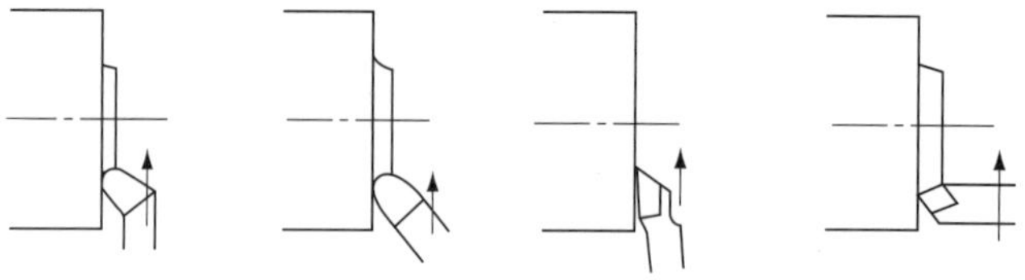

参考図1　チャック作業によるいろいろな端面削り

備

考

　工作物によってはチャック作業によって，端面削りと心立てを同じ工程で行う。参考図1は，チャック作業の場合のいろいろな端面削りである。

			番号	No. 5.28－1
作業名	両センタ作業丸棒削り（2）	主眼点	両センタによる丸棒外径削り

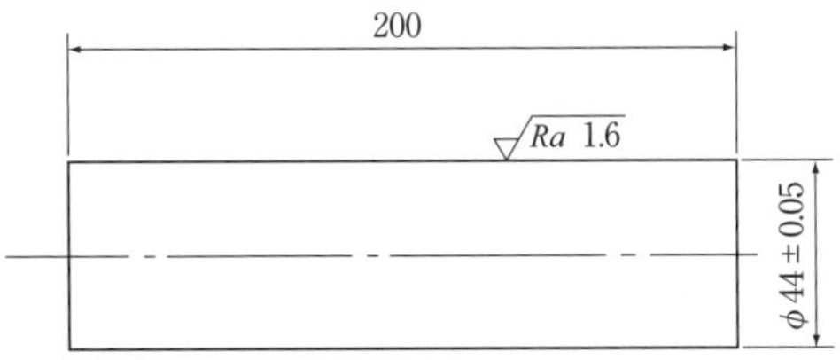

材料及び器工具など

軟鋼丸棒（φ50×200 「No. 5.26」使用）
斜剣バイト又は右片刃バイト（SKH）
ヘール仕上げバイト
スケール
ノギス
マイクロメータ（25〜50mm 測定用）
ケレー
スパナ

図1　製品図

番号	作業順序	要　　点	図　　解
1	準備する	工作物を両センタ間に取り付ける。	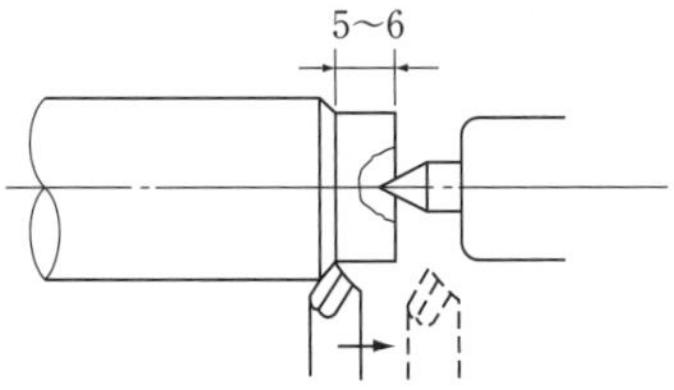 図2　手送りによる切削
2	黒皮を削り取る	1．切削速度を30m/min として回転をセットする。 2．自動送りを0.2〜0.25mm/rev にセットする。 3．斜剣バイトを刃物台に取り付ける。 4．機械を始動して，バイトの刃先を工作物の端面付近で外周面に触れさせ，そのまま工作物から離して，横送りの目盛を0にセットする。 5．直径切り込みで2mm 切り込みを与え，図2に示すように，5〜6mm 手送りで削る。回転を止め，黒皮部が残っていないことを確かめて自動送りをかける。 　　切削中はバイト刃先から目を離さないようにし，センタの緩みにも十分注意する。 6．図3に示すように，ケレーの近くまで削ったら自動送りを止め，バイトを元の位置に戻し，回転を止める。	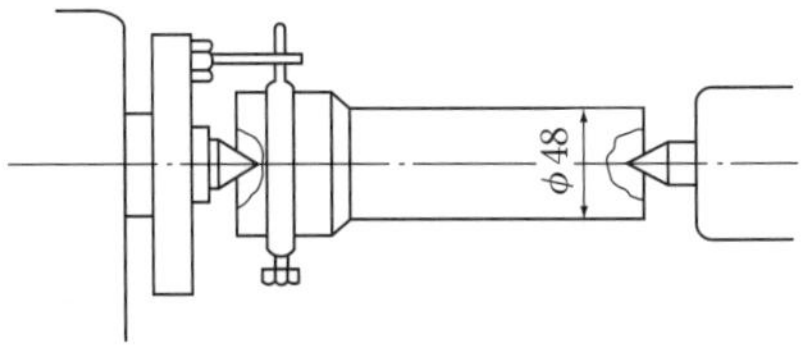 図3　自動送りによる切削 図4　テーパの確認
3	テーパを調べる	1．図4に示すように，工作物の①と②の2点をノギスで測定し，テーパの有無を調べる。 2．テーパが付いているときは，「No. 5.25」の要領で修正する。	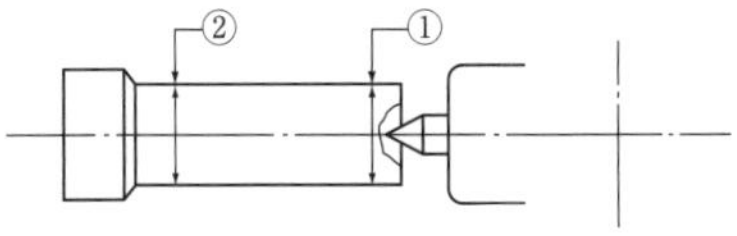 図5　反対部の荒削り
4	工作物を振り替え，荒削りする	1．図5に示すように，工作物を振り替えて取り付け，残った黒皮部を削る。 2．図5の点線で示すφ45まで荒削りする。 3．工作物を振り替えて削り，残っている部分をφ45に削る。	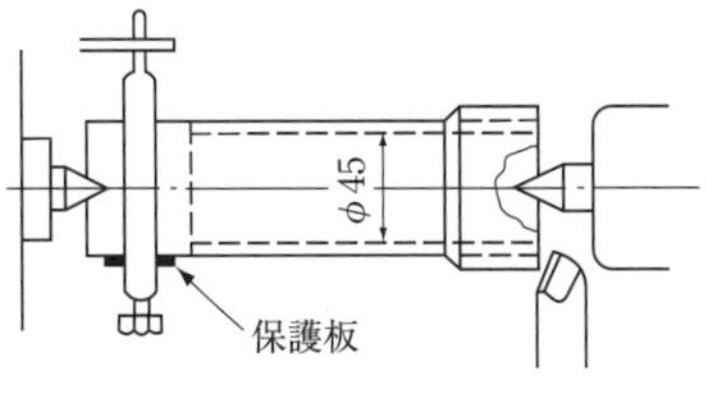 保護板
5	外径を中仕上げする	1．図6に示すように，外径をφ44.2に中仕上げする。 2．工作物を振り替えて，残りをφ44.2に削る。	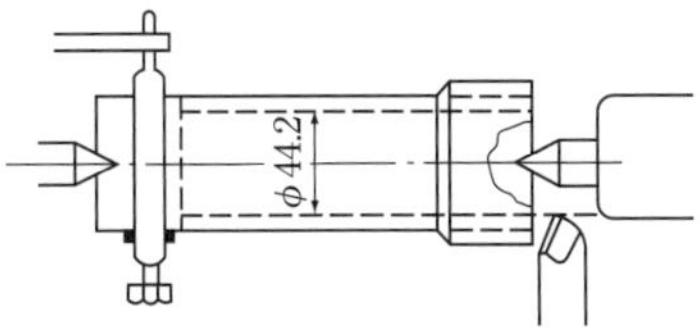 図6　反対部の中仕上げ
6	外径を寸法に仕上げる	1．外径の寸法をマイクロメータで測定して，仕上げしろを確かめる。 2．ヘールバイトを工作物外周面に平行に取り付け，ヘールバイトを中仕上げしたバイト目が取れる程度に切り込みを与え，切削部を十分に与えながら少し削って，寸法を確かめる。 3．仕上げ削りは，2〜3回以内で寸法に仕上げる。 4．工作物を振り替えて，同様の手順で反対側の外径を寸法に仕上げる（図7）。	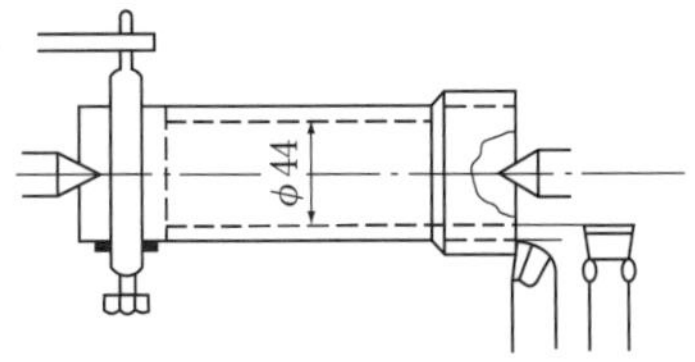 図7　反対部の仕上げ

| 作業名 | 両センタ作業丸棒削り（2） | 主眼点 | 両センタによる丸棒外径削り |

1．鋼材の黒皮は酸化して非常に硬いので，バイトの刃先が黒皮をこすらないように，切り込みを大きめにして一度に削り取るようにする。

2．両センタ作業では，センタ穴がセンタになじむように2〜3回振り替えて削るとよい。

3．工作物の外径がテーパ状に削れるのは，両センタの中心が正しく一致していないためである。

4．センタ作業では，切削中の発熱のため工作物が膨張し，センタを強く押すのでセンタが焼けたり，細い工作物では曲がりを発生したりする。そのため，センタの押し方を常に注意して調整する必要がある。

5．超硬バイトによる高速切削が行われるようになって，超硬センタも使用されているが，心押止まりセンタでは800回転くらいが限度である。従来は回転センタによる精度が望めなかったが，現在では，センタの振れが0.003mmくらいまで回転精度が向上され，回転センタによる加工が行われている。

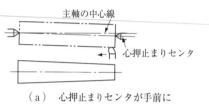

（a）　心押止まりセンタが手前にずれている場合　　（b）　心押止まりセンタが向こう側にずれている場合

参考図1　両センタのずれによるテーパの生じ方

備

考

| 作業名 | 栓ゲージの製作 | 主眼点 | 限界栓ゲージの旋削加工 |

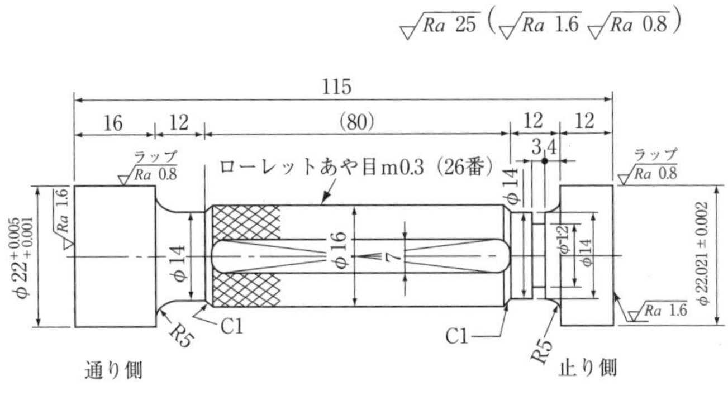

材料及び器工具など

図1　製品図（22H7）

S 45 C（φ25×134）
外径加工バイト（荒削り用）
外径加工バイト（仕上げ用）
面取りバイト，溝入れバイト，総形バイト
センタ穴ドリル，ドリルチャック
スパイラルエンドミル（φ10）
ケレー，ローレットホルダ
片パス，外パス
ノギス，スケール
保護板，スパナ

番号	作業順序	要　　点	図　　解
1	準備する	1．丸棒の両端面を削って全長を決め，センタ穴をやや深めにもみ付ける。 2．φ10の右スパイラルエンドミルをドリルチャックに取り付ける。 3．両端面に図2に示す深さの保護ざらを作る。	 図2　保護ざらの加工
2	外径の荒削りをする	図3に示すように，ゲージ部分の外径と幅，及び握り部分の外径と幅に，それぞれ1mm程度の仕上げしろを残しておく。	 図3　外径の荒削り
3	逃げ溝を削る	図4に示すような溝幅寸法の総形バイトで，逃げ溝を削る。切削速度は，ヘール仕上げのときと同じでよい。 　総形バイトは，ヘール仕上げバイトの幅を狭くして作ってもよいし，完成バイトで作ってもよい。ただし，完成バイトで作った場合は，図5に示すような，ばね式のバイトホルダを使用する。	 図4　逃げ溝の加工
4	ローレットを掛ける	振り部分をφ16に削り，ローレットをかけ，面取りをする。 　センタ穴が損傷した場合は，もみ直す。	
5	ゲージ部分を仕上げる	1．ゲージ部分の外径に，0.3〜0.5mmの研削しろを付けて仕上げる。 2．幅3mmの溝入れバイトで，止まり側を示す目印の溝を入れる。	図5　ばね式バイトホルダ

| 備考 | 1．ゲージ寸法を刻印する部分は，立てフライス盤で加工する。
2．市販されている栓ゲージは，素材にSKS（合金工具鋼）を使用し，旋削，フライス加工後に熱処理をして研削仕上げを行い，更にゲージ部分はラッピング仕上げされる。
3．ゲージ部分の耐摩耗性を大きくするため，超硬合金を用いたものもある。
4．限界ゲージの形状，寸法はJIS B 7420：1997「限界プレーンゲージ」で定められている。作業にかかる前に，工具室にある実物を観察しておくとよい。 |

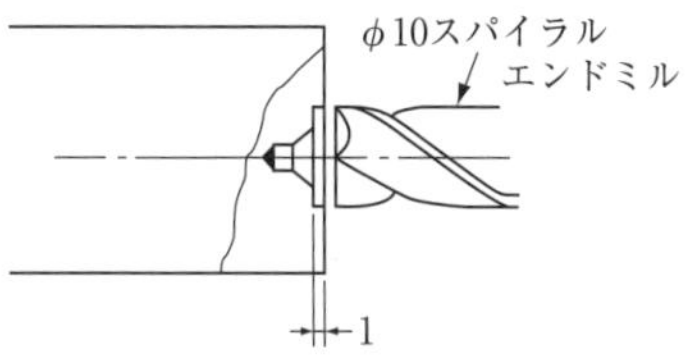

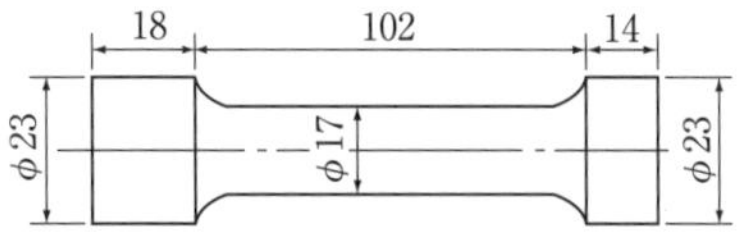

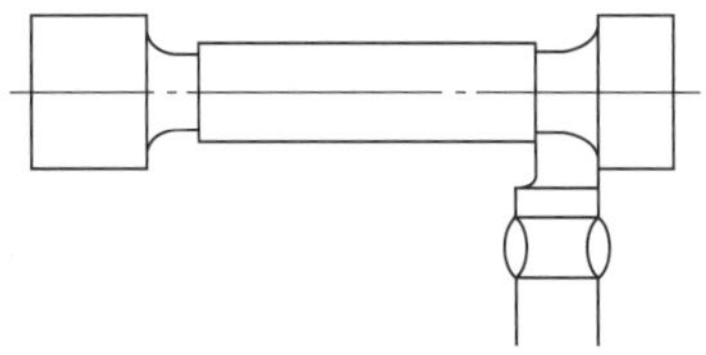

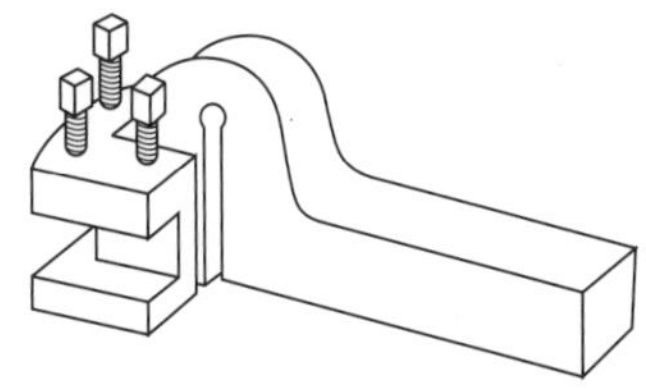

作業名	テーパ削り（1）	主眼点	心押台によるテーパ削り

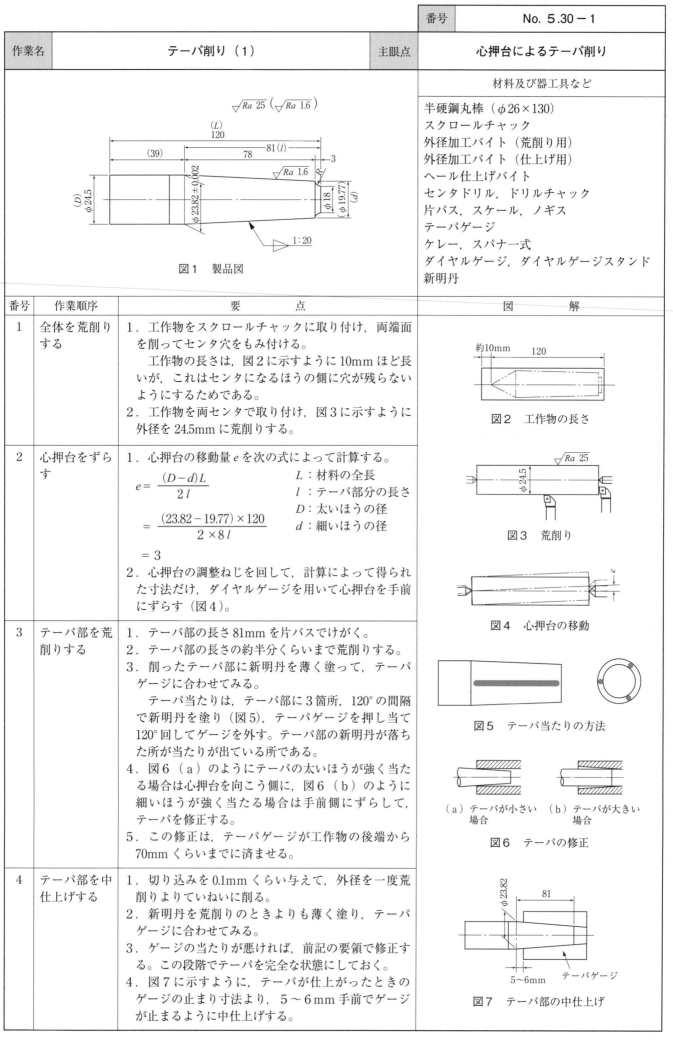

材料及び器工具など

半硬鋼丸棒（φ26×130）
スクロールチャック
外径加工バイト（荒削り用）
外径加工バイト（仕上げ用）
ヘール仕上げバイト
センタドリル，ドリルチャック
片パス，スケール，ノギス
テーパゲージ
ケレー，スパナ一式
ダイヤルゲージ，ダイヤルゲージスタンド
新明丹

図1　製品図

番号	作業順序	要　　　点	図　　解
1	全体を荒削りする	1．工作物をスクロールチャックに取り付け，両端面を削ってセンタ穴をもみ付ける。 　工作物の長さは，図2に示すように10mmほど長いが，これはセンタになるほうの側に穴が残らないようにするためである。 2．工作物を両センタで取り付け，図3に示すように外径を24.5mmに荒削りする。	図2　工作物の長さ
2	心押台をずらす	1．心押台の移動量eを次の式によって計算する。 $e = \dfrac{(D-d)L}{2l}$ $\quad = \dfrac{(23.82 - 19.77) \times 120}{2 \times 8l}$ $\quad = 3$ L：材料の全長 l：テーパ部分の長さ D：太いほうの径 d：細いほうの径 2．心押台の調整ねじを回して，計算によって得られた寸法だけ，ダイヤルゲージを用いて心押台を手前にずらす（図4）。	図3　荒削り 図4　心押台の移動
3	テーパ部を荒削りする	1．テーパ部の長さ81mmを片パスでけがく。 2．テーパ部の長さの約半分くらいまで荒削りする。 3．削ったテーパ部に新明丹を薄く塗って，テーパゲージに合わせてみる。 　テーパ当たりは，テーパ部に3箇所，120°の間隔で新明丹を塗り（図5），テーパゲージを押し当て120°回してゲージを外す。テーパ部の新明丹が落ちた所が当たりが出ている所である。 4．図6（a）のようにテーパの太いほうが強く当たる場合は心押台を向こう側に，図6（b）のように細いほうが強く当たる場合は手前側にずらして，テーパを修正する。 5．この修正は，テーパゲージが工作物の後端から70mmくらいまでに済ませる。	図5　テーパ当たりの方法 （a）テーパが小さい場合　（b）テーパが大きい場合 図6　テーパの修正
4	テーパ部を中仕上げする	1．切り込みを0.1mmくらい与えて，外径を一度荒削りよりていねいに削る。 2．新明丹を荒削りのときよりも薄く塗り，テーパゲージに合わせてみる。 3．ゲージの当たりが悪ければ，前記の要領で修正する。この段階でテーパを完全な状態にしておく。 4．図7に示すように，テーパが仕上がったときのゲージの止まり寸法より，5～6mm手前でゲージが止まるように中仕上げする。	図7　テーパ部の中仕上げ

作業名	テーパ削り（1）	主眼点	心押台によるテーパ削り

番号	作業順序	要　　点	図　　解
5	テーパ部を仕上げる	1．外径の仕上げ削りと同じ要領でテーパ部を仕上げ，一度テーパゲージに合わせてみる。 2．テーパの当たりが良ければ，後端より 81mm のところでゲージが止まるように仕上げる。 3．外径加工バイト（仕上げ用）で後端部（φ18）の逃げを削る。	

1．テーパ削りを行うときのバイトの刃先高さは，常に正しく工作物の中心高さに合わせる。もし各バイトの刃先高さが違っていると，バイトを替えて切削したとき，参考図1に示すように，テーパが狂ってしまう。

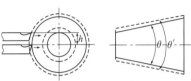

破線は h だけ刃先が　　　　$\theta > \theta'$ となるからテーパは
高いときのテーパ　　　　　　小さく削れる

参考図1　バイトの刃先高さのずれとテーパの狂い

2．実際のセンタは，旋削後に焼入れをして研削仕上げする。

備

考

作業名	テーパ削り（1）	主眼点	心押台によるテーパ削り

番号	作業順序	要　　点	図　　解
5	テーパ部を仕上げる		

番号		No. 5.31
作業名	テーパ削り（2）	主眼点	刃物台送りによるテーパ削り

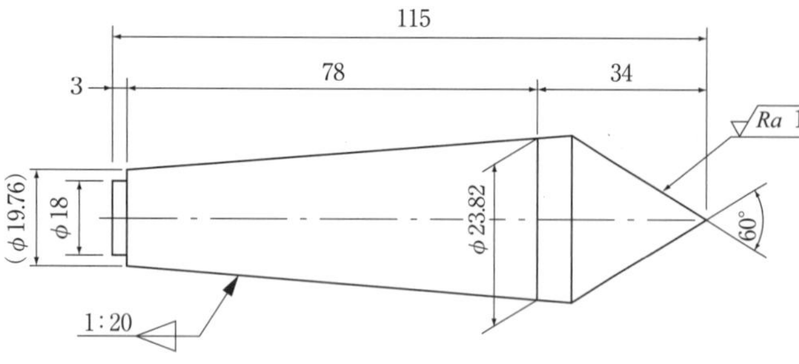

	材料及び器工具など

半硬鋼丸棒（φ26×130 「No. 5.30」使用）
外径加工バイト（荒削り用）
外径加工バイト（仕上げ用）
ヘール仕上げバイト
ダイヤルゲージ，ダイヤルスタンド
スケール
スパナ
スリーブ
ウエス

図1　製品図

番号	作業順序	要　点	図　解
1	工作物を主軸に取り付ける	1．工作物をウエスでよく拭いた後，スリーブにはめて，図2に示すように，旋盤の主軸穴に取り付ける。 2．図3に示すように，工作物の外周にダイヤルゲージを当てて，振れを調べる。 3．振れがあれば，工作物をはめ直してみる。	 図2　主軸穴への取り付け
2	複式刃物台を旋回して固定する	1．複式刃物台の旋回座の固定ナットを緩め，図4に示す方向に目盛により30°傾ける。 2．傾ける角度が正しく出たら，ナットを締めて，刃物送り台を固定する。	
3	先端部を荒削りする	1．往復台をテーパ切削のできる位置まで主軸台側に寄せて，ベッドに固定する。 2．図5に示すように，テーパに削る部分を残して余肉を削り取る。 3．1回の切り込みを2〜4mm（直径表示）にして，手送りで先端部を荒削りする。 　中心に近い部分の切削速度は極めて小さいので，先がとがってきたら送りを加減して，工作物の先端やバイトが欠けないように注意する。	 図3　振れの確認
4	先端部を仕上げる	外径加工バイト（仕上げ用）の刃先の高さを，正しく工作物の中心高さに取り付け，特に先端の仕上がり具合に注意しながら，全体を滑らかに仕上げる。	
備考		1．刃物送り台によるテーパ削りは，テーパ部の長さが刃物送り台の可動範囲のものに限られる。 2．バイトの送りが手送りであるから，仕上げ面にむらができやすい。 3．参考図1に示すようなテーパ削り装置の付いている旋盤では，自動送りでバイトは装置の案内板に倣って動き，テーパ削りが行われる。 参考図1　テーパ削り装置によるテーパ削り	 図4　複式刃物台を旋回して固定する 図5　先端部分の荒削り

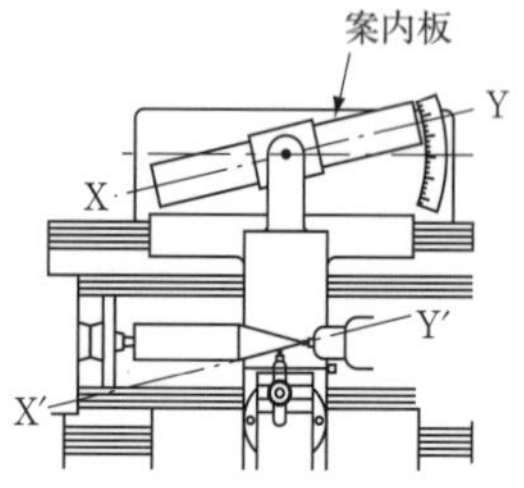

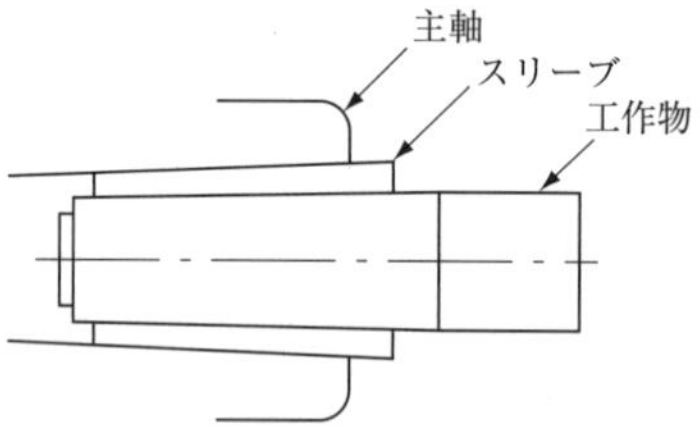

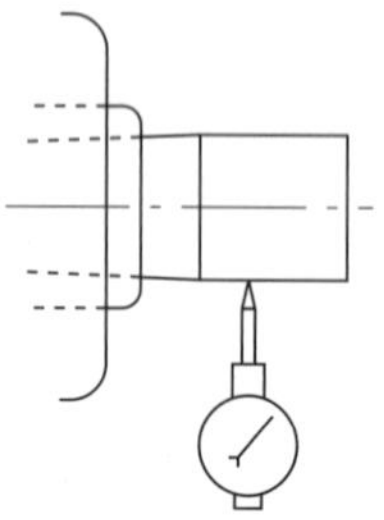

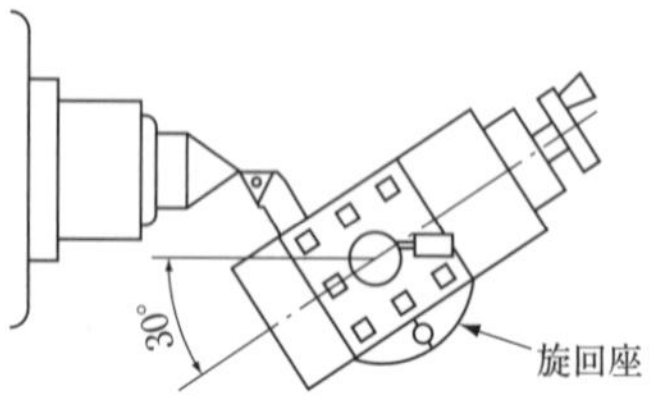

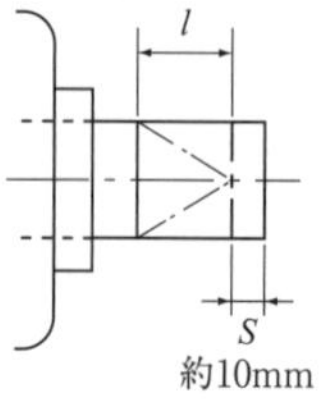

作業名	振れ止めの取り扱い	主眼点	固定振れ止め及び移動振れ止めの使い方

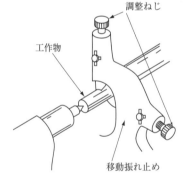

図1　固定振れ止めの使い方

固定振れ止め

材料及び器工具など

軟鋼丸棒
固定振れ止め
スパナ

番号	作業順序	要　　点	図　　解
1	固定振れ止めの掛け方	1．センタ穴のある丸棒の場合は，心押ししてチャックに取り付け，心出しをする。 2．振れ止めの三方にあるつめを，支持する工作物の径より少し大きめに開いておき，工作物を支える位置に据えて，ねじでベッド上に固定する。 3．チャックを手で回しながら，図1に示す下方の二つのつめを調整ねじによって上方に押し上げ，工作物の外周と軽く接触するように調節して，つめを固定する。 4．上枠をしっかりと固定して，上方のつめを工作物と軽く接触するように調節して固定する。 5．つめと工作物の接触部分に，潤滑油を十分に与える。	つめの位置 図2　振れ止めのつめがかかる長さだけ削る 調整ねじ 工作物 移動振れ止め 図3　移動振れ止めの使い方
2	移動振れ止めの掛け方	1．移動振れ止めを，往復台にねじでしっかりと取り付ける。 2．図2に示すように，工作物の外周を振れ止めのつめが掛けられる長さだけ削る。 3．固定振れ止めの場合と同様に，向かい側のつめを調節して固定し，次いで，上方のつめを調節して固定する（図3）。 4．つめと工作物の接触部に潤滑油を十分に与える。 　移動振れ止めは，バイトの直後の位置で工作物を支えて，往復台とともに移動する。	

備考	1．直径に比べて長い工作物を加工する場合や，丸棒の一端をチャックに取り付け，他端を加工する場合には，振れ止めを使用する。 2．振れ止めは，工作物の形状，加工部分などに応じて使い分ける。固定振れ止めは，できるだけ加工位置に近いところに固定する。 3．仕上がった部分に振れ止めをかける場合は，つめと工作物の間に，使い古した革ベルトなどをかませることもある。 4．主軸の中心と固定振れ止めの中心が一致していないと，テーパ状に削れる。更にひどいときは，工作物がチャックから外れることがあるので注意する。

| 作業名 | 曲 面 削 り | 主眼点 | ハンドリングによる曲面削り |

材料及び器工具など

軟鋼丸棒（φ25×90）
外径加工バイト（荒削り用）
外径加工バイト（仕上げ用）
先丸剣バイト，総形ヘールバイト
センタ穴ドリル，ドリルチャック
ノギス，スケール
曲面板ゲージ，弓のこ
リング状保護板
スクロールチャック
黄銅棒（又は木片）
布やすり

図1　製品図

番号	作業順序	要　　点	図　　解
1	前加工をする	1．丸棒の両端を削って，一方にセンタ穴をもみ付ける。 2．一端をスクロールチャックでつかみ，他端をセンタで支えて，図2に示す寸法に荒削りする。 3．工作物を振り替え，図3に示すように，ハンドルの取り付け部分を寸法に仕上げる。	図2　荒削り
2	曲面を荒削りする	1．φ8部に図4に示すリング状保護板をはめて，チャックに取り付け，他端をセンタで支える。 2．握り部分をφ20.3に削ってから，曲面の最大径になる位置と最小径になる位置を，片パスでけがく。 3．このけがき線から左右に振り分け，図4の矢印の方向に先丸剣バイトを送って，曲面を荒削りする。 4．曲面形状は，時々曲面板ゲージを当てて調べながら削る（図5）。	図3　ハンドル取り付け部分の仕上げ
3	曲面を中仕上げする	1．主軸の回転速度を1段上げ，曲面板ゲージで曲面形状を調べながら，できるだけ凹凸の少ない曲面に中仕上げする。 2．曲面の最大径をφ20.3，最小径をφ10.3に決める。	図4　曲面の荒削り リング状保護板
4	曲面を仕上げる	1．図6に示すように，総形ヘールバイトで凹曲面を仕上げ，最小径φ10を出す。 2．図7の②，③のように総形ヘールバイトで凸面を仕上げる。	図5　曲面板ゲージによる曲面形状の確認 曲面板ゲージ

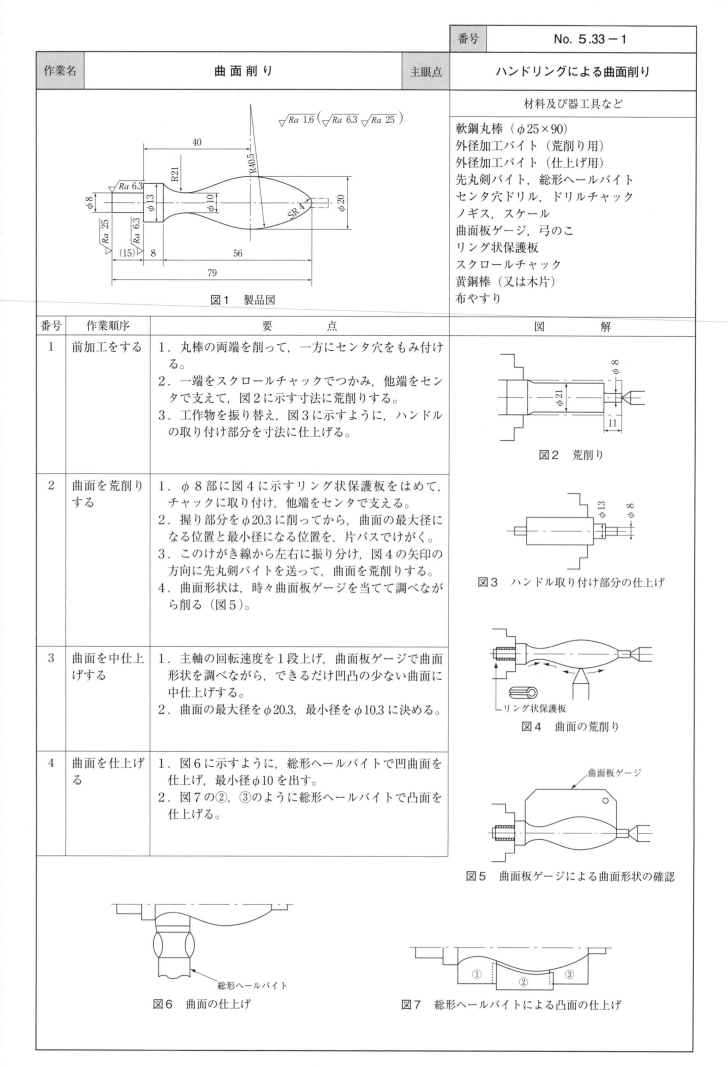

図6　曲面の仕上げ
総形ヘールバイト

図7　総形ヘールバイトによる凸面の仕上げ

作業名		曲 面 削 り	主眼点	ハンドリングによる曲面削り
番号	作業順序	要　　　点		図　　　解
5	曲面を磨く	1．図8に示すように，黄銅棒を刃物台に取り付け，工作物と棒の間に布やすりを折り曲げて挟む。 2．布やすりを工作物に軽く押し付け，切削油を十分に与え，布やすりが工作物から離れないようにハンドルを手送り操作して，曲面全体を滑らかに磨く。 3．乾いた布やすりに取り替えて，つやを出す。		
6	ボスを切り落とす	1．先端に残っているボスをできるだけ細く削って，弓のこで切り取り，やすりで先端部の形状を整える。 2．布やすりで磨いて，やすり目を取る。		

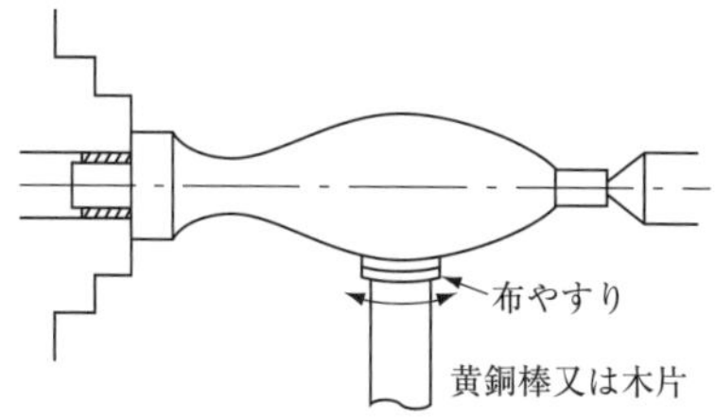

図8　曲面の磨き

備考

1．握りハンドルのような製品は，美観に重点を置いて仕上げる。
2．多量生産する場合は，ならい旋盤で曲面を削ったりする。
3．現在では，このような曲面加工はNC旋盤で寸法形状をプログラムして製作される。

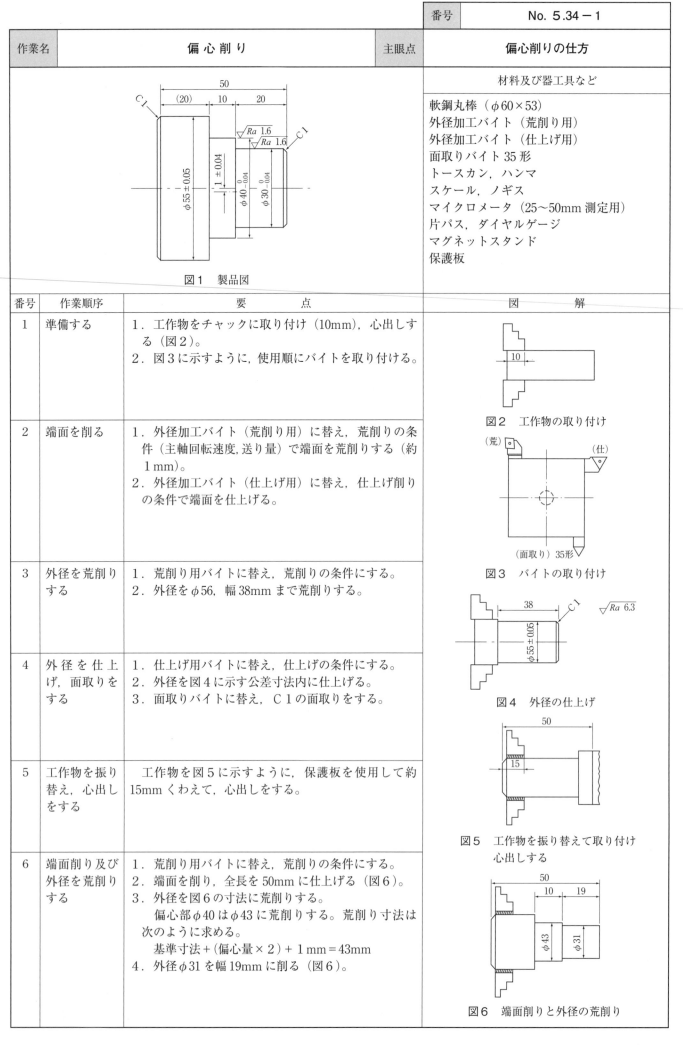

番号	No. 5.34－1

作業名	偏心削り	主眼点	偏心削りの仕方

図1　製品図

材料及び器工具など

軟鋼丸棒（φ60×53）
外径加工バイト（荒削り用）
外径加工バイト（仕上げ用）
面取りバイト 35形
トースカン，ハンマ
スケール，ノギス
マイクロメータ（25〜50mm 測定用）
片パス，ダイヤルゲージ
マグネットスタンド
保護板

番号	作業順序	要　　点	図　　解
1	準備する	1．工作物をチャックに取り付け（10mm），心出しする（図2）。 2．図3に示すように，使用順にバイトを取り付ける。	図2　工作物の取り付け
2	端面を削る	1．外径加工バイト（荒削り用）に替え，荒削りの条件（主軸回転速度，送り量）で端面を荒削りする（約1mm）。 2．外径加工バイト（仕上げ用）に替え，仕上げ削りの条件で端面を仕上げる。	図3　バイトの取り付け
3	外径を荒削りする	1．荒削り用バイトに替え，荒削りの条件にする。 2．外径をφ56，幅38mm まで荒削りする。	図4　外径の仕上げ
4	外径を仕上げ，面取りをする	1．仕上げ用バイトに替え，仕上げの条件にする。 2．外径を図4に示す公差寸法内に仕上げる。 3．面取りバイトに替え，C1の面取りをする。	
5	工作物を振り替え，心出しをする	工作物を図5に示すように，保護板を使用して約15mm くわえて，心出しをする。	図5　工作物を振り替えて取り付け心出しする
6	端面削り及び外径を荒削りする	1．荒削り用バイトに替え，荒削りの条件にする。 2．端面を削り，全長を50mm に仕上げる（図6）。 3．外径を図6の寸法に荒削りする。 　偏心部φ40はφ43に荒削りする。荒削り寸法は次のように求める。 　基準寸法＋（偏心量×2）＋1mm＝43mm 4．外径φ31を幅19mm に削る（図6）。	図6　端面削りと外径の荒削り

| 作業名 | | 偏 心 削 り | 主眼点 | 偏心削りの仕方 |

番号	作業順序	要　　　点	図　　　解
7	幅及び外径φ30を仕上げ，面取りをする	1．仕上げ用バイトを出し，仕上げの条件にする。 2．幅20mmを仕上げる。 3．φ30を仕上げる。 4．面取りバイトに替え，φ30部のC1を面取りする（図7）。	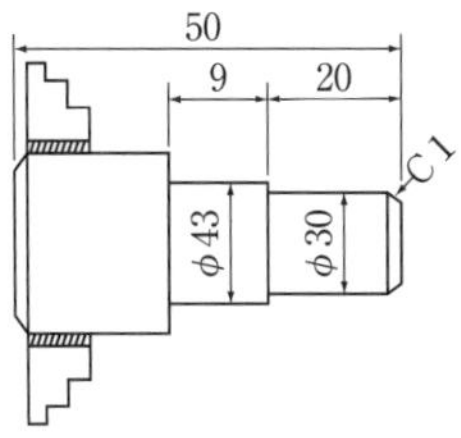 図7　仕上げ削りと面取り
8	偏心部の心出しをする	1．ダイヤルゲージを偏心部外径で，1.5mmくらい測定子を押し込んだ状態で固定する。 2．チャックのつめを移動して1mm偏心させる。ダイヤルゲージの針の振れが2mmになるように心出しする（図8）。 3．φ30部もダイヤルゲージで確認し，φ40部と同一の振れになっていることを確認する。	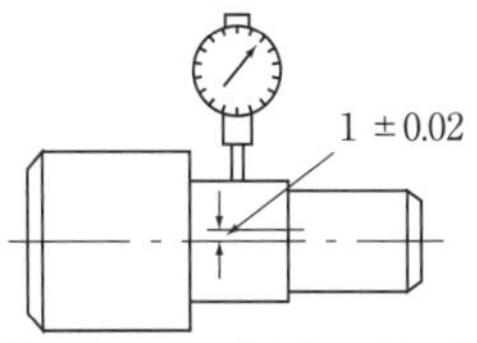 1mm偏心の場合は，ダイヤルゲージの針の振れが2mmになるように心出しをする 図8　偏心部の心出し
9	偏心部外径を荒削りし，中仕上げする	1．主軸回転速度(500min⁻¹)，自動送り量(約0.25mm/rev)にセットし，荒削り用バイトに替える。 2．外径及び幅を0.2mm仕上げしろを残して中仕上げをする（図9）。	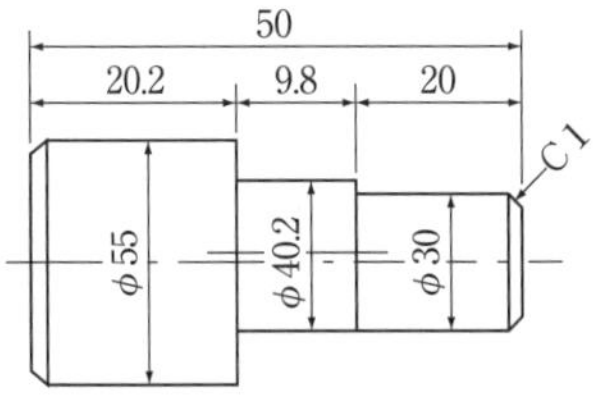 図9　端面と偏心部の中仕上げ
10	端面及び偏心部外径を仕上げる	1．仕上げ用バイトを出し，仕上げの条件にする。 2．φ40部の幅を10mmに仕上げる。 3．φ40を寸法に仕上げる（図10）。 4．面取りバイトに替え，φ40端面の糸面を取る。	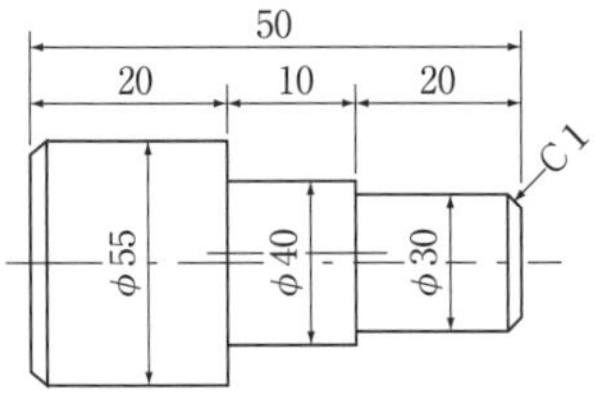 図10　端面と偏心部の仕上げ

| 備考 | チャックハンドル　1回転　6.25mm　ハンドル回転角によりつめの進み量を検討して，つめを緩める。 |

			番号	No. 5.35−1

作業名	ねじ切りの基本（1）	主眼点	ねじ切りの準備作業

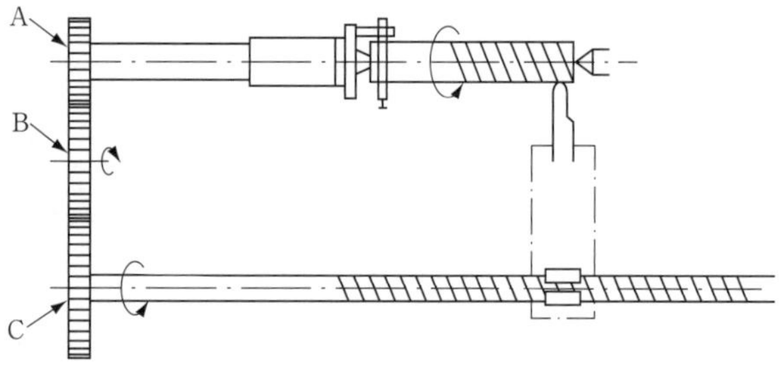

図1　ねじ切りの原理

材料及び器工具など

付属歯車一式
スパナ一式

番号	作業順序	要　　　点	図　　　解
1	替え歯車を掛け替える	図1に示すA，B，C……の替え歯車を，旋盤に付いているねじ切り替え歯車表から選び，掛け替える。 　2段掛けなら図2（a）のように，4段掛けなら図2（b）のように掛ける。	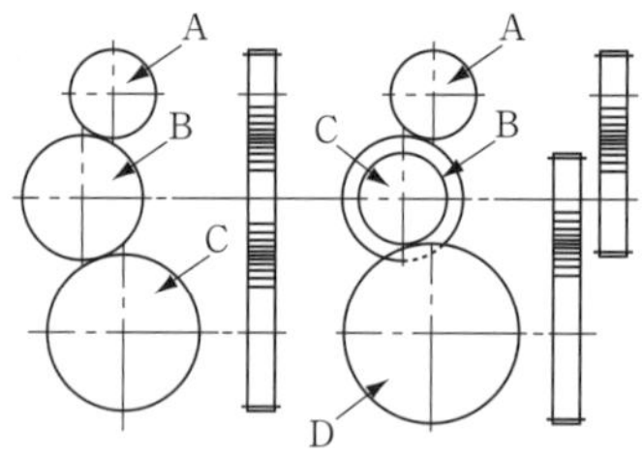 （a）2段掛け　　（b）4段掛け 図2　替え歯車の掛け替え
2	レバー位置をセットする	1．送り正逆切り替えレバーを［正］の側に入れる。 2．送り歯車箱のところにあるレバー及びタンブラレバーを，ねじ切り表に指示された位置にセットする。 3．送り，ねじ切り切り替えレバーをねじ切り側に入れる。	
3	ねじ追いダイヤルの目盛板とウォーム歯車を確認する	ねじ追いダイヤルの目盛板及びウォーム歯車の使用区分は，その旋盤に貼付してある指示表のとおりにする。	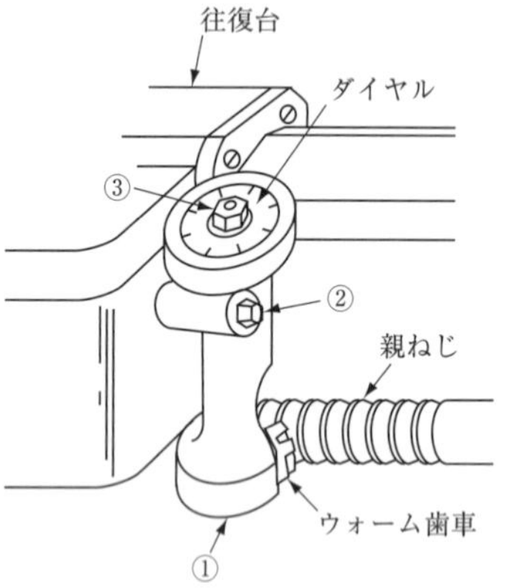
4	ウォーム歯車を掛け替える（図3）	1．ウォーム歯車を締め付けているナット①を緩める。 2．装置を固定しているボルト②を緩めて，ウォーム歯車と親ねじのかみ合いを外し，軸から歯車を抜き取る。 3．歯車を取り替え，前と逆の順序でそれぞれを固定する。	図3　ウォーム歯車の掛け替え
5	目盛板を取り替える	1．図3に示すナット③を外して，目盛板を取り替える。目盛板は裏返して取り付ける。 2．親ねじとハーフナットをかみ合わせた状態で，装置に刻んである基線と目盛を合わせて，ナット③で固定する。 3．目盛板を固定したら，ハーフナットと親ねじのかみ合いを必ず外しておく。	

備 考	1．現在使用されている旋盤では，特別のことがない限り，ねじ切り替え歯車の計算の必要はない。したがって，歯車の掛け替えも不要である。 2．ねじ山の重なりを防ぐためのハーフナットの計算は，次のように求める。 　（1）親ねじがメートルねじの旋盤でメートルねじを切る場合（親ねじ $P=6$ の場合）。 　　　　（例1）　$\dfrac{切るねじのピッチ}{親ねじのピッチ}=\dfrac{1}{2}$ ………分子の値が1の場合は，どこでハーフナットを入れてもねじ山は重なることはない（親ねじ1回転ごとに1回ある）。 　　　　（例2）　$\dfrac{2.5}{6}=\dfrac{2.5\times10}{6\times10}=\dfrac{25}{60}=\dfrac{5}{12}$ ………分母分子の数字をまず整数に直し，既約分数にしたときの分子の数が，ハーフナットを入れてもよい目盛数になる。 　　　　　　　　　　　　　　　　　　　　　　親ねじが5回転ごとに1回ハーフナットを入れることができる。 　（2）親ねじがインチ系のねじでインチねじを切る場合。 　　　　（例1）　$\dfrac{親ねじの1インチ間の山数}{切るねじの1インチ間の山数}=\dfrac{2}{12}=\dfrac{1}{6}$ ………分子が1の場合は，どこでハーフナットを入れてもよい。 　　　　（例2）　$\dfrac{2}{4.5}=\dfrac{2\times10}{4.5\times10}=\dfrac{20}{45}=\dfrac{4}{9}$ ………メートルねじのときと同じように，数字をまず整数に直し，既約分数にしたときの分子の数が，ハーフナットを入れてもよい目盛数になる。 　（注）ウォーム歯車の歯数は，上記計算による分子の数字の，自然倍数のものでなければならない。 　　　　目盛板の刻線は，例えば分子が4の場合，使用ウォームの歯数を16枚とすると，4等分した線（親ねじが4回転ごと）のところでハーフナットを入れればよいことになる（参考図1）。 基線  （ウォーム歯車の歯数16枚の場合） 参考図1　目盛板

			番号	No. 5.36
作業名	ねじ切りの基本（2）		主眼点	模擬バイトによるねじ切り操作

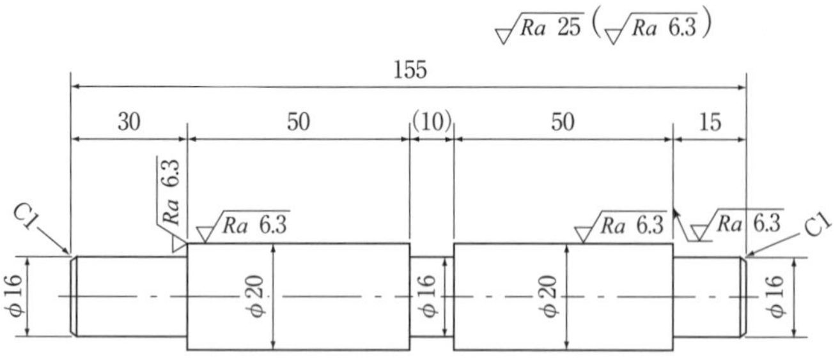

図1　製品図

材料及び器工具など

軟鋼丸棒（φ22×157）
模擬バイト
外径加工バイト（荒削り用）
溝入れバイト
面取りバイト
トースカン
スクロールチャック

番号	作業順序	要　　点	図　　解
1	準備する	1．スクロールチャックに工作物を十分につかみ，端面を振れのみ削り，心もみする。 2．工作物を振り替え，全長155mmに削る。 3．φ16幅30mmを削り，面取りC1を削る。 4．図2のように取り付け，図1の寸法に削る。 5．図3に示すように，模擬バイトを刃物台に取り付ける。 6．P=2.5にレバー位置をセットする。	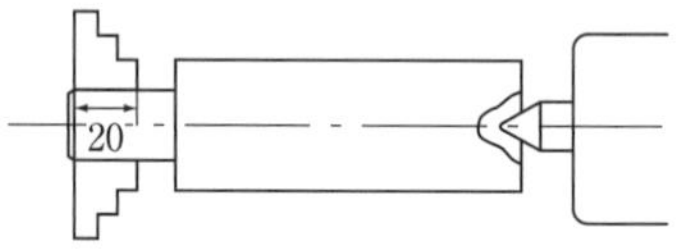 図2　工作物の取り付け
2	ハーフナットによるねじ切り操作をする	1．丸棒外周面にチョークを塗る。 2．針先を丸棒の外周端部に触れさせ，そのまま往復台を右に移動して，針先を丸棒から外す。 3．横送り及び刃物台手送りハンドルの目盛を0にセットする。 4．ねじ追いダイヤルの回転に注目し，目盛線が基準線と一致する寸前にハーフナットをおろし，親ねじとかみ合わせる。 5．片手で横送りハンドル，他方の手でハーフナットレバーを握ったまま，針先の動きに注目する。 6．針先が丸棒から外れたら，素早く横送りハンドルを回して針先を手前に引き，次いでハーフナットを上げる（図4は操作手順を示す）。 7．往復台を元の位置に戻し，ねじ切り操作を繰り返し練習する。	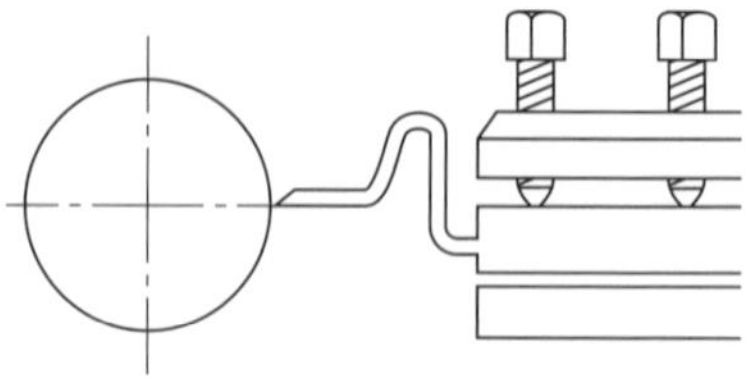 図3　模擬バイトの取り付け 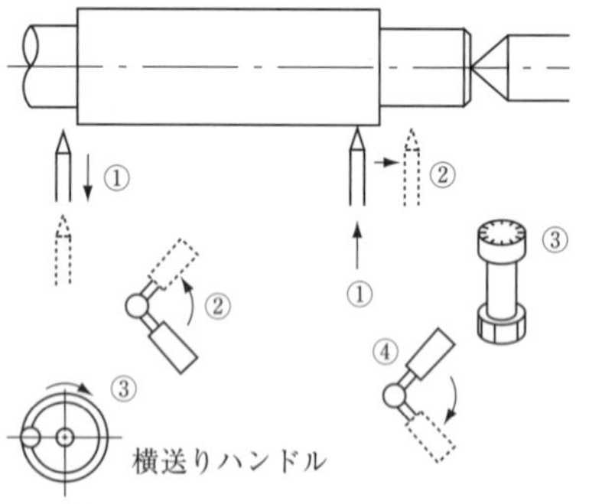 図4　ねじ切りの操作手順
3	スイッチの切り替えによるねじ切り操作をする	1．針先がねじを切り始めるまでの操作は，ハーフナットによる場合と同じである。 2．針先がねじを切り始めたら，片手でスイッチレバー，他方の手で横送りハンドルを握る。 3．針先がねじを切り終わる少し手前でスイッチを切り，回転惰力でねじを切り終えたら，素早く針先を引いて，スイッチを逆転に入れる。 4．針先が丸棒の端部近くに戻ったらスイッチを切り，再び目盛を0に合わせて，ねじを切る。 5．以上の操作を反復して繰り返す。	
備考			

作業名	ねじ切り（1）	主眼点	メートルねじ切り（通しねじ切り）

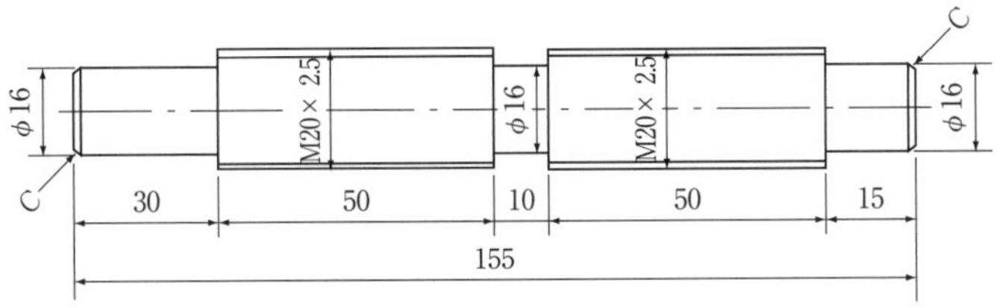

材料及び器工具など

軟鋼丸棒（φ22×157 「No. 5.36」使用）
ねじ切りバイト
センタゲージ（60°）
ねじピッチゲージ
スケール
ねじリングゲージ（M20，P 2.5）

図1　製品図

番号	作業順序	要　点	図　解
1	ねじ切りの準備をする	1．M20（P2.5）のねじが切れるように，ねじ切りの表によりレバー，タンブラレバーをそれぞれセットする。 2．ねじ追いダイヤルのウォーム歯車と目盛板を，P2.5 のねじが切れるようにセットする。 　取り替える必要のない場合は，使用する目盛を確かめ，印を付けておく。 3．切削速度が8～15m/min になるように，主軸の回転速度をセットする。 4．図2 に示すように，60°のセンタゲージを使用して，ねじ切りバイトを正しく刃物台に取り付ける。	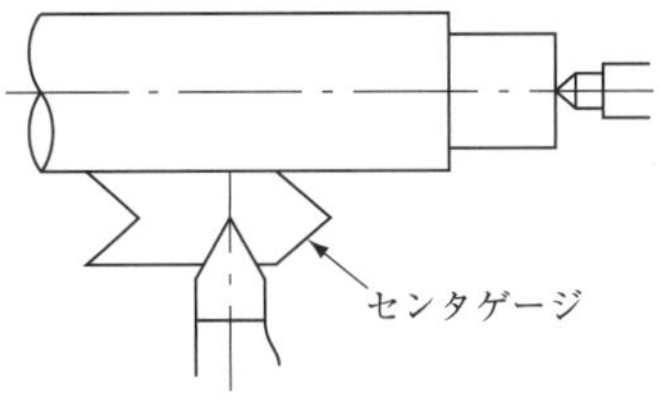 図2　ねじ切りバイトの取り付け
2	ねじ切りの基点を決める	1．図3 に示すように，ねじ切りバイトで端部に山の高さより少し大きめの面取りをする。 2．バイトの先端を工作物の外周に触れさせ，そのまま往復台を右に外し，横送りハンドルのマイクロカラーの目盛を0に合わせ，ねじ切りの基点とする。	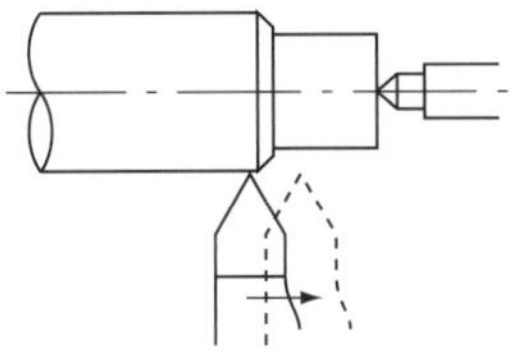 図3　面取り
3	ねじのピッチを確かめる	1．横送りハンドルの目盛で0.05mm の切り込みを与え，1回目のねじ溝を切る。 2．主軸の回転を止め，図4 に示すように，ねじピッチゲージで，ねじのピッチが正しいかどうかを確かめる。	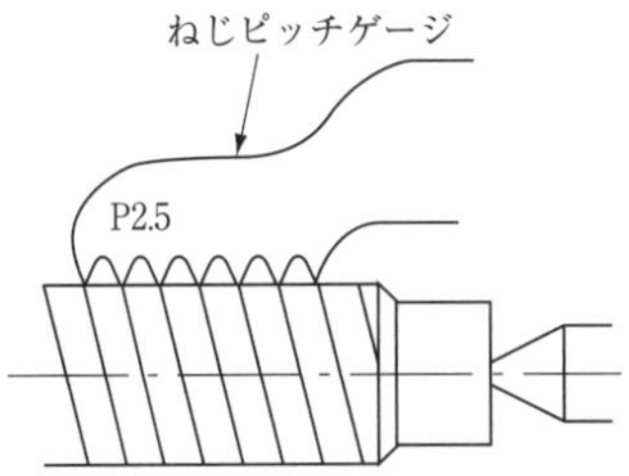 ねじピッチゲージ P2.5 図4　ねじピッチの確認
4	ねじを切る	1．三角ねじ切りでは，1切削ごとにバイトを僅かに軸方向にも送って，主として進み側の切れ刃で切削する。 2．切り込みは，初めは多く，バイトが深く切り込まれるにつれて少なくしていき，仕上げ削りでは0.02～0.05mm にし，バイトの軸方向の送りを止め，切れ刃の両面から切りくずが出るように仕上げる（図5）。	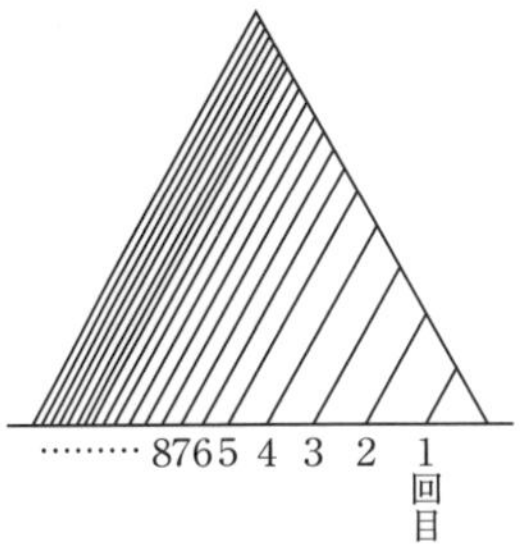
5	ねじリングゲージをはめてみる	1．ねじが大体仕上ったら，ねじリングゲージをはめてみる。 2．ねじが2～3山くらいしか入らない場合は，同じ切込み目盛で1～2回ねじを切ってみる。 3．ゲージとしっくり合うまでねじを切る。	8765 4 3 2 1 回目 図5　バイト切り込みの方法

備

考

1. メートルねじ切りバイトは，参考図1に示すように先端の角度は60°，すくい角は荒削り用で12°〜15°くらいに研ぐ。仕上げ用はヘール式とし，すくい角を0°とする（すくい角により山の角度が変化するため）。
2. 参考図2に示すように，バイトの軸方向への移動量xは，軸方向に直角な切込み量をaとすると，約$0.577a$で求められる（$\tan 30°$）。
3. ねじ山の角度とすくい角の関係は，参考図3と参考図4に示すように，60°に研いだバイトにすくい角を取ると，60°より小さくなる。したがって，精密なねじ仕上げには，バイトのすくい角を取らず，0°にする必要がある。
4. ねじの切り込み量は，参考図6に示すメートル三角ねじのJIS規格（JIS B 0205-1：2001）より，

$$切り込み量（半径）\quad a = \frac{5}{8}H + \frac{1}{8}H = \frac{3}{4} \times \frac{\sqrt{3}}{2}P ≒ 0.65P$$

となり，総切り込み量（直径）はおよそ$1.3P$となる。
　参考表1に汎用旋盤による，ねじ切り時の切り込み量の目安を示す。

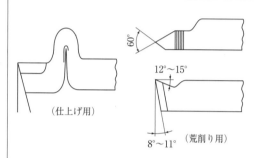

参考図1　ねじ切りバイトの形状

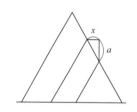

参考図2　60線に沿ったバイト刃先の移動

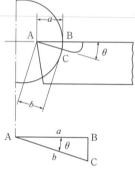

参考図3　バイト刃先角とすくい角の関係①

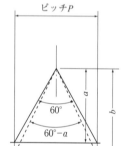

参考図4　バイト刃先角とすくい角の関係②

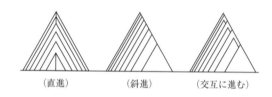

参考図5　バイトの切り込み方（3種類）

D：めねじ谷の径の基準寸法（呼び径）
d：おねじ外径の基準寸法（呼び径）
D_2：めねじ有効径の基準寸法　　d_2：おねじ有効径の基準寸法
D_1：めねじ内径の基準寸法　　d_1：おねじ谷の径の基準寸法
H：とがり山の高さ　　　　　　P：ピッチ

$$H = \frac{\sqrt{3}}{2}P = 0.866\,025\,404\,P$$

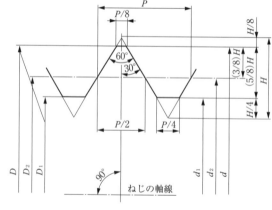

参考図6　メートル三角ねじ

参考表1　S45C，ねじ切りバイト（ハイス），直進法の切り込み量の目安

	1回当たりの切り込み量（直径）	切り込み量（直径）	P 2.5の場合　切り込み量／総切り込み量
荒削り	0.5 〜0.2mm	総切り込み量の7〜8 割程度	2.4 mm ／ 2.4 mm
中仕上げ	0.15〜0.1mm	総切り込み量の2〜1.5 割程度	0.6 mm ／ 3.0 mm
仕上げ	0.05〜 0 mm	総切り込み量の1〜0.5 割程度	0.25mm ／ 3.25mm

出所：（参考図6）JIS B 0205-1：2001「一般用メートルねじ−第1部：基準山形」図1

作業名	ねじ切り（2）	主眼点	切り上げねじの切り方

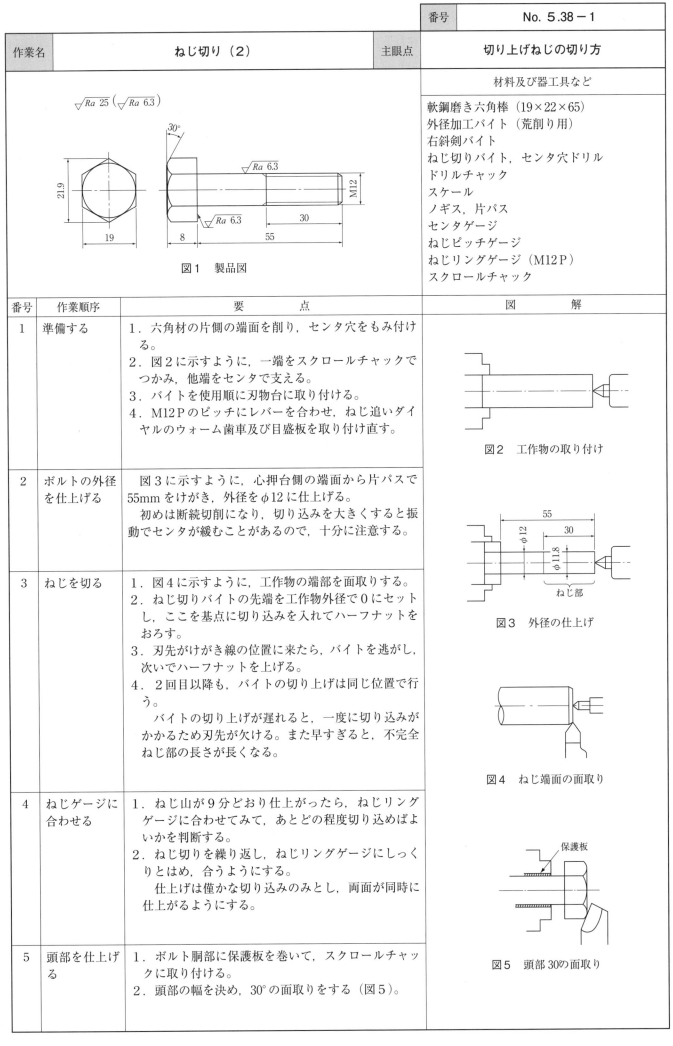

図1　製品図

材料及び器工具など

軟鋼磨き六角棒（19×22×65）
外径加工バイト（荒削り用）
右斜剣バイト
ねじ切りバイト，センタ穴ドリル
ドリルチャック
スケール
ノギス，片パス
センタゲージ
ねじピッチゲージ
ねじリングゲージ（M12P）
スクロールチャック

番号	作業順序	要　　点	図　　解
1	準備する	1．六角材の片側の端面を削り，センタ穴をもみ付ける。 2．図2に示すように，一端をスクロールチャックでつかみ，他端をセンタで支える。 3．バイトを使用順に刃物台に取り付ける。 4．M12Pのピッチにレバーを合わせ，ねじ追いダイヤルのウォーム歯車及び目盛板を取り付け直す。	図2　工作物の取り付け
2	ボルトの外径を仕上げる	図3に示すように，心押台側の端面から片パスで55mmをけがき，外径をφ12に仕上げる。 　初めは断続切削になり，切り込みを大きくすると振動でセンタが緩むことがあるので，十分に注意する。	図3　外径の仕上げ
3	ねじを切る	1．図4に示すように，工作物の端部を面取りする。 2．ねじ切りバイトの先端を工作物外径で0にセットし，ここを基点に切り込みを入れてハーフナットをおろす。 3．刃先がけがき線の位置に来たら，バイトを逃がし，次いでハーフナットを上げる。 4．2回目以降も，バイトの切り上げは同じ位置で行う。 　バイトの切り上げが遅れると，一度に切り込みがかかるため刃先が欠ける。また早すぎると，不完全ねじ部の長さが長くなる。	図4　ねじ端面の面取り
4	ねじゲージに合わせる	1．ねじ山が9分どおり仕上がったら，ねじリングゲージに合わせてみて，あとどの程度切り込めばよいかを判断する。 2．ねじ切りを繰り返し，ねじリングゲージにしっくりとはめ，合うようにする。 　仕上げは僅かな切り込みのみとし，両面が同時に仕上がるようにする。	
5	頭部を仕上げる	1．ボルト胴部に保護板を巻いて，スクロールチャックに取り付ける。 2．頭部の幅を決め，30°の面取りをする（図5）。	図5　頭部30の面取り

1．ねじ切り途中でバイトを取り替えたい場合
（1）新しいバイトを刃物台に，センタゲージを使って正しく取り付ける。
（2）スイッチを入れ，ハーフナットをおろしたままスイッチを切る。
（3）この状態で新しいバイトの刃先をねじ溝に合わせ，そのときの横送りハンドルの目盛を記憶する（取り替え前の目盛に合わせる）。
（4）バイトを戻し，ハーフナットを上げる。バイトを初めの位置に戻し，ねじ切りを続ける。

2．バイトの刃先が欠けた場合
バイトが欠けたときは，欠けが残っていないか確かめ，残っているときはこれを取り除く。

3．段付き部のあるねじ切り上げ
段付き部のあるところのねじ切り上げは，普通にやっていると段の側面にバイトが当たってしまうことが多い。このような場合には，切り上げ少し前（2山くらい前）にスイッチを切り，惰力で切削速度を落とした状態で切り上げするとよい（参考図1）。

（注）不完全ねじ部の長さ
不完全ねじ部は，普通1/4回転が標準とされている。

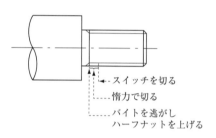

参考図1　段付き部のねじ切り上げ

備

考

			番号	No. 5.39
作業名	ねじ切り（3）	主眼点	めねじ切り	

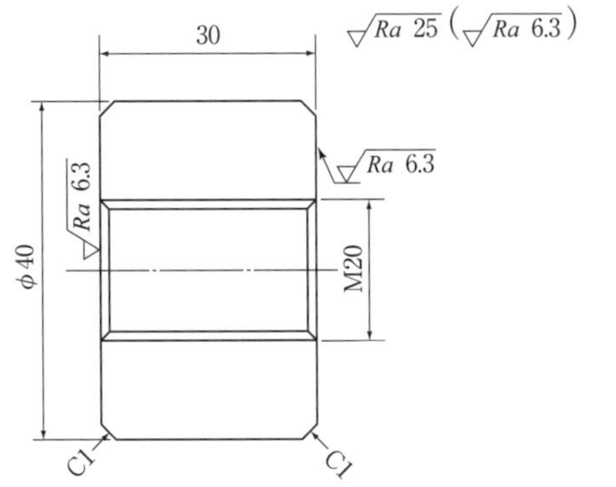

図1　製品図

材料及び器工具など

軟鋼丸棒（φ42×40）
外径加工バイト（荒削り用）
内径加工バイト（荒削り用）
面取りバイト
穴ねじ切りバイト
トースカン
センタ穴ドリル
ドリルチャック
ドリル（φ15）
センタゲージ
ノギス

番号	作業順序	要　　　　点	図　　解
1	準備する	1．図2に示すように工作物の片方を加工し，工作物を振り替えて図3に示すように前加工をする。 2．ねじ下穴を削る。下穴径は次の式で求める。 　　下穴径＝呼び寸法－ピッチ 3．図4に示すように，60°センタゲージを使って，ねじ切りバイトを正しく取り付ける。 4．図5に示すように，バイトを穴に挿入して柄の部分が内面に当たらないことを確かめる。	 図2　工作物の片方の加工
2	ねじを切る	1．穴の口元を面取りする。 2．おねじの場合と同じように，内径入口でバイトの刃先を触れさせ，横送りハンドルの目盛を0にセットする。 3．切り込みを入れ，ねじを切る。 　　図6に示すように，おねじの場合とは切り込み方向が反対になる。またバイトを戻しすぎて穴の内面にバイトを当てないように注意する。 4．穴のねじ切りバイトはたわみが大きいから，1回の切り込み量を少なくする。	 図3　振り替えて前加工
3	ねじゲージに合わせる	1．ねじが9分どおり仕上がったら，切りくずをブラシでよく払い，ねじゲージをはめてみる。 2．ゲージ合わせしたときのはめ合いの程度から，あとどのくらいかを判断して，切り込みを入れる。 3．ゲージが途中まで中に入るような場合は，同じ目盛位置で何回かさらうようにする。	 図4　ねじ切りバイトの取り付け
備 考		ねじ切りバイトが通り抜けない場合のめねじ切りは，参考図1に示すように，バイトの切り上げ位置を知るために，バイトの柄に目印を付けておき，この目印が工作物の端面と一致したときに切り上げるようにする。 参考図1　止まり穴のねじ切り	 図5　シャンク干渉のチェック 図6　ねじ切り

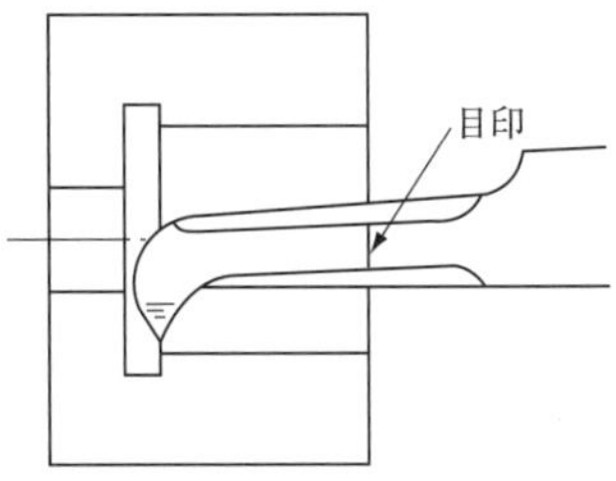

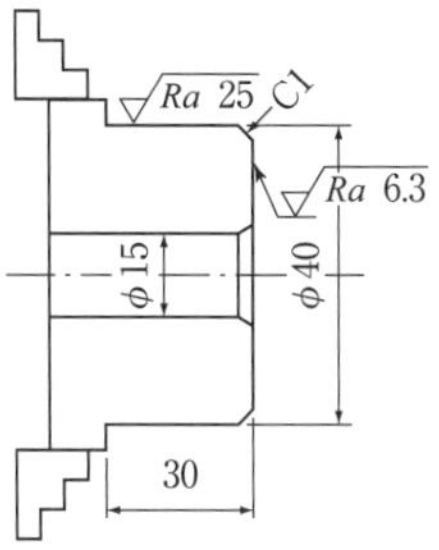

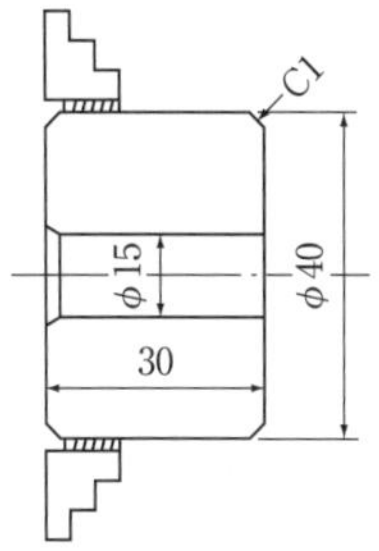

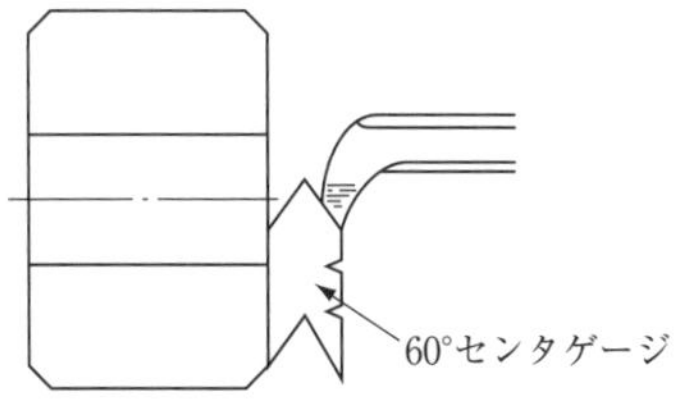

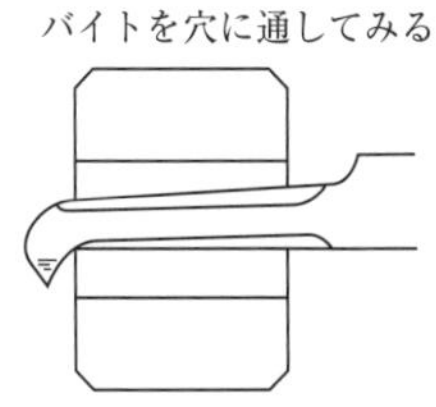

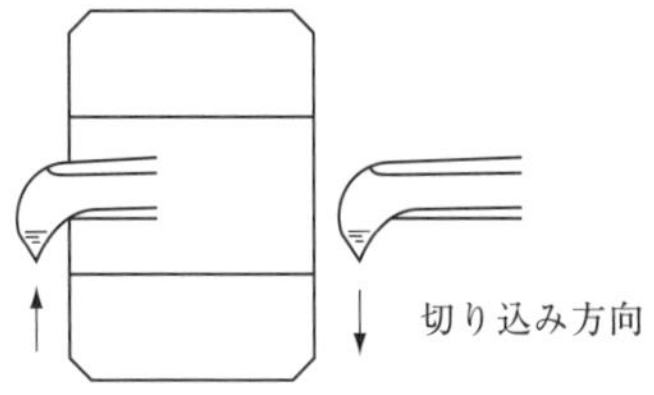

				番号	No. 5.40－1

作業名	ねじ切り（4）	主眼点	タップによるねじ立て

図1 製品図

材料及び器工具など

軟鋼磨き六角棒
外径加工バイト（荒削り用）
右斜剣バイト，面取りバイト
突切りバイト
穴ねじ切りバイト
センタ穴ドリル，ドリルチャック
下穴ドリル
ハンドタップ
タップハンドル
スクロールチャック
スケール

番号	作業順序	要　　　点	図　　　解
1	工作物を取り付ける	軟鋼磨き六角棒をスクロールチャックに取り付ける。六角ナットの各部寸法は，ねじの呼び寸法に対して表1のように決められている。	表1　六角ナットの寸法 JIS B 1181：2014（附属書 JA） ［単位 mm］
2	下穴をあける	1．センタ穴ドリルで心もみし，ドリルで振れないように下穴をあける。 2．下穴をあける深さ l は，突切りしろを見込んだ2～3個分とする（図2）。	
3	ねじを立てる	1．主軸高低速切り替えレバーを低速側に入れる。 2．タップにタップハンドルを取り付け，先端を下穴に挿入し，後端は心押台を固定し，センタで支える（先タップ→中タップ→仕上げタップ）（図3）。 3．左手でタップハンドルを回し，右手で心押台のハンドルを回す。このとき心押センタがタップから外れないようにして，ねじを立てる。 4．タップが振れない長さだけねじが立ったら，心押センタを外して，切削油を十分に与え，タップが穴底に達するまで，ねじを立てる。 　穴が止まり穴の場合は，先タップ，中タップ，仕上げタップの順に使用する。通り穴の場合は，先タップだけでもよい。	
4	面取りをする	1．穴ねじ切りバイトで，ねじ入口の面を取る。 2．図4に示すように，六角端部に30°の面取りをする。	
5	突き切る	0.5～1 mm の仕上げしろを付けて突き切る。 六角棒材の突切りは，断続切削になるため，振動による食い込みを起こさないように注意する。	
6	反対側の端面を削る	図5に示すようなねじやといを作り，ナットをねじ込んで，図のように端面を削って仕上げる。	

表1　六角ナットの寸法
JIS B 1181：2014（附属書 JA）
［単位 mm］

呼び	m	s	e	dk'
M 6	5	10	11.5	9.8
M 8	6.5	13	15	12.5
M10	8	17	19.6	16.5
M12	10	19	21.9	18
M16	13	24	27.7	23

2～3個分の長さ

図2　下穴あけ

図3　タップによるねじ立て

六角面取り

図4　30°面取り

ねじやとい

図5　反対側端面の仕上げ

		番号	No. 5.40－2
作業名	ねじ切り（4）	主眼点	タップによるねじ立て

備考

1．タップを折れ込ませてしまうと，取り除くことが困難な場合が多いので，タップ立ては慎重に注意深く行う。
もしも折れ込んでしまった場合は，次のような方法を行ってみる。

【折れたタップの抜き方】

（1）折れ口が外に出ている場合

① ポンチとハンマで，緩みかってのほうに少しずつ回す。

② T形の棒を折れた口に溶接する。これで抜けない場合は，ねじ部をトーチランプで加熱してからT形棒を回す。

（2）折れ口が中にある場合

① 寸法が大きいものは，溝の数だけ足の付いた工具を作って溝に入れ，回して取る。

② タップエキストラクタを使用する。

③ ポンチとハンマで，タップのねじ部を少しずつ砕いていく。

④ 製品もろとも750～800℃に熱して灰の中で徐冷し，ドリルで穴あけをする。

⑤ ねじ穴に，王水，塩酸，硫酸を注ぎ，半日～１日そのままにしておくと，腐食してねじ穴が大きくなり，簡単に取れることがある。

2．タッパを使用すれば，主軸を動力で回転させて，ねじ立てすることができる。

出所：（表1）JIS B 1181：2014「六角ナット」表JA.9

| 作業名 | ねじ切り（5） | 主眼点 | 台形ねじの切り方 |

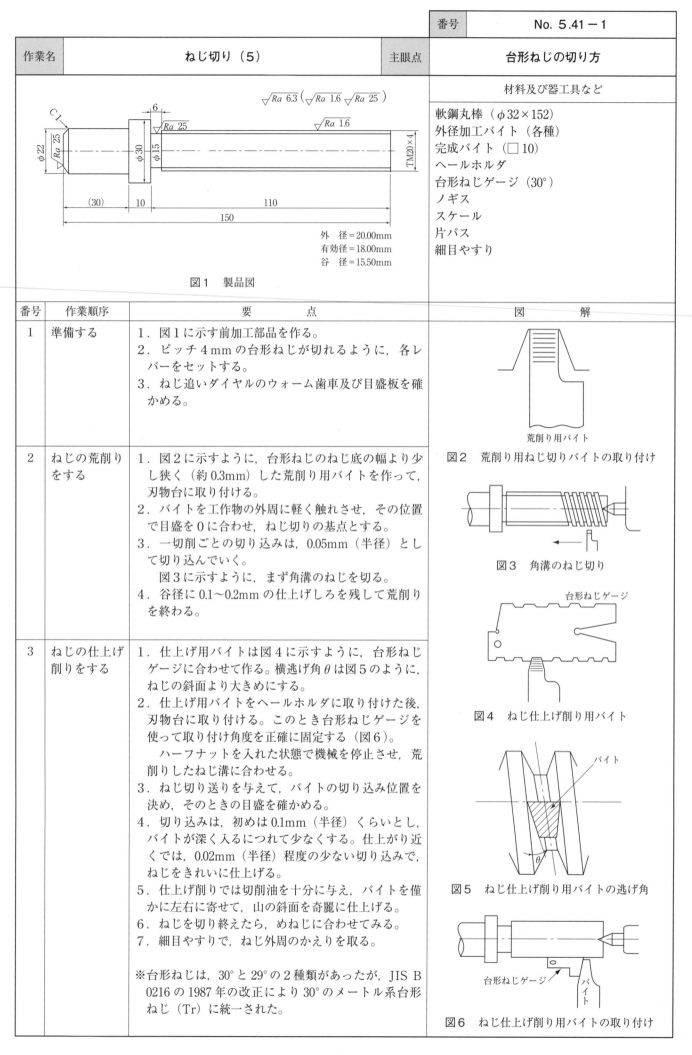

材料及び器工具など

軟鋼丸棒（φ32×152）
外径加工バイト（各種）
完成バイト（□10）
ヘールホルダ
台形ねじゲージ（30°）
ノギス
スケール
片パス
細目やすり

外　径＝20.00mm
有効径＝18.00mm
谷　径＝15.50mm

図1　製品図

番号	作業順序	要　　点	図　　解
1	準備する	1．図1に示す前加工部品を作る。 2．ピッチ4mmの台形ねじが切れるように，各レバーをセットする。 3．ねじ追いダイヤルのウォーム歯車及び目盛板を確かめる。	荒削り用バイト 図2　荒削り用ねじ切りバイトの取り付け
2	ねじの荒削りをする	1．図2に示すように，台形ねじのねじ底の幅より少し狭く（約0.3mm）した荒削り用バイトを作って，刃物台に取り付ける。 2．バイトを工作物の外周に軽く触れさせ，その位置で目盛を0に合わせ，ねじ切りの基点とする。 3．一切削ごとの切り込みは，0.05mm（半径）として切り込んでいく。 　図3に示すように，まず角溝のねじを切る。 4．谷径に0.1～0.2mmの仕上げしろを残して荒削りを終わる。	図3　角溝のねじ切り 台形ねじゲージ 図4　ねじ仕上げ削り用バイト
3	ねじの仕上げ削りをする	1．仕上げ用バイトは図4に示すように，台形ねじゲージに合わせて作る。横逃げ角θは図5のように，ねじの斜面より大きめにする。 2．仕上げ用バイトをヘールホルダに取り付けた後，刃物台に取り付ける。このとき台形ねじゲージを使って取り付け角度を正確に固定する（図6）。 　ハーフナットを入れた状態で機械を停止させ，荒削りしたねじ溝に合わせる。 3．ねじ切り送りを与えて，バイトの切り込み位置を決め，そのときの目盛を確かめる。 4．切り込みは，初めは0.1mm（半径）くらいとし，バイトが深く入るにつれて少なくする。仕上がり近くでは，0.02mm（半径）程度の少ない切り込みで，ねじをきれいに仕上げる。 5．仕上げ削りでは切削油を十分に与え，バイトを僅かに左右に寄せて，山の斜面を奇麗に仕上げる。 6．ねじを切り終えたら，めねじに合わせてみる。 7．細目やすりで，ねじ外周のかえりを取る。 ※台形ねじは，30°と29°の2種類があったが，JIS B 0216の1987年の改正により30°のメートル系台形ねじ（Tr）に統一された。	バイト θ 図5　ねじ仕上げ削り用バイトの逃げ角 台形ねじゲージ　バイト 図6　ねじ仕上げ削り用バイトの取り付け

作業名	ねじ切り（5）	主眼点	台形ねじの切り方

1．角ねじ切りを行う場合は，複式刃物台の締め付け程度を調整しておく。

2．角ねじ切り用のバイトは，参考図1に示すように，側面に僅かな横ランドを付ける。

3．角ねじは，参考図2に示すように，JIS B 0101：2013「ねじ用語」では「ねじ山の断面が正方形に近いねじ」と規定している。

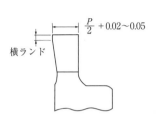

参考図1　角ねじ切り用バイト

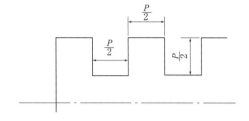

参考図2　角ねじ

備

考

			番号	No. 5.42
作業名	ねじ切り（6）	主眼点	2条ねじの切り方 （替え歯車による条数割り出し）	

リード　ピッチ

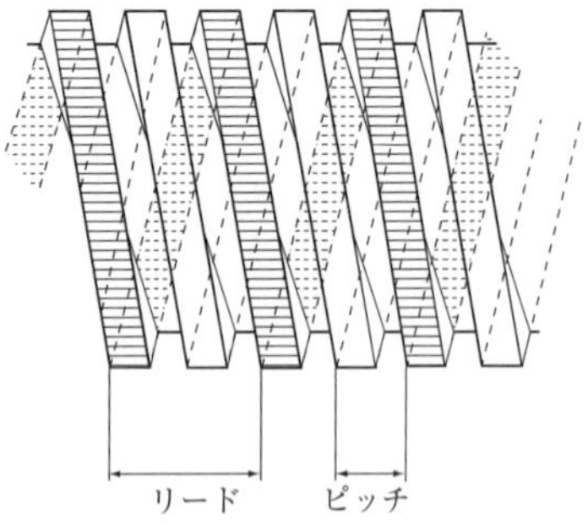

図1　2条ねじ

材料及び器工具など

軟鋼丸棒
外径加工バイト（各種）
完成バイト
ヘールホルダ
ねじゲージ
ノギス
スケール
片パス

番号	作業順序	要　点	図　解
1	主軸側歯車による条数割り出し	1．1条目のねじを切る。 2．主軸側Aの歯車の歯数を2等分して，合い印を付ける。 3．中間歯車Bと親ねじ側Cの歯車にも合い印を付ける。 4．中間歯車Bを静かに外す。 5．主軸側Aの歯車を1/2回転させる。 6．図2に示すように，各合い印に合わせて，中間歯車Bをかみ合わせる。 7．2条目のねじを切る。	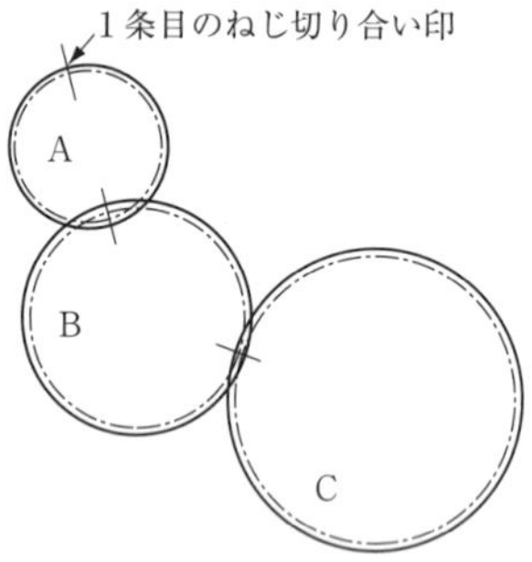 1条目のねじ切り合い印 図2　主軸側歯車による条数割り出し
2	親ねじ側歯車による条数割り出し	1．1条目のねじを切る。 2．親ねじ側Cの歯車の歯数を2等分して，合い印を付ける。 3．中間歯車Bと主軸側Aの歯車にも合い印を付ける。 4．そのまま中間車Bを静かに外す。 5．親ねじ側Cの歯車を1/2回転させる。 6．図3に示すように，各合い印を合わせて，中間歯車Bをかみ合わせる。 7．2条目のねじを切る。	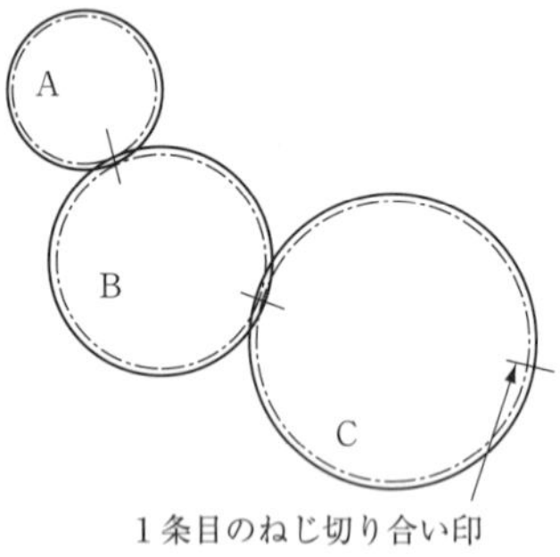 1条目のねじ切り合い印 図3　親ねじ側歯車による条数割り出し

備考	1．3条以上の多条ねじを切る場合も，同様の方法で条数の割り出しができる。 2．複式刃物台の送りねじの目盛によって，バイトを正確に1/2ピッチだけ送って，2条ねじの割り出しを行うことができる。 3．ねじ追いダイヤルの目盛数を16目盛としたとき，2，4，8目盛ごとにねじ切り位置が合うようなねじの場合は，目盛位置をその半数ずらしてハーフナットをおろせば，2条ねじが切れる。 4．旋盤の主軸に多条ねじ切りの割り出し目盛が付いているものでは，これによって多条ねじの割り出しを行うことができる。 　ただし，割り出し操作の際に，目盛線を正しく合わせないと，割り出し誤差を生じる。

作業名	総合応用課題	主眼点	作業手順及び寸法精度を出す

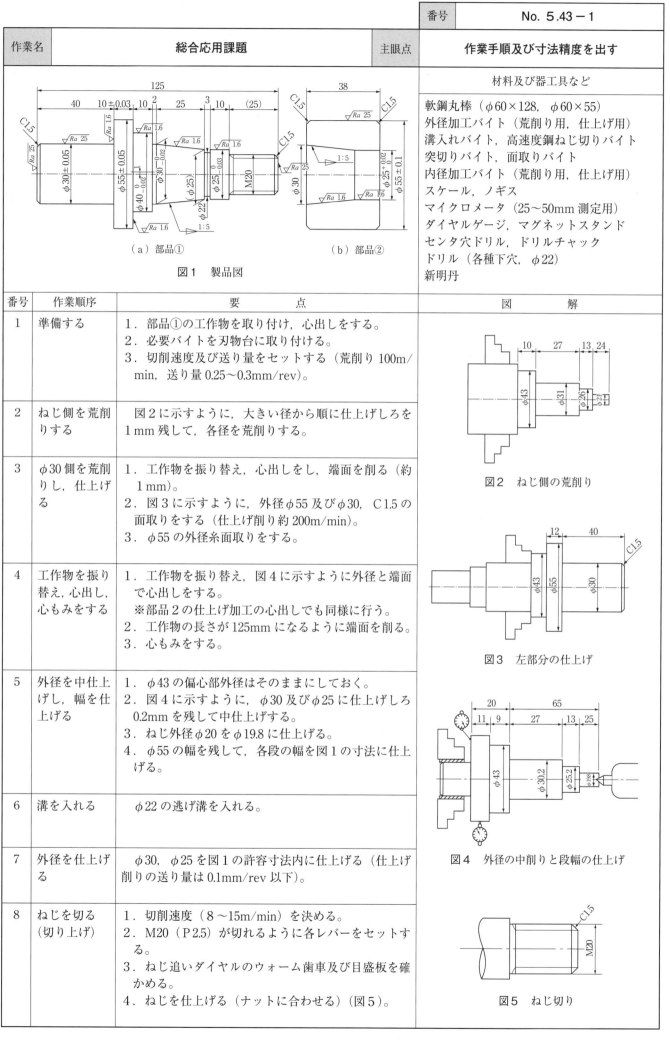

図1　製品図

（a）部品①　　　（b）部品②

材料及び器工具など

軟鋼丸棒（φ60×128，φ60×55）
外径加工バイト（荒削り用，仕上げ用）
溝入れバイト，高速度鋼ねじ切りバイト
突切りバイト，面取りバイト
内径加工バイト（荒削り用，仕上げ用）
スケール，ノギス
マイクロメータ（25～50mm 測定用）
ダイヤルゲージ，マグネットスタンド
センタ穴ドリル，ドリルチャック
ドリル（各種下穴，φ22）
新明丹

番号	作業順序	要　　　点	図　　　解
1	準備する	1．部品①の工作物を取り付け，心出しをする。 2．必要バイトを刃物台に取り付ける。 3．切削速度及び送り量をセットする（荒削り 100m/min，送り量 0.25～0.3mm/rev）。	
2	ねじ側を荒削りする	図2に示すように，大きい径から順に仕上げしろを1mm 残して，各径を荒削りする。	図2　ねじ側の荒削り
3	φ30 側を荒削りし，仕上げる	1．工作物を振り替え，心出しをし，端面を削る（約1mm）。 2．図3に示すように，外径φ55 及びφ30，C1.5 の面取りをする（仕上げ削り約 200m/min）。 3．φ55 の外径糸面取りをする。	図3　左部分の仕上げ
4	工作物を振り替え，心出し，心もみをする	1．工作物を振り替え，図4に示すように外径と端面で心出しをする。 ※部品2の仕上げ加工の心出しでも同様に行う。 2．工作物の長さが 125mm になるように端面を削る。 3．心もみをする。	
5	外径を中仕上げし，幅を仕上げる	1．φ43 の偏心部外径はそのままにしておく。 2．図4に示すように，φ30 及びφ25 に仕上げしろ0.2mm を残して中仕上げする。 3．ねじ外径φ20 をφ19.8 に仕上げる。 4．φ55 の幅を残して，各段の幅を図1の寸法に仕上げる。	図4　外径の中削りと段幅の仕上げ
6	溝を入れる	φ22 の逃げ溝を入れる。	
7	外径を仕上げる	φ30，φ25 を図1の許容寸法内に仕上げる（仕上げ削りの送り量は 0.1mm/rev 以下）。	
8	ねじを切る（切り上げ）	1．切削速度（8～15m/min）を決める。 2．M20（P2.5）が切れるように各レバーをセットする。 3．ねじ追いダイヤルのウォーム歯車及び目盛板を確かめる。 4．ねじを仕上げる（ナットに合わせる）（図5）。	図5　ねじ切り

作業名		総合応用課題		主眼点	作業手順及び寸法精度を出す

番号	作業順序	要　　　　点	図　　　解
9	テーパを削る	1．テーパ 1/5 になるように刃物台を傾ける（図6〜図7により，傾ける角度は約 5°43′）。 2．テーパを荒削りする。 3．切削速度を仕上げ速度にセットし，超硬仕上げバイトを取り付け，図8の削り終わり位置で横送り目盛を0に合わせる。 4．往復台は固定したまま，刃物台手送りで，バイトを削り始めの位置に戻し，中仕上げ，仕上げ削りは，0にセットした目盛までの切り込みを与え，仕上げする。	 図6　テーパ 1/5 $$\tan \theta = \frac{2.5}{25}$$ $$= 0.1$$ $$\theta \fallingdotseq 5°43′$$ 図7　刃物台の傾け角
10	偏心部を仕上げる	1．心押台を外し，ダイヤルゲージで 1mm 偏心させる（ダイヤルゲージの針は2回転する）。 2．外径を φ40.2 に中仕上げする。 3．φ55 の幅を 10mm に仕上げる。 4．外径を φ40 に仕上げる。	 図8　テーパの削り終わり位置で 外径の0セット
11	部品②の工作物を荒削りする	1．図9に示すように部品②の工作物を取り付け，心出しする。 2．端面を削る（振れが取れる程度）。 3．外径を荒削りし，心もみ穴あけをする。 4．内径を仕上げしろ 0.2mm 残して，荒削り，中仕上げする。	 図9　部品②の荒削り
12	仕上げ削りする	1．図1に示す寸法に内径を仕上げる。 2．端面及び外径を仕上げる。 3．C1.5 面取りをする。	
13	テーパを仕上げる	1．刃物台を 1/5 テーパ（約 5°43′）傾ける。 2．テーパを荒削りする（テーパ長さの約 2/3 くらいまで）。 3．おすテーパに新明丹を塗り，すり合わせしてテーパの当たりを調べてみる。テーパが一致しないときには，「No. 5.30」で学んだ要領で角度を修正し，一致するまで繰り返す。 4．テーパの当たりが一致したら，図10に点線で示すように 7〜8mm 手前まで中仕上げする。 5．穴仕上げバイトの刃面が，仕上げ面に平行になるように正しく取り付ける。 6．図10の実線で示す位置に止まるように仕上げする。	 図10　テーパの仕上げ
14	部品②を切断する	裏の仕上げしろ 1mm 残して突き切る。	
15	裏面を仕上げる	1．部品②を振り替えて，心出しをする（図11）。 2．裏端面を寸法に仕上げる。 3．C1.5 面取りをする。	図11　振り替えて心出し

備考	偏心部の荒削り寸法は次のようにして求める。 　　外径寸法＋偏心量×2＋1mm 　　　　　　　　　　（仕上がり寸法）（偏心分）（仕上げしろ） 　　（例）　φ40 で 1mm 偏心の場合……40＋（1×2）＋1＝43mm

			番号	No. 6. 1－1
作業名	フライス盤の取り扱い		主眼点	操作の仕方

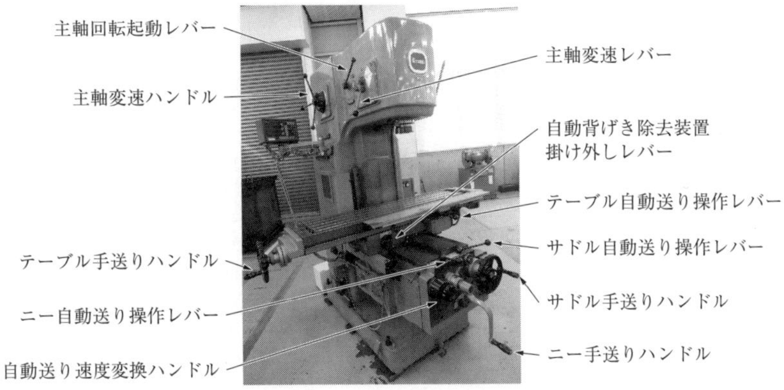

主軸回転起動レバー
主軸変速ハンドル
主軸変速レバー
自動背げき除去装置 掛け外しレバー
テーブル自動送り操作レバー
サドル自動送り操作レバー
サドル手送りハンドル
テーブル手送りハンドル
ニー自動送り操作レバー
自動送り速度変換ハンドル
ニー手送りハンドル

図1　立てフライス盤

材料及び器工具など

油等

番号	作業順序	要　　点	図　　解
1	給油をする	1．コラム，サドル，ニーなどの油窓を点検し，油量が不足の場合は，指定の油を給油する。 2．各部しゅう動面に給油する。	 図2　起動押しボタン
2	各部を点検する	1．各操作レバーが中立にあることを確かめる。 2．主軸回転起動レバーが停止の位置にあることを確かめる。 3．起動押しボタンを押す（図2）。	
3	手送り操作をする	1．テーブル手送りハンドルをテーブル側に押し付けてクラッチをかみ合わせ，左右に操作する。 　ハンドルの重さ加減，送りねじのバックラッシの大小などを調べる。 2．サドル手送りハンドルを操作する。 3．ニー手送りクランクを操作する。	 図3　自動送り速度変換ハンドル
4	自動送り操作をする	1．自動送り速度変換ハンドルを回して，▼印と300の目盛を一致させる（図3）。 2．テーブル自動送り操作レバー①を右又は左に操作する（図4）。 3．サドル自動送りレバー②を矢印の方向に操作する（図4）。 4．ニー自動送りレバー③を矢印の方向に操作する（図4）。	 図4　自動送りレバー（3種類）

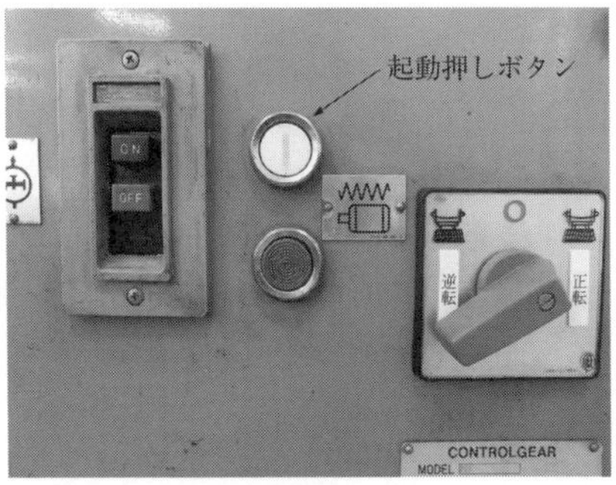

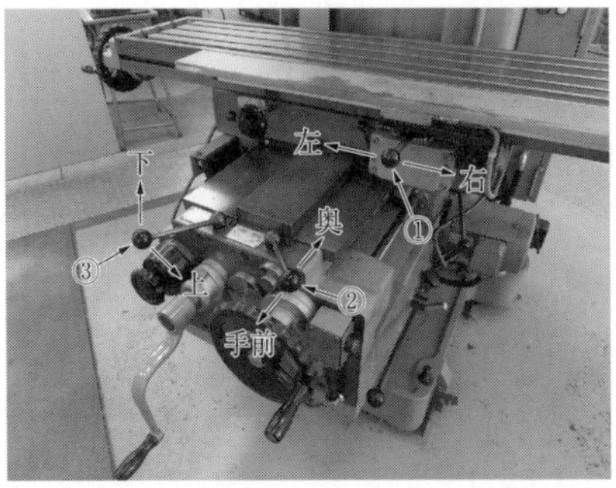

作業名	フライス盤の取り扱い	主眼点	操作の仕方

番号	作業順序	要　　　点	図　　解
5	早送り操作をする	1．テーブル自動送りレバーを右又は左に操作して自動送りをかける。 2．早送りレバーを上げて，早送りをかける（図5）。 3．早送りレバーを離して，自動送りレバーを元に戻す。 4．同様にサドル，ニーの早送りを操作する。	 早送りレバー 図5　早送りレバー
6	主軸回転速度の変換操作をする	1．主軸変速ハンドルを回して最低回転速度に合わせる（図6）。 2．主軸変速レバーを－（マイナス）側に入れる。 3．主軸回転起動レバーを上げて主軸を回転させる。 4．同様の操作で，任意の主軸速度を選んで操作する。	
7	作業終了後の手入れ	1．ニーは最下位に，サドルはコラム側に，テーブルは中心部に位置させて機械を停止する。 2．しゅう動面とテーブル面に油を塗る。	主軸回転起動レバー 主軸変速ハンドル 主軸変速レバー 図6　主軸回転速度変換ハンドル

備考

【操作表示記号】
　サインプレートの操作表示記号は，JIS B 6012-1：1998「工作機械－操作表示記号」に準じている（参考表1）。

参考表1　操作表示記号

記　号	意義ほか	記　号	意義ほか
x ◯/min	毎分回転速度 xは回転速度の値で，用いなくてもよく，表にまとめてもよい	↯	上下送り
⋙ x mm/min	毎分当たり送り量 xは送り量の数値で，用いなくてもよく，表にまとめてもよい	～	早　送　り
⋙ 1/x	減速送り 1/xは普通送りに対する減速比で，用いなくてもよい	▱	角テーブル又はスライド要素 T溝の方向，直交に関係ない
⋙ 1/1	普通送り 1/1は用いなくてもよい	⫯	フライス主軸
⋙ x/1	高速（増速）送り x/1は普通送りに対する増速比で，用いなくてもよい	✋	手　　動

【安全】
　作業開始前，作業終了時には各自動送りレバーは，中立になっていることを確認する。

出所：（参考表1）JIS B 6012-1：1998「工作機械－操作表示記号」

作業名	バイスの取り付け	主眼点	取り付けと平行度の出し方

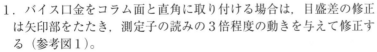

図1　バイスの平行出し

材料及び器工具など

バイス（スイベル調整付，裏側キーのない
　もの）
てこ式ダイヤルゲージ（マグネットスタン
　ド付き）
油といし
プラスチックハンマ又は木ハンマ
ウエス

番号	作業順序	要　　点	図　　解
1	準備する	1．テーブル面をウエスでよく拭く。 2．バイスの底面をウエスでよく拭く。 3．油といしでテーブル上及びバイス底面の傷などの出っ張りを取り除く。 4．バイスをテーブル上に載せる。	
2	バイスを仮締めする	1．テーブル溝とバイスの取り付け溝を合わせる。 2．図2のB側のボルトをA側よりも少し強く仮締めする。 3．バイスの口金を開き，油といしで口金の傷などを取る。	図2　バイスの平行出し
3	平行度を出す	1．てこ式ダイヤルゲージをヘッド又はオーバアームに取り付ける（図3）。 2．てこ式ダイヤルゲージに口金を当て，測定子を0.5mmくらい押し込み，目盛を0に合わせる。 3．テーブルを口金いっぱいに送って，両端の指示目盛を読み取る。 4．てこ式ダイヤルゲージの針をA側にして，プラスチックハンマで図2のようにたたいて，目盛差を修正する。 5．口金の両端の差がなくなるまで，修正を繰り返す。	
4	バイスを本締めする	1．口金の平行が出たら，取り付けボルトを左右交互に本締めする。 2．再びてこ式ダイヤルゲージで取り付け状態を確かめる。 3．てこ式ダイヤルゲージを外す。	図3　てこ式ダイヤルゲージの取り付け方

（右へ曲げるとき）　　（左へ曲げるとき）

立てフライス　　　横フライス

備 考	1．バイス口金をコラム面と直角に取り付ける場合は，目盛差の修正は矢印部をたたき，測定子の読みの3倍程度の動きを与えて修正する（参考図1）。 2．バイス口金の取り付け面が湾曲しているものは，再研削して修正をする。湾曲度は0.03mm以上あってはならない。 3．一般にバイスの裏側には位置決めのキーが入っており，これを機械のテーブル溝に合わせることによって，0.05mm以下の平行度は出る。	 参考図1　バイスをテーブル方向に 　　　　取り付けたときの平行出し

作業名	フライスの取り付け（立てフライス盤）	主眼点	クイックチェンジアダプタ，正面フライスの取り付け及び取り外し

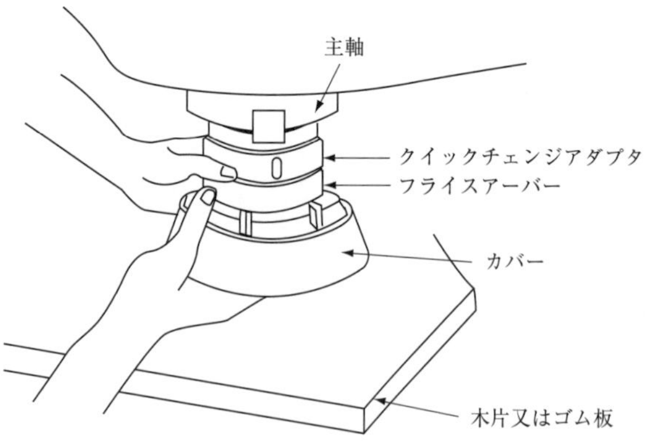

主軸
クイックチェンジアダプタ
フライスアーバー
カバー
木片又はゴム板

図1　フライスの取り付け

		材料及び器工具など

クイックチェンジアダプタ
フライスアーバー
正面フライス
かぎ形レンチ
銅ハンマ
ウエス

番号	作業順序	要　　点	図　　解
1	準備する	1．主軸回転速度を低速にする。 2．ドローインボルトを外してウエスでよく拭き，ねじ部の山の異常がないか確かめる。 3．主軸テーパの内径をウエスでよく拭く。 4．クイックチェンジアダプタのテーパ部をウエスでよく拭く（図2）。	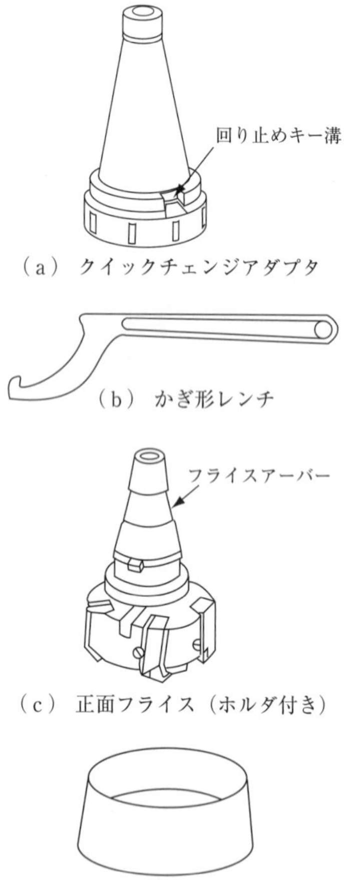 回り止めキー溝 （a）クイックチェンジアダプタ
2	クイックチェンジアダプタを取り付ける（図2）	1．右手でクイックチェンジアダプタを持ち，回り止めキー溝をキーに合わせ，スピンドルにはめ込む。 2．左手でヘッド上部のドローインボルトを3回転程度回して，ねじの直径程度アダプタにねじ込む。 　深すぎるとコレット部が当たり，浅すぎるとねじ部を傷めるので注意する。 3．左手でボルト部を握り，右手にスパナを持ち，ドローインボルトの締め付ナットを締め付ける。	 （b）かぎ形レンチ フライスアーバー （c）正面フライス（ホルダ付き）
3	正面フライスを取り付ける（図2）	1．クイックチェンジアダプタの内径とフライスアーバーのテーパ部をよく拭く。 2．クイックチェンジアダプタの目盛環を左に止まるまで回し，指示目盛が0になっているかを確かめる。 3．正面フライスにゴムカバーを付け，右手に持ち，ホルダの突起部とクイックチェンジアダプタの切欠部を合わせて挿入し，完全に入ったら，左手で目盛環を右に回す。 4．かぎ形レンチでしっかり締め付ける。	 （d）ゴムカバー 図2　治工具類
4	正面フライスを取り外す	1．かぎ形レンチを左手に持ち，締め付けリングの溝に合わせ，右手でレンチを左方にたたく（図3）。 2．締め付けリングが手で回るくらいまで緩んだらレンチを置く（いっぱいまで緩めない）。 3．右手で正面フライスをしっかりと保持し，左手で締め付けリングを止まるまで左へ回して，正面フライスを取り外す。 　重みで自動的に外れるので，落とさないように注意する（図1）。	 図3　正面フライスの取り外し

				番号	No. 6.3−2
作業名		フライスの取り付け（立てフライス盤）	主眼点	クイックチェンジアダプタ，正面フライスの取り付け及び取り外し	

番号	作業順序	要　　点	図　　解
5	クイックチェンジアダプタを取り外す	1．ドローインボルトの締め付けナットを1～2山くらい緩める。 2．ドローインボルトの頭部をプラスチックハンマで軽くたたき，テーパ部の密着を離す。 3．右手でクイックチェンジアダプタを保持し，左手でドローインボルトを左へ回して外す。	

【安全】
1．正面フライスの取り付け，取り外しには，必ず保護カバーを取り付けて行う。
2．150mm 以上の正面フライスの取り付けは，テーブル上に木の板などを敷き，その上に正面フライスを載せ，ニーハンドルを利用してスピンドルに挿入し，ドローインボルトで引き上げ，締め付ける。
3．主軸の回転速度は低速にする。

備

考

5	クイックチェンジアダプタを取り外す		

				番号	No. 6. 4
作業名	平面削り（1）		主眼点	正面フライスによる平面削り	

材料及び器工具など
SS400（□ 55×80） 超硬正面フライス（φ100）（刃数4枚） 丸棒 プラスチックハンマ 細目平やすり ノギス

図1　正面フライスによる平面削り

番号	作業順序	要　　点	図　　解
1	準備する	1．工作物の削りしろを調べる。 2．バイスを取り付ける。 3．正面フライスを取り付ける。	丸棒 （中心よりやや下側に） 図2　工作物の取り付け
2	工作物を取り付ける	1．工作物のかえりをやすりで取り除く。 2．工作物をバイスの中央に置き，丸棒を使用して確実に締め付ける。バイスハンドルはハンマで強くたたかないようにする（図2）。 3．プラスチックハンマで工作物の上部を軽くたたき，バイスの底面に密着させる。	
3	平面を荒削りする	1．主軸回転速度を350〜400min⁻¹にセットし，起動する。 2．フライスの刃面に工作物の右端の平面を僅かに触れさせ，ニーの目盛を0に合わせる。 3．そのまま工作物を左方に逃がして，目盛によってニーを2mm上げ，サドルをクランプする（図3）。 4．平面を手送りで荒削りする。 5．ニーを僅かに下げてテーブルを元の位置に戻し，主軸の回転を止めて加工面の状態を調べる（完全に削れたか，びびりやささくれがないか）。	2mm 正面フライス 図3　平面の荒削り
4	平面を仕上げる	1．テーブル送り速度を200〜250mm/minにセットする。 2．0.5mm切り込みを与え，自動送りをかけて √Ra6.3 に仕上げる。 3．ニーを僅かに下げてテーブルを元の位置に戻し，自動送りレバーを中立にし，主軸の回転を止めて加工面の状態を調べる。	切削面　　かえり 糸面 鋭利な角
5	糸面を取る	工作物を取り外し，やすりで糸面を取る（図4）。 　切削した面の角は，鋭利になったり，かえりが発生するので，怪我を防止するために，細目平やすりか油といしを使って，糸面（0.2〜0.3mmの面取り）を取る。 　切削した面の角に，やすりを45°に当て，押しながらやすりの刃全体を使って削ると，かえりが糸状の切り屑となって工作物から除去でき，角に触れても怪我をしなくなる。	C0.2〜C0.3mm 細目平やすり 図4　糸　面

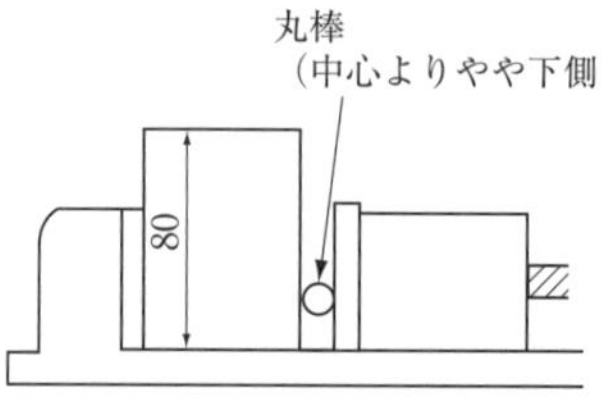

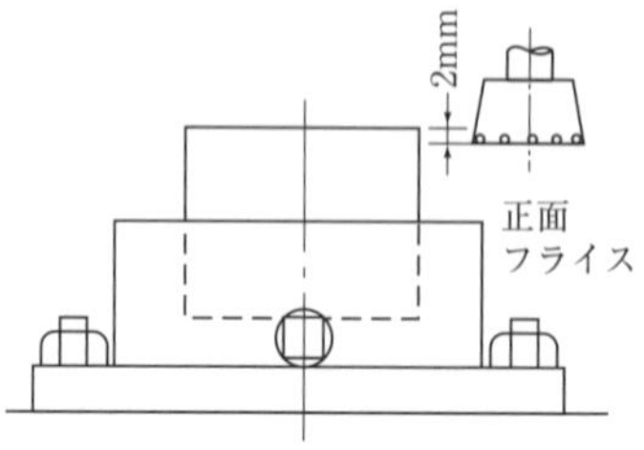

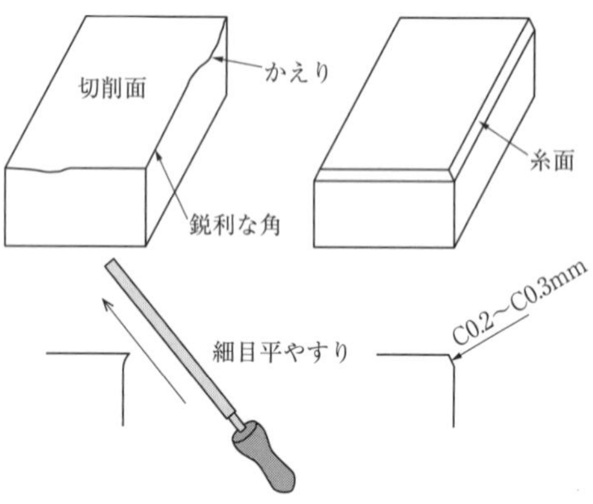

備考	工作物がガス切断面，圧延したままの面，著しくさびた面などの場合は，バイスの口金に銅，アルミなどの保護金具を使用して取り付けると，口金を傷めない。 【安全】 　各面の加工後必ず糸面を取る。

| 作業名 | 平面削り（2） | 主眼点 | 六面体削り |

材料及び器工具など

SS400（□ 55×85）
正面フライス
測定具一式
丸棒
プラスチックハンマ
スコヤ
やすり
平行台

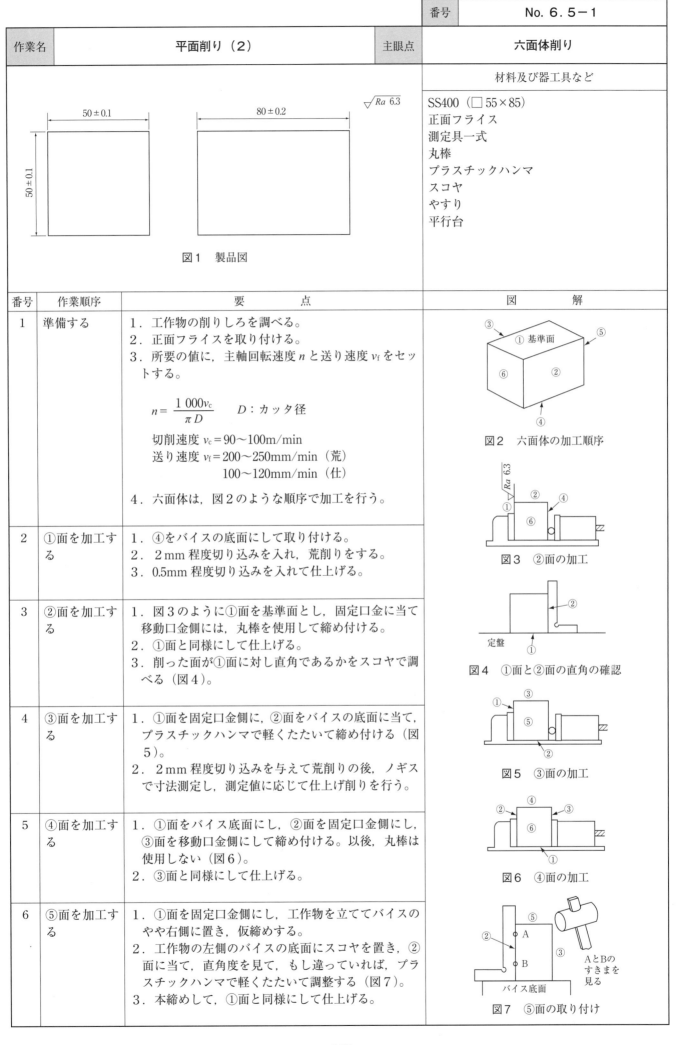

図1　製品図

番号	作業順序	要　点	図　解
1	準備する	1．工作物の削りしろを調べる。 2．正面フライスを取り付ける。 3．所要の値に，主軸回転速度 n と送り速度 v_f をセットする。 $$n=\dfrac{1\,000v_c}{\pi D}\qquad D：カッタ径$$ 切削速度 v_c＝90～100m/min 送り速度 v_f＝200～250mm/min（荒） 　　　　　　100～120mm/min（仕） 4．六面体は，図2のような順序で加工を行う。	図2　六面体の加工順序 図3　②面の加工
2	①面を加工する	1．④をバイスの底面にして取り付ける。 2．2mm程度切り込みを入れ，荒削りをする。 3．0.5mm程度切り込みを入れて仕上げる。	
3	②面を加工する	1．図3のように①面を基準面とし，固定口金に当て移動口金側には，丸棒を使用して締め付ける。 2．①面と同様にして仕上げる。 3．削った面が①面に対し直角であるかをスコヤで調べる（図4）。	図4　①面と②面の直角の確認
4	③面を加工する	1．①面を固定口金側に，②面をバイスの底面に当て，プラスチックハンマで軽くたたいて締め付ける（図5）。 2．2mm程度切り込みを与えて荒削りの後，ノギスで寸法測定し，測定値に応じて仕上げ削りを行う。	図5　③面の加工
5	④面を加工する	1．①面をバイス底面にし，②面を固定口金側にし，③面を移動口金側にして締め付ける。以後，丸棒は使用しない（図6）。 2．③面と同様にして仕上げる。	図6　④面の加工
6	⑤面を加工する	1．①面を固定口金側にし，工作物を立ててバイスのやや右側に置き，仮締めする。 2．工作物の左側のバイスの底面にスコヤを置き，②面に当て，直角度を見て，もし違っていれば，プラスチックハンマで軽くたたいて調整する（図7）。 3．本締めして，①面と同様にして仕上げる。	AとBのすきまを見る バイス底面 図7　⑤面の取り付け

作業名	平面削り（2）	主眼点	六面体削り

番号	作業順序	要　　　点	図　　解
7	⑥面を加工する	1．①面を固定口金側にして締め付ける（図8）。 2．③面と同様にして仕上げる。	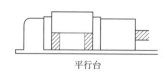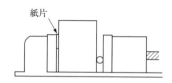 図8　⑥面の加工

備　考

1．工作物がバイス口金高さよりも低いときは，参考図1のように平行台を使用して取り付ける。

2．工作物の直角が出ない場合は，参考図2のように紙片を挟んで修正することもある。

3．切削によって生じたかえりは，必ず取り除いてから次の作業に移る。

4．切削力が主にバイスの移動口金ではなく，固定口金に作用するような方向の送りで切削することが大切である(参考図3)。

5．バイスの口金の高さは，一般的に使用されるものが50mmなので，必要に応じて平行台を使用する。この作業では①②③④⑥面加工においては，平行台を使用したほうがよい。

参考図1　平行台を用いた工作物の取り付け

参考図2　紙片による直角の調整

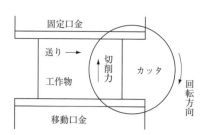

参考図3　切削が常に固定口金に作用する方向に工作品を送る

| 作業名 | 直溝削り（1） | 主眼点 | 直交する直溝削り |

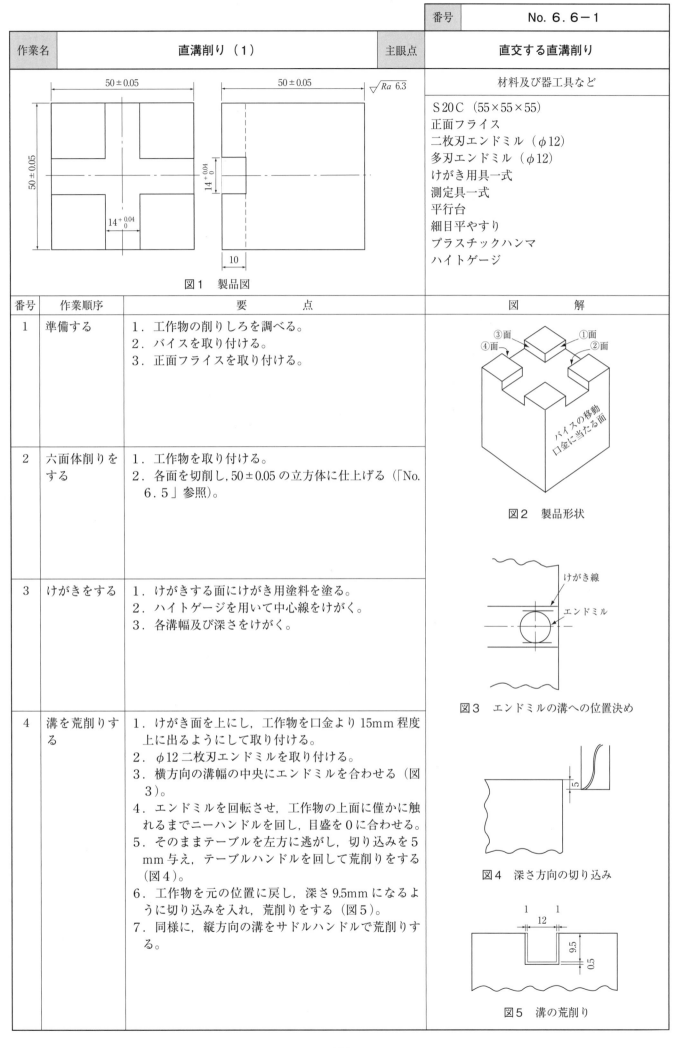

材料及び器工具など

S 20 C （55×55×55）
正面フライス
二枚刃エンドミル（φ12）
多刃エンドミル（φ12）
けがき用具一式
測定具一式
平行台
細目平やすり
プラスチックハンマ
ハイトゲージ

図1　製品図

番号	作業順序	要　　点	図　　解
1	準備する	1．工作物の削りしろを調べる。 2．バイスを取り付ける。 3．正面フライスを取り付ける。	③面　①面 ④面　②面 バイスの移動 口金に当たる面 図2　製品形状
2	六面体削りをする	1．工作物を取り付ける。 2．各面を切削し，50±0.05の立方体に仕上げる（「No. 6.5」参照）。	
3	けがきをする	1．けがきする面にけがき用塗料を塗る。 2．ハイトゲージを用いて中心線をけがく。 3．各溝幅及び深さをけがく。	けがき線 エンドミル 図3　エンドミルの溝への位置決め
4	溝を荒削りする	1．けがき面を上にし，工作物を口金より15mm程度上に出るようにして取り付ける。 2．φ12二枚刃エンドミルを取り付ける。 3．横方向の溝幅の中央にエンドミルを合わせる（図3）。 4．エンドミルを回転させ，工作物の上面に僅かに触れるまでニーハンドルを回し，目盛を0に合わせる。 5．そのままテーブルを左方に逃がし，切り込みを5mm与え，テーブルハンドルを回して荒削りをする（図4）。 6．工作物を元の位置に戻し，深さ9.5mmになるように切り込みを入れ，荒削りをする（図5）。 7．同様に，縦方向の溝をサドルハンドルで荒削りする。	5 図4　深さ方向の切り込み 1　1 12 9.5 0.5 図5　溝の荒削り

作業名	直溝削り（1）	主眼点	直交する直溝削り

番号	作業順序	要　　　点	図　　　解
5	溝を仕上げる	1．φ12多刃エンドミルに付け替える。 2．横方向の荒削りした溝に合わせ，深さ0.3mmと①面（図2）に0.5mmの切り込みを入れ，自動送りをかける。 　　切削速度 v_c＝20～25m/min 　　送り速度 v_f＝100～120mm/min 3．切削が終わったら，そのまま送りを逆にして，エンドミルのたわみにより逃げている分を切削する。 4．幅Aと深さhを測定し，仕上げしろを確かめる（図6）。 5．測定値に応じた切り込みを入れ，2．，3．と同様の方法で仕上げる。 6．上下ハンドルは0.1mm現時点より離し，同様に②面を中仕上げする。 7．溝幅を測定し，仕上げしろを確かめる。 8．測定値に応じて切り込みを入れ，底面も仕上げる。 9．同様にして，縦方向の溝③面及び④面を仕上げる。	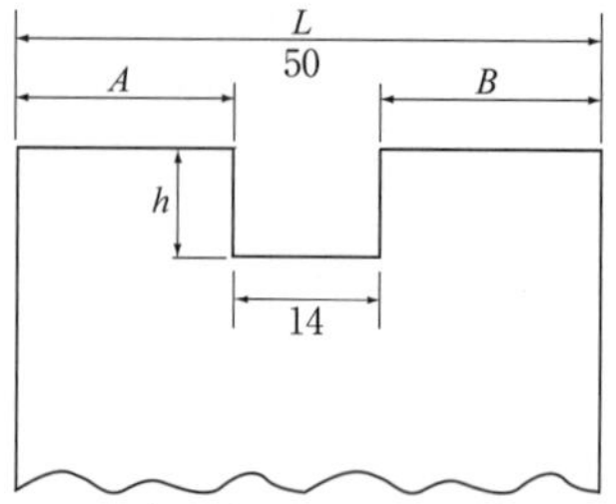 Aをマイクロメータで測る $$A=\frac{(50-14)}{2}=18$$ となる 図6　仕上げしろの確認

備

1．切削中は，送りのかかっていない方向をすべてクランプして完全に固定する。またクランプの締め具合によっては，テーブルやサドルが多少動くことがあるので，常に一定の力で操作する。

2．溝幅を直接測定できないときは，図6のB寸法を測定することで仕上げしろを確かめる。

$$B=L-(A+14^{+0.04}_{0})$$

考

				番号	No. 6. 7－1

作業名	直溝削り（2）	主眼点	エンドミルによるキー溝削り

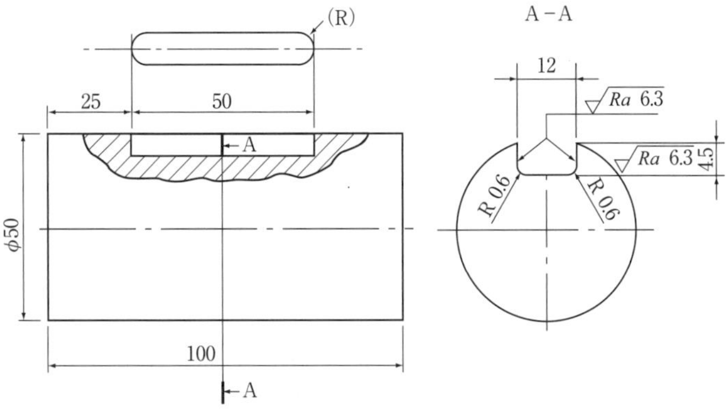

材料及び器工具など

S 20 C （φ50×100　加工済み）
二枚刃エンドミル（φ10，φ12）
けがき用具一式
測定具一式
だんご針
プラスチックハンマ

図1　製品図

番号	作業順序	要　　　点	図　　　解
1	けがきをする	キー溝及び中心線をけがく。	
2	工作物をバイスに取り付ける	1．キー溝のけがき部分を上にし，トースカンで図2のようにして心を出す。 2．浮上がりのないように，工作物をプラスチックハンマで軽くたたく。 3．バイスを強く締める。	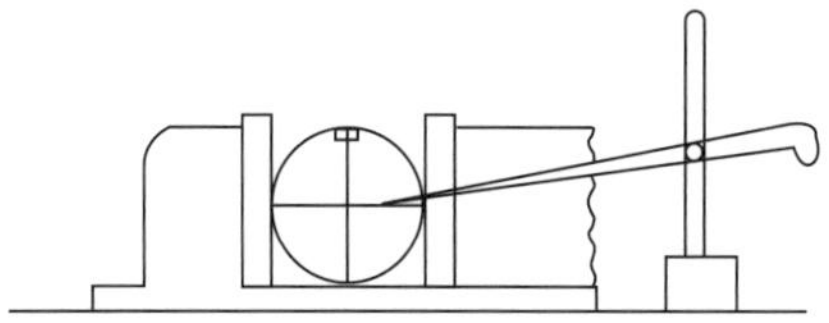 図2　トースカンによる工作物の心出し
3	工作物の中心とエンドミルの中心を合わせる	1．φ10 二枚刃エンドミルを取り付ける。 2．エンドミルの先端にだんご針を取り付け，100～150min^{-1}で回転させる（図3）。 3．針の先端に軽く木片等を触れさせ，針の心を出す。 4．針の先端と工作物の中心線を合わせ，サドルをクランプする（だんご針を外す）。 5．てこ式ダイヤルゲージにて中心を出す（図4）。	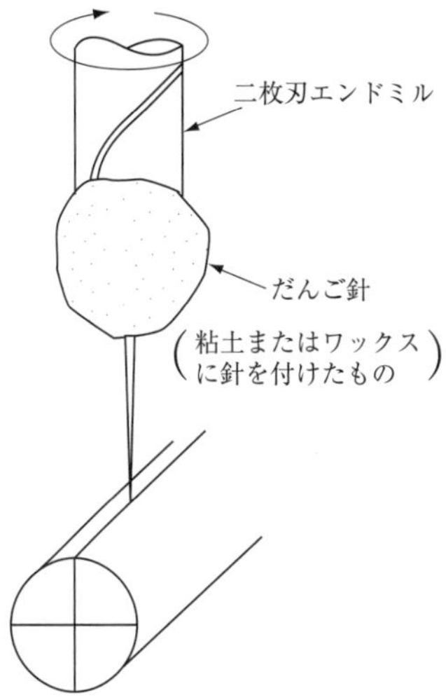
4	キー溝を荒削りする	1．二枚刃エンドミルを回転させながら，工作物に僅かに触れるまでニーを上げ，目盛を0に合わせる（キーの右端側で合わせる）。 2．テーブルをクランプし，ニーを静かに上げて4.3mm切り込みを入れる。 3．テーブルクランプを外し，キーの左端側けがき線の1mmくらい手前まで，手送りで切削する。	図3　だんご針による工作物の中心の出し方
5	キー溝を仕上げる	1．φ12 二枚刃エンドミルに付け替える。 2．キー溝の左端でテーブルをクランプし，静かにニーを上げ，荒削りの底面に触れた位置から0.2mm切り込みを入れる。 3．テーブルクランプを外し，キー溝の左側のけがき線いっぱいまで送る。 4．テーブルをクランプし，ハンドルを逆に回して，ねじのバックランをなくし，目盛を0に合わせる。 5．テーブルクランプを外し，テーブルを左方に38mm目盛で送る（50＝38＋6＋6）。 6．主軸の回転を止め，ニーを下げる。	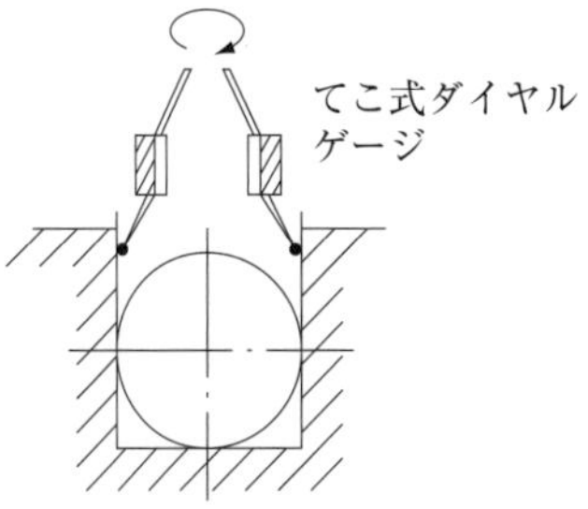 図4　てこ式ダイヤルゲージによる 工作物の中心の出し方

作業名	直溝削り（2）	主眼点	エンドミルによるキー溝削り

1．キー溝加工後工程に軸径の研削が入る場合は，研削しろの 1/2 だけキー溝を深く加工する。

2．キー溝は応力集中を避けるため，底部に必ず丸みがついている。呼び寸法に対し，参考表1の刃先半径（R）をもった二枚刃エンドミルで加工する（参考図1）。

参考表1　キー溝の呼び寸法と刃先半径

キー溝の呼び寸法	4〜7	10〜15	18〜28	32〜56
刃先半径（R）	0.4	0.6	1	1.6

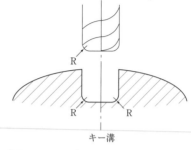

参考図1　キー溝の形状とエンドミル

備

考

| 作業名 | 側 面 削 り | 主眼点 | エンドミルによる側面削り |

材料及び器工具など

SS400（20×60×150　加工済み）
四枚刃エンドミル（φ30）
平行台
測定具一式
プラスチックハンマ
スコヤ

図1　エンドミルによる側面削り

番号	作業順序	要　　　　点	図　　　　解
1	工作物をバイスに取り付ける	図2のように，切削部分を右側にして取り付け，工作物が口金と同じ高さになる程度に深く締め付ける。	
2	①側の面を加工する	1．φ30 四枚刃エンドミルを取り付ける。 2．ニーを上げ，図3のように切削高さとエンドミルを合わせる。 3．エンドミルを①面に合わせ，切り込みを2mm入れ，図4のように上向き削りで切削油を十分に与えながら荒削りを行う。 　　切削速度 v_c＝25〜30m/min，手送り 4．工作物を元の位置に戻して0.5mm程度の切り込みを入れ，自動送りで仕上げる。 　　切削速度 v_c＝25〜30m/min 　　送り速度 v_f＝60〜80mm/min	
3	仕上げ面・直角度を調べる	1．切削面にびびり，うねり，ささくれなどがないかを調べる。 2．図5のように，2方向からスコヤで直角度を調べる。	
4	②側の面を加工する	1．工作物を振り替えて，①面と②面が反対になるように取り付ける。 2．①面と同じ要領で②面を仕上げる（必要に応じて長さ1を決める）。	

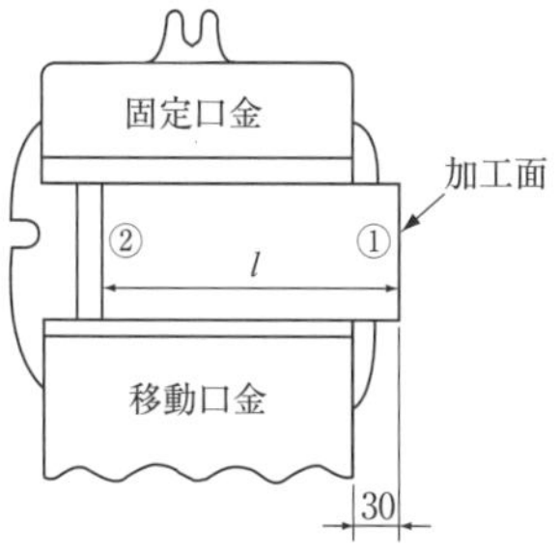

図2　工作物の取り付け

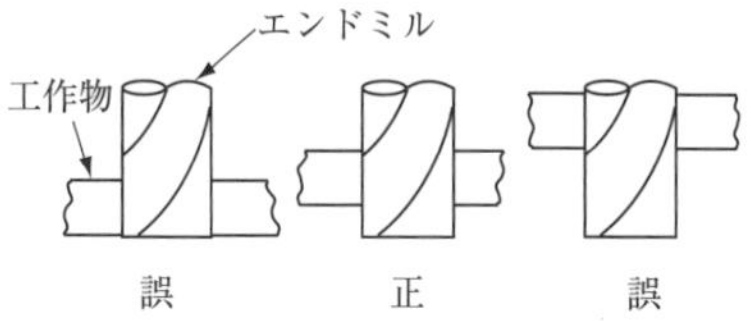

図3　ワーク底面とエンドミル端面の位置
　　　（ワークより2mm程度下げる）

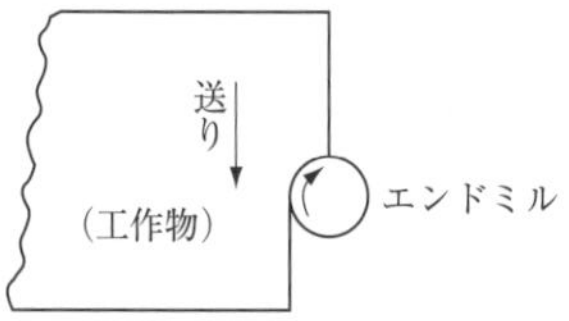

図4　荒削り（上向き削り）

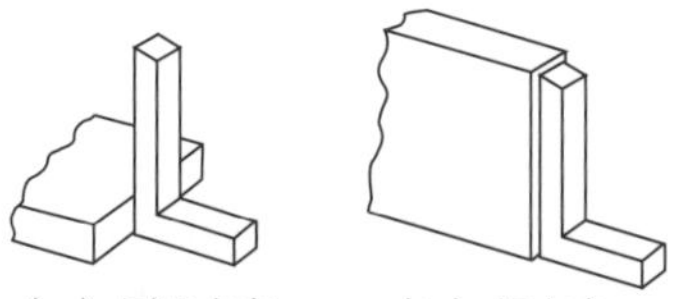

図5　直角度の確認

| 備考 | 　図5の直角度について，厚さ方向（図5（a））の不良は，エンドミルの側刃の研削状態と，工作物の取り付け時の浮き上がりが，主な原因である。
　幅方向（図5（b））の不良は，工作物の取り付け不良が原因である。
（1）バイスの取り付け不良を防ぐために，取り付け時に材料の上面の平行度をチェックするとよい。
（2）エンドミルの側刃の精度確認は，試し削りにて行うとよい。 |

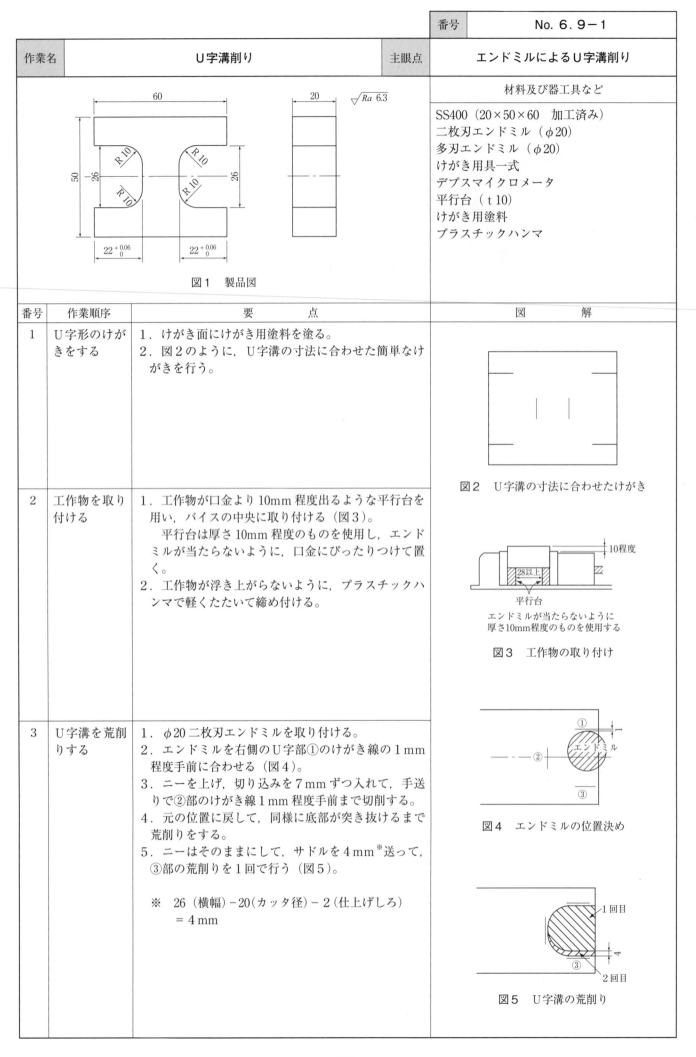

番号		No. 6.9−1

作業名	U字溝削り	主眼点	エンドミルによるU字溝削り

図1　製品図

材料及び器工具など

SS400（20×50×60　加工済み）
二枚刃エンドミル（φ20）
多刃エンドミル（φ20）
けがき用具一式
デプスマイクロメータ
平行台（t 10）
けがき用塗料
プラスチックハンマ

番号	作業順序	要　　　点	図　　　解
1	U字形のけがきをする	1．けがき面にけがき用塗料を塗る。 2．図2のように，U字溝の寸法に合わせた簡単なけがきを行う。	図2　U字溝の寸法に合わせたけがき
2	工作物を取り付ける	1．工作物が口金より10mm程度出るような平行台を用い，バイスの中央に取り付ける（図3）。 　平行台は厚さ10mm程度のものを使用し，エンドミルが当たらないように，口金にぴったりつけて置く。 2．工作物が浮き上がらないように，プラスチックハンマで軽くたたいて締め付ける。	10程度 28以上 平行台 エンドミルが当たらないように 厚さ10mm程度のものを使用する 図3　工作物の取り付け
3	U字溝を荒削りする	1．φ20二枚刃エンドミルを取り付ける。 2．エンドミルを右側のU字部①のけがき線の1mm程度手前に合わせる（図4）。 3．ニーを上げ，切り込みを7mmずつ入れて，手送りで②部のけがき線1mm程度手前まで切削する。 4．元の位置に戻して，同様に底部が突き抜けるまで荒削りをする。 5．ニーはそのままにして，サドルを4mm[※]送って，③部の荒削りを1回で行う（図5）。 　※　26（横幅）−20（カッタ径）−2（仕上げしろ） 　　　＝4mm	① エンドミル ② ③ 図4　エンドミルの位置決め 1回目 ③ 2回目 図5　U字溝の荒削り

| 作業名 | U字溝削り | 主眼点 | エンドミルによるU字溝削り |

番号	作業順序	要　　点	図　　解
4	U字溝を仕上げる	1．φ20多刃エンドミルに付け替える。 2．①，②，③の各部を測定し，仕上げしろを確認する。 3．多刃エンドミルを①，②，③の順に各面に触れさせ，目盛に印を付ける。 4．測定値に応じて，0.2mm残して③，②，①の順に連続的に中削りをする（図6）。 　　R部はびびりが生じやすいので，起動レバーを切ったり入れたりして，エンドミルの回転を調節しながら行う。送りも無理に送るとR部が食い込むので，静かに送る。 　　切削速度 $v_c=12〜15$m/min。 5．各部を測定し，仕上げしろがどのくらいあるかを確認する（図7）。 　　幅は $L−(A+B)$ で振分けを正しく，深さ C はデプスマイクロメータを使用する。 6．測定値に応じて前に付けた印を利用して，③面，②面，①面の順に仕上げる。	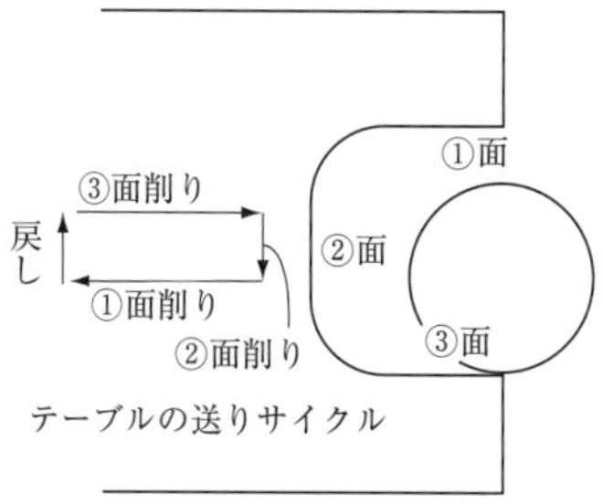 図6　U字溝の中仕上げ 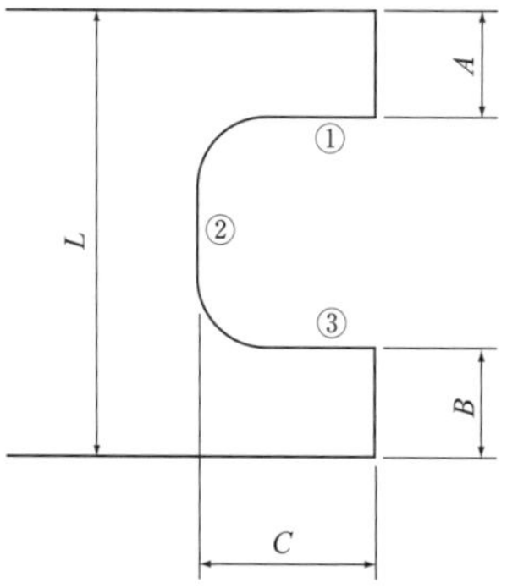 図7　U字溝の寸法確認と仕上げ
5	反対側のU字溝を加工する	作業順序4と，かって方向が異なるのみで，作業の方法は同じである。 工作物を振り替えて加工してもよい。	

| 備考 | 1．深さ C のような箇所においては，ばり取りをしっかり実施後，デプスマイクロメータで測定する。
2．U字溝の糸面は専用工具で実施する。滑りやすいので注意して行う。 |

作業名	曲面削り（1）	主眼点	ハンドリングによる曲面加工

材料及び器工具など

SS400（20×26×80 加工済み）
多刃エンドミル（φ20）
けがき用具一式
測定具一式
平行台
細目平やすり
けがき用塗料
プラスチックハンマ

図1 製品図

番号	作業順序	要 点	図 解
1	R部のけがきをする	1．けがき面にけがき用塗料を塗る。 2．4カ所のR部をけがく。	
2	工作物を取り付ける	1．工作物が口金より5mm程度出るような平行台を用い，取り付ける（図2）。 2．工作物が浮き上がらないように，プラスチックハンマで軽くたたいて締め付ける。	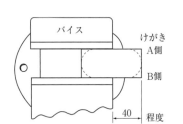 図2 工作物の取り付け
3	R部を荒削りする	1．φ20多刃エンドミルを取り付ける。 2．エンドミルの先端が工作物の底面より5mm程度出るようにして，矢印の方向にテーブルを送り，けがき線の0.5mm程度手前まで切削する（図3）。 　　切削時の座標は，次の式で求める。 $X = (A + B) - \cos\theta \times (A + B)$ $Y = \sin\theta \times (A + B)$ 　　　　A：工作物のR［mm］ 　　　　B：工具半径［mm］ 3．サドルを移動させて，A側を4回程度で切削する（図4，表1）。 4．同様にしてB側も切削する。	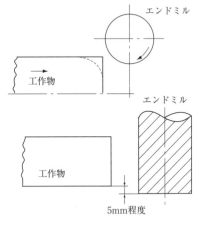 図3 R部の荒削り
4	R部を中仕上げする	1．荒削り加工後のかえりを取る。けがきが消えないように注意する。 2．上向き削りでけがきを見ながら，テーブルハンドル（X軸）とサドルハンドル（Y軸）を操作して，A側を中仕上げする。 3．同様にして，B側も中仕上げする。 　　B側はけがき線が見えにくいので，削りすぎないように注意する。	

表1 荒取り時の座標（0.5mm手前）

単位［mm］

軸 角度	X	Y	
0	0	0	（基準点）
18°（1）	1.00	－ 6.33	
36°（2）	3.92	－ 12.05	
54°（3）	8.45	－ 16.58	
72°（4）	14.17	－ 19.50	

※加工では工作物を移動させるため，求めた座標値と
正負は，逆となる。

図4 R部の荒削り（上向き削りで削る）

作業名	曲面削り（1）	主眼点	ハンドリングによる曲面加工

番号	作業順序	要　　点	図　　解
5	R部の合わせ加工をする	1．アールゲージを合わせて，R部のすきまを見る。 2．当たっている部分を少しずつ切削する。	
6	糸面を取る	工作物を外し，やすりで糸面を取る。	
7	振り替えて反対側のR部を加工する	2～5項までと同じ要領で仕上げる。	
8	糸面を取る	工作物を外し，やすりで糸面を取る。	

備 考			

番号	作業順序	要　　点	
5	R部の合わせ加工	1．アールゲージを合わせて，R部のすきまを見る。	

| 作業名 | 曲面削り（2） | 主眼点 | 円テーブル（サーキュラ・テーブル）による曲面加工 |

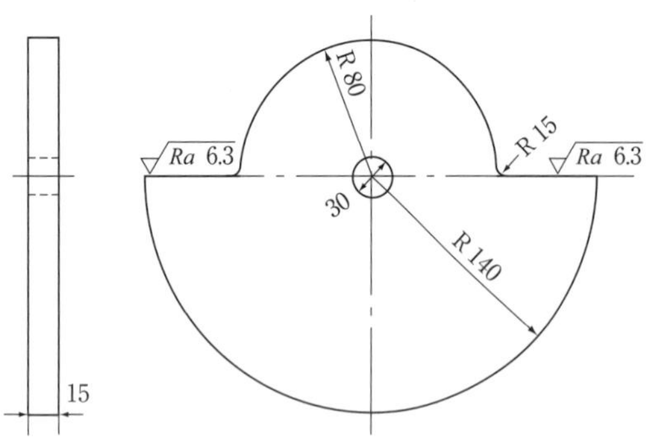

材料及び器工具など

SS400（φ280×t 15　旋削加工済み）
二枚刃エンドミル（φ20）
多刃エンドミル（φ30）
ドリル（φ30）
円テーブル（φ400）
締め付け具一式
けがき用具一式
測定具一式
細目平やすり

図1　製品図

番号	作業順序	要　　　点	図　　解
1	円テーブルを取り付ける	1．テーブル面，円テーブルの取り付け面を掃除する。 2．円テーブルをテーブル中央部よりやや左側に置き，取り付けボルトで4カ所固定する。	図2　円テーブルの中心と工作物の中心を合わせる
2	けがきをする	1．けがき用塗料を塗り，中心線R80及びR15部をけがく。 2．中心にドリルでφ30の穴をあける。	
3	工作物を取り付ける	1．5～10mm程度の平行台を円テーブル上に置き，工作物をのせる（図2）。 2．平行台が切削部分と一致しないように，位置を調整する（図2）。 3．図2のように，円テーブルのハンドルを回して，だんご針とφ160のけがき線から円テーブルの中心と工作物の中心を合わせる。 4．工作物をA・B・C 3カ所で締め付ける（図3）。 5．円テーブルのハンドルを回して，工作物と両サイドの直線部分が，テーブルの動きと平行になるような位置でクランプする。	図3　円テーブルへの工作物の取り付け
4	直線部及び曲線部を荒削りする	1．φ20二枚刃エンドミルを取り付ける。 2．けがき線を1～2mm残して，直線部を図4のようにU字形に切削する。 3．クランプを緩め，R80部のけがき線を1～2mm残して，円テーブルのハンドルを回して曲面を荒削りする。 　びびりを生じるときは，円テーブルのクランプの締め加減で調整する。	図4　直線部及び曲線部の荒削り
5	直線部・曲面部及びR15部を仕上げる	1．φ30多刃エンドミルに付け替える。 2．3項の5．と同じ状態にクランプする。 3．直線部をけがき線いっぱいまで仕上げる（図5）。 　テーブル送りを使用して，左右のR80のけがき線いっぱいまで切削する。削りしろが多すぎると食い込むことがあるので，中削りをしてから仕上げを行うと，R15部が滑らかに加工できる。 4．φ30多刃エンドミルを右側のR部に合わせて円テーブルのハンドルを回して，R80曲面を仕上げる。	図5　直線部，曲面部及びR15部の仕上げ
6	糸面を取る	工作物を外し，やすりで糸面を取る。	

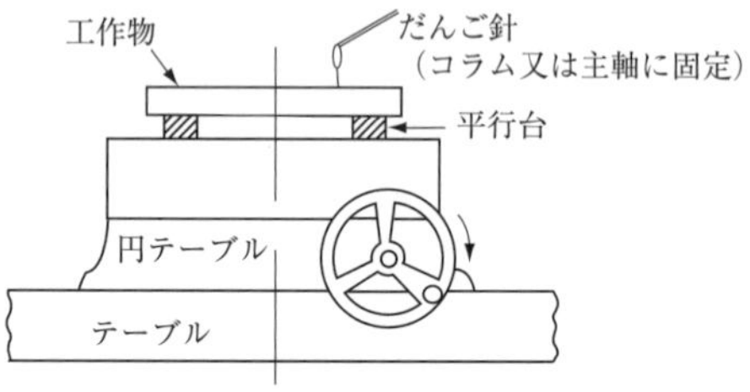

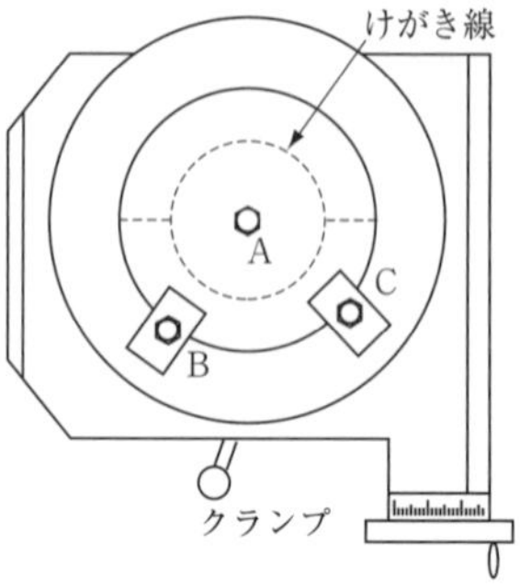

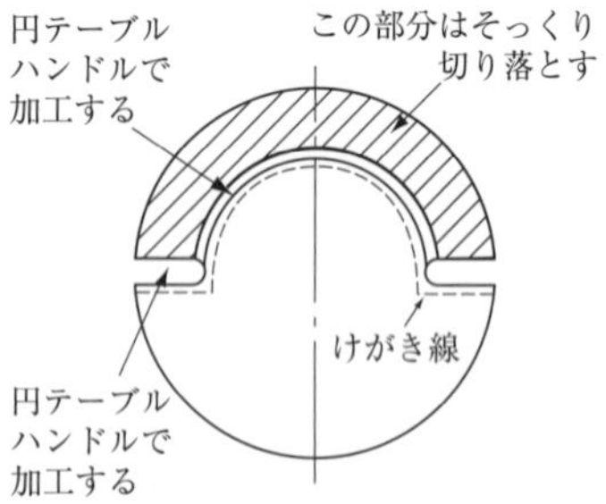

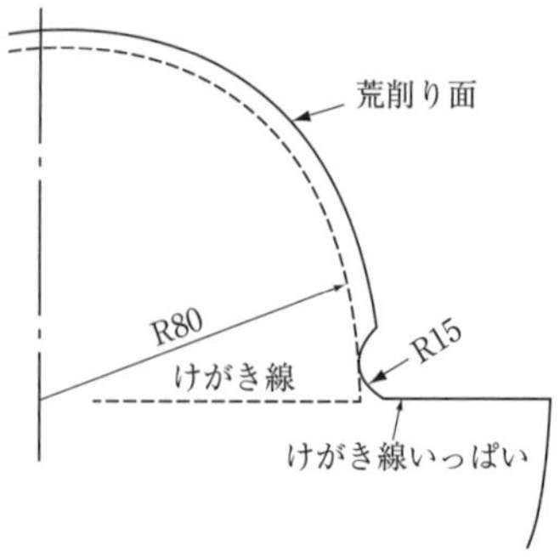

作業名	直溝合わせ削り	主眼点	直溝のおす，めすの合わせ方

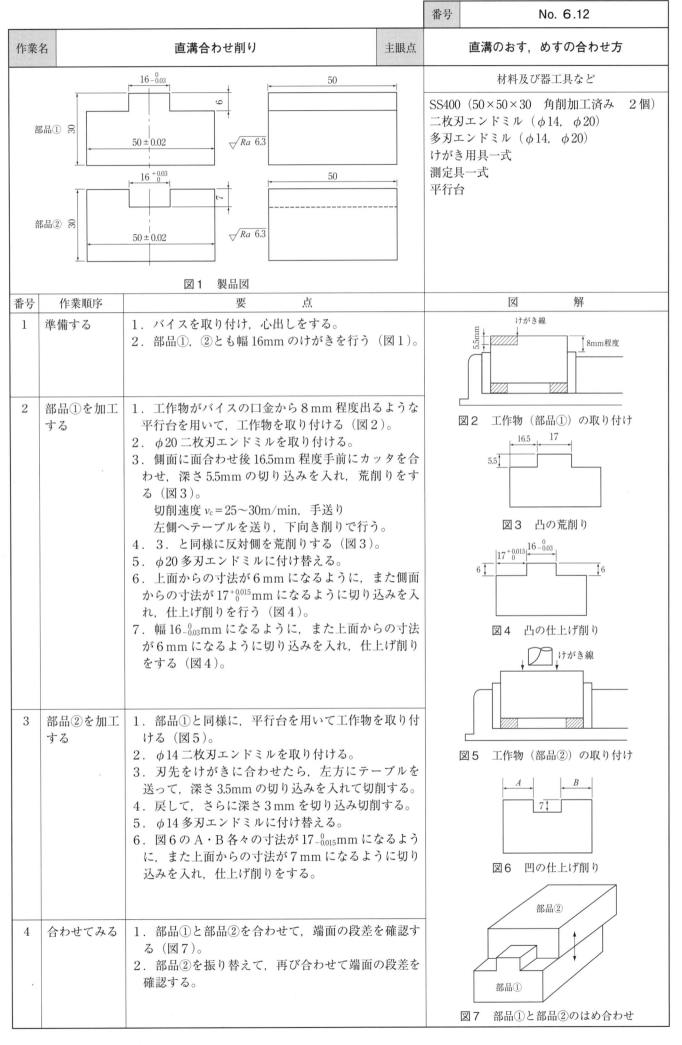

図1　製品図

材料及び器工具など

SS400（50×50×30　角削加工済み　2個）
二枚刃エンドミル（φ14，φ20）
多刃エンドミル（φ14，φ20）
けがき用具一式
測定具一式
平行台

番号	作業順序	要　　　点	図　　　解
1	準備する	1．バイスを取り付け，心出しをする。 2．部品①，②とも幅16mmのけがきを行う（図1）。	けがき線 5.5mm　8mm程度 図2　工作物（部品①）の取り付け
2	部品①を加工する	1．工作物がバイスの口金から8mm程度出るような平行台を用いて，工作物を取り付ける（図2）。 2．φ20二枚刃エンドミルを取り付ける。 3．側面に面合わせ後16.5mm程度手前にカッタを合わせ，深さ5.5mmの切り込みを入れ，荒削りをする（図3）。 　　切削速度 v_c＝25〜30m/min，手送り 　　左側へテーブルを送り，下向き削りで行う。 4．3．と同様に反対側を荒削りする（図3）。 5．φ20多刃エンドミルに付け替える。 6．上面からの寸法が6mmになるように，また側面からの寸法が$17^{+0.015}_{0}$mmになるように切り込みを入れ，仕上げ削りを行う（図4）。 7．幅$16^{0}_{-0.03}$mmになるように，また上面からの寸法が6mmになるように切り込みを入れ，仕上げ削りをする（図4）。	16.5　17 5.5 図3　凸の荒削り $17^{+0.015}_{0}$　$16^{0}_{-0.03}$ 6　6 図4　凸の仕上げ削り けがき線 図5　工作物（部品②）の取り付け
3	部品②を加工する	1．部品①と同様に，平行台を用いて工作物を取り付ける（図5）。 2．φ14二枚刃エンドミルを取り付ける。 3．刃先をけがきに合わせたら，左方にテーブルを送って，深さ3.5mmの切り込みを入れて切削する。 4．戻して，さらに深さ3mmを切り込み切削する。 5．φ14多刃エンドミルに付け替える。 6．図6のA・B各々の寸法が$17^{0}_{-0.015}$mmになるように，また上面からの寸法が7mmになるように切り込みを入れ，仕上げ削りをする。	A　B 7 図6　凹の仕上げ削り
4	合わせてみる	1．部品①と部品②を合わせて，端面の段差を確認する（図7）。 2．部品②を振り替えて，再び合わせて端面の段差を確認する。	部品② 部品① 図7　部品①と部品②のはめ合わせ

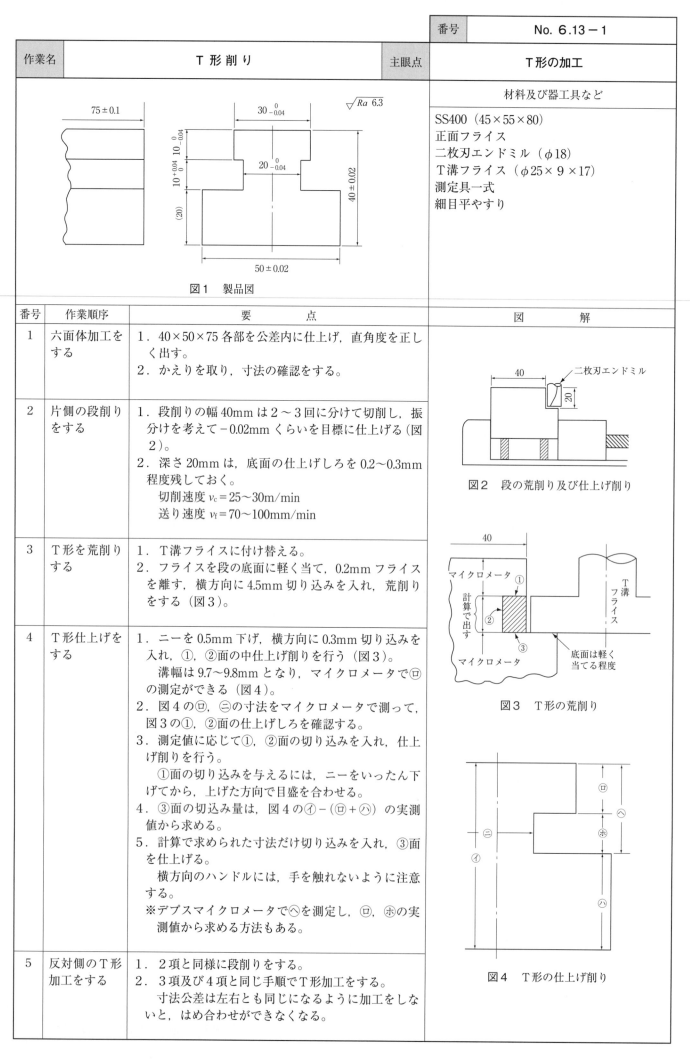

番号	No. 6.13-1
作業名	T 形 削 り
主眼点	T形の加工

材料及び器工具など

SS400（45×55×80）
正面フライス
二枚刃エンドミル（φ18）
T溝フライス（φ25×9×17）
測定具一式
細目平やすり

図1　製品図

番号	作業順序	要　　点	図　　解
1	六面体加工を する	1．40×50×75 各部を公差内に仕上げ，直角度を正しく出す。 2．かえりを取り，寸法の確認をする。	図2　段の荒削り及び仕上げ削り
2	片側の段削り をする	1．段削りの幅40mm は 2〜3回に分けて切削し，振分けを考えて−0.02mm くらいを目標に仕上げる（図2）。 2．深さ 20mm は，底面の仕上げしろを 0.2〜0.3mm 程度残しておく。 　切削速度 v_c＝25〜30m/min 　送り速度 v_f＝70〜100mm/min	
3	T形を荒削り する	1．T溝フライスに付け替える。 2．フライスを段の底面に軽く当て，0.2mm フライスを離す，横方向に 4.5mm 切り込みを入れ，荒削りをする（図3）。	図3　T形の荒削り
4	T形仕上げを する	1．ニーを 0.5mm 下げ，横方向に 0.3mm 切り込みを入れ，①，②面の中仕上げ削りを行う（図3）。 　溝幅は 9.7〜9.8mm となり，マイクロメータで⑩の測定ができる（図4）。 2．図4の⑩，㊂の寸法をマイクロメータで測って，図3の①，②面の仕上げしろを確認する。 3．測定値に応じて①，②面の切り込みを入れ，仕上げ削りを行う。 　①面の切り込みを与えるには，ニーをいったん下げてから，上げた方向で目盛を合わせる。 4．③面の切込み量は，図4の㋑−（⑩＋㋩）の実測値から求める。 5．計算で求められた寸法だけ切り込みを入れ，③面を仕上げる。 　横方向のハンドルには，手を触れないように注意する。 ※デプスマイクロメータで㋬を測定し，⑩，㊅の実測値から求める方法もある。	図4　T形の仕上げ削り
5	反対側のT形 加工をする	1．2項と同様に段削りをする。 2．3項及び4項と同じ手順でT形加工をする。 　寸法公差は左右とも同じになるように加工をしないと，はめ合わせができなくなる。	

作業名	T 形 削 り	主眼点	T形の加工

番号	作業順序	要　　点	図　　解
6	糸面を取る	全稜の面取りをする。 　特に図5に示す箇所は慎重に行わないと，はめ合いに影響を与える。	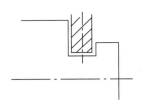 図5　糸面取り

　このT形加工においては，T溝フライスを使用する方法で説明したが，参考図1のようにエンドミル加工をしてもよい。通常の作業では，エンドミル加工をするほうが一般的である。

参考図1　エンドミルによるT溝削り

備

考

| 作業名 | Ｔ溝削り | 主眼点 | Ｔ溝の加工とおすとの合わせ方 |

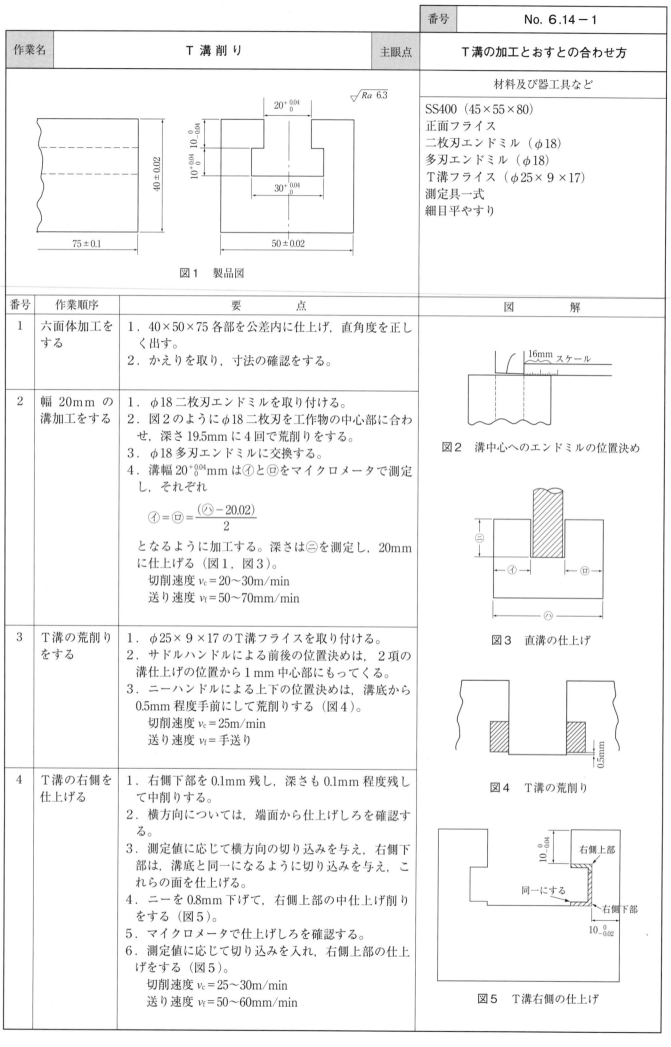

図1　製品図

材料及び器工具など

SS400（45×55×80）
正面フライス
二枚刃エンドミル（φ18）
多刃エンドミル（φ18）
Ｔ溝フライス（φ25×9×17）
測定具一式
細目平やすり

番号	作業順序	要　　点	図　　解
1	六面体加工をする	1．40×50×75各部を公差内に仕上げ，直角度を正しく出す。 2．かえりを取り，寸法の確認をする。	16mm スケール 図2　溝中心へのエンドミルの位置決め
2	幅20mmの溝加工をする	1．φ18二枚刃エンドミルを取り付ける。 2．図2のようにφ18二枚刃を工作物の中心部に合わせ，深さ19.5mmに4回で荒削りをする。 3．φ18多刃エンドミルに交換する。 4．溝幅$20^{+0.04}_{0}$mmは㋑と㋺をマイクロメータで測定し，それぞれ $$㋑＝㋺＝\frac{(㋩－20.02)}{2}$$ となるように加工する。深さは㋥を測定し，20mmに仕上げる（図1，図3）。 　　切削速度 $v_c＝20～30$m/min 　　送り速度 $v_f＝50～70$mm/min	図3　直溝の仕上げ
3	Ｔ溝の荒削りをする	1．φ25×9×17のＴ溝フライスを取り付ける。 2．サドルハンドルによる前後の位置決めは，2項の溝仕上げの位置から1mm中心部にもってくる。 3．ニーハンドルによる上下の位置決めは，溝底から0.5mm程度手前にして荒削りする（図4）。 　　切削速度 $v_c＝25$m/min 　　送り速度 $v_f＝$手送り	0.5mm 図4　Ｔ溝の荒削り
4	Ｔ溝の右側を仕上げる	1．右側下部を0.1mm残し，深さも0.1mm程度残して中削りする。 2．横方向については，端面から仕上げしろを確認する。 3．測定値に応じて横方向の切り込みを与え，右側下部は，溝底と同一になるように切り込みを与え，これらの面を仕上げる。 4．ニーを0.8mm下げて，右側上部の中仕上げ削りをする（図5）。 5．マイクロメータで仕上げしろを確認する。 6．測定値に応じて切り込みを入れ，右側上部の仕上げをする（図5）。 　　切削速度 $v_c＝25～30$m/min 　　送り速度 $v_f＝50～60$mm/min	右側上部 同一にする 右側下部 図5　Ｔ溝右側の仕上げ

作業名	T 溝 削 り	主眼点	T溝の加工とおすとの合わせ方

番号	作業順序	要　　　点	図　　解
5	T溝の左側を仕上げる	1．上下ハンドルを 0.2mm 程度上げ，左右も 0.1～0.2mm 程度仕上げしろを残して中仕上げ削りをする。 2．マイクロメータで仕上げしろを確認する。 3．測定値に応じた切り込みを入れ，左上部の仕上げを行う。 4．ニーハンドルを上げ，4項の3．と同じ目盛で仕上げる。	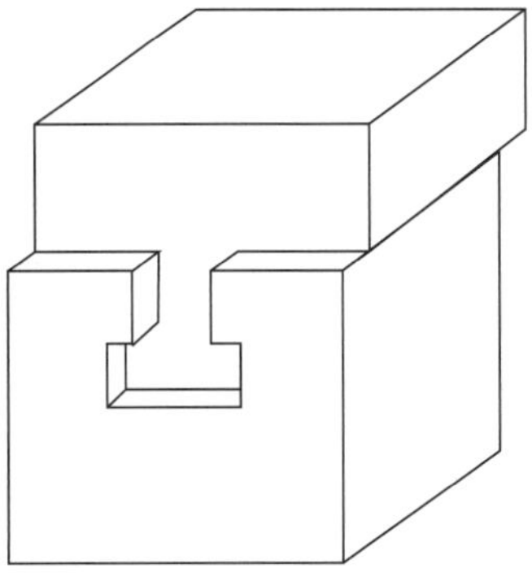
6	合わせてみる	1．ばり，かえりを十分に取り，おす（「No. 6.13」）と合わせてみる。 2．合わせ時のかじり防止のために潤滑油を給油する。 3．幅20mm と幅30mm の部分を合わせてみる。 4．左右の 10mm 部を合わせてみる。 5．全体で合わせてみる（図6）。 6．振り替えて合わせてみる。	図6　おすとめすのはめ合わせ

備考	1．溝の荒削りのとき，溝寸法をけがいておくと加工しやすい。 2．溝の荒削りにおいて，あまり切り込みと送りを大きくとると材料が変形して，溝を中心に両方に開くことがあるので注意する。 3．T溝の荒削りにおいて，カッタの振動が大きくなるので注意する。特にテーパシャンクのT溝フライスは，これが原因で抜け落ちることがあるので，取り付けを確実にすると同時に，注意を怠ってはならない。 4．目盛を頻繁に使う作業については，機械目盛に赤鉛筆で印を付けておく習慣をつけると，間違いなく作業ができる。

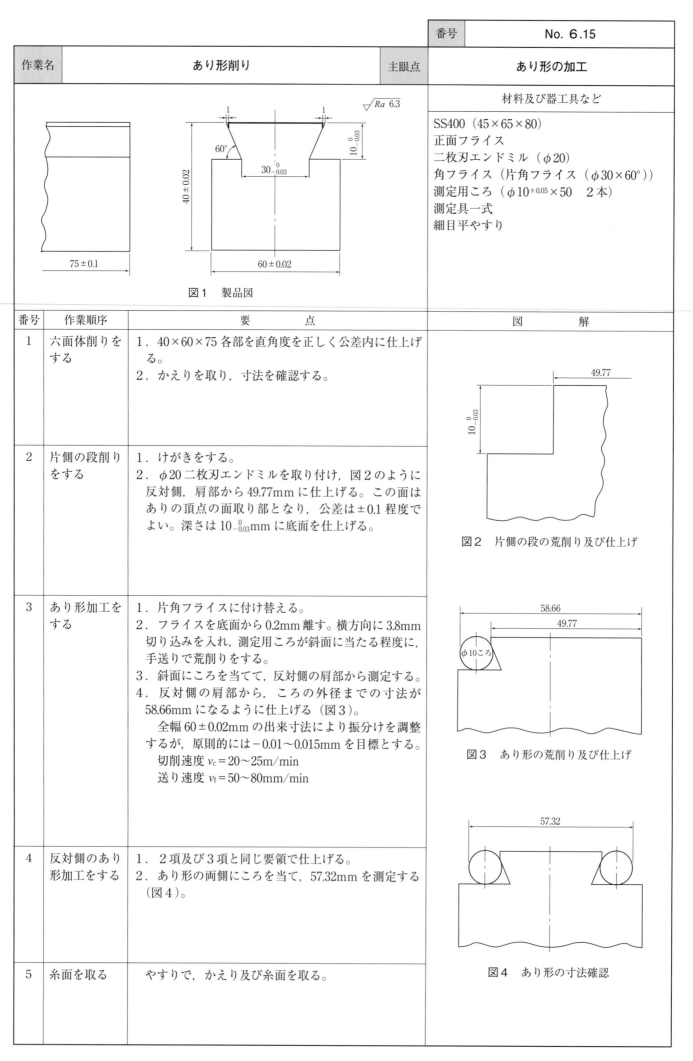

番号	No. 6.15

作業名	あり形削り	主眼点	あり形の加工

図1　製品図

材料及び器工具など

SS400（45×65×80）
正面フライス
二枚刃エンドミル（φ20）
角フライス（片角フライス（φ30×60°））
測定用ころ（φ10±0.05×50　2本）
測定具一式
細目平やすり

番号	作業順序	要　　点	図　　解
1	六面体削りを する	1．40×60×75 各部を直角度を正しく公差内に仕上げ る。 2．かえりを取り，寸法を確認する。	図2　片側の段の荒削り及び仕上げ
2	片側の段削り をする	1．けがきをする。 2．φ20 二枚刃エンドミルを取り付け，図2のように 反対側，肩部から49.77mm に仕上げる。この面は ありの頂点の面取り部となり，公差は±0.1 程度で よい。深さは 10 -0.03 0 mm に底面を仕上げる。	
3	あり形加工を する	1．片角フライスに付け替える。 2．フライスを底面から0.2mm 離す。横方向に3.8mm 切り込みを入れ，測定用ころが斜面に当たる程度に， 手送りで荒削りをする。 3．斜面にころを当てて，反対側の肩部から測定する。 4．反対側の肩部から，ころの外径までの寸法が 58.66mm になるように仕上げる（図3）。 　全幅 60±0.02mm の出来寸法により振分けを調整 するが，原則的には −0.01～0.015mm を目標とする。 切削速度 v_c＝20～25m/min 送り速度 v_f＝50～80mm/min	図3　あり形の荒削り及び仕上げ
4	反対側のあり 形加工をする	1．2項及び3項と同じ要領で仕上げる。 2．あり形の両側にころを当て，57.32mm を測定する （図4）。	図4　あり形の寸法確認
5	糸面を取る	やすりで，かえり及び糸面を取る。	

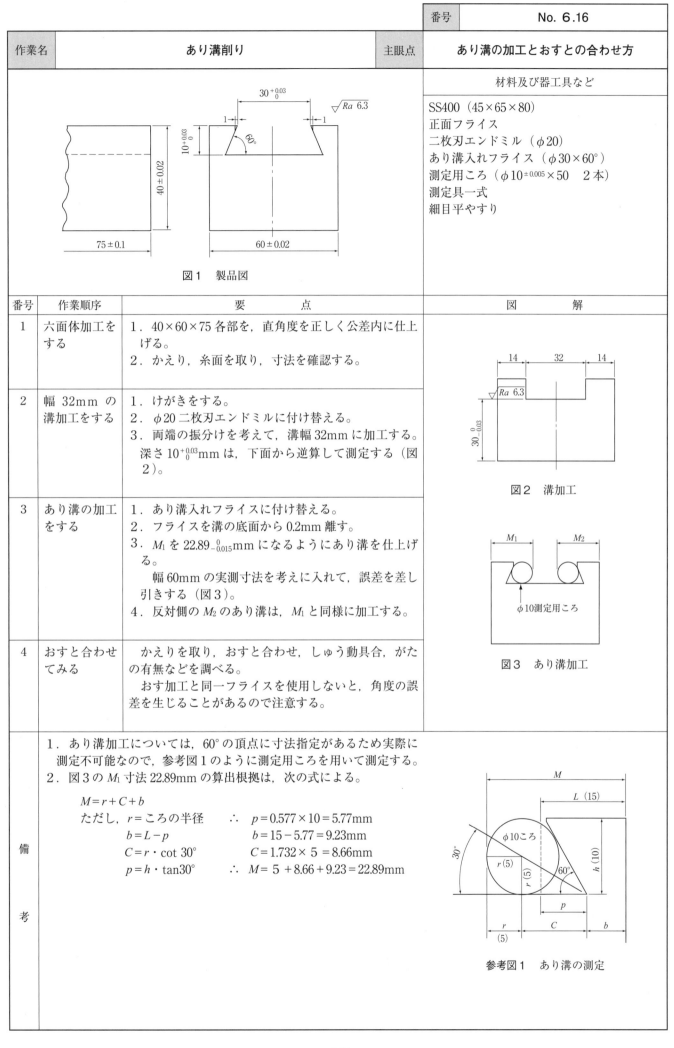

番号	No. 6.16

作業名	あり溝削り	主眼点	あり溝の加工とおすとの合わせ方

材料及び器工具など

SS400（45×65×80）
正面フライス
二枚刃エンドミル（φ20）
あり溝入れフライス（φ30×60°）
測定用ころ（φ10±0.005×50　2本）
測定具一式
細目平やすり

図1　製品図

番号	作業順序	要　　　点	図　　解
1	六面体加工をする	1．40×60×75 各部を，直角度を正しく公差内に仕上げる。 2．かえり，糸面を取り，寸法を確認する。	
2	幅 32mm の溝加工をする	1．けがきをする。 2．φ20 二枚刃エンドミルに付け替える。 3．両端の振分けを考えて，溝幅32mm に加工する。深さ $10^{+0.03}_{0}$mm は，下面から逆算して測定する（図2）。	図2　溝加工
3	あり溝の加工をする	1．あり溝入れフライスに付け替える。 2．フライスを溝の底面から 0.2mm 離す。 3．M_1 を $22.89^{0}_{-0.015}$mm になるようにあり溝を仕上げる。 　　幅 60mm の実測寸法を考えに入れて，誤差を差し引きする（図3）。 4．反対側の M_2 のあり溝は，M_1 と同様に加工する。	φ10測定用ころ
4	おすと合わせてみる	かえりを取り，おすと合わせ，しゅう動具合，がたの有無などを調べる。 おす加工と同一フライスを使用しないと，角度の誤差を生じることがあるので注意する。	図3　あり溝加工

1．あり溝加工については，60°の頂点に寸法指定があるため実際に測定不可能なので，参考図1のように測定用ころを用いて測定する。
2．図3の M_1 寸法 22.89mm の算出根拠は，次の式による。

備

$M = r + C + b$
ただし，r ＝ころの半径　　　∴　$p = 0.577 × 10 = 5.77$mm
　　　　$b = L - p$　　　　　　$b = 15 - 5.77 = 9.23$mm
　　　　$C = r \cdot \cot 30°$　　　$C = 1.732 × 5 = 8.66$mm
　　　　$p = h \cdot \tan 30°$　　　∴　$M = 5 + 8.66 + 9.23 = 22.89$mm

考

参考図1　あり溝の測定

作業名	勾 配 削 り	主眼点	ダイヤルゲージによる心出しと勾配削り

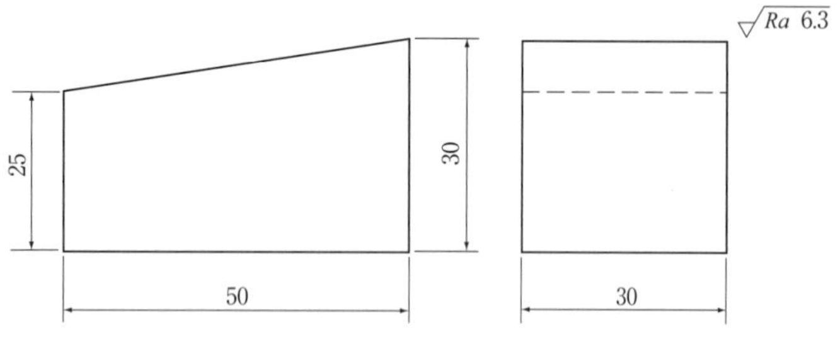

材料及び器工具など

SS400（□ 35×55）
正面フライス
トースカン
ダイヤルゲージ（ホルダ付き）
木ハンマ
測定具一式
細目平やすり

$\sqrt{Ra\ 6.3}$

25　50　30　30

図1　製品図

番号	作業順序	要　　点	図　　解
1	六面体加工を する	1．30×30×50 各部の直角度と寸法を正しく仕上げる （図2）。 2．かえり，糸面を取り，寸法を確認する。	30　30　50 図2　六面体の加工
2	工作物をバイ スに取り付け る	【ダイヤルゲージによる勾配心出し（図4）】 　　AとBとの差がおおよそ5mm になるように，バ イスに仮締めし（図3），その後，必要に応じてハ イトゲージのスクライバ先端で勾配部のけがきに合 わせて角度を修正する。 【てこ式ダイヤルゲージによる勾配心出し（図5）】 1．上記ダイヤルゲージによる勾配心出しの項と同様 である。 2．てこ式ダイヤルゲージの測定子を工作物の面に当 て，目盛を0に合わせる（C点）。 3．ニーを3mm 下げる。 　　次にテーブルを右方に30mm 動かす（D点）。そ のときの目盛が0になるように，工作物を調整する。 4．工作物を本締めする。 5．再度ニーを3mm，テーブルを30mm 動かし，角 度を確認する。 　　各ハンドルでの移動の際は，必ずバックラッシを 取り除く。	A　5　B バイス口金 図3　工作物の取り付け 0　3.0　3mm （3周） 3　30 図4　ダイヤルゲージによる勾配心出し D　C 3　30 図5　てこ式ダイヤルゲージによる 勾配心出し
3	勾配面を切削 する	1．傾けて取り付けた頂点にフライスを合わせ，2〜 3mm ずつ切削する。 2．右端の斜面部分が残らなくなるまで3〜4回に分 けて切削する（図6）。 3．糸面を取り，寸法を確認する。	なくなるまで 0 図6　勾配面の切削
備 考		1．ダイヤルゲージを使用せずに，あらかじめけがきを行い，トース カンによって心出しをする方法もある。 2．工作物が多数の場合は，参考図1のような勾配台を用いると，早 く同一の加工ができる。	工作物 勾配台 参考図1　勾配台を用いた工作物の取り付け

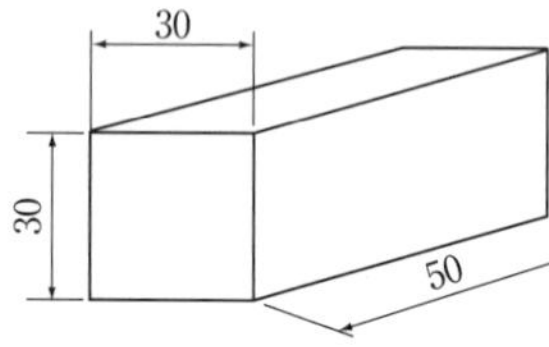

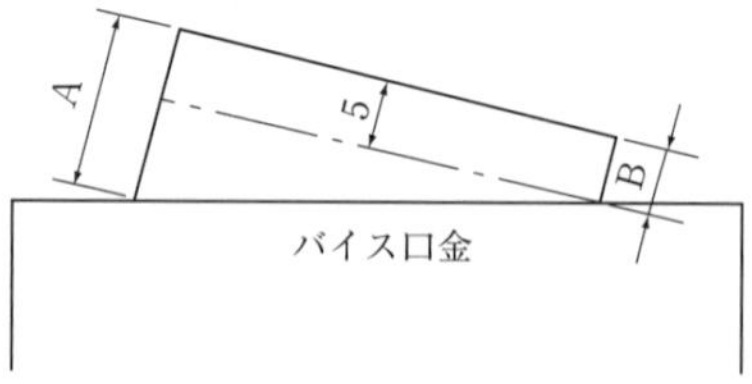

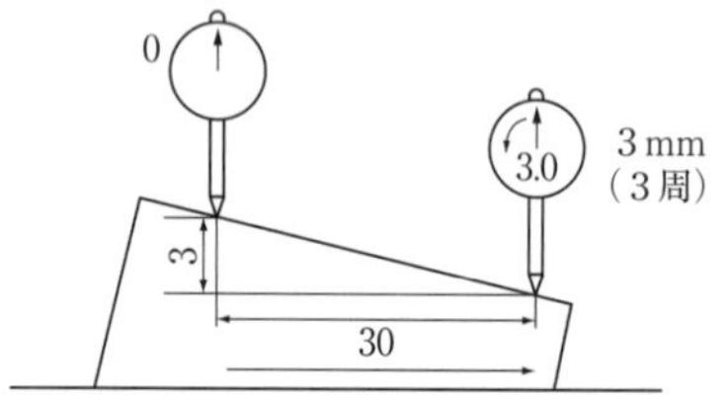

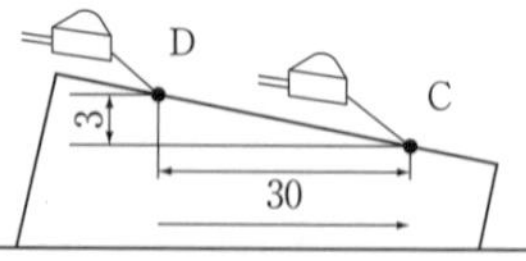

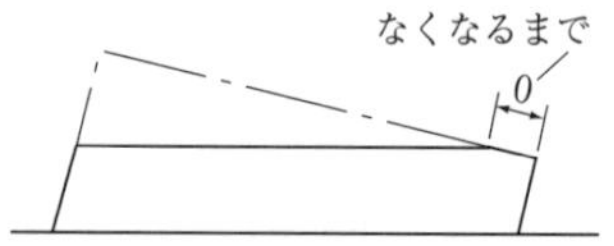

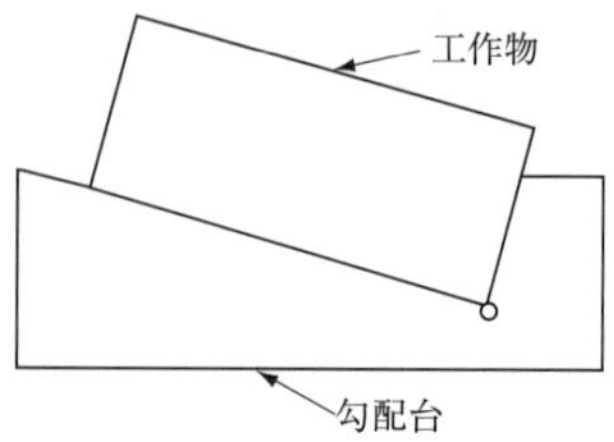

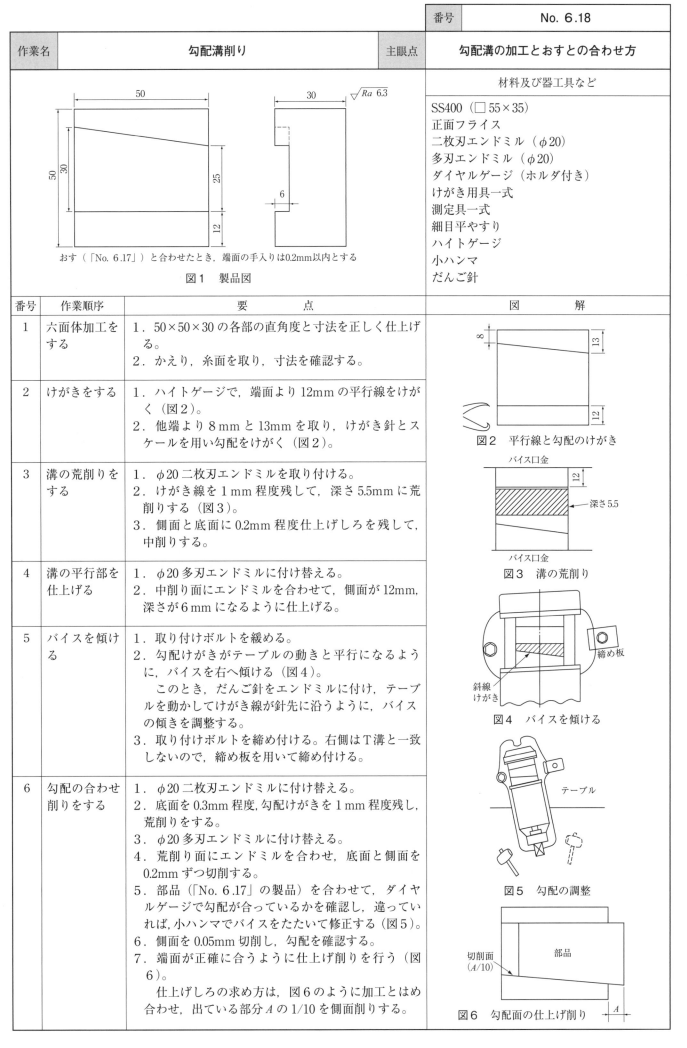

番号		No. 6.18	
作業名	勾配溝削り	主眼点	勾配溝の加工とおすとの合わせ方

材料及び器工具など

SS400（□ 55×35）
正面フライス
二枚刃エンドミル（φ20）
多刃エンドミル（φ20）
ダイヤルゲージ（ホルダ付き）
けがき用具一式
測定具一式
細目平やすり
ハイトゲージ
小ハンマ
だんご針

おす（「No. 6.17」）と合わせたとき，端面の手入れは0.2mm以内とする

図1　製品図

番号	作業順序	要　　　点	図　　　解
1	六面体加工をする	1．50×50×30 の各部の直角度と寸法を正しく仕上げる。 2．かえり，糸面を取り，寸法を確認する。	図2　平行線と勾配のけがき
2	けがきをする	1．ハイトゲージで，端面より 12mm の平行線をけがく（図2）。 2．他端より 8mm と 13mm を取り，けがき針とスケールを用い勾配をけがく（図2）。	
3	溝の荒削りをする	1．φ20 二枚刃エンドミルを取り付ける。 2．けがき線を 1mm 程度残して，深さ 5.5mm に荒削りする（図3）。 3．側面と底面に 0.2mm 程度仕上げしろを残して，中削りする。	図3　溝の荒削り
4	溝の平行部を仕上げる	1．φ20 多刃エンドミルに付け替える。 2．中削り面にエンドミルを合わせて，側面が 12mm，深さが 6mm になるように仕上げる。	
5	バイスを傾ける	1．取り付けボルトを緩める。 2．勾配けがきがテーブルの動きと平行になるように，バイスを右へ傾ける（図4）。 　このとき，だんご針をエンドミルに付け，テーブルを動かしてけがき線が針先に沿うように，バイスの傾きを調整する。 3．取り付けボルトを締め付ける。右側はT溝と一致しないので，締め板を用いて締め付ける。	図4　バイスを傾ける 図5　勾配の調整
6	勾配の合わせ削りをする	1．φ20 二枚刃エンドミルに付け替える。 2．底面を 0.3mm 程度，勾配けがきを 1mm 程度残し，荒削りをする。 3．φ20 多刃エンドミルに付け替える。 4．荒削り面にエンドミルを合わせ，底面と側面を 0.2mm ずつ切削する。 5．部品（「No. 6.17」の製品）を合わせて，ダイヤルゲージで勾配が合っているかを確認し，違っていれば，小ハンマでバイスをたたいて修正する（図5）。 6．側面を 0.05mm 切削し，勾配を確認する。 7．端面が正確に合うように仕上げ削りを行う（図6）。 　仕上げしろの求め方は，図6のように加工とはめ合わせ，出ている部分 A の 1/10 を側面削りする。	図6　勾配面の仕上げ削り

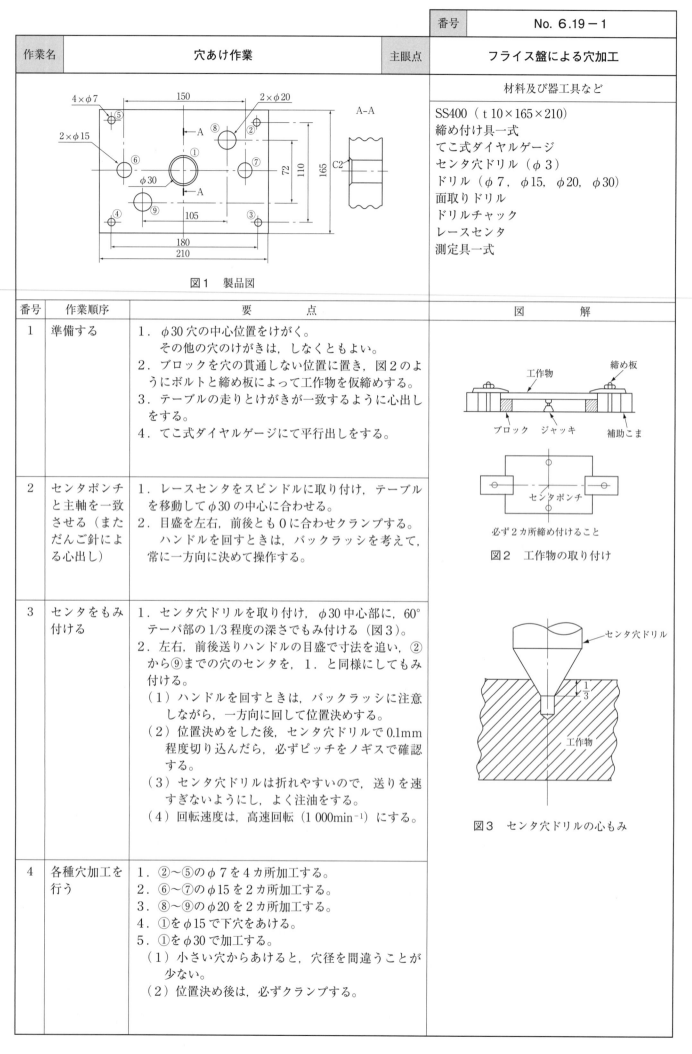

			番号	No. 6.19－1

作業名	穴あけ作業	主眼点	フライス盤による穴加工

材料及び器工具など

SS400（t 10×165×210）
締め付け具一式
てこ式ダイヤルゲージ
センタ穴ドリル（φ3）
ドリル（φ7, φ15, φ20, φ30）
面取りドリル
ドリルチャック
レースセンタ
測定具一式

図1　製品図

番号	作業順序	要　　点	図　　解
1	準備する	1．φ30穴の中心位置をけがく。 　その他の穴のけがきは，しなくともよい。 2．ブロックを穴の貫通しない位置に置き，図2のように 　ボルトと締め板によって工作物を仮締めする。 3．テーブルの走りとけがきが一致するように心出し 　をする。 4．てこ式ダイヤルゲージにて平行出しをする。	締め板 工作物 ブロック　ジャッキ　補助こま センタポンチ 必ず2カ所締め付けること 図2　工作物の取り付け
2	センタポンチと主軸を一致させる（まただんご針による心出し）	1．レースセンタをスピンドルに取り付け，テーブルを移動してφ30の中心に合わせる。 2．目盛を左右，前後とも0に合わせクランプする。 　ハンドルを回すときは，バックラッシを考えて，常に一方向に決めて操作する。	
3	センタをもみ付ける	1．センタ穴ドリルを取り付け，φ30中心部に，60°テーパ部の1/3程度の深さでもみ付ける（図3）。 2．左右，前後送りハンドルの目盛で寸法を追い，②から⑨までの穴のセンタを，1．と同様にしてもみ付ける。 （1）ハンドルを回すときは，バックラッシに注意しながら，一方向に回して位置決めする。 （2）位置決めをした後，センタ穴ドリルで0.1mm程度切り込んだら，必ずピッチをノギスで確認する。 （3）センタ穴ドリルは折れやすいので，送りを速すぎないようにし，よく注油をする。 （4）回転速度は，高速回転（1 000min^{-1}）にする。	センタ穴ドリル 工作物 図3　センタ穴ドリルの心もみ
4	各種穴加工を行う	1．②～⑤のφ7を4カ所加工する。 2．⑥～⑦のφ15を2カ所加工する。 3．⑧～⑨のφ20を2カ所加工する。 4．①をφ15で下穴をあける。 5．①をφ30で加工する。 （1）小さい穴からあけると，穴径を間違うことが少ない。 （2）位置決め後は，必ずクランプする。	

作業名	穴あけ作業	主眼点	フライス盤による穴加工

番号	作業順序	要　　　点	図　　　解
5	面取り加工を行う	1．面取りドリルを取り付ける（図4）。 2．穴①の面に当たってから，2mm上下ハンドルを操作して面取りを行う。 3．その他の面取りは，専用工具によって糸面を取る。 　特に裏側は，かえりが出やすいので注意して取る。	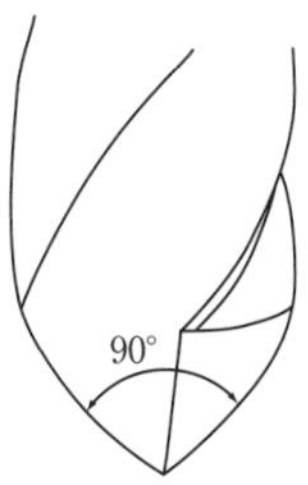 90° 図4　面取りドリル

| 備

考 | | | |

			番号	No. 6.20－1

作業名	中ぐり作業（1）	主眼点	ボーリングバーによる中ぐり加工

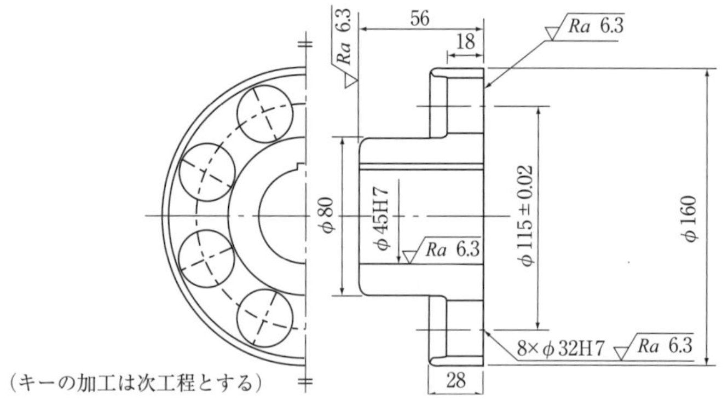

図1　製品図

（キーの加工は次工程とする）

材料及び器工具など

S 35 C （旋削加工済み）
円テーブル
てこ式ダイヤルゲージ（ホルダ付き）
ボーリングバー（φ20～24）
バイト（完成形）
ドリル（φ15，φ30）
マンドレル（φ31　2本）
センタ穴ドリル
測定具一式
小ハンマ

番号	作業順序	要　　点	図　　解
1	心出しをする	1．円テーブルを，テーブル中央よりやや左側に固定する。 2．工作物を円テーブルの中心部に置き，内径にてこ式ダイヤルゲージを当てて，位置を見ながら2カ所から仮締めする（図2）。 3．円テーブルを回転させ，ダイヤルゲージの針を見ながら心出しを行い，本締めする。	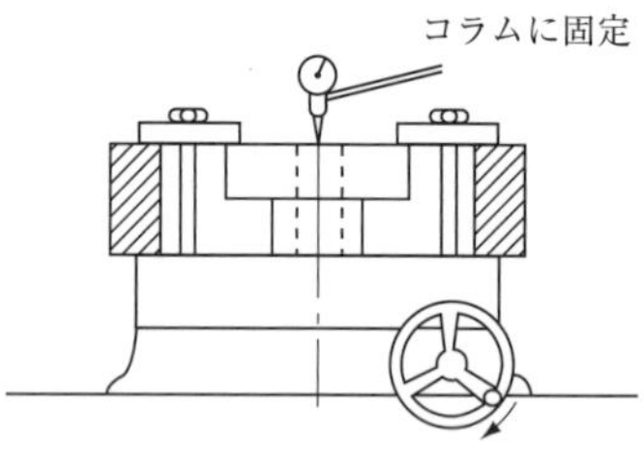 コラムに固定 図2　工作物の取り付け及び心出し
2	穴加工の位置を決める	1．スピンドルにてこ式ダイヤルゲージを取り付け，接触子が加工物の内径に接するように調整する。 2．スピンドルを手動で回しながら，前後と左右の送りハンドルで，工作物の中心とスピンドルの回転中心を一致させる（図3）。 3．前後テーブルをクランプし，左右テーブルを右方（左方でもよい）に57.5mm移動させ，クランプする。その位置が加工する穴の位置となる。	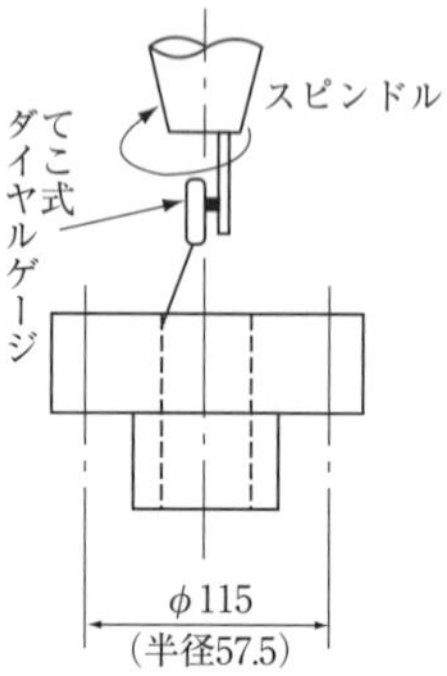 てこ式ダイヤルゲージ　スピンドル φ115 （半径57.5） 図3　スピンドルの回転中心と工作物の中心を一致させる
3	下穴をあける	1．センタ穴ドリルを取り付け，テーパ部分の1/3までもみ付ける。 2．円テーブルのクランプを緩め，45°旋回させる。 3．同様にして8カ所もみ付ける。 4．φ15ドリルで8カ所に穴をあける。 5．φ30ドリルで8カ所下穴仕上げする。	
4	ピッチ確認のための仮穴加工（φ31H7）をする	1．φ20～24のボーリングバーに付け替える。 2．下穴とボーリングバーを近づけて，下穴の面より0.5mm程度バイトを出して止める。 3．スピンドルを回転させ，2mm程度削ったら一度止めて，穴径を測定する。 4．穴径が小さければバイトの後部を，大きければ頭部を小ハンマで軽くたたいて調整する（図4）。 5．穴径がφ30.8～30.9になるように荒削りする。 6．円テーブルを180°旋回させ，前と同じ要領で荒削りする。 　　主軸回転速度 $n=150\sim200\text{min}^{-1}$ 　　送り速度　　$v_f=15\sim20\text{mm/min}$	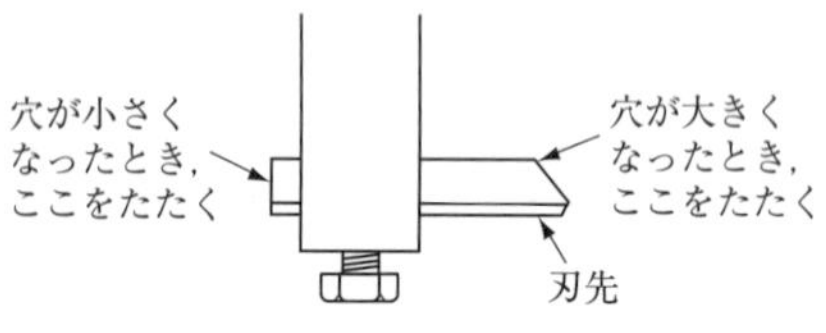 穴が小さくなったとき，ここをたたく　穴が大きくなったとき，ここをたたく 刃先 図4　バイトの突出し量の調整

作業名	中ぐり作業（1）	主眼点	ボーリングバーによる中ぐり加工

番号	作業順序	要　　　点	図　　　解
4		7．仕上げバイトに付け替え，相対する穴をφ31H7に仕上げる。 （1）ボーリングバーのシャンクは，モールステーパNo.3がよい（図5）。 （2）バイトは8〜10角サイズが適当で，刃先には0.5〜1mm程度の丸みを付ける。反対側はバーより若干，出る程度がよい（図6）。 （3）バイトの研削法は，前逃げ角とすくい角に注意する。 　　刃先が回転中心よりも前（上）になることは機能上避けられないため，バイトの角穴をセンタからややずらせて（図7のH）これを防ぐ一方，切れ刃の延長が回転中心となるように考えて，すくい角を取るとよい。 （4）バイトを締め付けているボルトは小ねじなので，締め付けすぎないように注意する。	 シャンクは本体よりも大きいものがよい バイト穴は若干センタの異なったものがよい 図5　ボーリングバー 出る程度 R0.5〜1程度 図6　仕上げ用バイト
5	ピッチの確認をする	1．仕上がったφ31H7の2カ所に，φ31マンドレルを挿入する。 2．マンドレルの外側寸法を2カ所測定する。 3．誤差があれば，その誤差の半分の数値だけ修正方向にテーブルを動かし，同じ方法で再度相対するφ31H7を仕上げ，ピッチを確認する（図8）。	 H 前逃げが取り足りないと当たり，取りすぎると弱い 図7　バイトの取り付け角穴の位置
6	穴の中仕上げをする	1．荒削りバイトを取り付け，調整し，穴径がφ31.9になるように中仕上げする。 2．円テーブルを45°ずつ旋回させ，8カ所中仕上げ削りする。	
7	中ぐり仕上げ削りをする	仕上げバイトに付け替え，調整しながらφ32H7になるように仕上げる（8カ所）。	 A B φ31H7 115±0.02 $A＝B＝115＋31＝146±0.02$ 図8　ピッチの確認
8	糸面を取る	工作物を取り外し，専用工具によって糸面を取る。	
備考		中ぐり棒使用によるバイトのたたき出しで，H7公差の加工はかなり熟練を要する。0.01mm単位の寸法調整がしやすいため，ボーリングヘッドが広く用いられている。	

			番号	No. 6.21
作業名	中ぐり作業（2）	主眼点	ボーリングヘッドの使用法

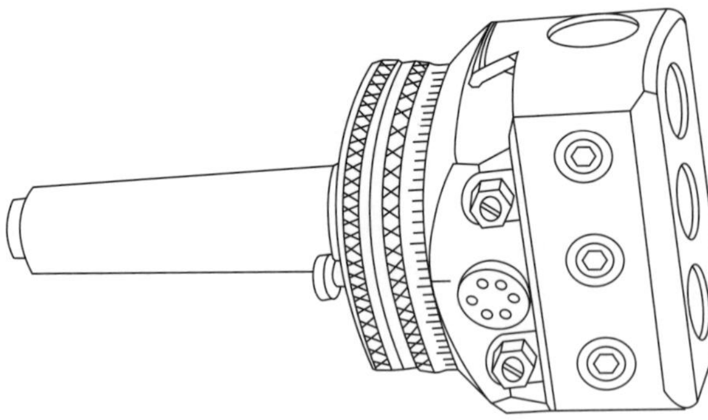

図1　ボーリングヘッド

材料及び器工具など

ボーリングヘッド
六角レンチ
スリーブ

番号	作業順序	要　点	図　解
1	準備をする	1．コレットとボーリングヘッドのアダプタ部を奇麗に拭く。 2．コレットにボーリングヘッドを取り付ける。 3．フライス盤の主軸にボーリングヘッドを取り付ける。	図2　各部の名称（1）
2	使用方法	1．送りボタンを外し，戻りボタンを入れた状態で行う。この場合，保持リングと目盛カラーは一体化している。 2．固定ねじ（目盛カラーとボディを一体化している）を緩め，目盛カラーを手で回し，ツールホルダの出し入れをする。 3．位置が決まったら固定ねじをしっかり締める。 【ツールホルダの移動量】 　・1回転につき 0.507mm 　　直径で 1.014mm 　・1目盛送ると，直径で約 0.01mm 削る。	図3　各部の名称（2）
備考			

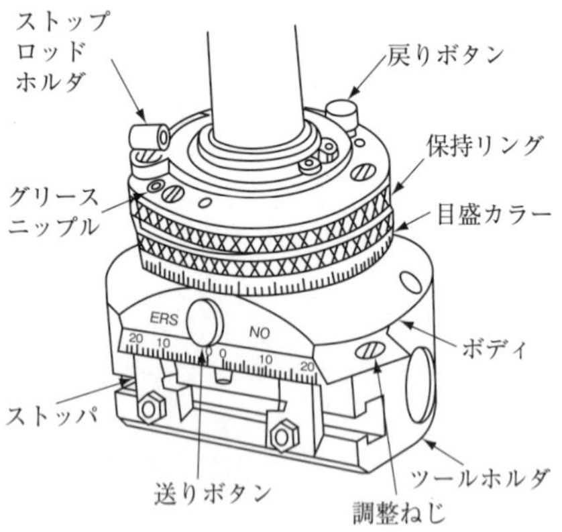

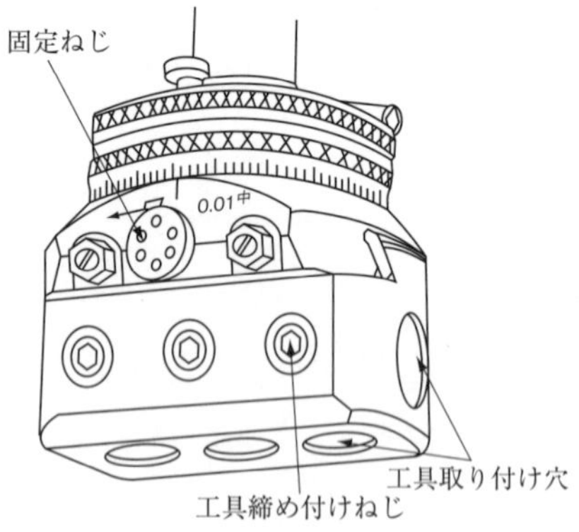

— 222 —

作業名	中ぐり加工	主眼点	ボーリングヘッドによる中ぐり加工

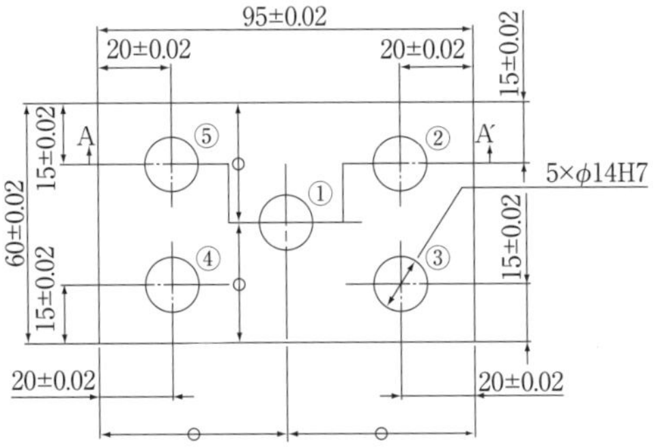

材料及び器工具など

S35C（t 30×60×95）
締め付け工具一式
センタ穴ドリル（φ3）
ドリル（φ13.5）
面取りドリル（φ20）
ドリルチャック
測定具一式（栓ゲージφ14）
だんご針
パラレルブロック
ボーリングヘッド

図1　製品図

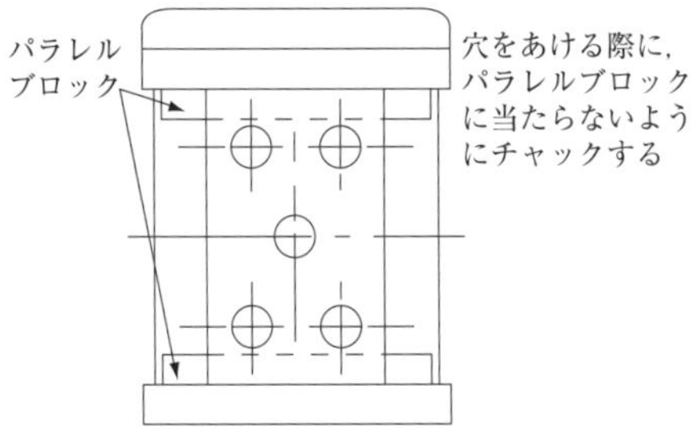

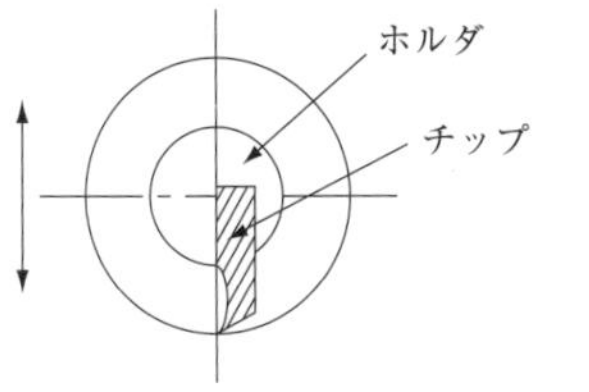

番号	作業順序	要　　　点	図　　解
1	準備する	1．φ14穴の中心位置をけがく。 2．穴が貫通しても，パラレルブロックに当たらないように，バイスでチャックする（図2）。	パラレルブロック 穴をあける際に，パラレルブロックに当たらないようにチャックする 図2　工作物の取り付け方
2	心出し	1．だんご針でφ14穴の中心心出しをする。 2．てこ式ダイヤルゲージで中心心出しをする。 3．目盛を左右，前後とも0に合わせクランプする。 　ハンドルを回すときは，バックラッシを考えて，常に一方向に決めて操作する。	
3	センタをもみ付ける	1．センタ穴ドリルを取り付け，中心部にもみ付ける。 2．左右，前後送りハンドルの目盛で寸法を追い，もみ付ける。 　ハンドルを回すときは，バックラッシに注意しながら，一方向に回して位置決めする。 （1）位置決めをした後，センタ穴ドリルで0.1mm程度切り込んだところで，必ずピッチをノギスで確認する。 （2）センタ穴ドリルは折れやすいので，送りを速すぎないようにして，十分注油をする。	ホルダ チップ 刃先が穴の中心に来るように位置調整し，締め付ける 図3　バイトの取り付け
4	穴あけ	1．ドリルφ13.5で（穴が大きくならないかを確認する）図1①～⑤の順に穴あけをする。 （1）十分注油をする。 （2）切りくずの出具合をよく確認して，切りくずをしっかり排出させる。	
5	中ぐり	1．バイトを取り付ける（図3）。 2．φ13.9に中仕上げをする（①～⑤の順に実施する）。 3．φ14に仕上げをする。 　栓ゲージでチェックする（各穴ごとに実施する）。 4．面取りドリル（φ20）で実施する。	
備考			

| 作業名 | リーマ作業 | 主眼点 | リーマ作業の仕方 |

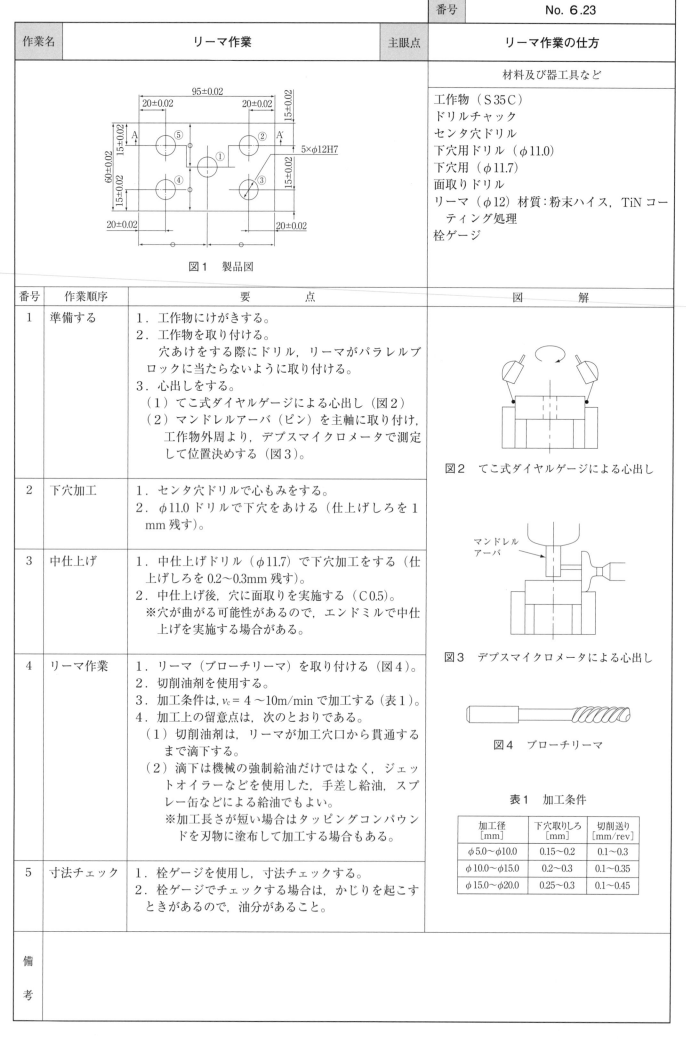

材料及び器工具など

工作物（S 35 C）
ドリルチャック
センタ穴ドリル
下穴用ドリル（φ11.0）
下穴用（φ11.7）
面取りドリル
リーマ（φ12）材質：粉末ハイス，TiN コーティング処理
栓ゲージ

図1　製品図

番号	作業順序	要　　　点	図　　　解
1	準備する	1．工作物にけがきする。 2．工作物を取り付ける。 　穴あけをする際にドリル，リーマがパラレルブロックに当たらないように取り付ける。 3．心出しをする。 （1）てこ式ダイヤルゲージによる心出し（図2） （2）マンドレルアーバ（ピン）を主軸に取り付け，工作物外周より，デプスマイクロメータで測定して位置決めする（図3）。	図2　てこ式ダイヤルゲージによる心出し
2	下穴加工	1．センタ穴ドリルで心もみをする。 2．φ11.0 ドリルで下穴をあける（仕上げしろを1mm 残す）。	
3	中仕上げ	1．中仕上げドリル（φ11.7）で下穴加工をする（仕上げしろを 0.2～0.3mm 残す）。 2．中仕上げ後，穴に面取りを実施する（C 0.5）。 ※穴が曲がる可能性があるので，エンドミルで中仕上げを実施する場合がある。	マンドレルアーバ 図3　デプスマイクロメータによる心出し
4	リーマ作業	1．リーマ（ブローチリーマ）を取り付ける（図4）。 2．切削油剤を使用する。 3．加工条件は，v_c＝ 4 ～10m/min で加工する（表1）。 4．加工上の留意点は，次のとおりである。 （1）切削油剤は，リーマが加工穴口から貫通するまで滴下する。 （2）滴下は機械の強制給油だけではなく，ジェットオイラーなどを使用した，手差し給油，スプレー缶などによる給油でもよい。 　※加工長さが短い場合はタッピングコンパウンドを刃物に塗布して加工する場合もある。	図4　ブローチリーマ
5	寸法チェック	1．栓ゲージを使用し，寸法チェックする。 2．栓ゲージでチェックする場合は，かじりを起こすときがあるので，油分があること。	表1　加工条件

表1　加工条件

加工径 [mm]	下穴取りしろ [mm]	切削送り [mm/rev]
φ 5.0～φ10.0	0.15～0.2	0.1～0.3
φ 10.0～φ15.0	0.2～0.3	0.1～0.35
φ 15.0～φ20.0	0.25～0.3	0.1～0.45

| 備考 | |

作業名	割り出し作業（1）	主眼点	六角削り

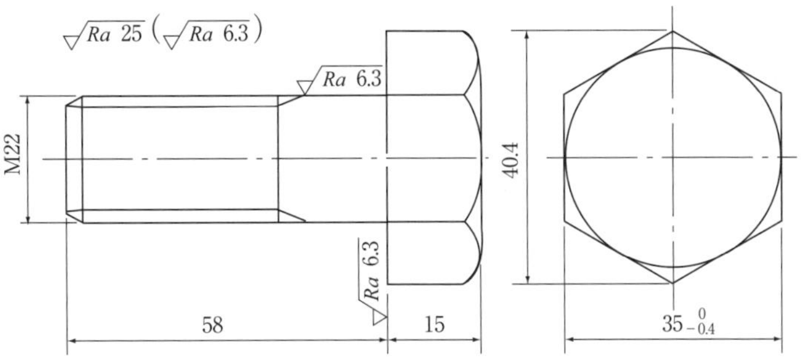

図1　製品図

			材料及び器工具など

S 35 C（旋削加工済み）
正面フライス
割り出し台（ブラウンシャープ形）
測定具一式
細目平やすり

番号	作業順序	要　　　　点	図　　　解
1	準備する	1．テーブル面，割り出し台裏側を掃除する。 2．中央よりやや左側に割り出し台を載せ，キーを合わせ，取り付けボルトで固定する。	 図2　割り出し台
2	割り出し台（図2）をセットする	1．割り出し台本体の角度目盛が0になっているか確かめる。 2．割り出し板の No. 1 を取り付ける。 3．クランクの中央部のナットを緩め，割り出し板の18穴の位置にピンを入れ，ナットを締めて固定する。 4．セクタの小ねじを緩め，セクタの開きを13穴にして固定する。クランクピンが，実際には12穴移動する開きである（図3）。	
3	工作物を取り付ける	工作物を 10mm のすきまをもたせて，チャックにしっかりと取り付ける。	
4	相対する2面を切削する	1．正面フライスを取り付ける。 2．割り出し台のスピンドルをクランプする。 3．工作物の外径面に刃面を合わせ，2.7mm 切り込みを入れ切削する。 4．テーブルを戻して，割り出し台スピンドルのクランプを緩める。 5．クランクピンを抜き，クランクハンドルを20回転（180°）させ，ピンを元の穴に入れて切削する。 　　切削するときは，必ず割り出し台のスピンドルをクランプする。 6．2面幅 $35_{-0.4}^{0}$ mm を確かめる。	 図3　割出し板による割り出し角の調整
5	六角削りをする	1．クランクハンドルを6回転させ，その位置から，12穴進んだ位置にあるセクタのところの穴（図3）にピンを入れる。 2．主軸をクランプして，セクタをピンの進行方向に追いかけて合わせる（図4）。 3．同様の操作を繰り返し，残りの4面を削る。 　　2個以後は4項の2面幅の試し切削の加工は省略してもよい。	 図4　セクタの回転による角度の調整
6	糸面を取る	やすりで，かえり及び糸面を取る。	

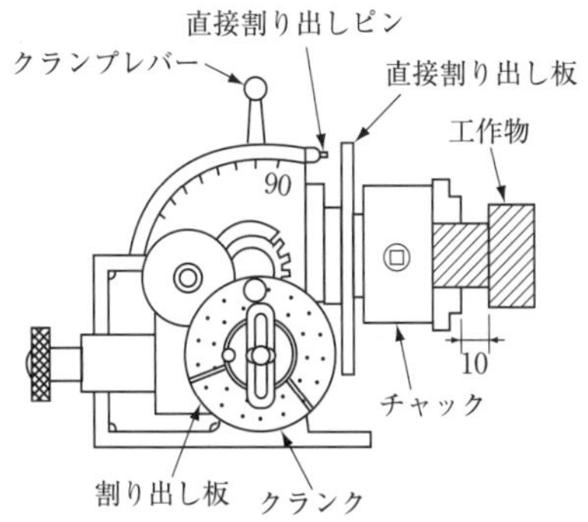

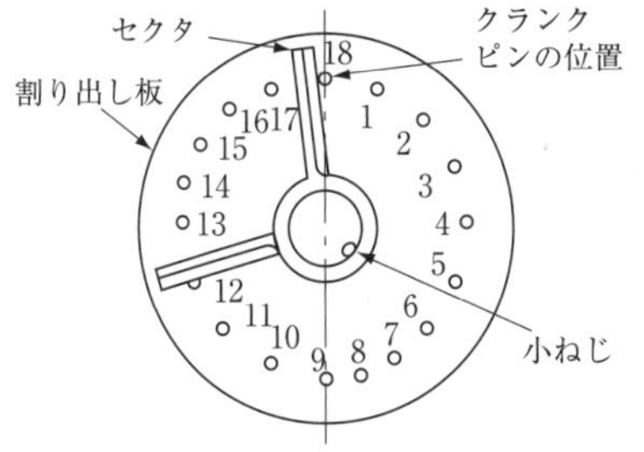

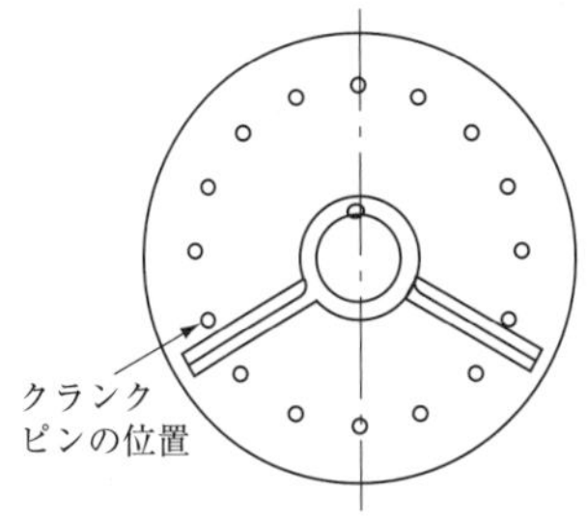

		番号	No. 6.24－2
作業名	割り出し作業（1）	主眼点	六角削り

1．この作業の場合，割出し板の穴数は，3の倍数のサークルであればいずれでもよい。
　　すなわち，2/3＝12/18＝10/15＝14/21などとなる。
2．割り出し数が2・3・4・6・8・12・24等分の場合は，直接割り出し法を使用することが多い。この方法は，クランクのウォームとスピンドルのウォームホイルとのかみ合いを外して，スピンドルを自由にした状態で，チャックの後ろ側の直接割り出し板（図2）にあけられた24個のサークルを利用して，直接割り出しピンを入れて固定するものである。

備

考

1．この作業の場合，割出し板の穴数は，3の倍数のサークルであればいずれでもよい。
　　すなわち，2/3＝12/18＝10/15＝14/21などとなる。

| 作業名 | 割り出し作業（2） | 主眼点 | かみ合いクラッチの加工方法 |

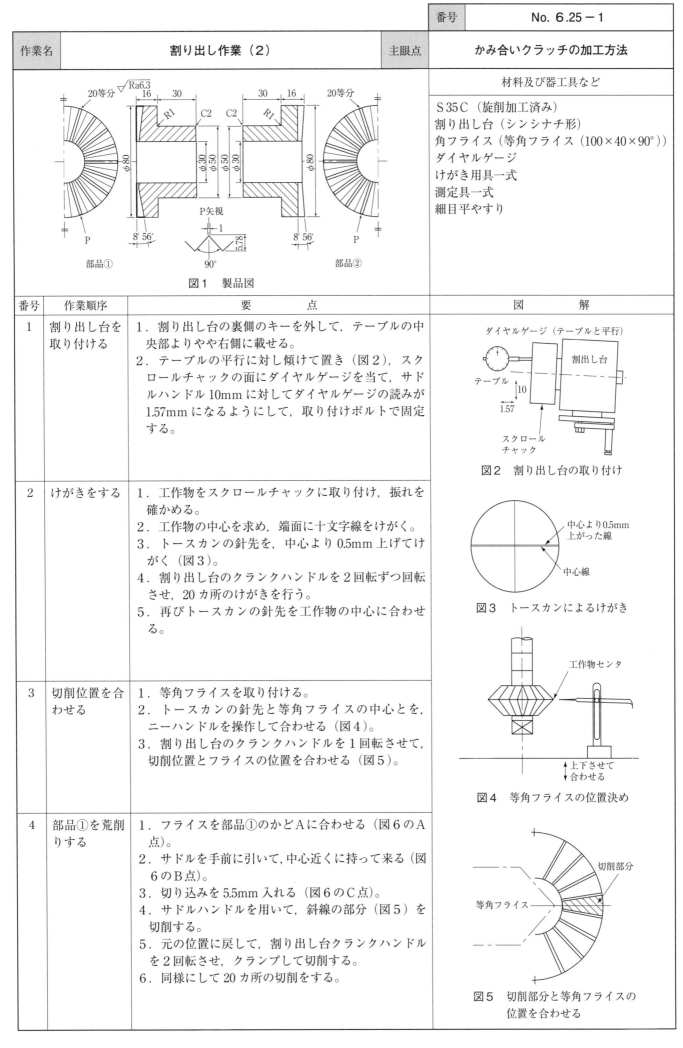

図1　製品図

材料及び器具など

S35C（旋削加工済み）
割り出し台（シンシナチ形）
角フライス（等角フライス（100×40×90°））
ダイヤルゲージ
けがき用具一式
測定具一式
細目平やすり

番号	作業順序	要　　　　点	図　　　解
1	割り出し台を取り付ける	1．割り出し台の裏側のキーを外して，テーブルの中央部よりやや右側に載せる。 2．テーブルの平行に対し傾けて置き（図2），スクロールチャックの面にダイヤルゲージを当て，サドルハンドル10mmに対してダイヤルゲージの読みが1.57mmになるようにして，取り付けボルトで固定する。	ダイヤルゲージ（テーブルと平行） 割出し台 テーブル スクロールチャック 図2　割り出し台の取り付け
2	けがきをする	1．工作物をスクロールチャックに取り付け，振れを確かめる。 2．工作物の中心を求め，端面に十文字線をけがく。 3．トースカンの針先を，中心より0.5mm上げてけがく（図3）。 4．割り出し台のクランクハンドルを2回転ずつ回転させ，20カ所のけがきを行う。 5．再びトースカンの針先を工作物の中心に合わせる。	中心より0.5mm上がった線 中心線 図3　トースカンによるけがき
3	切削位置を合わせる	1．等角フライスを取り付ける。 2．トースカンの針先と等角フライスの中心とを，ニーハンドルを操作して合わせる（図4）。 3．割り出し台のクランクハンドルを1回転させて，切削位置とフライスの位置を合わせる（図5）。	工作物センタ 上下させて合わせる 図4　等角フライスの位置決め
4	部品①を荒削りする	1．フライスを部品①のかどAに合わせる（図6のA点）。 2．サドルを手前に引いて，中心近くに持って来る（図6のB点）。 3．切り込みを5.5mm入れる（図6のC点）。 4．サドルハンドルを用いて，斜線の部分（図5）を切削する。 5．元の位置に戻して，割り出し台クランクハンドルを2回転させ，クランプして切削する。 6．同様にして20カ所の切削をする。	切削部分 等角フライス 図5　切削部分と等角フライスの位置を合わせる

作業名	割り出し作業（2）	主眼点	かみ合いクラッチの加工方法

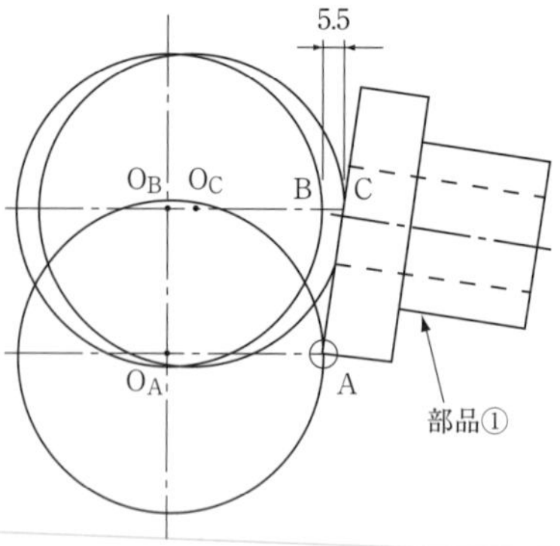

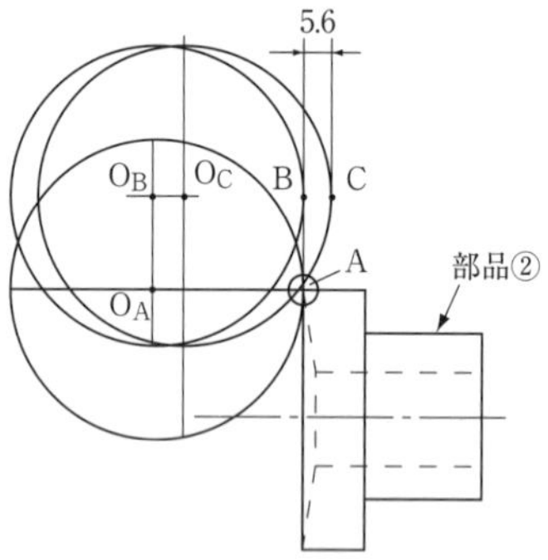

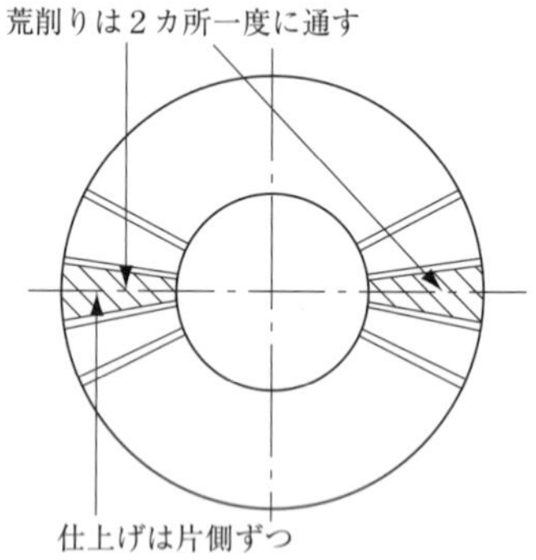

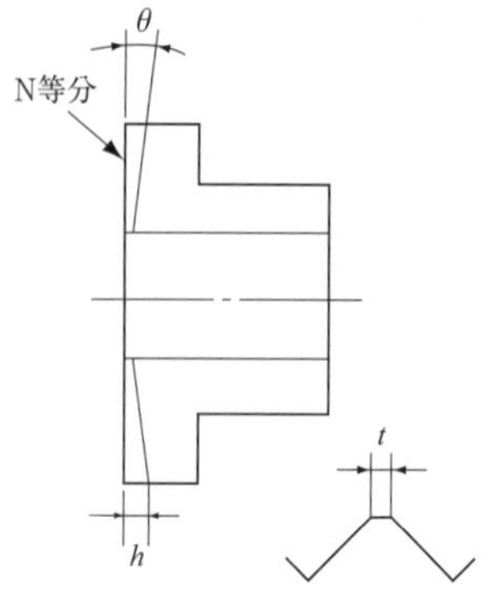

番号	作業順序	要　　　点	図　　解
5	部品①を仕上げる	1．切り込みを 0.19mm 入れ，4 項と同様に自動送りで仕上げる。 　図 1 の V 溝深さは 5.78mm であるが，図のように 8°56′ の傾きを付けて取り付けてあるため，切り込み寸法は cos 8°56′×5.78 となり，0.985×5.78＝5.69mm となる。 2．2 カ所切削したら，残りの平行部の平行度及び寸法 1mm を確かめる。 3．20 カ所を仕上げる。	 図 6　部品①の荒削り
6	部品②の加工準備をする	1．割り出し台の取り付けボルトを緩め，裏側にキーを取り付け，テーブルと平行に取り付けボルトで固定する。 2．部品②をスクロールチャックに取り付け，振れを確かめる。 3．2 項と同様にけがきをする。 4．3 項と同様に切削位置を合わせる。	 図 7　部品②の荒削り
7	部品②を加工する	1．フライスを部品②のかど A に合わせる（図 7）。 2．サドルを手前に引いて，切り込みを 5.6mm 与える（図 7）。 3．サドルハンドルを用いて，図 8 の斜線の部分を相対する 2 カ所切削する。 4．割り出し台クランクハンドルを 2 回転させて，同様に切削する。 5．同様に 10 カ所切削する（20 カ所加工する）。 6．切り込みを 0.18mm 入れて，1 カ所ずつ仕上げる。 7．2 カ所切削したら，残りの平行部の平行度と寸法 1mm を確かめる。 8．4 項の要領で 20 カ所仕上げる。	 図 8　部品②の荒削り（続き）
8	合わせてみる	1．部品①を部品②にかみ合わせ，がた，すきまがないかを調べる。 2．外径の寄りがないかを調べる。	
9	糸面を取る	工作物を外し，細目やすりで，ばり及び糸面を取る。	
備 考		1．溝の角度 90° で一定とした場合，傾き角 $\theta=\dfrac{\pi}{N}$ で求めることができる。 2．h 寸法と t 寸法の関係は，$t=\dfrac{\pi D-2\,hN}{N}$ となる（参考図 1）。	 参考図 1

| 作業名 | 割り出し作業（3） | 主眼点 | ねじれ溝の加工方法 |

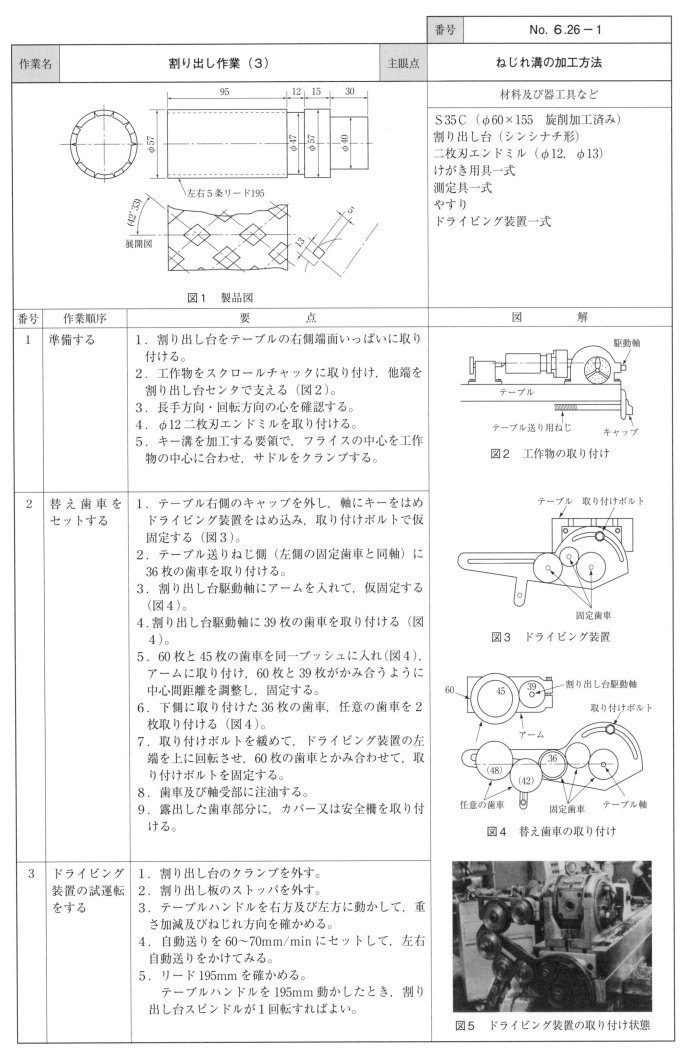

図1　製品図

材料及び器工具など

S 35 C（φ60×155　旋削加工済み）
割り出し台（シンシナチ形）
二枚刃エンドミル（φ12，φ13）
けがき用具一式
測定具一式
やすり
ドライビング装置一式

番号	作業順序	要　　点	図　　解
1	準備する	1．割り出し台をテーブルの右側端面いっぱいに取り付ける。 2．工作物をスクロールチャックに取り付け，他端を割り出し台センタで支える（図2）。 3．長手方向・回転方向の心を確認する。 4．φ12二枚刃エンドミルを取り付ける。 5．キー溝を加工する要領で，フライスの中心を工作物の中心に合わせ，サドルをクランプする。	図2　工作物の取り付け
2	替え歯車をセットする	1．テーブル右側のキャップを外し，軸にキーをはめドライビング装置をはめ込み，取り付けボルトで仮固定する（図3）。 2．テーブル送りねじ側（左側の固定歯車と同軸）に36枚の歯車を取り付ける。 3．割り出し台駆動軸にアームを入れて，仮固定する（図4）。 4．割り出し台駆動軸に39枚の歯車を取り付ける（図4）。 5．60枚と45枚の歯車を同一ブッシュに入れ（図4），アームに取り付け，60枚と39枚がかみ合うように中心間距離を調整し，固定する。 6．下側に取り付けた36枚の歯車，任意の歯車を2枚取り付ける（図4）。 7．取り付けボルトを緩めて，ドライビング装置の左端を上に回転させ，60枚の歯車とかみ合わせて，取り付けボルトを固定する。 8．歯車及び軸受部に注油する。 9．露出した歯車部分に，カバー又は安全柵を取り付ける。	図3　ドライビング装置 図4　替え歯車の取り付け
3	ドライビング装置の試運転をする	1．割り出し台のクランプを外す。 2．割り出し板のストッパを外す。 3．テーブルハンドルを右方及び左方に動かして，重さ加減及びねじれ方向を確かめる。 4．自動送りを60〜70mm/minにセットして，左右自動送りをかけてみる。 5．リード195mmを確かめる。 　テーブルハンドルを195mm動かしたとき，割り出し台スピンドルが1回転すればよい。	図5　ドライビング装置の取り付け状態

作業名	割り出し作業（3）	主眼点	ねじれ溝の加工方法

番号	作業順序	要　　点	図　　解
4	右ねじれの荒削りをする	1．φ12二枚刃エンドミルを工作物の外径に合わせ，ニー目盛を0に合わせてからニーを再び下げ，テーブルを右方に移動する。 2．切り込みを2.4mm入れて，自動送りをかける。 3．切削が終わったら，ニーを3mm程度下げてから手送りで戻す。 　　早送りは動力伝達に無理があるので使用しない。 4．切り込みをさらに2.4mm（0から4.8mm）入れて同様に切削し，元に戻す。 5．割り出し台クランクハンドルを8回転し，2．～4．と同様に切削する。 6．同様にして，5カ所右ねじれを荒削りする。	 歯車掛け替えのときは，割り出し台駆動軸及びテーブル送りねじが動かないように注意する 図6　替え歯車の取り付け
5	左ねじれのための歯車をセットする	1．割り出し台のスピンドルをクランプする。 2．割り出し板のストリッパを止め，クランプする。 3．テーブルをクランプする。 4．ドライビング装置の取り付けボルトを緩め，図4の状態に戻す。 　　テーブルハンドルが動いていないかを確認する。 5．割り出し台駆動軸に取り付けられた39枚の歯車と，アームに取り付けられた60枚の歯車の中間に任意の歯車（図6では33枚）を取り付ける。 6．ドライビング装置取付けボルトを緩めて，図6のように歯車をかみ合わせ，取り付けボルトを締める。	 図7　左ねじれの荒削り
6	左ねじれの荒削りをする	1．テーブルクランプ，割り出し台スピンドルクランプを緩め，ハンドルを動かして，歯車のかみ合い状態に支障がないか確かめる。 2．4項と同様に左ねじれ溝を荒削りする（図7）。	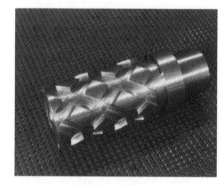 図8　完成品
7	左ねじれの仕上げ削りをする	1．底面を水平に研削したφ13二枚刃エンドミルに付け替える。 2．フライスを荒削りした底面に合わせて，切り込みを0.2mm入れる。 3．6項と同様に左ねじれを5カ所仕上げる。	
8	右ねじれのための歯車をセットする	テーブルと割り出し台スピンドルをクランプし，回らないように注意しながら，図5の状態に戻す。	
9	右ねじれの仕上げ削りをする	7項と同じ要領で右ねじれの仕上げ削りをする（図8）。	
10	糸面を取る	工作物を外し，やすりでかえり及び糸面を取る。	

作業名	割り出し作業（3）	主眼点	ねじれ溝の加工方法
		番号	No. 6.26−3

1．替え歯車の計算方法は $\dfrac{\text{工作物のリード}}{\text{テーブル送りねじのリード}\times 40}$ で表し，この作業の場合は次のとおりとなる。

$$\frac{\text{割り出し台の駆動軸の歯車}}{\text{テーブル送りねじ軸の歯車}} = \frac{L}{40 \times P} = \frac{195}{40 \times 6} = \frac{195}{240} = \frac{13 \times 15}{20 \times 12} = \frac{39 \times 45}{60 \times 36}$$

2．中間歯車の役目は，方向を変えるためと，距離を合わせるためであり，歯数及び取り付け箇所は任意の位置でよい。

3．自動送り速度は機械の表示数値と異なってくるので，次の式から計算する。

$$v_f = k\,\frac{\sqrt{L^2 + \pi D^2}}{L}$$

ただし　L：工作物のリード［mm］
　　　　D：工作物の外径［φmm］
　　　　k：機械の表示速度［mm/min］
　　　　v_f：実質送り速度［mm/min］

4．使用するフライスの底面は，中心まで完全に刃のある二枚刃を使用し，水平に研削して使用する。多刃エンドミルは，中心部に刃がないため底面膨らみが出るので使用できない。

5．シンシナチ形割り出し台に備えられた歯車の歯数は，次のとおりである。
　　17・18・19・20・21・22・24（2枚）・27・30・33・36・39・42・45・48・51・60
　　　　　　　　　　　　　　　　　　　　　　　　　　　　　　　　計18枚

備

考

作業名	平面研削盤の取り扱い（1）	主眼点	油圧油・潤滑油の給油

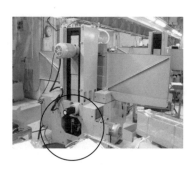 

圧力計

ゲージコック　　　　　油窓

図1　平面研削盤本体の後ろ側　　　図2　本体後ろ側の給油口

材料及び器工具など

油圧油（潤滑兼用油）
油さし
マシン油
スパナ
油といし
ウエス

番号	作業順序	要　　　　　点	図　　解
1	油圧油の給油	1．油圧油の量を本体後ろ側の油窓で点検し，不足していれば補給する。本体内の油圧油は潤滑兼用油で，各案内面の潤滑も行う（図1，図2）。 　　油量が不足している場合は，本体後部カバーを外し，ごみなどの異物が混入しないようにして補給する。	
2	潤滑油の給油	1．左右，前後，上下の各案内面，上下送り駆動歯車，及び上下送りねじの潤滑は，コラムトップの油溜まりからの落差式自動潤滑である。 　　ポンプを起動した2～3分後に，油窓の油面高さを確認する（図3）。 2．といし軸用軸受はグリース密封式なので，給油は不要である。 3．前後送りねじ，テーブルラック及びそれらの軸受は，組み立て時にグリースを塗付又は密封してあるので，給油は不要である。	
3	日常の給油	ドレッサしゅう動面への給油は，1日1回手差しで適量給油する（図3）。	

潤滑油油窓
ドレッサー給油口

図3　ドレッサしゅう動面への給油

備 考	1．油圧の調整の場合，標準圧力1.5～1.8MPaより高すぎると，テーブル左右，前後運動精度不良となる。また，低すぎると，所定のテーブル速度が上がらないなどの問題が起こる。 2．ポンプの無負荷状態で圧力調整をしてはいけない。 3．圧力調整後は，必ずゲージコックを閉める。開けたまま使用すると，圧力計を破損することがある。 4．油圧油は古くなると性能が劣化して，ポンプ，バルブなどの機能を害する原因となる。 　　使用条件にもよるが，1年に1回（2 500時間）油の交換を行う。 5．加工前は，といしに傷，割れがないか確認する。また，といしのフランジにゆるみがないか確認する（フランジのねじは左ねじ）。

			番号	No. 7.2−1
作業名	平面研削盤の取り扱い（2）	主眼点		各部の操作

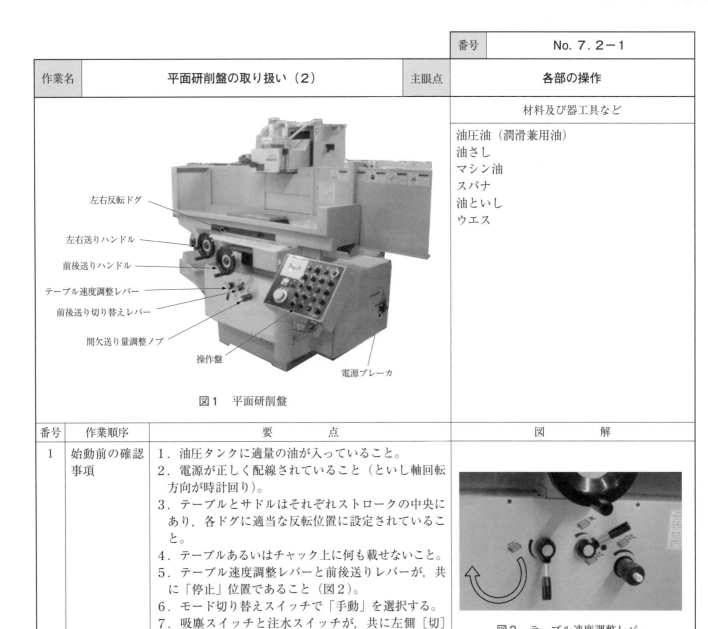

材料及び器工具など

油圧油（潤滑兼用油）
油さし
マシン油
スパナ
油といし
ウエス

図1　平面研削盤

番号	作業順序	要　　　　　点	図　　解
1	始動前の確認事項	1．油圧タンクに適量の油が入っていること。 2．電源が正しく配線されていること（といし軸回転方向が時計回り）。 3．テーブルとサドルはそれぞれストロークの中央にあり，各ドグに適当な反転位置に設定されていること。 4．テーブルあるいはチャック上に何も載せないこと。 5．テーブル速度調整レバーと前後送りレバーが，共に「停止」位置であること（図2）。 6．モード切り替えスイッチで「手動」を選択する。 7．吸塵スイッチと注水スイッチが，共に左側［切］であること。	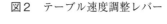 図2　テーブル速度調整レバー

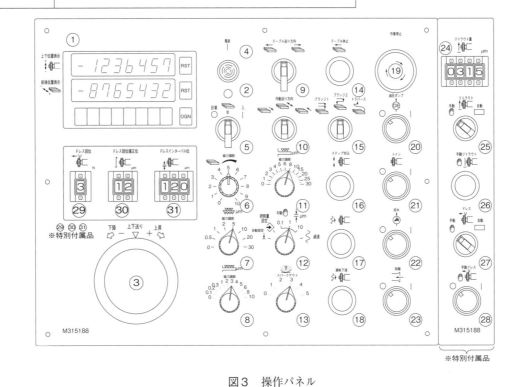

図3　操作パネル

作業名	平面研削盤の取り扱い（2）	主眼点	各部の操作

番号	作業順序	要　　　　点	図　　解
2	機械の起動, 停止	1．制御箱の電源ブレーカスイッチを入れる。操作パネル（図3）の④電源パイロットランプの点灯を確認する。　といし軸起動押しボタンを押し，といし軸の回転方向を確認する（時計回り）。 2．油圧ポンプ起動押しボタンを押す（図3⑳）。 3．コラム上部右側の油窓の指示線に，油が上がってくることを確認する（「No. 7.1」図3）。 4．テーブル左右ハンドルでテーブルを2〜3回動かし，テーブルを中央にする。 5．テーブル送り方向（起動）スイッチを，左右どちらかに倒す（図3⑨）。 6．テーブル速度調整レバーを，徐々に時計方向に回す（図2）。　テーブル運動状態に異常がないことを確認する。 7．テーブル停止ボタンを押す。 8．テーブル停止ボタンを押して，機械を全停止する。	 図4　モード切り替えスイッチ
3	といしの上下送り	1．モード切り替えスイッチで，×0.1×1×10の切り込み単位を選択する（図4，図3⑫）。 2．上下位置を表示ユニット（図5，図3①）で確認し，手動パルス発生器（図6，図3③）を回して所定の位置へ動かす。	 図5　上下位置表示ユニット
4	といしの上下速進	1．モード切り替えスイッチを右に回し［速進］を選択する。 2．速進上昇ボタン及び速進下降ボタンを押し，といしを目的の位置に近づける（図3⑰⑱）。	 図6　上下手動パルス発生器
5	といしの自動切り込み	1．モード切り替えスイッチで［研削量設定］を選択する。 2．上下位置表示ユニットで，総研削量を設定する。 3．精研量設定スイッチで，精粗切り替え位置を設定する。 4．切り込み量設定スイッチ（粗，精）で，1回の切り込み量を設定する。 5．モード切り替えスイッチで［定寸研削位置］を選択する。	
6	ステップ切り込み	1．モード切り替えスイッチで［自動定寸］を選択する。 2．ステップ切り込みボタン（図3⑯）を押すと，粗研削においては粗切り込み量（図3⑪）で，精研削においては精切り込み量（図3⑧）で選択された切り込み量が，指定量切り込む。　上下位置表示ユニットが定寸点に達したら切り込みはしない。	 図7　テーブルの手送り
7	テーブル手送り操作	1．テーブル速度調整ノブを［OFF］の位置にする（下向き　図7）。 2．テーブル左右送りハンドルを押し込みながら回し，テーブルを送る。	

作業名	平面研削盤の取り扱い（2）	主眼点	各部の操作

番号	作業順序	要　　　　点	図　　　解
8	テーブルの油圧駆動操作	1. 左右反転ドグでストローク設定する。 2. テーブル速度調整レバーを，徐々に時計方向に回し，速度を上げる（反転ドグの位置で自動的に反転する）。 3. 反時計方向に回すと速度は下がり，そして停止する。 4. テーブル駆動中にテーブル停止ボタンを押すと，ストローク端で停止する。	
9	サドルの手送り操作	1. 前後送り切り替えレバーを［中立］にする（図8）。 2. 前後送りハンドルを押し込み，クラッチをかみ合わせる。 3. ハンドル左回転で前進，右回転で後退する。	図8　前後送り切り替えレバー
10	サドル自動送り操作	1. 前後反転ドグでストロークを設定する。 2. トラバース／プランジ切り替えスイッチ（図9，図3⑮）で［トラバース］を選択する。 3. 前後送りハンドルを手前に引いて，クラッチを外す。 4. 前後送り切り替えレバーを左方向に回し，連続送りの速度を徐々に上げる（図9）。 5. 間欠送りにする場合は，前後送り切り替えレバーを右方向に回す。間欠送り量調整ノブで間欠送り量を設定する。	図9　トラバース／プランジ切り替え

備考	1. 高精度を要する場合の慣らし運転 　　油圧駆動の機械は，使用する油圧油の種類，環境，温度などによって，その性能が若干異なる場合がある。特に高精度を要する場合は，必要に応じて若干慣らし運転を行うことが望ましい。 　　休憩中も機械を止めないことも考えられる。 2. 作業終了時の注意 　　長時間使用しない場合は，テーブルとサドルの各々のストロークの中心に置く。また，作業終了時には，機械の各部を乾燥した布で拭いた後，油布で拭く。 3. 研削液について 　　研削の能率を最大にし，美しい研削面を得るためには，作業目的に合った適正な研削液の選定が必要である。また，希釈倍率により性能が変化する。作業中は，徐々に蒸発などにより量が減少するので，量と濃度の管理には十分に気を付ける必要がある。

作業名	といしの修正（平面研削盤）	主眼点	ドレッシングの仕方

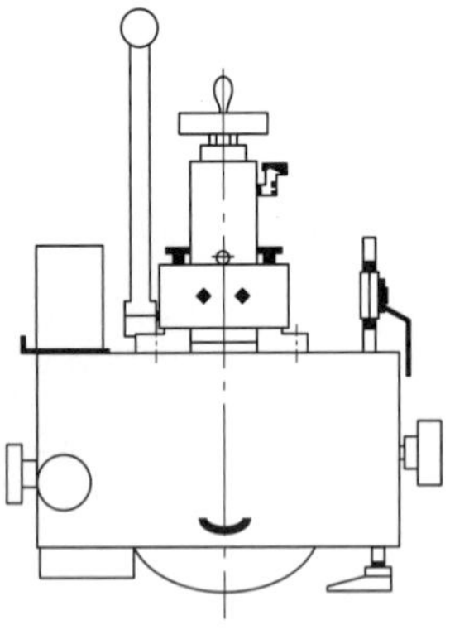

材料及び器工具など

ダイヤモンドドレッサ
ドレッサ保持具
ドレッシングスティック
油といし
ウエス

図1　平面研削盤の主軸頭

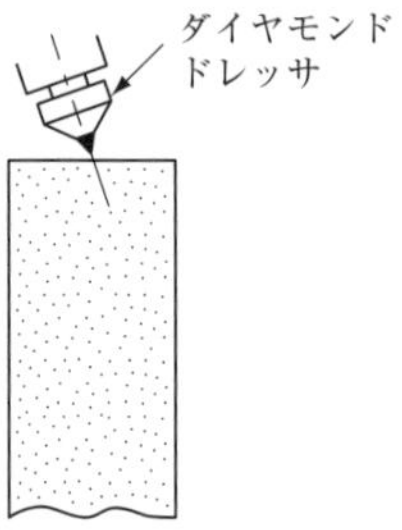

番号	作業順序	要　　点	図　　解
1	といし頭ドレッサによるといしのドレッシング	1．といし軸と冷却液用モータを駆動する。 2．といしカバーのふたを開き，ドレッサ送りレバーを手前に引いて，図2に示すように，ドレッサをといしの中央にもってくる。 3．ドレッサ切り込みダイヤルを静かに回して，ドレッサの先端をといしの外周に触れさせる。 4．ドレッサ送りレバーを元の位置に戻し，といしカバーのふたを閉める。 5．コックを開いて冷却液を出す。 6．ドレッサ切り込みダイヤルの目盛によってドレッサに切り込みを与え，ドレッサ送りレバーを往復操作してドレッシングする。 　　ドレッサに与える1回の切り込みは0.015〜0.025mmとし，ドレッサの送り速度は粗研削で250〜500mm/min，仕上げ研削では100〜200mm/min，必要に応じてスパークアウトを行う。 7．ドレッシングスティックで，といしの角に適度の丸みを付ける。	ダイヤモンドドレッサ 図2　といし頭ドレッサによるといしのドレッシング
2	ホルダに取り付けたドレッサによるといしのドレッシング	1．チャック面及びドレッサ保持具の底面をウエスでよく拭く。 2．保持具をチャックのほぼ中央に置き，チャックに吸着させる。 3．図3に示す位置で，ドレッサがといしの外周に触れるように位置を調整する。 4．といしと冷却液用モータを起動する。 5．ドレッサの先端が，といしの外周にかすかに触れるまでといしを下げ，といし頭上下ハンドルの目盛を0に合わせる。 6．コックを開いて冷却液を出す。 7．といしを下げて切り込みを与え，サドルを均等な速さで前後に送ってドレッシングする。 8．といしの角に適度の大きさの丸みを付ける。 9．といしからドレッサを離した位置でといしを停止させてから，ドレッサをチャックから取り外す。 10．チャック面をウエスでよく清掃する。	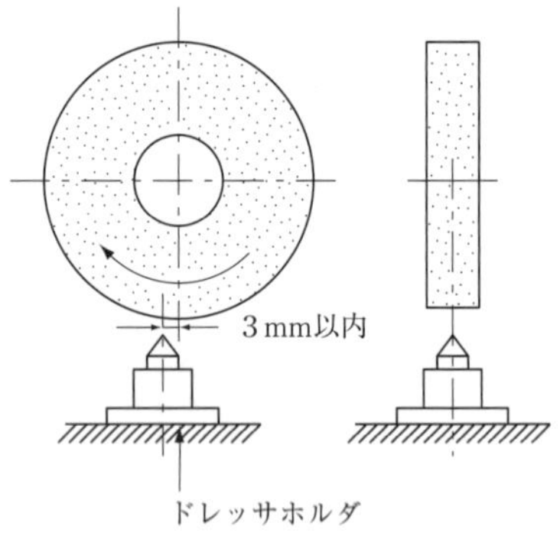 3mm以内 ドレッサホルダ 図3　ホルダに取り付けたドレッサによるドレッシング
備考		研削液（冷却液）を使用して作業した後，すぐに主軸を停止させると，といしに水分が残ってしまい，変形してバランスが崩れ，精度が悪くなる。また，強度が低下して，といし破壊の原因となり得るので，必ず数分間水切りを行ってから停止させる。	

| 作業名 | 工作物の取り付け（平面研削盤） | 主眼点 | 電磁チャックによる工作物の取り付け |

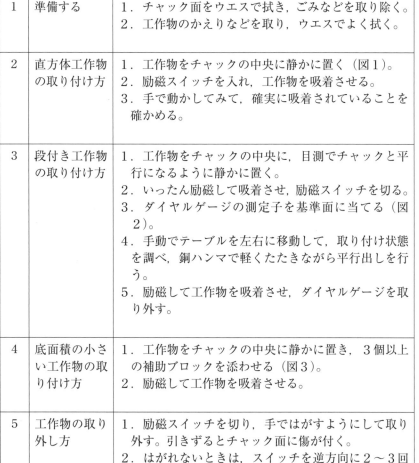

図1　工作物の取り付け

材料及び器工具など

鋼材（前加工済み）
ウエス
ダイヤルゲージ（てこ式，マグネットスタンド付き）
銅ハンマ
細目平やすり
油といし

番号	作業順序	要　　点	図　　解
1	準備する	1．チャック面をウエスで拭き，ごみなどを取り除く。 2．工作物のかえりなどを取り，ウエスでよく拭く。	
2	直方体工作物の取り付け方	1．工作物をチャックの中央に静かに置く（図1）。 2．励磁スイッチを入れ，工作物を吸着させる。 3．手で動かしてみて，確実に吸着されていることを確かめる。	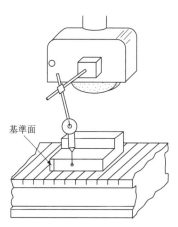 基準面 図2　工作物の平行出し
3	段付き工作物の取り付け方	1．工作物をチャックの中央に，目測でチャックと平行になるように静かに置く。 2．いったん励磁して吸着させ，励磁スイッチを切る。 3．ダイヤルゲージの測定子を基準面に当てる（図2）。 4．手動でテーブルを左右に移動して，取り付け状態を調べ，銅ハンマで軽くたたきながら平行出しを行う。 5．励磁して工作物を吸着させ，ダイヤルゲージを取り外す。	
4	底面積の小さい工作物の取り付け方	1．工作物をチャックの中央に静かに置き，3個以上の補助ブロックを添わせる（図3）。 2．励磁して工作物を吸着させる。	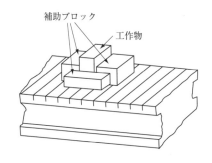 補助ブロック 工作物 図3　底面積の小さい工作物の取り付け方
5	工作物の取り外し方	1．励磁スイッチを切り，手ではがすようにして取り外す。引きずるとチャック面に傷が付く。 2．はがれないときは，スイッチを逆方向に2～3回入れたり切ったりしてはがす。	

備考

工作物の形状や材質によって，参考図1～4のような取り付け方法がある。

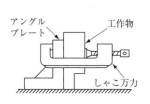

参考図1　バイスによる取り付け

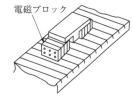

参考図2　アングルプレートによる取り付け

参考図3　電磁ブロックを併用した取り付け

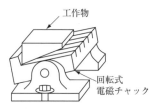

参考図4　回転式電磁チャックによる取り付け

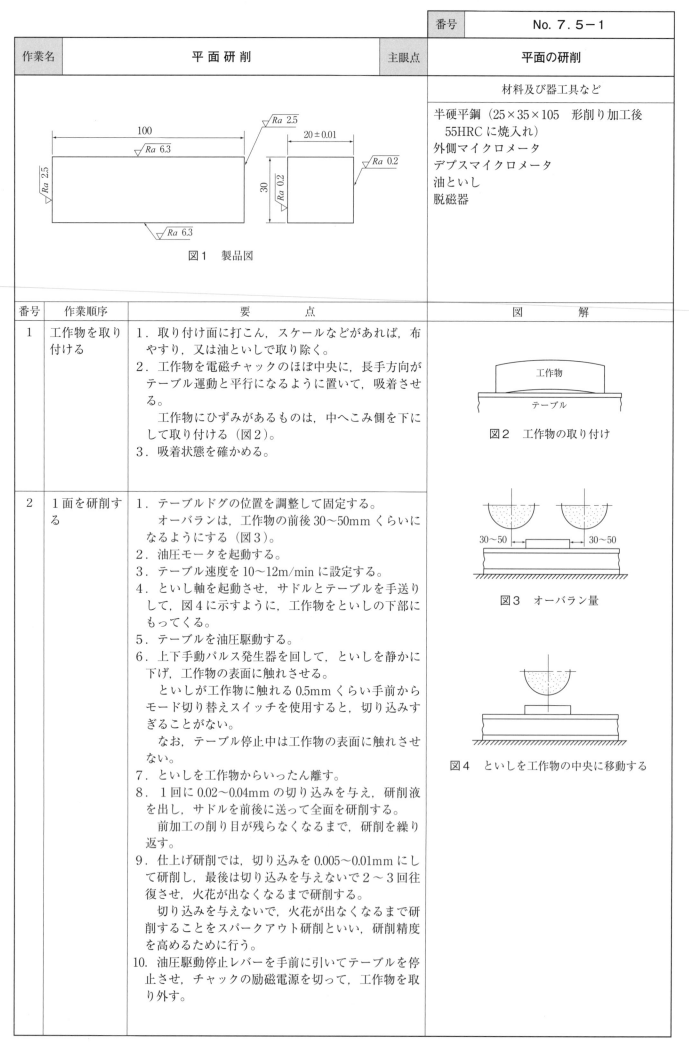

			番号	No. 7.5−1
作業名	平面研削	主眼点		平面の研削

材料及び器工具など

半硬平鋼（25×35×105　形削り加工後
　　55HRC に焼入れ）
外側マイクロメータ
デプスマイクロメータ
油といし
脱磁器

図1　製品図

番号	作業順序	要　　　　点	図　　　解
1	工作物を取り付ける	1．取り付け面に打こん，スケールなどがあれば，布やすり，又は油といしで取り除く。 2．工作物を電磁チャックのほぼ中央に，長手方向がテーブル運動と平行になるように置いて，吸着させる。 　　工作物にひずみがあるものは，中へこみ側を下にして取り付ける（図2）。 3．吸着状態を確かめる。	工作物 テーブル 図2　工作物の取り付け
2	1面を研削する	1．テーブルドグの位置を調整して固定する。 　　オーバランは，工作物の前後30〜50mm くらいになるようにする（図3）。 2．油圧モータを起動する。 3．テーブル速度を 10〜12m/min に設定する。 4．といし軸を起動させ，サドルとテーブルを手送りして，図4に示すように，工作物をといしの下部にもってくる。 5．テーブルを油圧駆動する。 6．上下手動パルス発生器を回して，といしを静かに下げ，工作物の表面に触れさせる。 　　といしが工作物に触れる 0.5mm くらい手前からモード切り替えスイッチを使用すると，切り込みすぎることがない。 　　なお，テーブル停止中は工作物の表面に触れさせない。 7．といしを工作物からいったん離す。 8．1回に 0.02〜0.04mm の切り込みを与え，研削液を出し，サドルを前後に送って全面を研削する。 　　前加工の削り目が残らなくなるまで，研削を繰り返す。 9．仕上げ研削では，切り込みを 0.005〜0.01mm にして研削し，最後は切り込みを与えないで2〜3回往復させ，火花が出なくなるまで研削する。 　　切り込みを与えないで，火花が出なくなるまで研削することをスパークアウト研削といい，研削精度を高めるために行う。 10．油圧駆動停止レバーを手前に引いてテーブルを停止させ，チャックの励磁電源を切って，工作物を取り外す。	30〜50　　30〜50 図3　オーバラン量 図4　といしを工作物の中央に移動する

作業名	平面研削	主眼点	平面の研削

番号	作業順序	要　　点	図　　解
3	裏面を研削する	1．工作物をウエスでよく拭き，かえりを取り除く。 2．外側マイクロメータで，残っている研削しろを確かめる。 3．チャック面をよく掃除し，工作物を振り替えてチャック面に吸着させる。 4．1面研削のときと同じ要領で，20＋0.05mm くらいまで研削する。 5．残りの研削しろを確かめ，といし頭上下ハンドルの目盛を確かめながら仕上げ研削をする。 6．工作物をチャックから取り外して，油といしで面取りする。	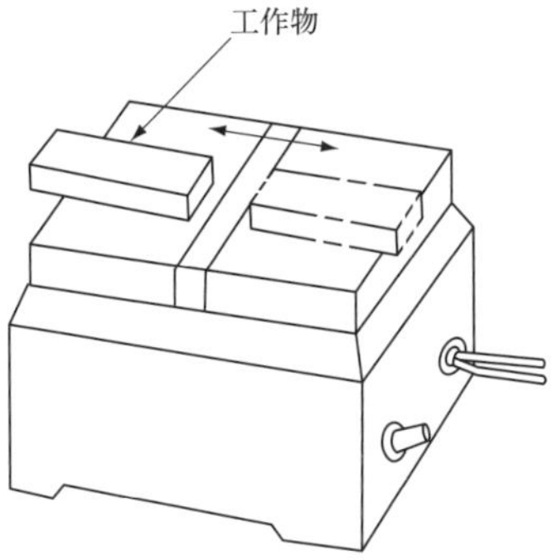 工作物 図5　脱磁器
4	脱磁する	1．脱磁器の上にガーゼのような薄い布を敷く。 2．脱磁器のスイッチを入れ，工作物を静かに載せる。 3．図5に示すように，脱磁器の中央にある溝を境にして，工作物を左右に数回滑らせる。 4．工作物を水平に滑らせるようにして，脱磁器から離す。 　　工作物を載せたままスイッチを切ると，磁力が残ってしまうので注意する。 5．虫ピンを工作物に付けてみて，脱磁が完全かどうか確かめる。 　　脱磁が完全でなければ，再度脱磁する。 6．脱磁器のスイッチを切る。	

備考	1．といしは，WA46H6V くらいが適当である。 2．といしの選択が適当でなかったり，目つぶれしたといしで研削すると，研削焼けや研削割れを起こすので注意する。 3．テーブル速度が高すぎても，といしの作用硬さが大きくなるので，2．と同様の研削不良を起こす。 4．自動脱磁装置を組み込んだ電磁チャックもある。

		番号	No. 7. 6 - 1

作業名	円筒研削盤の取り扱い	主眼点	各部の操作

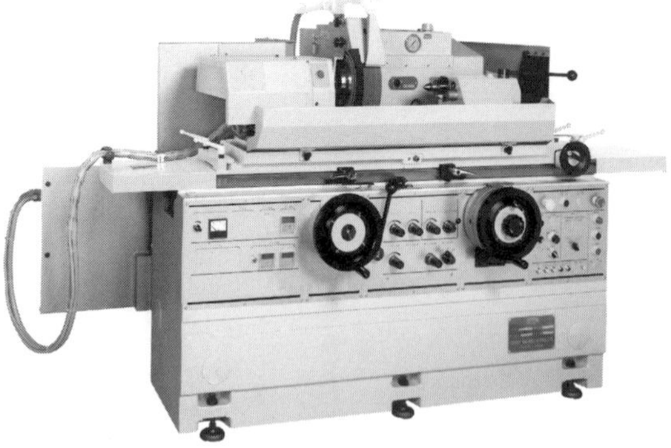

材料及び器工具など
油圧作動油 軸受油 ウエス

図1　円筒研削盤

番号	作業順序	要　　点	図　　解
1	準備する	1．油面ゲージにより，油タンク内の油量を点検し，不足していれば補給する（図2）。 2．といし台前面油面ゲージにより，といし軸受油量を点検し，不足していれば補給する（図3）。 3．ハンドル，レバーなどの位置を確認する。 4．といしに傷，割れなどがないかどうか確認する。	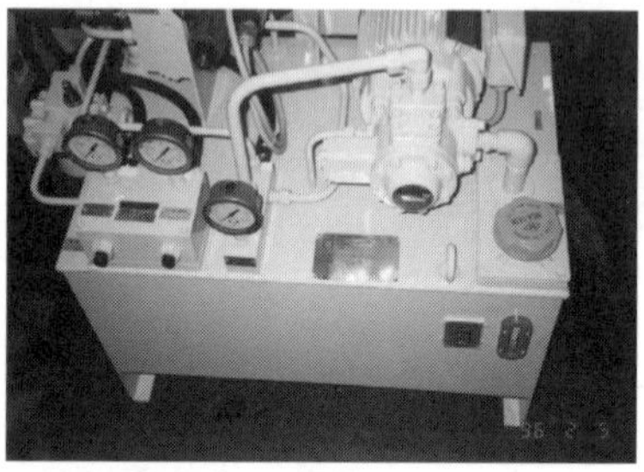 図2　油圧用油タンク  図3　といし台
2	機械の起動・停止操作	1．運転準備押しボタンスイッチを押し，機械を起動させる（図4）。 2．油タンク内の圧力計の示度で，圧力が正しいかどうか確認する（図2）。 3．といし台前面の圧力計の圧力が正しいかどうか確認する。 4．停止押しボタンスイッチを押して，機械を停止させる（図4）。	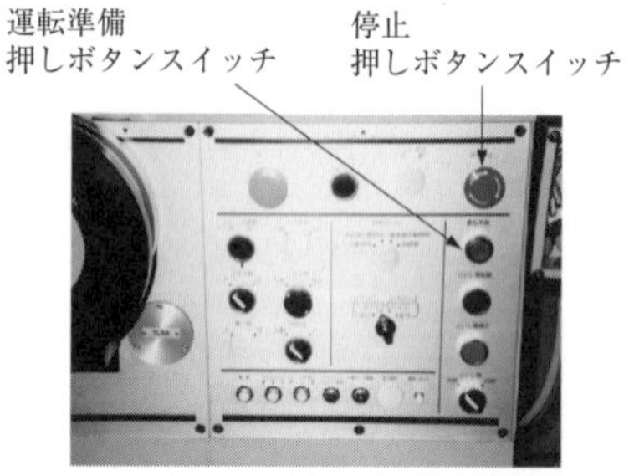 運転準備 押しボタンスイッチ　　停止 　　　　　　　　押しボタンスイッチ 図4　運転準備押しボタンスイッチと 停止押しボタンスイッチ
3	といし台の手送り操作	といし台送りハンドル固定ノブを緩め，といし台送りハンドルを回して，といし台を前後に静かに送る（図5）。 　時計方向に回すと，といし台は前進し，反時計方向に回すと，後退する。	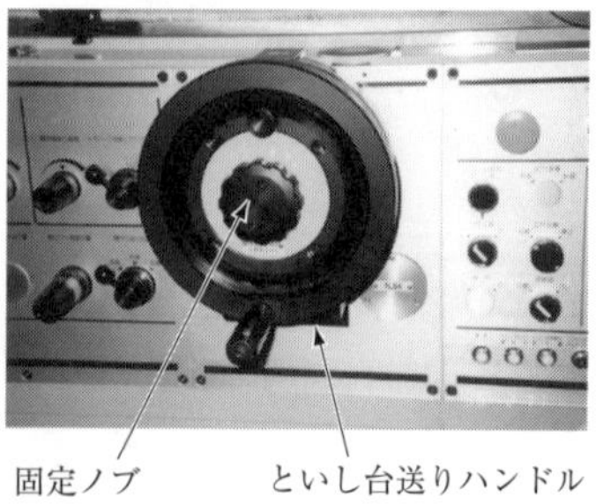 固定ノブ　　といし台送りハンドル 図5　といし台送りハンドルと固定ノブ

作業名		円筒研削盤の取り扱い	主眼点	各部の操作

番号	作業順序	要　　点	図　　解
4	テーブルの手送り操作	テーブル送り手動・自動切り替えレバーを手動側に切り替え，テーブル送りハンドルを回して，テーブルを左右に静かに送る（図6）。 　時計方向に回すと，テーブルは右方向へ移動し，反時計方向に回すと，左方向へ移動する。	 図6　テーブル送りハンドルとテーブル送り切り替えレバー
5	といし台の早送り前進・後退操作	1．といし台調整前進押しボタンスイッチを押し，といし台を早送り前進させる（図7）。 　といし台は40mm前進するので，工作物の外周と，といしの円筒部との間隔が40mm以上あることを確認してから操作を行う。 2．戻し押しボタンスイッチを押し，といし台を早送り後退させる。	 図7　といし台前進・後退等スイッチ類
6	といし台の自動送り操作	1．といし台送りハンドル固定ノブを，時計回りに回してハンドルを固定し，油圧自動送りに切り替える（図8）。 2．自動送り量設定リングにより，0〜0.8mmの自動送り量を設定する。 3．工作物の仕上がり寸法（直径）を変更する場合は，微調整ノブを回し，前進端位置を微調整する。	 図8　といし台の自動送り
7	テーブルの自動送り操作	1．トラバース方向切り替えドグの位置を調整して，テーブルストロークを決める。方向切り替えドグには，微細位置調整ねじが付いているので，これを使用すれば，任意の位置でのテーブルの方向切り替えができる（図9）。 2．方向切り替えピンが，押し込まれた状態になっていることを確認する。 3．テーブル送り手動・自動切り替えレバーを自動側に切り替え，自動送りをかける。	 図9　テーブルの自動送り

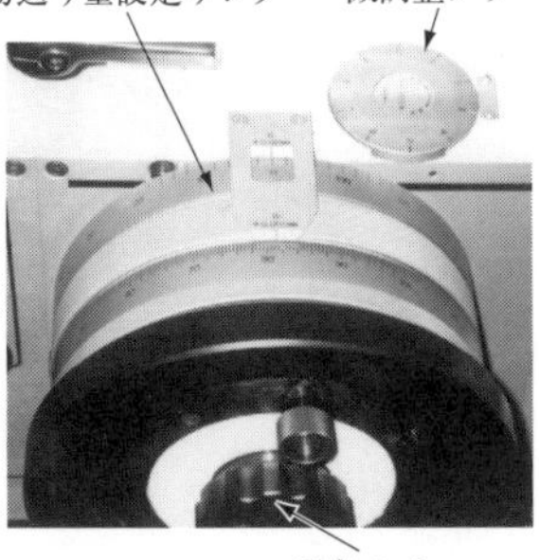

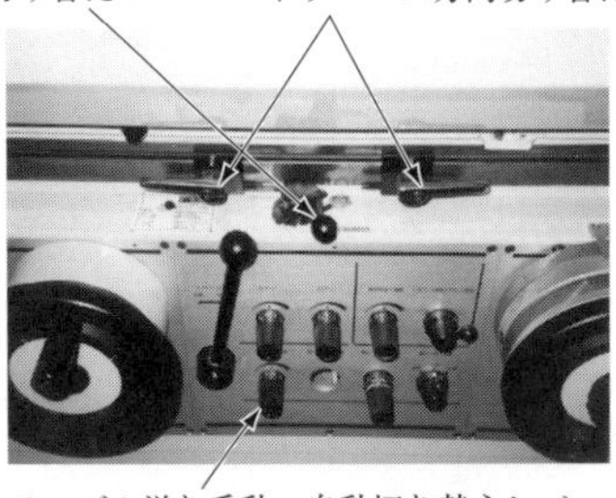

作業名	円筒研削盤の取り扱い	主眼点	各部の操作

番号	作業順序	要　　　点	図　　解
8	主軸台の操作	1．主軸台固定ボルトを緩めて，主軸台を任意の位置へ移動する（図10）。 2．主軸台をテーブル基準面に押し付け，その後主軸台固定ボルトを締め付ける。 3．主軸の回転起動は，主軸起動押しボタンスイッチにより起動，停止させる（図7）。 4．主軸の寸動回転起動は，工作主軸寸動ボタンスイッチにより，起動させる（図10）。 5．回転速度は，工作主軸回転速度設定ボリュームにより設定し，回転速度メータで，工作物の回転速度を確認する（図11）。	工作主軸寸動ボタンスイッチ 主軸台 固定ボルト 図10　主軸台
			工作主軸回転速度設定ボリューム 回転速度メータ G32 図11　工作物の回転速度の確認
9	心押台の操作	1．心押台固定レバーを緩めて，心押台を任意の位置へ移動する（図12）。 2．心押台をテーブル基準面に押し付けながら，心押台固定レバーで固定する。 3．センタの前進・後退は，センタ操作レバーを手動操作して行う。 　時計方向に回すとセンタは後退し，戻すとセンタは前進する。 4．センタ加圧力の調整は，加圧力調整ねじを回して行う。時計方向に回すと，加圧力は増加する。	 センタ操作レバー 加圧力調整ねじ　　心押台固定レバー 図12　心押台
備考			

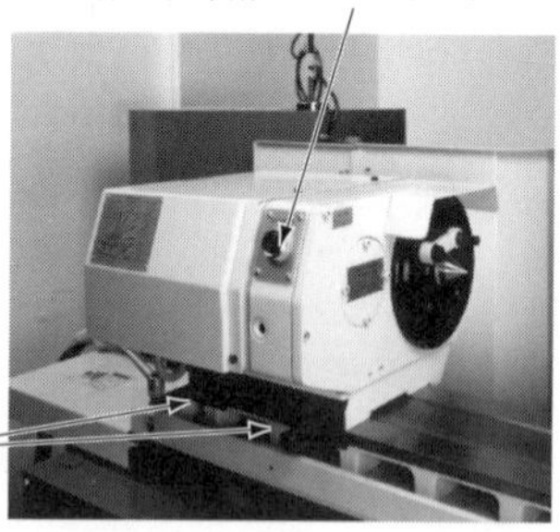

作業名	といしの修正（円筒研削盤）	主眼点	といしの修正の仕方

材料及び器工具など

ダイヤモンドドレッサ
ダイヤモンドドレッサホルダ

図1　といしの修正

番号	作業順序	要　　　点	図　　　解
1	準備する	1．テーブルの上面及び基準面を清掃し，ダイヤモンドドレッサホルダをテーブル上に固定する。 2．ホルダの取り付け穴にダイヤモンドドレッサを差し込み，セットボルトで固定する。 3．といし幅に合わせ，テーブルのトラバース方向切り替えドグの位置を調整する（図2）。 4．といしの修正時のテーブルトラバース速度を調整する。 　トラバース速度はといしの粒度，回転数，ダイヤモンド先端形状仕上げ面粗度などにより異なるが，一般に粗研削で 500〜800mm/min，仕上げ研削で 100〜200mm/min の範囲で調整する。	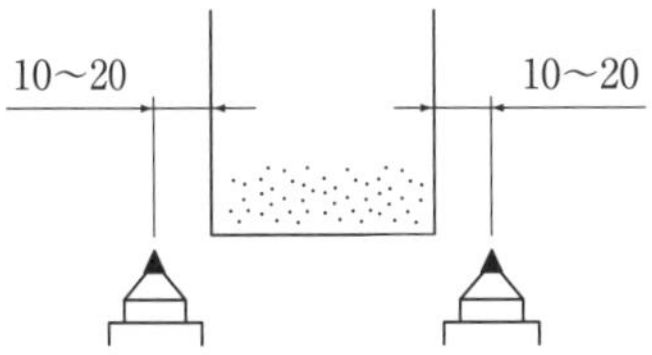 図2　オーバラン量
2	といしの修正	1．ダイヤモンドの先端が，といしの外周に僅かに触れる程度に，ダイヤモンドをといし表面の最も高い部分に近づける。 2．多量の研削液をダイヤモンドの先端にかける。 3．テーブル送り手動・自動切り替えレバーを自動側に切り替え，テーブルを左右に送り，といし表面に付着したほこりなどを除去する。 4．といし端にて 0.02mm ほど切り込みをかけ，といし修正を行う。 　切り込み量は，できるだけ 0.02mm を超えないようにする。 　切り込みを突然大きくかけると，ダイヤモンドドレッサを損傷するので注意する。 5．といし修正中，全体的に軽い連続音が出るようになるまで，この操作を続ける。 6．機械を止めて，といしが正常に修正されたかどうか確認する。	

備考	ダイヤモンドドレッサは時々少しずつ回して使用し，常にその鋭い先端が保たれるようにする。

番号	No. 7. 8

作業名	円筒研削盤の安全作業	主眼点	円筒研削盤作業の安全

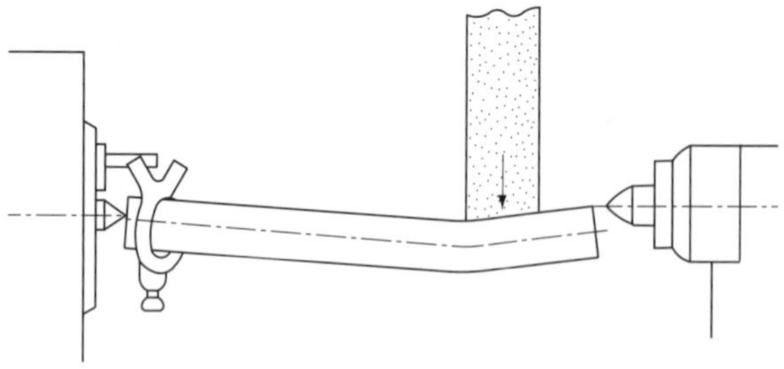

材料及び器工具など

鋼材（前加工済み）
スパナ類一式
油といし
ウエス
油差し

図1　といし台の早送り前進による衝突の例

番号	作業順序	要　点	図　解
1	作業前の安全点検	1．といし覆い扉，といし前覆いカバーの締め付けが緩んで，がたついていないか調べる。 2．といしの外観に，割れや欠けがないか調べる。 3．といしにアンバランスがないか調べる。 4．といし軸駆動用Vベルト及び主軸台Vベルトに，切れなどがないか調べる。また，ベルトの張力が適切か調べる。 5．テーブル手動・自動切り替えレバーは［手動］になっているか，トラバース方向切り替えドグの位置調整は大丈夫か，確実に締め付けられているかなどを調べる（図2）。	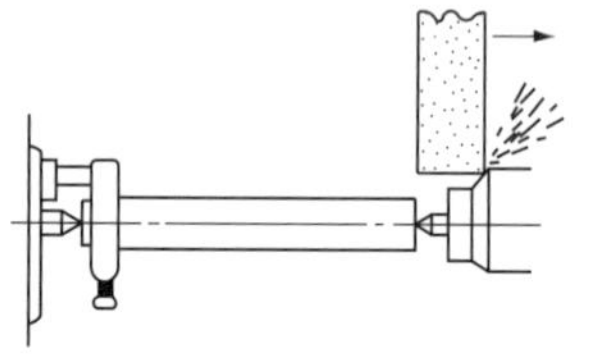 図2　トラバース方向切り替えドグ（テーブルドグ）の締め忘れによる衝突の例
2	作業中の安全留意事項	1．工作物が確実に取り付けられているか調べる。 2．といし台が40mm早送り前進する場合に，工作物，主軸台，心押台，ダイヤモンドホルダなどに当たらないように，十分に後退した位置にあるか調べる。 　これらの確認を怠って，不用意といしを早送り前進させると，図1のように工作物が外れるなどの大事故を起こすことがあるので注意する。 3．心押台センタ加圧力が適当か調べる。弱すぎると工作物が外れ落ちることがあり，また，強すぎるとセンタに焼付けを起こすので注意する。 4．寸法を測定する場合は，といしを工作物から離し，主軸台の回転を止めて行う。 　自動サイクル中は，といし台戻し押しボタンスイッチを押すと，主軸台の回転が止まり，研削液の流出も止まるようになっている。 5．といし台に目つぶれや目詰まりが起こっていないか，切り込み量に無理はないか，工作物が研削抵抗に耐えられるかどうかなどについて注意する。 6．作業位置は正しいか，万一といしが破損しても危険はないか，常に気を配る。 7．工作物の着脱は，機械動作停止後に行う。 8．機械の清掃，保守及び点検は，電源を遮断してから行う。	
備考			

作業名	円筒研削（手動プランジ研削）	主眼点	外径の手動送り研削

	材料及び器工具など

図1　外径の手動送り研削

鋼材（前加工済み）
外側マイクロメータ
ドライビングドグ
ダイヤモンドホルダ
ダイヤモンドドレッサ
スパナ類一式
油といし
潤滑剤

番号	作業順序	要　　　　点	図　　解
1	準備する	1．工作物の一端にドライビングドグを取り付ける。 2．心押台を移動し，位置決めしてテーブル上に固定する（図1）。 3．工作物のセンタ穴をよく掃除し，潤滑剤を付けて両センタ間に取り付ける。	
2	粗研削する	1．テーブル手動・自動切り替えレバーを［手動］にし，運転準備押しボタンスイッチを押し，機械を起動させる（図2）。 2．研削液吐出サイクル設定スイッチを［自動］にする。 3．といし軸起動押しボタンスイッチを押し，といし軸を起動させる。 4．固定ノブを反時計回りに回して，回転シリンダと，といし台送りハンドルをフリーにする。 5．表1の値を参考にして，工作物の回転速度を設定し，工作主軸入切スイッチを［入］にする。 6．といし台調整前進押しボタンスイッチを押し，といし台を40mm早送り前進させる。 　といし台を早送り前進させた場合は，といしが工作物などに当たらないように，といし台を十分に後退させてから行うこと。 7．テーブル送りハンドルを操作し，といしに対する工作物の位置を決める。 8．といし台送りハンドルを操作し，といしが工作物の外周に僅かに触れるまで前進させ，目盛を0に合わせる。 9．工作物外径に0.02～0.05mmの仕上げしろを残して粗研削を行う。	
3	仕上げ研削する	1．表1により，工作物の回転速度を設定する。 2．必要があれば，といし修正を行う。 3．時々測定しながら目盛によって切り込みを与え，仕上げ研削を行う。	

図解欄：

運転準備押しボタンスイッチ
といし軸起動押しボタンスイッチ
研削液吐出サイクル設定スイッチ

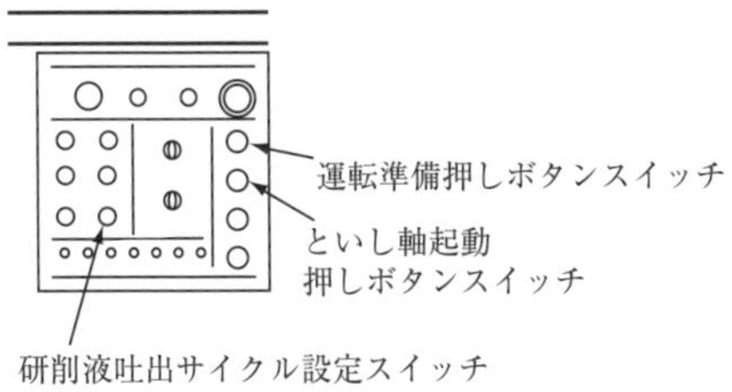

図2　操作パネル

表1　工作物の周速度 ［m/min］

材　質	粗研削	仕上げ研削
焼入鋼	12	15～18
合金鋼	9	9～12
鋼	9～12	12～15
鋳　鉄	15～18	18～21

| 作業名 | 円筒研削（手動プランジ研削） | 主眼点 | 外径の手動送り研削 |

1．端面あるいは凸部の側面を研削するときは，参考図1に示すように，といしの側面を成形し，0.01mm くらいずつ切り込んで研削する。このとき，といしの外周は工作物に触れないようにしておく。

2．円筒研削では，工作物を支えるセンタの良否によって真円度が決まるので，センタの精度には十分に注意する。

3．焼入れした工作物のセンタ穴には，スケールなどが付着していたり，焼ひずみを起こして変形している場合があるので，スケールはよく取り除き，変形しているものは，センタ穴研削盤で研削する必要がある。

4．円筒研削作業では，工作物に重量の片寄りがあっても研削精度が低下するので，ドライビングドグは，参考図2に示すような円筒研削用のものを使用する。

側面を使用してもよい
といしだけ可能

参考図1　工作物の側面を研削できるといし

参考図2　円筒研削用ドライビングドグ

備

考

			番号	No. 7.10

作業名	円筒研削（プランジタイマ研削）	主眼点	外径の自動送り研削

材料及び器工具など

鋼材（前加工済み）
外側マイクロメータ
ドライビングドグ
ダイヤモンドホルダ
ダイヤモンドドレッサ
スパナ類一式
油といし

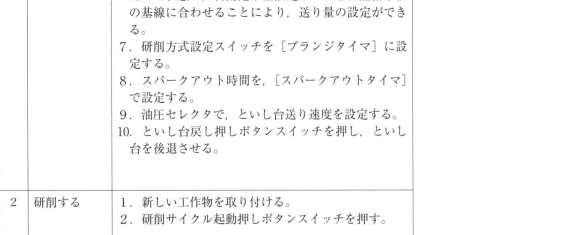

図1　外径の自動送り研削

番号	作業順序	要　　点	図　　解
1	準備する	1．図2に示す操作パネルの油圧セレクタを，プランジ研削に設定する。 2．手動プランジ研削の要領で，工作物を正寸に研削する。 3．といし台送りハンドルを回さない状態で，といし台戻し押しボタンスイッチを押し，といし台を後退させて工作物を取り外す。 4．といし台調整前進押しボタンスイッチを押し，といし台を前進させる。 5．といし台送りハンドルと，油圧自動送りシリンダを固定ノブにて固定する。 6．自動送り量設定リングで，自動送り量（工作物取りしろ＋空研削量）を設定する。 　油圧自動送りシリンダが，前進端ストッパに当たった状態で，自動送り量設定リングを目盛指示板の基線に合わせることにより，送り量の設定ができる。 7．研削方式設定スイッチを［プランジタイマ］に設定する。 8．スパークアウト時間を，［スパークアウトタイマ］で設定する。 9．油圧セレクタで，といし台送り速度を設定する。 10．といし台戻し押しボタンスイッチを押し，といし台を後退させる。	
2	研削する	1．新しい工作物を取り付ける。 2．研削サイクル起動押しボタンスイッチを押す。	

スパークアウトタイマ　　　　　　油圧セレクタ　　　　　　研削サイクル
起動押しボタンスイッチ

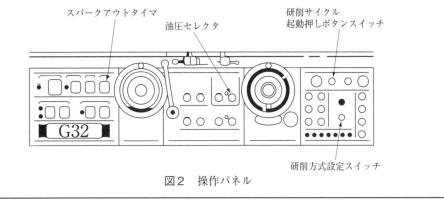

研削方式設定スイッチ

図2　操作パネル

| 作業名 | 円筒研削（手動トラバース研削） | 主眼点 | 外径のトラバース研削 |

ノズル　カバー

研削液

図1　外径のトラバース研削

材料及び器工具など

鋼材（前加工済み）
外側マイクロメータ
ドライビングドグ
ダイヤモンドドレッサ
ダイヤモンドドレッサホルダ
スパナ類一式
油といし
潤滑剤
ダイヤルゲージ

番号	作業順序	要　　点	図　　解
1	準備する	1．工作物の一端にドライビングドグを取り付ける。 2．心押台を移動し，位置決めしてテーブル上に固定する。 3．工作物のセンタ穴をよく掃除し，潤滑剤を付けて両センタ間に取り付ける。	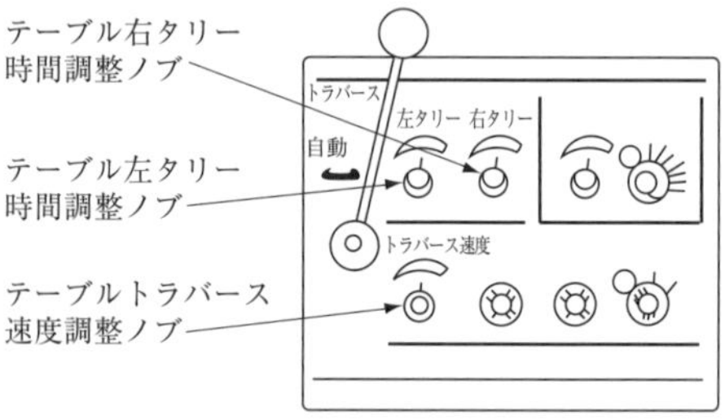 テーブル右タリー時間調整ノブ テーブル左タリー時間調整ノブ テーブルトラバース速度調整ノブ 図2　操作パネル
2	粗研削する	1．テーブル手動・自動切替えレバーを［手動］にし，運転準備押しボタンスイッチを押し，機械を起動させる。 2．研削液吐出サイクル設定スイッチを［自動］にする。 3．といし軸起動押しボタンスイッチを押し，といし軸を起動させる。 4．固定ノブを反時計回りに回して，回転シリンダと，といし台送りハンドルをフリーにする。 5．「No. 7.9－1」表1を参考にして，工作物の回転速度を設定し，工作主軸入切スイッチを［入］にする。 6．といし台調整前進押しボタンスイッチを押し，といし台を40mm早送り前進させる。 　　といし台を早送り前進させた場合は，といしが工作物などに当たらないように，といし台を十分に後退させてから行うこと。 7．といしが工作物から1/3程度外れるように，トラバース方向切り替えドグを調整する。 8．テーブル手動・自動切り替えレバーを［自動］に切り替え，テーブルの油圧トラバース運動を行う（図2）。 9．工作物の1回転当たり，といし幅の2/3〜3/4程度テーブルが送られるように，テーブルトラバース速度を，トラバース速度調整ノブで設定する。 10．工作物に応じて，テーブル油圧トラバースにおける両端のタリー時間を，工作物が1〜2回転する間停止するように，テーブル左右タリー時間調整ノブで設定する。 11．といし台送りハンドルを操作し，といしが工作物の外周に僅かに触れるまで前進させ，目盛を0に合わせる。 12．工作物の一端又は両端において0.02〜0.04mmの切り込みを与え，全面が一様に研削されるまで，ならし研削する。	

作業名	円筒研削（手動トラバース研削）		主眼点	外径のトラバース研削

番号	作業順序	要　　　　　点	図　　　　　解
2		13. といし台を早送り後退させ，外側マイクロメータで円筒度を調べ，テーパが付いていれば修正する。 14. 工作物外径に 0.02〜0.05mm の仕上げしろを残して，粗研削を行う。	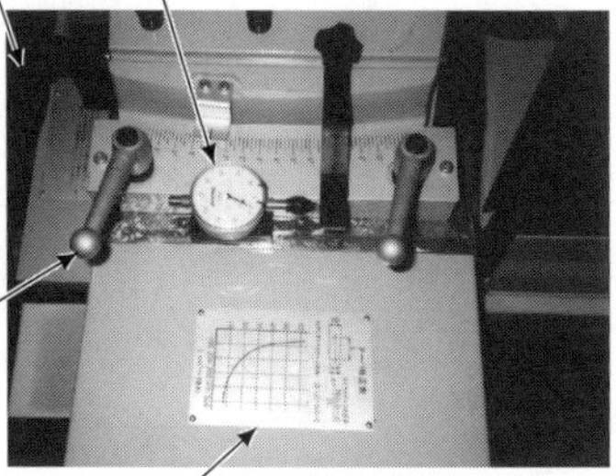 テーブル旋回ハンドル　ダイヤルゲージ 固定レバー 銘板 図3　テーパの修正
3	テーパを修正する	1. テーブル両端の固定レバー（4か所）を緩める。 2. テーパ補正量に対するダイヤルゲージの値を，銘板（図3）より読み取る。 3. ダイヤルゲージの値を読み取りながら，テーブル旋回ハンドルを回し，テーブルを微調整する。 4. 固定レバーを締め付け，工作物を試し研削，測定してテーパ量を確認する。	
4	仕上げ研削する	1. 「No. 7.9−1」表1を参考にして，工作物の回転速度を設定する。 2. テーブル速度を工作物の1回転当たり，といし幅の1/8〜1/4程度送られるように調整する。 　タリー時間の調整も，必要があれば行う。 3. 必要があれば，といし修正を行う。 4. 1回の切り込み量を 0.0025〜0.01mm とし，時々測定しながら目盛によって切り込みを与え，仕上げ研削を行う。 5. 最後は切り込みを与えないで2〜3回往復させ，火花が出なくなるまで研削する。 　切り込みを与えないで，火花が出なくなるまで研削することをスパークアウト研削という。特に，径に比べて長さの長い工作物では，これを十分に行うことが必要である。	
備考			

		番号	No. 7.12
作業名	テーパ研削	主眼点	両センタによるテーパの研削

図1　テーパ研削

材料及び器工具など

鋼材（前加工済み）
ドライビングドグ
テーパゲージ
スパナ類一式
油といし
潤滑剤
ダイヤルゲージ
新明丹

番号	作業順序	要　　　点	図　　解
1	準備する	1．工作物の一端にドライビングドグを取り付ける。 2．心押台を移動し，位置決めしてテーブル上に固定する。 3．工作物のセンタ穴をよく掃除し，潤滑剤を付けて両センタ間に取り付ける。 4．テーブル両端の固定レバーを緩め，スイベルテーブルを所要の角度に傾けて，固定レバーを締め付ける（図2）。	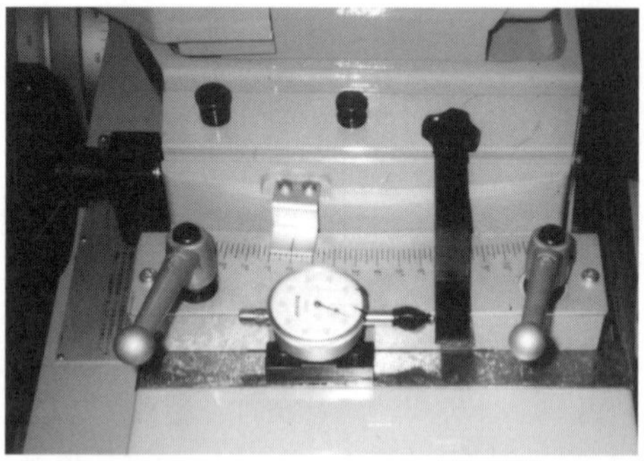 図2　スイベルテーブルを所要の角度に傾ける
2	粗研削する	1．手動トラバース研削の要領で，全面が一様に研削されるまでならし研削する。 2．工作物の外周に薄く新明丹を塗り，テーパリングゲージにはめ合わせて，テーパ度を調べる。 3．テーパ修正用ダイヤルゲージを利用して，スイベルテーブルの傾きを修正する。 　　テーパの修正は勘に頼るものであり，テーパゲージの当たり具合から修正量を判断する。 4．試し研削をしてはテーパ度を調べ，テーパ全面がゲージと一様に当たるまで，テーパを修正する。 5．テーパの修正ができたら，図3に示す出入り寸法になるまで粗研削する。	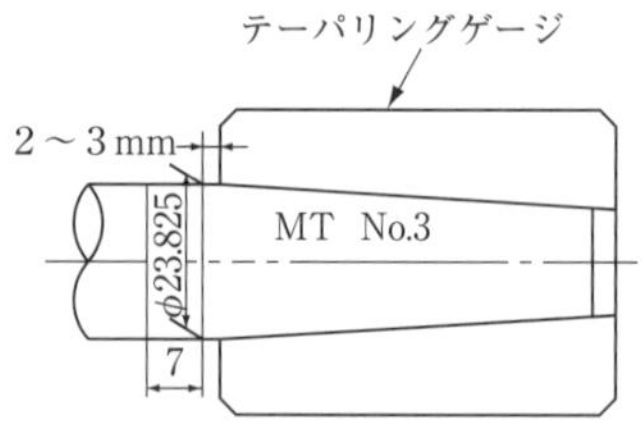 図3　テーパのはめ合わせ
3	仕上げ研削する	1．手動トラバース研削の要領で，仕上げ研削する。 2．最後は，スパークアウト研削を十分に行う。	

備考

1．円筒研削盤では，テーパの強い工作物の研削はできない。このような場合には，といし台が旋回できる万能研削盤で行う。
2．センタ先端の角度研削のように，テーパ部分が短く角度のきつい場合は，旋回形主軸台を使用する。主軸台に工作物を取り付け，主軸台を所要の角度に傾けて研削する。

| 作業名 | NCプログラミング（アドレスと機能） | 主眼点 | アドレスとその意味 |

　ここからNC加工について述べる。まず，本項でNCプログラミングについてその概略を説明する。次いで「9．NC旋盤加工実習」でNC旋盤作業について，「10．マシニングセンタ加工実習」でマシニングセンタ作業について，それぞれ具体的に説明する。

【NCプログラミングのアドレスと機能】

　アドレスはアルファベット（A～Z）を使って表したものであり，これに続く数値の意味を規定する。アドレスとその意味の一例を，表1に示す。

表1　アドレスとその意味の一例

アドレス	機　　能	意　　味
Ō	プログラム番号	プログラム番号の指定 （ISOコードの場合は，"：（コロン）"を使用できる）
N	シーケンス番号	任意のブロックにおける番号の指定
G	準備機能	動作のモード（直線や円弧など）の指定
X，Y，Z	ディメンジョンワード （座標語）	座標軸の移動指令
A，B，C， U，V，W		付加軸の移動指令
R		円弧の半径の指定
I，J，K		円弧の中心座標の指定
F	送り機能	送り速度の指定
S	主軸機能	主軸回転速度の指定
T	工具機能	工具番号の指定
M	補助機能	機械側でのオン/オフ制御の指定
B		テーブルの割出しなど
P，X，U	ドウェル	ドウェル時間の指定
P	プログラム番号の指定	サブプログラム番号の指定
H，D	オフセット番号	オフセット（補正）番号の指定
L	繰り返し回数	サブプログラムの繰り返し回数/固定サイクルの繰り返し回数
P，Q，R	パラメータ	固定サイクルのパラメータ

　Gコードの一覧を表2（NC旋盤），表3（マシニングセンタ）に示す。
　Mコードの一覧を表4（NC旋盤），表5（マシニングセンタ）に示す。

出所：（表1）「ＮＣ工作概論」（一社）雇用問題研究会，2019年，p.65，表3－2（一部改変）

表2　NC旋盤用Gコード一覧表（Gコード体系：A）

Gコード (Code)	グループ (Group)	機　　能（Function）
G 00	01	位置決め
G 01		直線補間
G 02		円弧補間　時計方向
G 03		円弧補間　反時計方向
G 04	00	ドウェル
G 22	09	ストアードストロークチェック機能オン（ソフトオーバトラベルオン）
G 23		ストアードストロークチェック機能オフ（ソフトオーバトラベルオフ）
G 28	00	自動原点復帰
G 32	01	ねじ切り
G 40	07	刃先R補正キャンセル
G 41		刃先R補正左側
G 42		刃先R補正右側
G 50	00	座標系設定／主軸最高回転速度設定
G 70	00	仕上げサイクル
G 71		外径，内径荒加工サイクル
G 72		端面荒加工サイクル
G 73		閉ループ切削サイクル
G 74		端面突切りサイクル，深穴ドリルサイクル
G 75		外径，内径溝入れサイクル，突切りサイクル
G 76		複合形ねじ切りサイクル
G 90	01	外径，内径切削サイクル
G 92		ねじ切りサイクル
G 94		端面切削サイクル
G 96	02	周速一定制御指令
G 97		回転速度直接指令
G 98	05	毎分送り
G 99		毎回転送り

出所：（表2）「NC工作概論」（一社）雇用問題研究会，2019年，p.66，表3－3

番号	No. 8．1－3

作業名	NCプログラミング（アドレスと機能）	主眼点	マシニングセンタ用Gコード

表3　マシニングセンタ用Gコード一覧表

Gコード	グループ	機　　能	意　　味
◤G00	01	位置決め	工具の早送り
G01		直線補間	切削送りによる直線切削
G02		円弧補間　CW	時計方向の円弧切削
G03		円弧補間　CCW	反時計方向の円弧切削
G04	00	ドウェル	次ブロック実行の一時停止
G10※		データ設定	工具補正量の変更
◤G17	02	XY平面	XY平面の指定
G18		ZX平面	ZX平面の指定
G19		YZ平面	YZ平面の指定
G27※	00	自動原点（リファレンス点）復帰チェック	機械座標系原点への復帰チェック
G28		自動原点（リファレンス点）復帰	機械座標系原点への復帰
G29※		自動原点（リファレンス点）からの復帰	機械座標系原点からの復帰
◤G40	07	工具径補正キャンセル	工具径の補正モードの解除
G41		工具径補正左	工具進行方向に対し左側にオフセット
G42		工具径補正右	工具進行方向に対し右側にオフセット
G43	08	工具オフセット正	Z軸移動の＋（プラス）オフセット
G44		工具オフセット負	Z軸移動の－（マイナス）オフセット
G45※	00	工具位置オフセット　伸長	移動指令を補正量だけ伸長
G46※		工具位置オフセット　縮小	移動指令を補正量だけ縮小
G47※		工具位置オフセット　2倍伸長	移動指令を補正量の2倍伸長
G48※		工具位置オフセット　2倍縮小	移動指令を補正量の2倍縮小
◤G49	08	工具オフセットのキャンセル	工具長の補正モードのキャンセル
G52※	00	ローカル座標系設定	ワーク座標系内における座標系の設定
G53		機械座標系選択	機械座標系原点に関して機械上に固定された右手直交座標系の選択
◤G54	12	ワーク座標系1選択	工作物の基準位置を原点とした座標系の設定
G55		ワーク座標系2選択	
G56		ワーク座標系3選択	
G57		ワーク座標系4選択	
G58		ワーク座標系5選択	
G59		ワーク座標系6選択	
G73※	09	ペックドリリングサイクル	高速深穴あけの固定サイクル
G74※		逆タッピングサイクル	逆タッピングの固定サイクル
G76※		ファインボーリングサイクル	穴底で工具シフトを行う固定サイクル
◤G80		固定サイクルキャンセル	固定サイクルのモードの解除
G81		ドリルサイクル	穴あけの固定サイクル
G82		ドリルサイクル	穴底でドウェルを行う穴あけの固定サイクル
G83		ペックドリリングサイクル	深穴あけの固定サイクル
G84		タッピングサイクル	タッピングの固定サイクル
G85		ボーリングサイクル	往復切削送りの固定サイクル
G86		ボーリングサイクル	穴ぐりの固定サイクル
G87		バックボーリングサイクル	裏座ぐりの固定サイクル
G88		ボーリングサイクル	手動送りができる穴ぐりの固定サイクル
G89		ボーリングサイクル	穴底でドウェルを行う穴ぐりの固定サイクル
◤G90	03	アブソリュート指令	絶対値指令方式の選択
G91		インクレメンタル指令	増分値指令方式の選択
G92	00	ワーク座標系の設定	プログラム上におけるワーク座標系の設定
◤G98※	10	固定サイクルイニシャル点復帰	固定サイクル終了後にイニシャル点復帰
G99※		固定サイクルR点復帰	固定サイクル終了後にR点復帰

（注）1．表のGコードは，制御装置の一部を抜粋している。表以外の準備機能は，機械の取扱説明書を参照のこと。
2．◤記号の付いているGコードは，電源投入時あるいはリセット状態で，そのGコードの状態になることを示す。
3．00のグループのGコードは，モーダルでない（その機能が次のブロックに継続しない。続けて必要な場合は，次のブロックに再度記入）Gコードであることを示し，指令されたブロックのみ有効である。モーダルなGコードとは，同一グループのほかのGコードが指令されるまで（ほかの指令コードがくるまでその機能が継続される），そのGコードが有効なものをいう。
4．Gコードは異なるグループであれば，いくつでも同一のブロックに指令することができる。もし，同じグループに属するGコードを同一ブロックに二つ以上指令した場合には，後で指令したGコードが有効となる。
5．表中で※が付いているGコードは，メーカーで設定したコードを示す。

出所：（表3）「NC工作概論」（一社）雇用問題研究会，2019年，p.67，表3－4（一部改変）

| 作業名 | NC プログラミング（アドレスと機能） | 主眼点 | NC 旋盤用Mコード |

表4　NC 旋盤用Mコード一覧表

Mコード	機　　能	意　　味
M00	プログラムストップ	プログラムの実行を一時的に停止させる機能。M00 のブロックを実行すると，主軸回転の停止，クーラントオフ及びプログラム読み込みを停止する。しかし，モーダルな情報は保存されているため，起動スイッチで再スタートができる。
M01	オプショナルストップ	機械操作盤のオプショナルスイッチがオンのとき，M00 と同じくプログラムの実行を一時的に停止する。オプショナルスイッチがオフのときは M01 は無視する。
M02	エンドオブプログラム	プログラムの終了を示す。すべての動作が停止してNC装置はリセット状態になる。
M03	主軸正転	主軸を正転（時計方向の回転）起動させる。
M04	主軸逆転	主軸を逆転（反時計方向の回転）起動させる。
M05	主軸停止	主軸の回転を停止させる。
M08	クーラントオン	クーラント（切削油剤）を吐出させる。
M09	クーラントオフ	クーラントの吐出を停止させる。
M23	チャンファリングオン	ねじ切りサイクルで，ねじの切り上げを行う。
M24	チャンファリングオフ	ねじ切りサイクルで，ねじの切り上げをしない。
M30	エンドオブデータ	M02 と同様にプログラムの終了を示す。M30 を実行すると自動運転の停止とともに，プログラムのリワインド（プログラムの先頭に戻る）が行われる。
M40〜M43	主軸変速 “L”〜“H”	主軸変速域の低速域から高速域を選択する。
M98	サブプログラム呼び出し	サブプログラムを呼び出し，実行させる。
M99	エンドオブサブプログラム	サブプログラムの終了を示し，メインプログラムに戻る。

出所：（表4）「ＮＣ工作概論」（一社）雇用問題研究会，2019 年，p.74，表3−6（一部改変）

作業名	NC プログラミング（アドレスと機能）	主眼点	マシニングセンタ用Mコード

表5　マシニングセンタ用Mコード一覧表

Mコード	機　能	意　味	動作開始時期
M00	プログラムストップ	プログラムの実行を一時的に停止させる機能。M00 のブロックを実行すると，主軸回転の停止，クーラントオフ及びプログラム読み込みを停止する。しかし，モーダルな情報は保存されているので起動スイッチで再スタートができる。	A
M01	オプショナルストップ	機械操作盤のオプショナルストップスイッチがオンのとき，M00 と同じようにプログラムの実行を一時的に停止する。オプショナルストップスイッチがオフのときは M01 を無視する。	A
M02	エンドオブプログラム	プログラムの終了を示す。すべての動作が停止して NC 装置はリセット状態になる。	A
M03	主軸正転	主軸を正転（時計方向の回転）起動させる。	W
M04	主軸逆転	主軸を逆転（反時計方向の回転）起動させる。	W
M05	主軸停止	主軸の回転を停止させる。	A
M06	工具交換	主軸工具を ATC マガジンの工具交換位置にある工具と自動交換する。	W
M08	クーラントオン	クーラント（切削油剤）を吐出させる。	W
M09	クーラントオフ	クーラントの吐出を停止させる。	A
M19	主軸オリエンテーション	主軸を定角度位置に停止させる。	A
M21	X 軸ミラーイメージ	X 軸移動指令の符号を "+" は "−" に，"−" は "+" に変更し，プログラムの指令とは逆の方向に移動させる。	S
M22	Y 軸ミラーイメージ	Y 軸移動指令の符号を "+" は "−" に，"−" は "+" に変更し，プログラムの指令とは逆の方向に移動させる。	S
M23	ミラーイメージキャンセル	M21，M22 の機能をキャンセルする。	S
M30	エンドオブデータ	M02 と同様にプログラムの終了を示す。M30 を実行すると自動運転の停止とともに，プログラムのリワインド（プログラムの先頭に戻る）が行われる。	A
M48	M49 キャンセル	M49 の機能をキャンセルする。	A
M49	送り速度オーバライド無視	機械操作盤の送り速度オーバライド機能を無視し，プログラムで指令されたとおりの送り速度にする。	W
M57	工具番号登録モード	ATC マガジンのポットに装着した工具に対し，工具番号の登録モードを設定する。	S
M98	サブプログラム呼び出し	サブプログラムを呼び出し，実行させる。	A
M99	エンドオブサブプログラム	サブプログラムを終了し，メインプログラムに戻る。	A

（注1）表中の動作開始時期は次の意味を示す。
　　　W：そのブロック内の軸移動指令と同時（With）に動作する。
　　　A：そのブロック内の軸移動指令動作完了後（After）に動作する。
　　　S：単独（Single）のブロックとして指令する。
（注2）補助機能は，機械の種類やメーカーによって様々な機能が設定されている。この表はそのうちの一般に共通していると思われる補助機能を抜粋して示している。表以外の補助機能は，機械の取扱説明書を参照のこと。

出所：（表5）「ＮＣ工作概論」（一社）雇用問題研究会，2019 年，p.75，表3−7（一部改変）

| 作業名 | NC プログラミング（プログラムの作成） | 主眼点 | 指令方法，座標系設定，ワーク座標系 |

【プログラムの作成】

1．アブソリュート指令（絶対値指令）とインクリメンタル指令（増分値指令）

　　各軸の移動すべき量を指令する方法として，アブソリュート指令とインクリメンタル指令の二つの方法がある。

　　アブソリュート指令は，そのブロックの終点の位置をワーク座標系の座標値で表し，プログラムする方法である。

　　インクリメンタル指令は，そのブロックの移動量そのものを，直接プログラムする方法である。

（1）NC 旋盤の場合

　　　アブソリュート指令は，図1に示すように，アドレス"X"，"Z"で指令する。

　　　インクリメンタル指令は，図2に示すように，アドレス"U"，"W"で指令する。

　　　アブソリュート指令及びインクリメンタル指令において，アドレス"X"及び"U"は直径値で指令する。

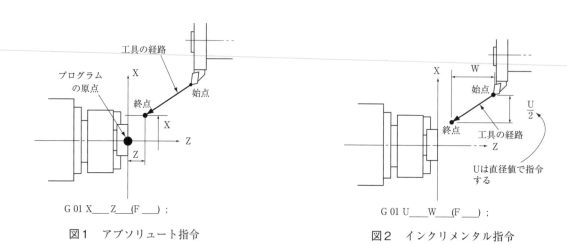

図1　アブソリュート指令　　　　　　　　　図2　インクリメンタル指令

（2）マシニングセンタの場合

　　　アブソリュート指令は，G 90 で指令する。

　　　インクリメンタル指令は，G 91 で指令する。

2．座標系設定

　　アブソリュート指令で工具をある位置に移動させたい場合，あらかじめ座標系を決めておく必要がある（図3，図4）。

　　座標系は次の指令で設定する。

　　この指令により，工具の現在位置が指令された位置になるような座標系が装置内に設定される。

NC 旋盤の場合　　　　　　　G 50　　　X——Z——；

マシニングセンタの場合　　　G 92　　　X——Y——Z——；

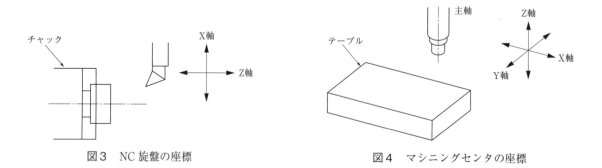

図3　NC 旋盤の座標　　　　　　　　　図4　マシニングセンタの座標

3．ワーク座標系（G 54～G 59）

　　G 92 で座標系を決めるのではなく，あらかじめ機械に固有な六つの座標系を設定しておき，G 54～G 59 で六つの座標系のどれかを選択することができる。

　　これらのワーク座標系を使う場合，G 92 指令で座標系を設定する必要がない。G 54～G 59 と G 92 を同時に使うと G 54～G 59 の座標系がずれるので，通常は一緒に使わない。

| 作業名 | NCプログラミング（プログラムの作成） | 主眼点 | 位置決め，直線補間，円弧補間 |

4．位置決め（G 00）

　工具を現在位置から切削開始直前の位置へ，あるいは切削を終了して元の位置まで移動させる場合のように，工具が工作物に接触しない状態等では，工具は早送りで移動させる。このように，ある位置から次の位置まで速く工具を移動させることを，位置決めという。

　位置決めは，次のように指令する。

　　NC旋盤の場合　　　　　　　G 00　　　X――Z――；

　　マシニングセンタの場合　　G 00　　　X――Y――Z――；

　これらの指令はモーダルで，他のGコード（G 01，G 02，G 03）が与えられるまで保持される。

5．直線補間（G 01）

　2点間を直線で結ぶことを，直線補間という。直線補間の指令により，工具は現在位置から次の位置まで，指令された送り速度（切削送り）で，直線に沿って移動する。

　直線補間は，次のように指令する。

　　NC旋盤の場合　　　　　　　G 01　　　X――Z――F――；

　　マシニングセンタの場合　　G 01　　　X――Y――Z――F――；

　送り速度は，Fで指定された速度（NC旋盤：mm/rev，マシニングセンタ：mm/min）となる。このFコードはモーダルで，送り速度を変えるときだけ指令する。

　これらの指令はモーダルである。

6．円弧補間（G 02，G 03）

　次の指令により，円弧に沿って工具を動かすことができる（表1）。

（1）NC旋盤の場合

$$\left\{ \begin{array}{c} G\ 02 \\ G\ 03 \end{array} \right\}\quad X\ (U)\ ――Z\ (W)\ ――R――F――；$$

（2）マシニングセンタの場合

$$\left\{ \begin{array}{c} G\ 17 \\ G\ 18 \\ G\ 19 \end{array} \right\} \left\{ \begin{array}{c} G\ 02 \\ \\ G\ 03 \end{array} \right\} \left\{ \begin{array}{c} X――Y―― \\ X――Z―― \\ Y――Z―― \end{array} \right\} \left\{ R――又は \left\{ \begin{array}{c} I―J― \\ I―K― \\ J―K― \end{array} \right\} \right\} F――；$$

表1　円弧補間

	与えるもの			指　令	意　味
1	平面指定 （マシニングセンタのみ）			G 17	ＸＹ平面の円弧の指定
				G 18	ＺＸ平面の円弧の指定
				G 19	ＹＺ平面の円弧の指定
2	回転方向			G 02	時計回り（ＣＷ）
				G 03	反時計回り（ＣＣＷ）
3	終点の位置	NC旋盤	アブソリュート指令	X，Z	ワーク座標系での終点の位置
			インクリメンタル指令	U，W	始点から終点までの距離
		マシニングセンタ	G 90モード	X，Y，Zのうちの2軸	ワーク座標系での終点の位置
			G 91モード	X，Y，Zのうちの2軸	始点から終点までの距離
4	円弧の半径			R	円弧の半径。ただし，円弧は NC旋盤の場合………………180°以内 マシニングセンタの場合……360°未満
	始点から中心までの距離 （マシニングセンタのみ）			I，J，Kのうちの2軸	始点から中心までの符号付きの距離

7. 自動機械原点復帰（G 28）

　　自動機械原点復帰は，指令した軸を自動的に機械原点（リファレンス点）へ復帰させる機能であり，一般に自動工具交換（ATC）を行うときに用いられる。

　　指令は次のように行う。

$$G\,28 \quad\quad \alpha \text{——} \beta \text{——} ;$$

（α，β＝X，Y，Zと付加軸（A，B，C）のいずれか。）

8. 工具補正

（1）NC旋盤の場合

　　アドレスTに続く4桁の数値で，工具番号及び工具補正番号（工具形状補正番号，工具摩耗補正番号）を指令する。フォーマットは以下のようになる。

$$T\ \square\ \square\ \square\ \square\ ;$$

　　　T　☐☐　☐☐　……上2桁の数字で工具番号，工具形状補正番号を指令する。

　　　T　☐☐　☐☐　……下2桁の数字で工具摩耗補正番号を指令する。

① 工具形状補正

　　切削工具が機械原点にある状態で，その工具の刃先（指令点）から加工原点までの距離を，工具形状補正量という。NCが工具形状補正量を読むことにより加工原点が決められ，XZ座標系が設定される。

　　工具形状補正量は－（マイナス）の値で入力する。また，X軸方向は直径値である。

　　図5に，外径加工用工具を刃物台の1番のステーションに，内径加工用工具を2番のステーションに取り付けたときの例を示す。

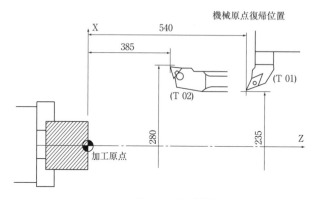

図5　工具形状補正

このとき，NCの工具補正設定画面上で，次のように入力する。

工具補正／形状			O———N———	
番号	X軸	Z軸	半径	TIP
01	－ 235.000	－ 540.000	0.800	3
02	－ 280.000	－ 385.000	0.800	2
03	0.000	0.000	0.000	0
06	0.000	0.000	0.000	0

② 工具摩耗補正

　　工具形状補正で工具補正を行っても，実際に切削すると，バイトや機械系の変形によって加工寸法が変わってくるので，さらに工具摩耗補正で補正する。また，刃先の初期摩耗や量産中の刃先の摩耗による寸法公差の外れを防ぐためにも行う。X軸方向の工具摩耗補正量は，直径値で入力する。

図6に，工具摩耗補正前と工具摩耗補正後の工具経路の関係を示す。

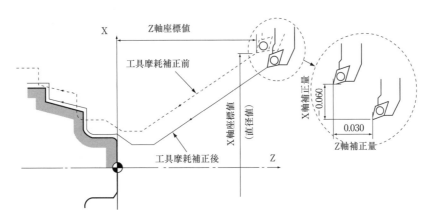

図6　工具摩耗補正

このとき，NC の工具補正設定画面上で，次のように入力する。

工具補正／摩耗			O────	N────
番号	X軸	Z軸	半径	TIP
01	− 0.060	− 0.030	0.800	3
06	0.000	0.000	0.000	0

③　自動ノーズR補正（G 40〜G 42）

　　工具の刃先には，刃先半径（以後，ノーズRという）が付いているので，プログラミングで指令している刃先位置（仮想刃先位置）は，実際の切削点とは異なる（図7〜図9）。このため，仮想刃先どおりに指令すると，図10に示すように，テーパ切削，円弧切削あるいは工作物の回転中心付近で，削りすぎや削り残しを生じてしまう。

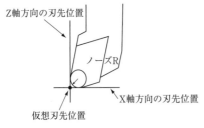

図7　仮想刃先

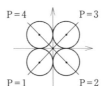

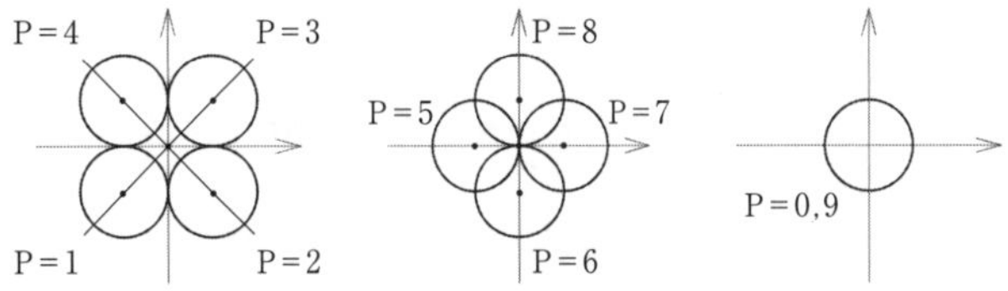

図8　仮想刃先番号

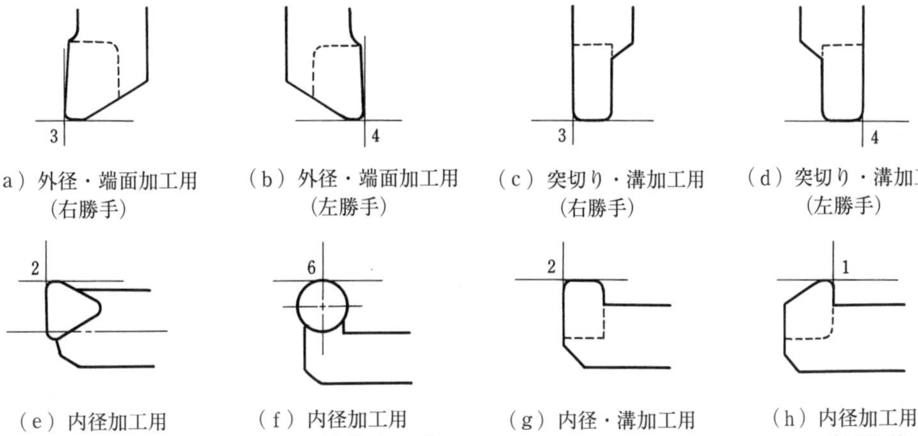

（a）外径・端面加工用
（右勝手）

（b）外径・端面加工用
（左勝手）

（c）突切り・溝加工用
（右勝手）

（d）突切り・溝加工用
（左勝手）

（e）内径加工用

（f）内径加工用
（丸駒チップ）

（g）内径・溝加工用

（h）内径加工用
（左勝手）

図9　工具切れ刃形状と仮想刃先番号位置

作業名	NCプログラミング（プログラムの作成）	主眼点	工具補正
番号	No. 8．2−5		

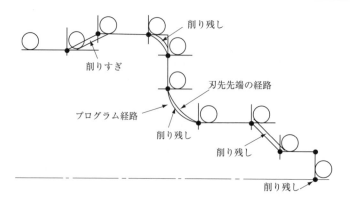

図10　ノーズRによる削りすぎと削り残し

そこで，テーパ切削や円弧切削では，ノーズRを補正した工具経路を指令する必要がある。自動ノーズR補正機能は，制御装置がノーズRの補正量を計算しながら，工作物の形状どおりの工具経路を生成する機能である（表2）。

ノーズR補正を行うために，プログラム上でG 41，G 42を指令して，切削工具を進行方向に対して左右どちら側に補正するかを指令する。

表2　自動ノーズR補正（G 40～G 42）

Gコード	機　　能
G 40	工具径補正キャンセル
G 41	工具進行方向の左側に補正（オフセット）
G 42	工具進行方向の右側に補正（オフセット）

（2）マシニングセンタの場合

①　工具径補正（G 40～G 42）

プログラムを実行すると，工具（例えばエンドミル）の中心がプログラムされた経路上を移動する。このため，ワークの形状を半径Rの工具で切削する場合，工具の中心はワーク形状からRだけ離れた経路を移動させなければならない。このように，工具がある距離だけ離れることをオフセットするといい，オフセットした経路を作り出すことを工具径補正という。

G 41，G 42は，制御装置をオフセットモードにするための指令であり，G 40はキャンセルモードにするための指令である。

補正番号（オフセット番号）は，アドレスDで指令する。

XY 平面での補正の指令は，次のように行う。

$$\left\{ G\ 17 \right\} \left\{ \begin{matrix} G\ 00 \\ G\ 01 \end{matrix} \right\} \left\{ \begin{matrix} G\ 41 \\ G\ 42 \end{matrix} \right\} X\text{——}Y\text{——}D\text{——}\ (F\text{——})\ ;$$

②　工具長補正（G 43，G 44，G 49）

加工に使用する工具は複数で，それぞれ工具の長さも異なる。そこで，プログラム中のZ軸の移動指令において，その終点に各工具の先端が位置決めするためには，工具の長さに応じた移動量を調整する必要がある。これを自動的に行うのが，工具長補正（工具長オフセット）機能である。

工具長を測定し，制御装置のオフセットメモリに設定することにより，プログラムを変更することなく補正することができる。

指令は次のように行う。

$$\left\{ \begin{matrix} G\ 43 \\ G\ 44 \end{matrix} \right\} \quad (Z\text{——})\ H\text{——}\ ;$$

出所：(図8)「ＮＣ工作機械［1］ＮＣ旋盤」(一社) 雇用問題研究会，2019 年，p.75，図 3 − 10
　　　(図9)（図8に同じ）p.75，図 3 − 11

オフセットの方向は，それぞれ表3のようになる。

表3　工具長補正（G 43, G 44, G 49）

Gコード	機　　能
G 43	＋Z軸側にオフセットする
G 44	−Z軸側にオフセットする
G 49	工具長オフセットのキャンセル

　　　工具長補正をキャンセルする場合は，G 49を指令するか，又はH 00（オフセット量は常に0）を指定する。
　　　なお，最近の機械は，工具径補正キャンセルG 49を指令しなくてもよい。

9．固定サイクル
（1）NC旋盤の場合（G 70〜G 76, G 80〜G 85, G 89〜G 94）
　　　固定サイクルは，外径や内径の荒削りのほか，通常，数ブロックで指令するねじ切りなどの加工動作を，G機能を含む1ブロックで指令し，プログラムを簡単にすることができる。
　　　固定サイクルには，複合形固定サイクル，穴あけ用固定サイクル及び単一形固定サイクルがある。
（2）マシニングセンタの場合（G 73〜G 89）
　　　固定サイクルは，通常，数ブロックで指令する穴あけなどの加工動作を，G機能を含む1ブロックで指令し，プログラムを簡単にすることができる。

10．メインプログラムとサブプログラム
　　プログラムには，メインプログラムとサブプログラムがある。
　　通常，NCはメインプログラムの指示に従って動くが，メインプログラムの中にサブプログラムに制御を移す指令があると，それ以降はサブプログラムの指令を実行する。
　　サブプログラムの中にメインプログラムに制御を移す指令があると，メインプログラムに戻り，メインプログラムの指令を実行する。

（1）サブプログラム
　　　プログラムの中に，繰り返して使用したいパターンがあるとき，これをサブプログラムとして制御装置のメモリに登録しておき，メインプログラムの中でM機能を使用して呼び出し，実行することができる。また，呼び出されたサブプログラムから，さらに別のサブプログラムを呼び出すこともできる。
　　　サブプログラムはプログラム番号Oで始まり，M 99（サブプログラムの終了）で終わる。
　　　サブプログラムは，メインプログラム又は親のサブプログラムから呼び出され，実行される。呼び出し方法は，次のとおりである。

> M 98　　　P──L──；

　　　ここで，Pはサブプログラム番号，Lは繰返し呼び出し回数を表す。
　　　Lを省略すると繰返し呼出し回数は1回となる。また，1回の呼び出し指令で9 999回まで繰り返すことが可能である。

| | | 番号 | No. 9. 1－1 |

| 作業名 | NC 旋盤の安全作業 | 主眼点 | 安全に対する注意 |

材料及び器工具など

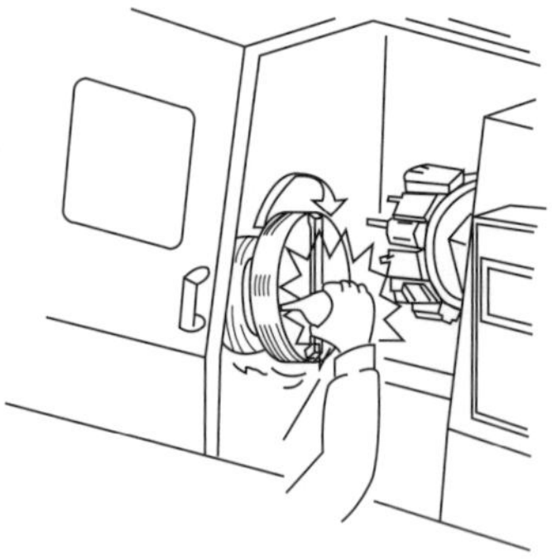

図1 　　　　　　　　図2

・回転しているものには，手や顔などを近づけないこと
・絶えず切削点に注意すること

番号	作業順序	要　　　点	図　　解
1	非常停止ボタンの確認	非常停止ボタンの位置を確認し，非常の際にいつでも押せるようにする（図3）。 　電源投入時，非常停止の機能が有効であることを確認する。	
2	ドア閉じの励行	制御盤・強電盤・操作盤ドア及び前ドアを開けたまま，機械運転を行わない。 　特に，前ドアを開けたままの加工は，切りくず等が飛散し，危険である（図4）。 　前ドアインタロック機能を有効にして，機械操作を実施する。	
3	水溶性切削油剤の使用	切削油剤（クーラント）として，なるべく水溶性のものを使用する。悪臭やかぶれなど，人体に悪影響を及ぼす成分を含んでいないことを確認する。 　油性切削油剤を使用する場合，火災が発生しないように，切削条件及び加工状況に注意する。 　万一の火災発生に備え，消火器を機械のそばに設置する。	
4	不安定な工作物の保持禁止	加工時，切削力や遠心力が工作物に働くため，工作物が飛び出す危険性は，いつも存在している（図5）。 　切削条件（送り，切り込み，主軸回転速度）や工作物の把握（保持）方法等を十分検討し，安全作業を行う。 　高速回転時にバランスの悪い治具を使用しない。	
5	エアブローによる清掃の禁止	エアブローによる機内の清掃を行わない。細かい切りくずが精密部分に侵入すると，機械に悪影響を与える（図6）。	

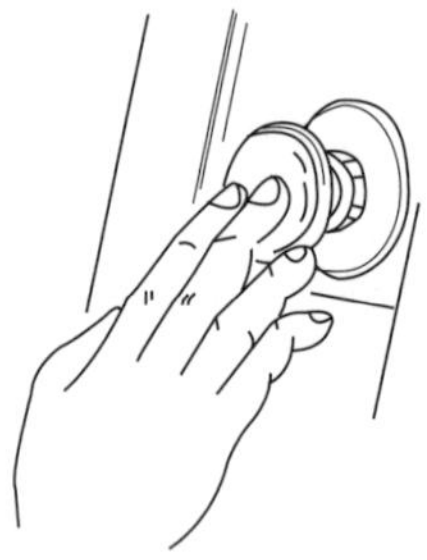

図3　　非常停止ボタン

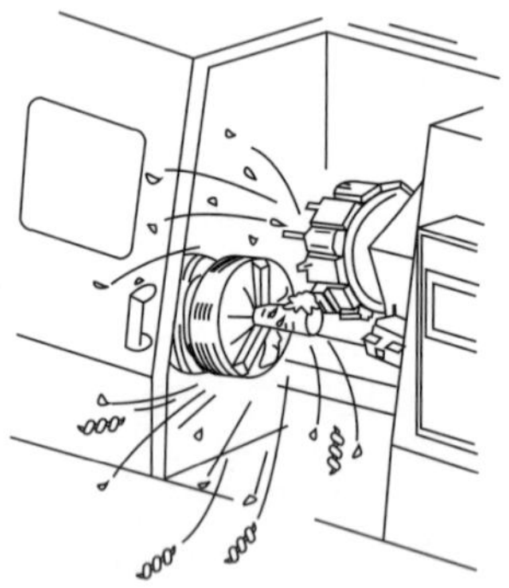

図4　　ドア閉じの励行

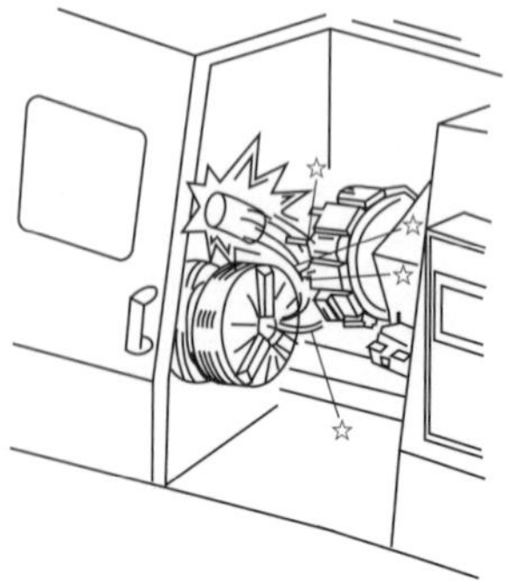

図5　　不安定な工作物の保持禁止

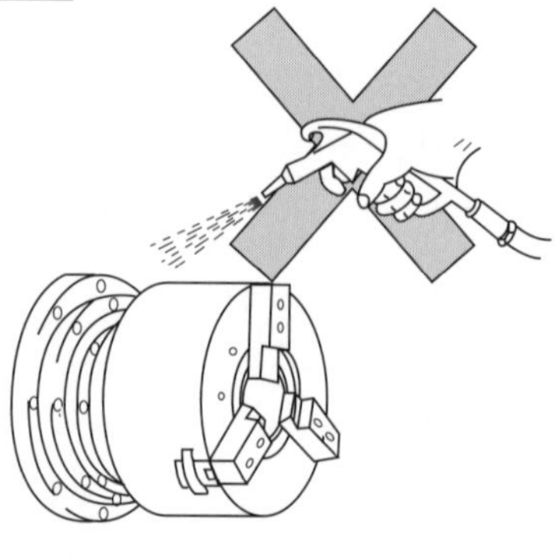

図6　　エアブローによる清掃禁止

作業名	NC 旋盤の安全作業	主眼点	安全に対する注意

番号	作業順序	要　　　点	図　　　解
6	日常点検や保守の励行	油圧，潤滑油，空気圧などの圧力が正常か，圧力計で確認する（図7）。 　油圧作動油，潤滑油，切削油剤（クーラント）の量が十分か，液量計で確認する（図8）。 　そのほか機械周辺を確認して，油もれ，外部電線の被覆などを確認する。 　日常点検及び定期的な点検・保守作業を怠らず，常に安全な状態で機械を使用するように心掛ける。	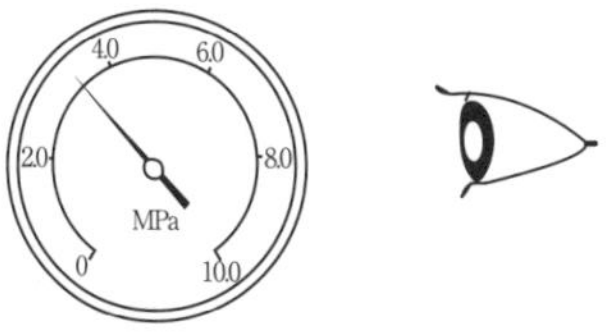 図7　油圧，空気圧等の値を圧力計で確認 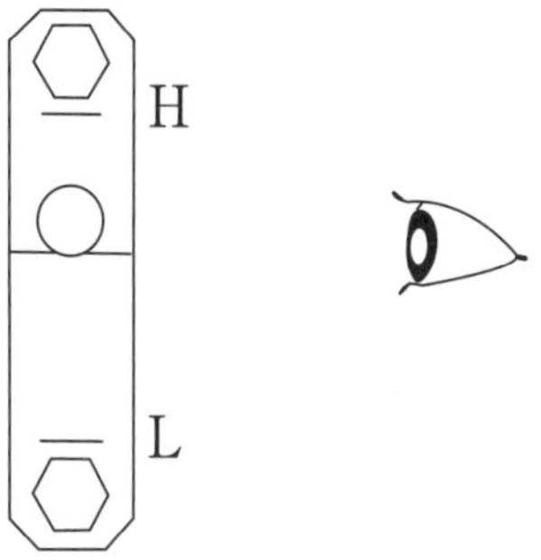 H L 図8　各種油量の確認
7	取扱説明書及び銘板の指示事項の励行	機械を使用する前には，必ず取扱説明書を熟読してその指示に従う。また，機械に貼り付けられた銘板の指示に従う（図9）。	 図9　各種銘板の指示内容の確認
備考			

			番号	No. 9.2
作業名		NC 旋盤の構成	主眼点	NC 旋盤の仕組み

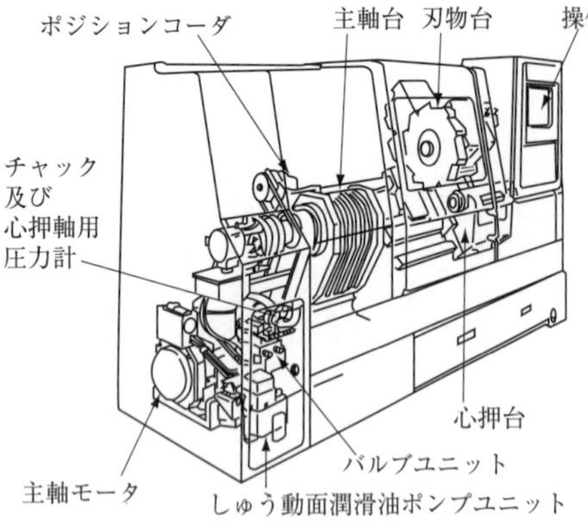

図1　NC 旋盤

材料及び器工具など

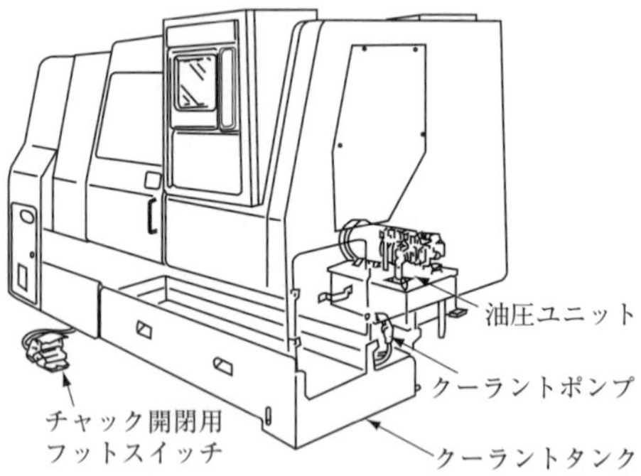

図2　切削油装置・油圧装置

番号	作業順序	要　　　点
1	主軸	工作物を取り付けて回転させる軸のこと。 主軸の前面側の端面部に面板，チャックなどを取り付けて工作物を保持（把握）し，回転させる。
2	主軸台	工作物を回転させる主軸を備えている部分のこと。 主軸以外に駆動装置，速度変換装置を備えていることもある。
3	心押台	ベッド上，主軸台の反対側にあり，工作物の一端をセンタで支える台のこと。 心押台本体，心押台ベース，心押軸，センタから構成される。
4	刃物台	刃物（工具）を取り付ける台のこと。 工具を放射状に取り付け，旋回割り出しを行う刃物台をタレットという。 工具を取り付け，旋回する部分をタレットヘッドという。
5	切削油装置	工具と工作物に切削油剤（クーラント）を吐出供給し，回収するための装置のこと。 クーラントポンプ，クーラントタンク，配管から構成される（図2）。
6	油圧装置	チャックの開閉，心押軸の出し入れ，刃物台のタレットヘッドの旋回，クランプアンクランプ等の動作は油圧を駆動源としている。 油圧ユニット（タンクとポンプ）及び圧力・方向・流量制御をするためのバルブユニット，配管から構成される（図2）。
7	操作盤	操作盤は手動操作を行うための機械操作パネルと，プログラムの入力など制御装置に対して各種操作を行うための MDI 操作パネルから構成される。
備考		

| 作業名 | NC 旋盤の取り扱い（1） | 主眼点 | 機械各部の給油及び点検 |

材料及び器工具など

図1　機械各部の給油及び点検

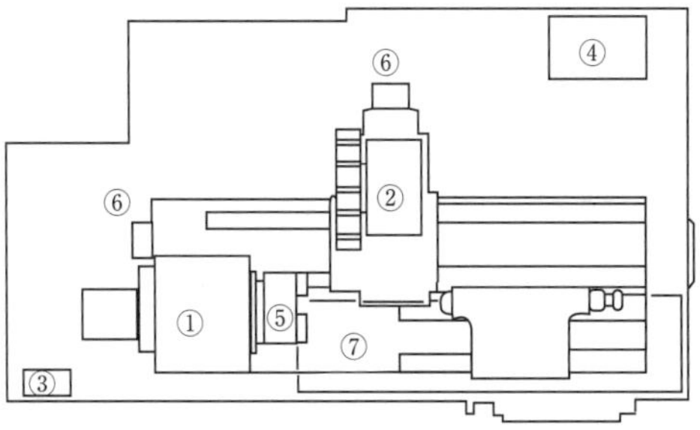

箇所名	油の種類	給油・交換時期
①	主軸台	グリース	メンテナンス時交換
②	刃物台	グリース	メンテナンス時交換
③	しゅう動面潤滑	潤滑油	毎日給油
④	油圧ユニット	油圧作動油	1か月点検 6か月交換
⑤	チャック	グリース	毎日給油
⑥	送り箱	グリース	メンテナンス時交換
⑦	クーラントタンク	切削油	適時給油，交換

油圧作動油
潤滑油
グリース
油差し
切削油
ウエス

番号	作業順序	要　　点	図　　解
1	各部の油量を点検する	各部についている油タンクの油面ゲージにより，油量の点検をする。 （1）油圧ユニット （2）しゅう動面潤滑油タンク（図2） （3）クーラントタンク （4）チャックつめ滑り面（マスタジョー）	
2	補給する	1．油量が少ないときは，それぞれに適した油を油面ゲージの上限まで補給する。 　電源を遮断して油量の確認を行う。 2．しゅう動面潤滑油は，しゅう動面及びボールねじの潤滑に使われ，回収されないので注意する。 3．チャックつめ滑り面には，グリースカップからグリースを適量注入する（図3）。 4．油量，油脂名については取扱説明書を参照する。	図2　しゅう動面潤滑油タンクの点検
3	油を交換する	1．タンク内の油は，古くなると性能が劣化するので，図1の交換時期を目安に新しい油と交換する。 2．水溶性の切削油剤を使用する場合は，切削油剤が腐敗しやすく，悪臭が発生するので交換を早める。 3．各タンクのフィルタを定期的に清掃する。	図3　チャックへのグリースの注入
備考		1．主軸ベアリング部がグリース封入による潤滑の場合，給油をする必要はない。 2．長期間機械を使用しない場合，慣らし運転を十分行う。 3．油性の切削油剤を使用する場合，火災が起こる危険性がある。万一に備えて機械のそばに消火器を設置する。 4．油の補給をする場合，同一メーカーの同一油を使用する。 5．点検及び交換周期は，機械の稼働時間で表示されていることもある。 6．廃油の処理は，産業廃棄物処理の有資格者・廃油処理能力のあるガソリンスタンドや廃油処理業者に依頼する。	

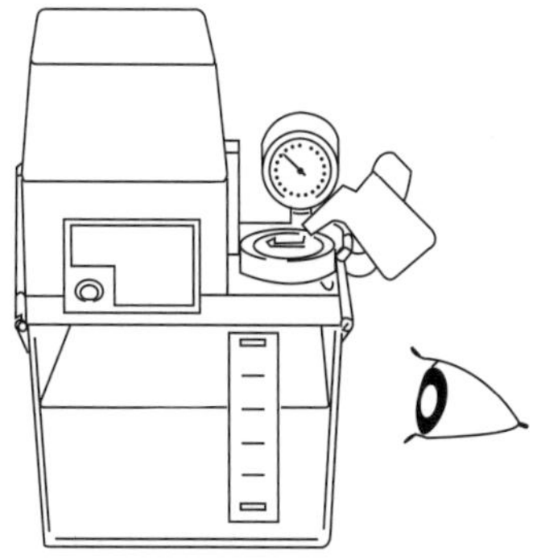

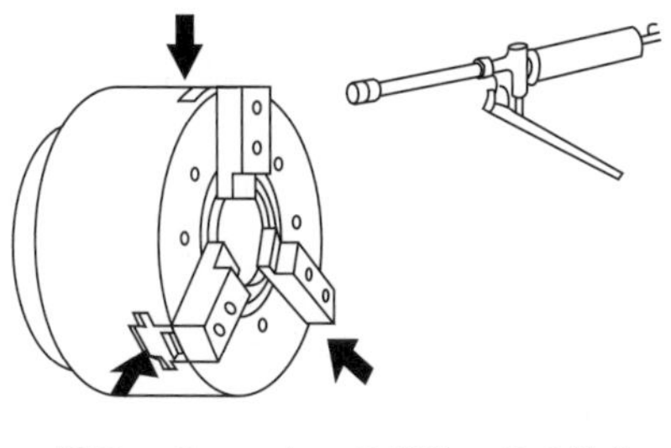

作業名	NC旋盤の取り扱い（2）	主眼点	手動による操作

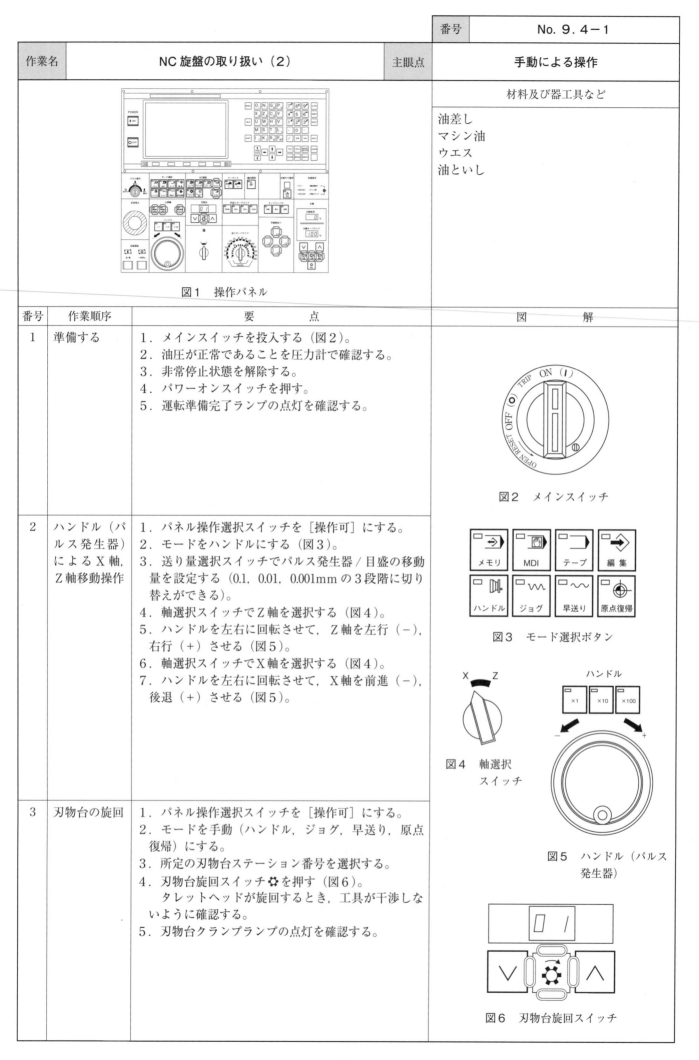

図1　操作パネル

材料及び器工具など

油差し
マシン油
ウエス
油といし

番号	作業順序	要　　　　点	図　　解
1	準備する	1．メインスイッチを投入する（図2）。 2．油圧が正常であることを圧力計で確認する。 3．非常停止状態を解除する。 4．パワーオンスイッチを押す。 5．運転準備完了ランプの点灯を確認する。	図2　メインスイッチ
2	ハンドル（パ ルス発生器） によるX軸, Z軸移動操作	1．パネル操作選択スイッチを［操作可］にする。 2．モードをハンドルにする（図3）。 3．送り量選択スイッチでパルス発生器／目盛の移動 　量を設定する（0.1，0.01，0.001mmの3段階に切り 　替えができる）。 4．軸選択スイッチでZ軸を選択する（図4）。 5．ハンドルを左右に回転させて，Z軸を左行（－), 　右行（＋）させる（図5）。 6．軸選択スイッチでX軸を選択する（図4）。 7．ハンドルを左右に回転させて，X軸を前進（－), 　後退（＋）させる（図5）。	図3　モード選択ボタン 図4　軸選択 　　スイッチ
3	刃物台の旋回	1．パネル操作選択スイッチを［操作可］にする。 2．モードを手動（ハンドル，ジョグ，早送り，原点 　復帰）にする。 3．所定の刃物台ステーション番号を選択する。 4．刃物台旋回スイッチ✿を押す（図6）。 　　タレットヘッドが旋回するとき，工具が干渉しな 　いように確認する。 5．刃物台クランプランプの点灯を確認する。	図5　ハンドル（パルス 　　発生器） 図6　刃物台旋回スイッチ

作業名	NC 旋盤の取り扱い（2）	主眼点	手動による操作

番号	作業順序	要　　　　点	図　　　解
4	早送りによる X軸，Z軸移動操作	1．パネル操作選択スイッチを［操作可］にする。 2．早送りオーバライドを微調送り（〰）にする（図7）。 3．手動軸送りスイッチ［＋Z］［－Z］を押して，Z軸（横送り）を左右に移動させる（図8）。 4．手動軸送りスイッチ［＋X］［－X］を押して，X軸（縦送り）を前後に移動させる。 　軸移動時，刃物台（工具）とチャック，心押台などが干渉しないように注意する。 5．操作に慣れたら，早送りオーバライドを25％，50％と徐々に上げて操作する。 　手動操作時，オーバライドを100％にしても，実際の早送りは50％に固定されている。	図7　早送りオーバライド 図8　手動軸送り
5	ジョグ送りによるX軸，Z軸移動操作	1．パネル操作選択スイッチを［操作可］にする。 2．モードをジョグにする。 3．送りオーバライドスイッチで送り速度（0〜1 260mm/min）を設定する（図9）。 　送り速度0では軸移動しない。 4．4項3．，4．と同様に手動軸送りスイッチ［＋Z］［－Z］［＋X］［－X］を押して操作する。	図9　送りオーバライド
6	原点復帰操作	1．パネル操作選択スイッチを［操作可］にする。 2．モードを原点復帰にする。 3．早送りオーバライドで速度を設定する。 4．手動軸送りスイッチ［＋X］を押してX軸を原点復帰させる。 5．手動軸送りスイッチ［＋Z］を押してZ軸を原点復帰させる。 　機械原点までの距離が短い場合，いったんマイナス方向に移動した後，原点復帰を行う。 　機械原点に到達するまで，手動送りスイッチを押し続ける必要がある。	図10　心押台
7	心押台の操作	1．心押台固定ボルトを緩める（図10②側）。 2．心押軸ストロークを考慮して，心押台を移動する。 3．心押台固定ボルトを締める（図10①側）。 4．心押軸の推力を設定する（圧力計で確認する）。 5．スイッチにより心押軸出し入れ操作を行う。 　心押軸を使用して加工するときは，心押軸インタロック機能を有効にすること。	

作業名	NC 旋盤の取り扱い（2）	主眼点	手動による操作

番号	作業順序	要　　点	図　　解
8	チャックつめの開閉	1．把握力を検討して，チャック圧力を設定する（圧力計で確認する）。 2．チャックのクランプ方向を選択する（チャック外締め，内張りを設定する）。 3．フットスイッチ（ペダル）を踏んでチャックを開閉させる（図11）。	図11　フットスイッチ
9	主軸を回転させる	1．パネル操作選択スイッチを［操作可］にする。 2．モードを手動（ハンドル，ジョグ，早送り，原点復帰）にする。 3．フットスイッチを踏んで，チャックに工作物を把握し，チャック締めランプの点灯を確認する。 4．前ドアを閉める。 5．主軸回転速度（オーバライドスイッチ）を最低にする。 6．正転（逆転）スイッチを押して，主軸を正転（逆転）させる（図12）。 7．主軸回転速度を徐々に上げて，所定の回転速度まで上げる。 8．回転を停止する場合，主軸停止スイッチを押す。 　回転方向を変更（正転→←逆転）する場合，主軸の回転をいったん停止させる。	正転　寸動　逆転 停止 図12　主軸正転・逆転スイッチ

備 考	1．心押台を自動にして操作できるものもある。 2．心押軸インチング操作により工作物センタ穴に心押軸を出し，いったん工作物を押し，チャック開閉後，心押軸出し操作を行う。 3．主軸寸動操作は，工作物取り付け時の振れを確認するときや，生づめ取り付け時の位置決めに使用する。 4．チャックの把握力は，主軸の回転速度により変化する（参考図1）。高速になるほど，把握力は低下する。 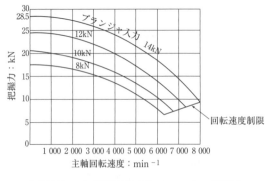 参考図1　主軸回転速度とチャックの把握力

作業名	完成品ができるまでの作業工程	主眼点	作業工程を理解する

材料及び器工具など

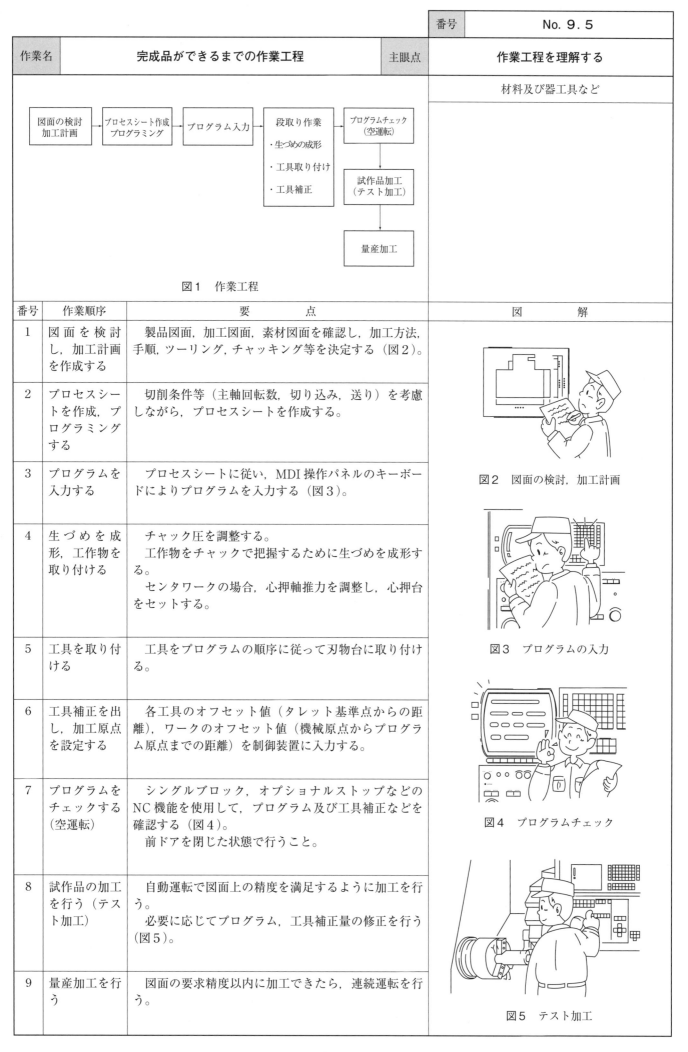

図1　作業工程

番号	作業順序	要　　点	図　　解
1	図面を検討し，加工計画を作成する	製品図面，加工図面，素材図面を確認し，加工方法，手順，ツーリング，チャッキング等を決定する（図2）。	図2　図面の検討，加工計画
2	プロセスシートを作成，プログラミングする	切削条件等（主軸回転数，切り込み，送り）を考慮しながら，プロセスシートを作成する。	
3	プログラムを入力する	プロセスシートに従い，MDI操作パネルのキーボードによりプログラムを入力する（図3）。	図3　プログラムの入力
4	生づめを成形，工作物を取り付ける	チャック圧を調整する。 　工作物をチャックで把握するために生づめを成形する。 　センタワークの場合，心押軸推力を調整し，心押台をセットする。	
5	工具を取り付ける	工具をプログラムの順序に従って刃物台に取り付ける。	図4　プログラムチェック
6	工具補正を出し，加工原点を設定する	各工具のオフセット値（タレット基準点からの距離），ワークのオフセット値（機械原点からプログラム原点までの距離）を制御装置に入力する。	
7	プログラムをチェックする（空運転）	シングルブロック，オプショナルストップなどのNC機能を使用して，プログラム及び工具補正などを確認する（図4）。 　前ドアを閉じた状態で行うこと。	
8	試作品の加工を行う（テスト加工）	自動運転で図面上の精度を満足するように加工を行う。 　必要に応じてプログラム，工具補正量の修正を行う（図5）。	図5　テスト加工
9	量産加工を行う	図面の要求精度以内に加工できたら，連続運転を行う。	

		番号	No. 9. 6

作業名	NCプログラムの編集	主眼点	

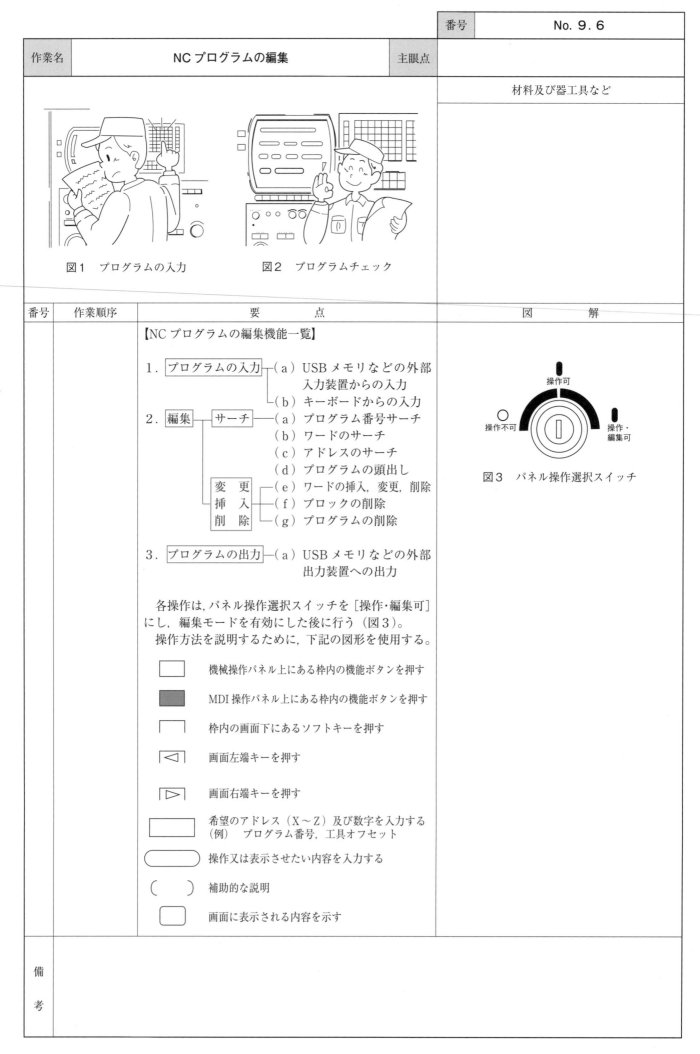

図1　プログラムの入力　　　　図2　プログラムチェック

材料及び器工具など

番号	作業順序	要　　　点	図　　解

【NCプログラムの編集機能一覧】

1. プログラムの入力 ─(a) USBメモリなどの外部
　　　　　　　　　　　　　　　入力装置からの入力
　　　　　　　　　　　└(b) キーボードからの入力

2. 編集 ─ サーチ ─(a) プログラム番号サーチ
　　　　　　　　　　(b) ワードのサーチ
　　　　　　　　　　(c) アドレスのサーチ
　　　　　　　　　　(d) プログラムの頭出し

　　　変　更 ─(e) ワードの挿入, 変更, 削除
　　└ 挿　入 ─(f) ブロックの削除
　　　削　除 ─(g) プログラムの削除

3. プログラムの出力 ─(a) USBメモリなどの外部
　　　　　　　　　　　　　　　出力装置への出力

　　各操作は, パネル操作選択スイッチを［操作・編集可］
にし, 編集モードを有効にした後に行う（図3）。
　　操作方法を説明するために, 下記の図形を使用する。

□　　機械操作パネル上にある枠内の機能ボタンを押す

■　　MDI操作パネル上にある枠内の機能ボタンを押す

□　　枠内の画面下にあるソフトキーを押す

◁　　画面左端キーを押す

▷　　画面右端キーを押す

[　　]　希望のアドレス（X〜Z）及び数字を入力する
　　　（例）　プログラム番号, 工具オフセット

（　　）　操作又は表示させたい内容を入力する

（　　）　補助的な説明

□　　画面に表示される内容を示す

図3　パネル操作選択スイッチ

操作可
操作不可
操作・編集可

備考	

| 作業名 | NC 操作盤と機械操作盤の外観 | 主眼点 | |

図　　解

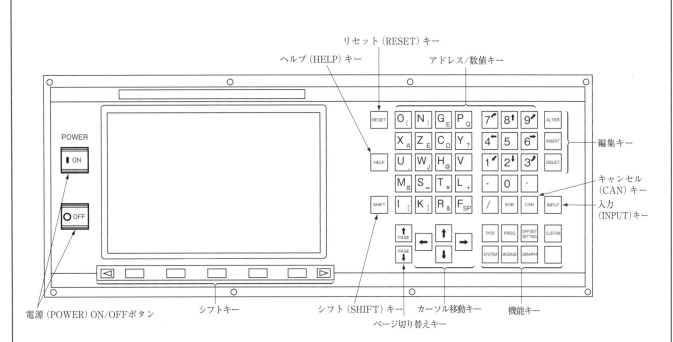

図1　MDI 操作パネルのキー構成

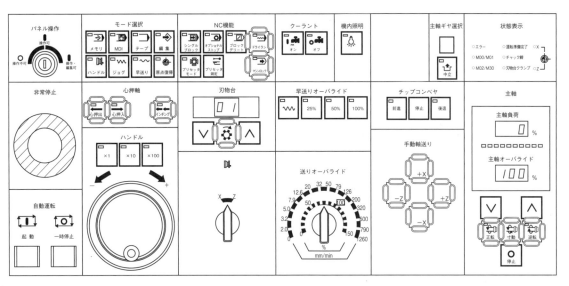

図2　機械操作パネル

作業名	プログラム編集操作	主眼点	

番号	作業順序	要　　点　　・　　図　　解
1	プログラムの入力 （a）USBメモリなどの外部入力装置からの入力	加工実習で作成したプログラムを，USBメモリなどの外部入力装置から，NCへ入力する。読み込み中はMDI操作パネルの右下に"入力"の表示が点滅する。

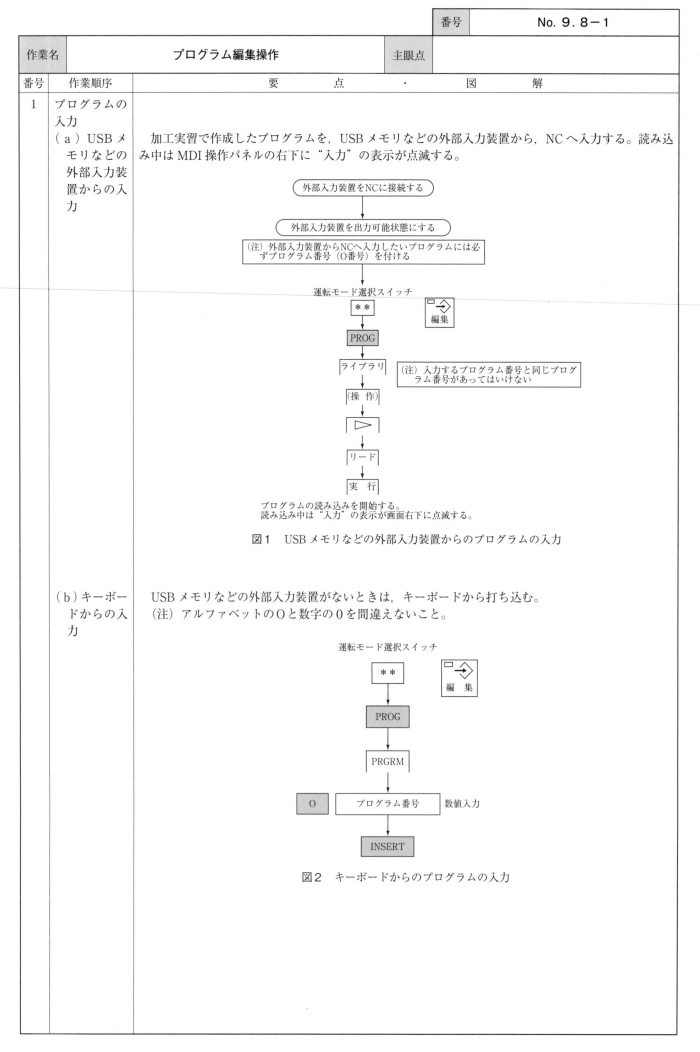

図1　USBメモリなどの外部入力装置からのプログラムの入力

| | （b）キーボードからの入力 | USBメモリなどの外部入力装置がないときは，キーボードから打ち込む。
（注）アルファベットのOと数字の0を間違えないこと。 |

図2　キーボードからのプログラムの入力

作業名	プログラム編集操作	主眼点	

番号	作業順序	要　点　・　図　解
2	編集 （a）プログラム番号サーチ	USBメモリなどの外部入力装置から入力したはずのプログラムが，本当に入力されたかどうかサーチして，画面に表示する。

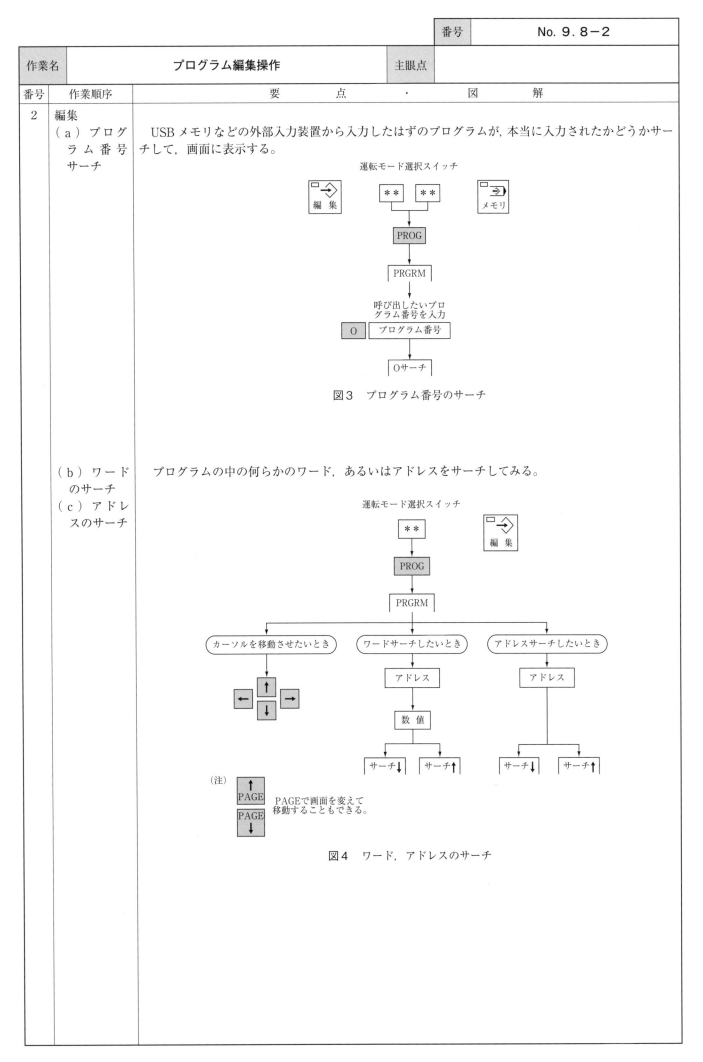

図3　プログラム番号のサーチ

（b）ワードのサーチ
（c）アドレスのサーチ

プログラムの中の何らかのワード，あるいはアドレスをサーチしてみる。

図4　ワード，アドレスのサーチ

作業名		プログラム編集操作	主眼点	

番号	作業順序	要　　点　　・　　図　　解
	（d）プログラムの頭出し	"頭出し"とはプログラムの先頭，つまりＯ番号にカーソル移動させることである。
	（e）ワードの挿入，変更，削除	入力したプログラムの中のデータを変更する。

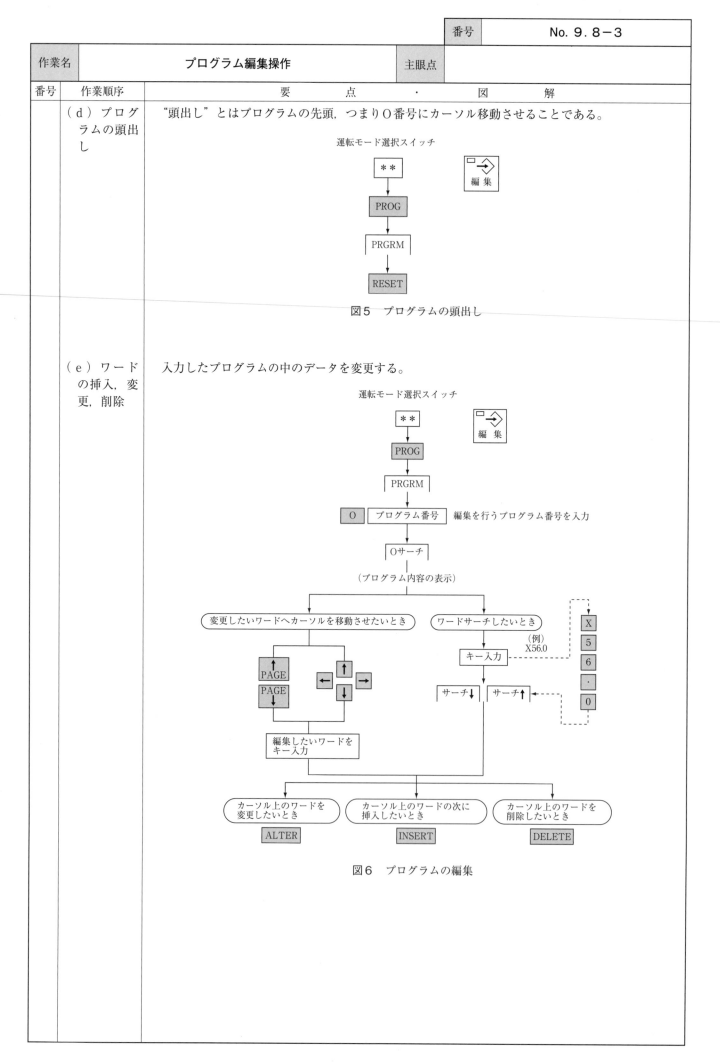

図5　プログラムの頭出し

図6　プログラムの編集

| 作業名 | | プログラム編集操作 | 主眼点 | |

番号	作業順序	要　　点　　・　　図　　解
	（f）ブロックの削除	この操作は，本当に行ってもよいかどうか，注意が必要である。NC 装置はパソコンのように"元に戻す"機能はない。

EOB（;）までの削除
　　　現在カーソルのある位置から
　　　EOB まで削除するとき

```
┌─────────────────────────────────┐
│  削除したい初めのワードへカーソルを移動  │
└─────────────────────────────────┘
                    │
                    ▼
                ┌───────┐
                │  EOB  │
                └───────┘
                    │
                    ▼
                ┌────────┐
                │ DELETE │
                └────────┘
```

ブロックの削除
　　　（カーソルからEOB［;］までの削除）

図7　ブロックの削除

| | （g）プログラムの削除 | 加工が終了し，不要となったプログラムは削除する。 |

運転モード選択スイッチ

```
        ┌────┐              ┌─────┐
        │ ** │              │ □⇗  │
        └────┘              │ 編 集 │
           │                └─────┘
           ▼
       ┌───────┐
       │ PROG  │
       └───────┘
           │
           ▼
       ┌────────┐
       │ PRGRM  │
       └────────┘
           │
     ┌─────┴───────────────────────────┐
     ▼                                 ▼
┌──────────────────────┐      ┌──────────────────────┐
│ 任意の一つのプログラムを   │      │ 全プログラムを削除したいとき │
│ 削除したいとき           │      │                        │
└──────────────────────┘      └──────────────────────┘
```

削除したいプログラム番号を入力

```
  ┌───┐ ┌────────────┐          ┌───┐┌───┐┌───┐┌───┐┌───┐
  │ O │ │ プログラム番号 │          │ O ││ − ││ 9 ││ 9 ││ 9 │
  └───┘ └────────────┘          └───┘└───┘└───┘└───┘└───┘
          │                                  │
          ▼                                  ▼
      ┌────────┐                         ┌────────┐
      │ DELETE │                         │ DELETE │
      └────────┘                         └────────┘
```

図8　プログラムの削除

作業名	プログラム編集操作	主眼点	

番号	作業順序	要　　点　　・　　図　　解
3	プログラムの出力 （a）USBメモリなどの外部出力装置への出力（パンチアウト）	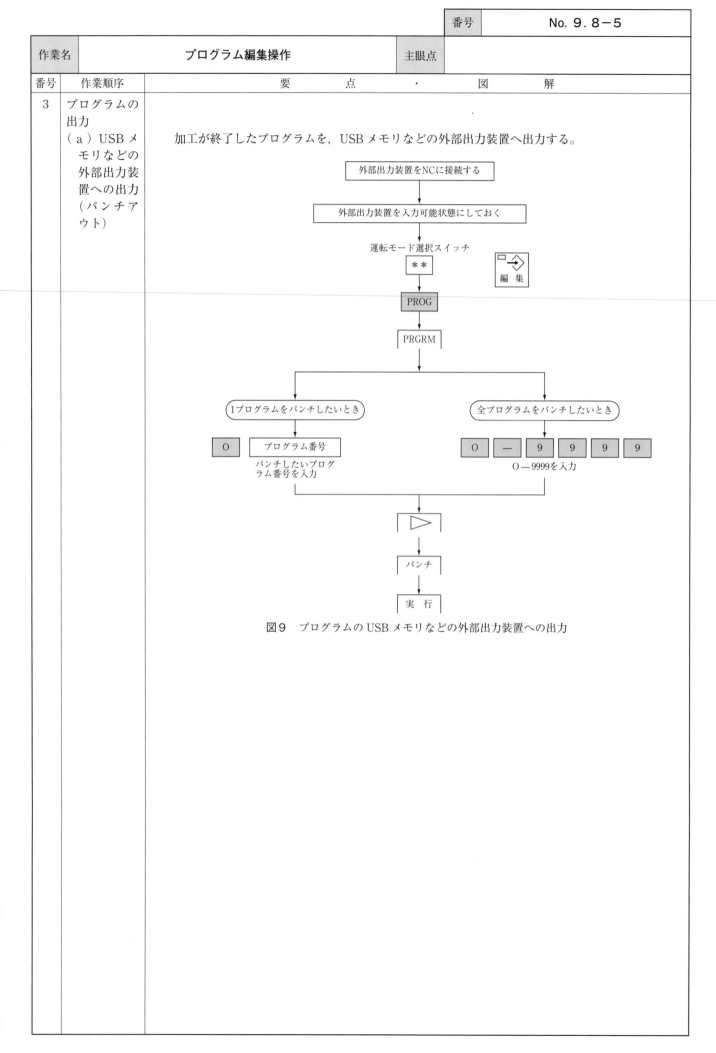

加工が終了したプログラムを，USBメモリなどの外部出力装置へ出力する。

図9　プログラムの USB メモリなどの外部出力装置への出力

作業名	生づめの成形	主眼点	工作物に合わせて生づめを成形する

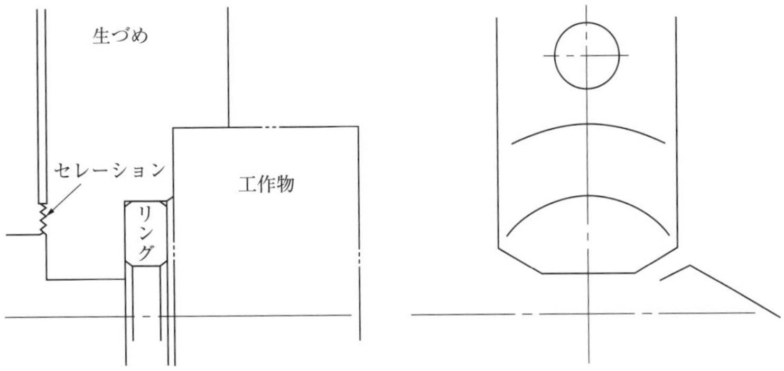

図1　生づめの成形

		材料及び器工具など

生づめ1組
成形リング
内径バイト
マイクロメータ
やすり

番号	作業順序	要　　　点	図　　　解
1	準備する	1．チャックのつめ取り付け面と生づめ取り付け面を清掃する。 　　セレーションは細い溝なので，ごみに注意して清掃する（参考図1，参考図2）。 2．チャックに生づめを取り付ける。 　（1）取り付けボルトは，規定トルクで締め付ける。 　（2）チャック外径より生づめ，Tナットが出ないようにする。 3．チャック圧を調整する（図2）。 4．削りしろが取れ，生づめのストロークの中央で工作物が把握できるような成形リングや市販の生づめ成形用リング（図3）を使用し，生づめを把握する。 　　あらかじめ生づめを成形リングが把握できるように加工することもある。 5．生づめを削るための工具を取り付ける。	 図2　チャック圧の調整
2	生づめを荒削りする	1．前ドアを閉めて，主軸を回転させる。 2．ハンドル送りで生づめの端面にバイトを接触させ，相対座標の（W）を0にする（図4）。 3．ハンドル送りで成形リングの接触面（生づめ内径）にバイトを接触させ，相対座標の（U）に成形リング外径寸法を入力する。 4．相対座標を確認し，仕上げしろを残して荒削りする（仕上げしろ目安は加工径0.5mm，加工深さ0.2mm）（図5）。 5．工作物当たり面は小径より切削し，把握しろ分に切削する。	 図3　生づめ成形用リング

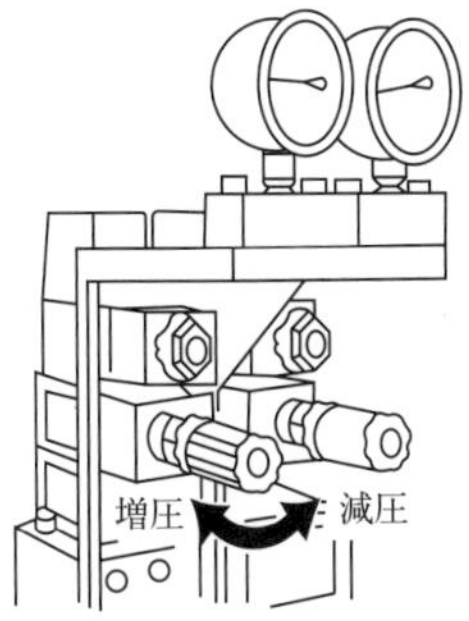

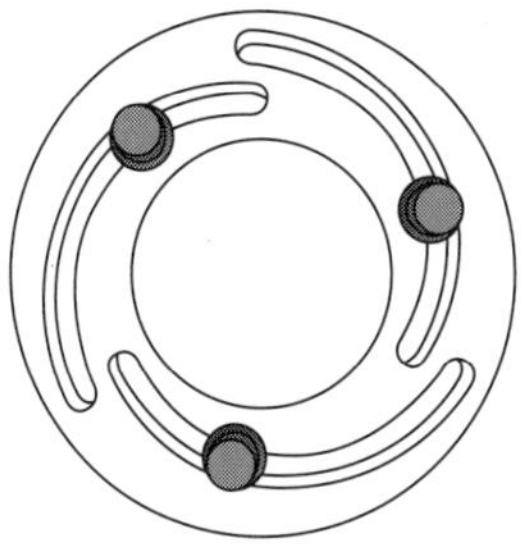

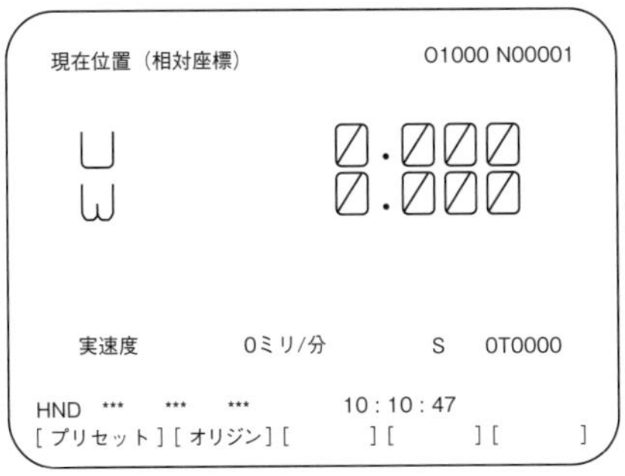

図4　相対座標のセット

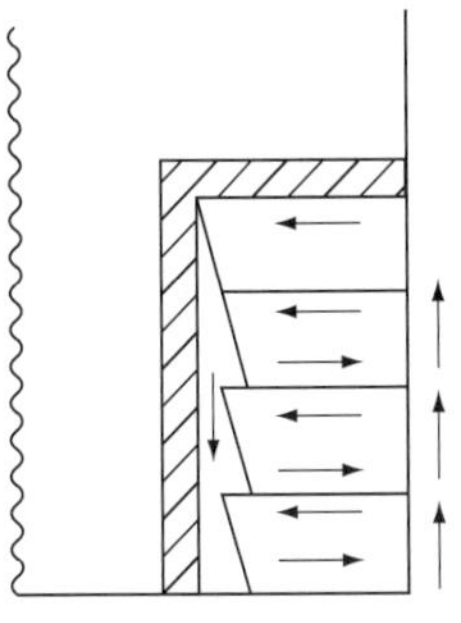

図5　生づめの荒削り

作業名		生づめの成形	主眼点	工作物に合わせて生づめを成形する

番号	作業順序	要　　点	図　　解
3	生づめを仕上げ削りする	1．主軸の回転を停止し，前ドアを開けて仕上げしろを確認する（マイクロメータを使用する）。 2．生づめの加工部分をやすりで面取りする。 3．工具の刃先状態を確認し，新しいインサート（チップ）に交換する。 4．前ドアを閉めて，主軸を回転させる。 5．工作物の把握寸法に生づめの内径を仕上げる。 6．生づめの工作物，当たり端面を仕上げる。 7．生づめのかどに逃げ（ぬすみ）加工を行う（図6）。 8．主軸を停止し，前ドアを開ける。 9．成形リングを外して，工作物を把握し，つめのストロークの中央で把握しているか確認する（図7）。 10．2工程目のつめの場合，つめの振れ精度を確認する。	逃げ √Ra3.2 リング 図6　逃げの加工 図7　つめ把握状態の確認

備考	1．成形リングを2mmおきくらいに各種用意すると，生づめ成形時に便利である。 2．生づめ取り付けボルト穴にピンを入れて，寸法を変えるリングも市販されている。 3．工作物に傷が付かないように，アルミの生づめを使うこともある。 4．主軸が高速回転するときは，生づめの軽量化を検討する。 5．チャックメーカーにおいては，ストロークマークをチャックに刻印しているところもある（参考図1）。

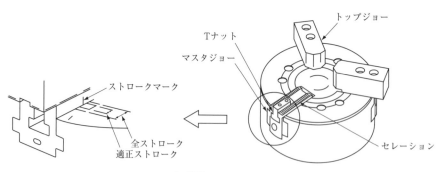

ストロークマーク
全ストローク
適正ストローク
Tナット
マスタジョー
トップジョー
セレーション

参考図1　チャック

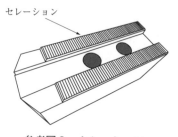

セレーション

参考図2　セレーション

	番号	No. 9.10

作業名	バイトの取り付け及び工具補正	主眼点	ツーリング指示によるバイトの取り付け

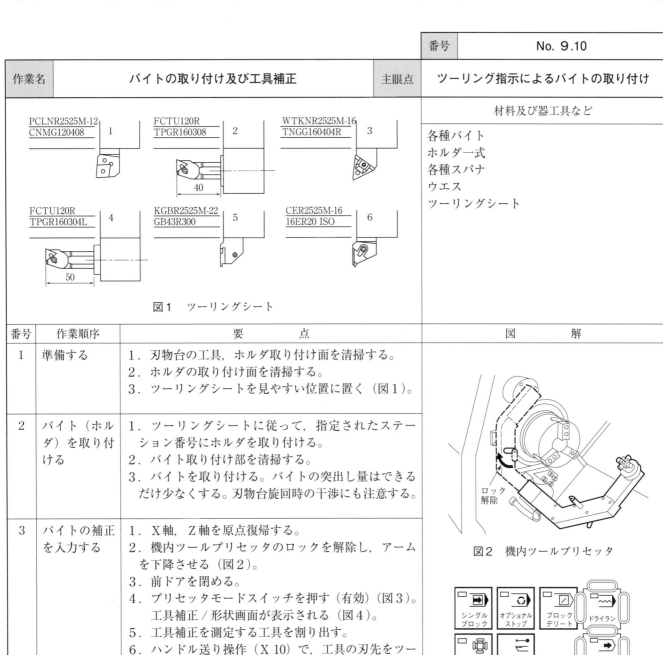

図1　ツーリングシート

材料及び器工具など

各種バイト
ホルダ一式
各種スパナ
ウエス
ツーリングシート

番号	作業順序	要　　　点	図　　解
1	準備する	1．刃物台の工具，ホルダ取り付け面を清掃する。 2．ホルダの取り付け面を清掃する。 3．ツーリングシートを見やすい位置に置く（図1）。	
2	バイト（ホルダ）を取り付ける	1．ツーリングシートに従って，指定されたステーション番号にホルダを取り付ける。 2．バイト取り付け部を清掃する。 3．バイトを取り付ける。バイトの突出し量はできるだけ少なくする。刃物台旋回時の干渉にも注意する。	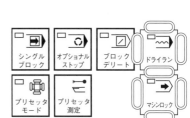 図2　機内ツールプリセッタ
3	バイトの補正を入力する	1．X軸，Z軸を原点復帰する。 2．機内ツールプリセッタのロックを解除し，アームを下降させる（図2）。 3．前ドアを閉める。 4．プリセッタモードスイッチを押す（有効）（図3）。 　　工具補正／形状画面が表示される（図4）。 5．工具補正を測定する工具を割り出す。 6．ハンドル送り操作（X 10）で，工具の刃先をツールプリセッタのセンサに接触させる（図5）。 7．すべての工具に対して5．と6．の操作を繰り返し，補正量を入力する。 8．再度，プリセッタモードスイッチを押す（無効）。 9．前ドアを開け，機内ツールプリセッタアームを上昇させ，ロックする。 10．工具補正／形状画面の「半径」にノーズR補正量，「TIP」に仮想刃先位置を入力する。 11．工作物をチャックに取り付ける。 12．前ドアを閉めて，工作物の端面を加工する工具を割り出す。 13．プリセッタモードスイッチを押す（有効）。 14．ワーク座標系設定画面が表示される。 15．主軸を回転させ工作物端面を加工した後，Z軸を移動させないでX軸のみ移動させて工具を逃がす。 16．プリセッタ測定スイッチを押す。Z軸のワークシフト補正値が入力される。 17．プリセッタモードスイッチを押す（無効）。 18．前ドアを開けて，ワーク全長を測定し，端面取りしろを決める。 19．端面取りしろをワーク座標系設定画面00（EXT）のZに入力する。	 図3　NC機能のスイッチ 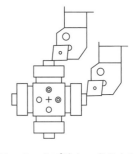 図4　工具補正／形状画面 図5　ツールプリセッタのセンサ

作業名	プログラムのチェック	主眼点	プログラム入力とチェック

	材料及び器工具など
	外部入力装置

図1　各部動作の点検

番号	作業順序	要　　点	図　　解
1	準備する	1．電源を投入する。 2．点検項目に従って，各部の動作がスムーズであることを確認する。	
2	プログラムをメモリに入力する	1．モードを編集にする。 2．パネル操作選択キースイッチを［操作・編集可］にする（図2）。 3．外部入力装置等をつなぐ（図3）。 4．プログラム入力画面を呼び出す。 5．リセットボタンを押して，プログラムを読み込ませる。 6．プログラムに修正箇所がある場合，編集機能を使用して修正する。	 図2　パネル操作選択キースイッチ
3	加工原点をシフトしてプログラムをチェックする	1．ワークシフト機能を利用して加工原点（Z軸）を100mmシフトする(ワーク座標系設定画面00(EXT) Z)（図4）。 2．モードをメモリにし，プログラムの先頭を呼び出す。 3．工作物を把握し，前ドアを閉める。 4．早送りオーバライドを微調送り（〰）にする。 5．送りオーバライドを100％にする。 6．シングルブロックスイッチを押す（有効）。 7．オプショナルストップスイッチを押す（有効）。 8．プログラムチェック画面を表示する。残移動量が表示されるのでチェックに便利である（図5）。	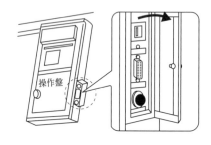 図3　インタフェース

```
ワーク座標系設定              00001 N00001

  番号      値        番号      値
  00    X  0.000     02    X  0.000
 (EXT)  Z  0.000    (G55)  Z  0.000

  01    X  0.000     03    X  0.000
 (G54)  Z  0.000    (G56)  Z  0.000


 〉_                          S    0 T0500
HND **** *** ***           15：43：14
[オフセット][セッティング][座標系][      ][（操作）]
```

図4　ワーク座標系設定画面

```
プログラムチェック            00001 N00001
00001;
G00 T0303 ;
G97 S1200 M03 ;
X29.5 Z10.0 ;

 （絶対座標）   （残移動量）  G01  G21  G00
X   0.000 X    0.000   G97  G40  G67
Z   0.000 Z    0.000   G69  G25  G54
                       G99  G22  G18
                              M    3
    T    500
    F              S   4000
 〉_                          S    0 T0500
MEM **** *** ***           11：53：57
[ PRGRM ][チェック][現ブロック][次ブロック][（操作）]
```

図5　プログラムチェック画面

作業名		プログラムのチェック	主眼点	プログラム入力とチェック

番号	作業順序	要　　　　点	図　　　解
3		9．起動ボタンを押し離すと1ブロック分の動作が行われる（図6）。 　　片手は非常時に軸移動を停止できるように一時停止ボタンの上に置く。 10．動作を確認しながら順次起動ボタンを押す。 11．アプローチ点まで到達したら，モードを手動にする（主軸が停止する）。 12．前ドアを開けて，ワーク端面から工具刃先（Z方向）の距離を確認する（アプローチ量＋100mm）。 13．前ドアを閉めて，モードをメモリにする。 14．再度，起動ボタンを押して最後まで確認する。 15．不具合箇所があったときは，編集機能を使用して，正しいプログラムに修正する。	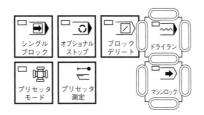 　起動　　　　一時停止 図6　起動ボタンと一時停止ボタン

備考

1．ドライラン機能を有効にして，プログラムをチェックする方法もあるが，プログラムの早送りと切削送りの判断がつきにくい（参考図1）。
2．マシンロック機能を有効にして，プログラムをチェックする方法もあるが，必ず1サイクル終了してからマシンロックを無効にすること（参考図1）。
3．チェックの方法として，画面に工具軌跡を表示させるものもある。
4．プログラム入出力装置には，USBメモリ，メモリカード，LAN接続などの種類がある。

シングルブロック　オプショナルストップ　ブロックデリート　ドライラン
プリセッタモード　プリセッタ測定　マシンロック

参考図1　NC機能

作業名	テスト加工	主眼点	寸法公差内にワークを仕上げる

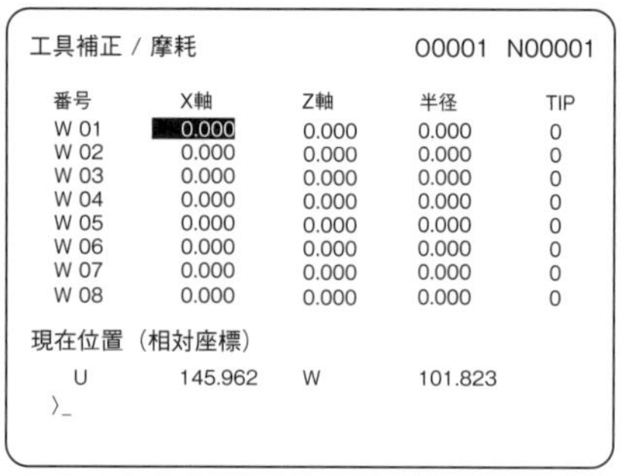

	材料及び器工具など

```
工具補正 / 摩耗                    00001 N00001

    番号      X軸        Z軸        半径       TIP
   W 01     0.000      0.000      0.000       0
   W 02     0.000      0.000      0.000       0
   W 03     0.000      0.000      0.000       0
   W 04     0.000      0.000      0.000       0
   W 05     0.000      0.000      0.000       0
   W 06     0.000      0.000      0.000       0
   W 07     0.000      0.000      0.000       0
   W 08     0.000      0.000      0.000       0

   現在位置 (相対座標)
      U       145.962    W        101.823
   〉_
```

図1　工具補正 / 摩耗画面

S 45 C （φ70× φ30×1 43)
バイト類
ホルダ類
測定具一式
加工プログラム
ツールレイアウト

番号	作業順序	要　　　点	図　　　解
1	準備する	1．素材寸法を確認する。 2．プログラムをメモリに入力する。 3．ツールレイアウトどおりにホルダ，バイトを刃物台に取り付ける。 4．工具の刃先が摩耗，欠損していないか確認する。 5．工具補正量を入力する。 6．ワーク座標系設定機能を用いて，加工原点を設定する。	
2	プログラムを確認する	1．プログラムのチェックの項に従い，プログラムを確認する。 2．工具補正量が正しいか確認する。 3．諸機能（G，M，S，T，F）が正しくプログラムされているか確認する。 4．工具補正 / 摩耗画面であらかじめ不良を出さないように設定する。 　　目安として外径は 0.2mm 大きく，内径は 0.2mm 小さく補正量を入力する（図1）。	
3	工作物を取り付ける	1．工作物をチャックに取り付ける。 2．前ドアを閉じる。 3．送りオーバライドを100％にする。 4．早送りオーバライドを100％にする（1個目を加工するときは低速にする）。 5．オプショナルストップ機能を有効にする。 6．シングルブロック機能を有効にする。	

作業名			テスト加工	主眼点	寸法公差内にワークを仕上げる
番号	作業順序		要　　　点		図　　解
4	加工及び測定する	1．モードをメモリにする。 2．加工プログラムの先頭が呼び出されているか確認する。 3．起動ボタンを押し，加工を開始する。前ドアの窓から加工状況を確認し，切りくずの出方，切削音を確認しながら起動ボタンを順次押す。 　　加工中，異常を感じたら一時停止ボタンあるいは非常停止ボタンを押すようにする。 4．各工具の加工が終わるたびにオプショナルストップで加工が停止し，主軸も停止するので，前ドアを開けて，各測定具を使用し，加工箇所の寸法を測定する。表面粗さも確認する。 5．図面寸法と測定寸法の差を，工具補正／摩耗画面に補正量として，インクリメンタル値で入力する。 6．再度その工具で加工したい場合，シーケンス番号サーチでその工具の加工開始ブロックを呼び出し，加工を行う。 7．3．～6．の操作を繰り返し，工作物を図面寸法に加工する。加工途中で工作物を取り外さないようにする。 8．工作物をチャックから取り外す。 9．シングルブロック機能を無効にする。 10．オプショナルストップ機能を無効にする。 11．工作物をチャックに取り付ける。 12．起動ボタンを押し，プログラムを通して加工を行う。 13．加工終了後，精度確認を行う。 　　図面どおりに工作物が加工できたのを確認した後，連続加工を実施する。		
備 考					

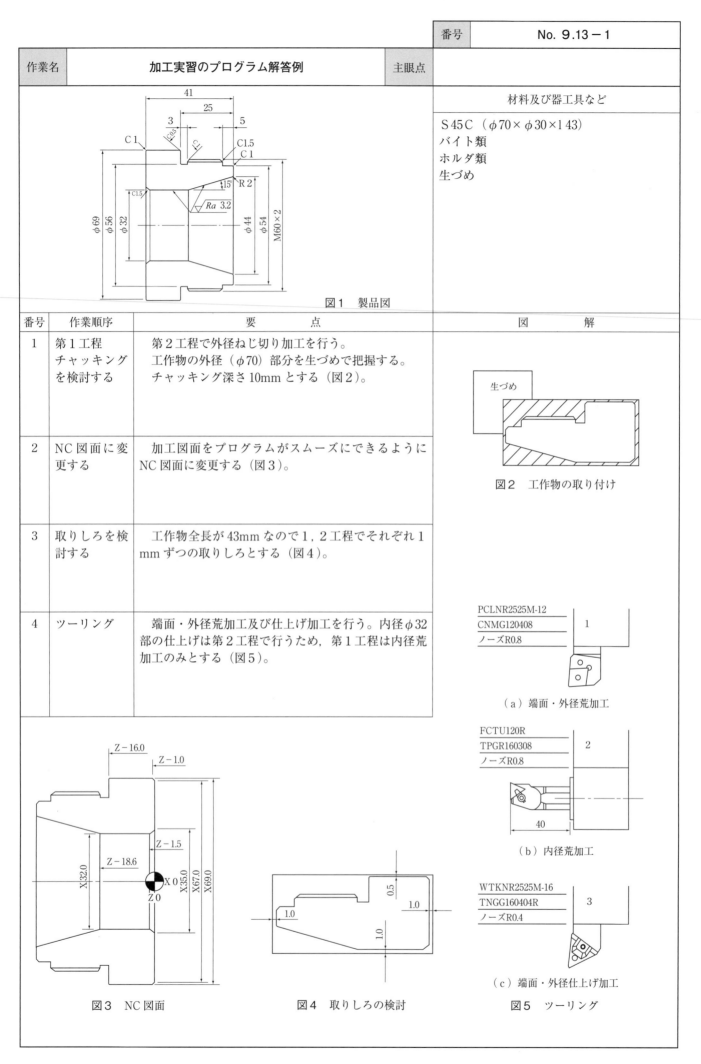

番号	No. 9.13－1

作業名	加工実習のプログラム解答例	主眼点	

図1　製品図

材料及び器工具など

S45C（φ70×φ30×143）
バイト類
ホルダ類
生づめ

番号	作業順序	要　　点	図　　解
1	第1工程チャッキングを検討する	第2工程で外径ねじ切り加工を行う。工作物の外径（φ70）部分を生づめで把握する。チャッキング深さ10mmとする（図2）。	
2	NC図面に変更する	加工図面をプログラムがスムーズにできるようにNC図面に変更する（図3）。	図2　工作物の取り付け
3	取りしろを検討する	工作物全長が43mmなので1，2工程でそれぞれ1mmずつの取りしろとする（図4）。	
4	ツーリング	端面・外径荒加工及び仕上げ加工を行う。内径φ32部の仕上げは第2工程で行うため，第1工程は内径荒加工のみとする（図5）。	PCLNR2525M-12　CNMG120408　ノーズR0.8　①（a）端面・外径荒加工　FCTU120R　TPGR160308　ノーズR0.8　②（b）内径荒加工　WTKNR2525M-16　TNGG160404R　ノーズR0.4　③（c）端面・外径仕上げ加工

図3　NC図面　　　　図4　取りしろの検討　　　　図5　ツーリング

| 作業名 | 加工実習のプログラム解答例 | 主眼点 | |

番号	作業順序	要　　　点	図　　解
5	プログラム		

O 0001

    N1　　　　　　　　　　　　端面・外径荒加工のパートプログラム　　（図6）
    G 40
    G 50 S 1500
    G 00 T 0101　（M 42）
    G 96 S 120 M03　　　　　　切削速度　　　　　　120m/min
1　X 75. 0 Z 10. 0 M08
2　Z 0. 1　　　　　　　　　　端面の仕上げしろ　　　0. 1mm
3　G 01 X 25. 0 F 0. 25　　　端面加工の送り　　　　0. 25mm/rev
4　G 42 G 00 X 63. 3 W 2. 0
5　G 01 X 69. 3 Z － 0. 9　　外径の仕上げしろ　　　0. 3mm（直径）
6　Z － 25. 0 F 0. 3　　　　　外径加工の送り　　　　0. 3mm/rev
7　G 40 G 00 U 1. 0 Z 10. 0 I 1. 0
    X 200. 0 Z 150. 0
    M01

    N2　　　　　　　　　　　　内径荒加工のパートプログラム　　　　（図6）
    G 40
    G 50 S 1500
    G 00 T 0202　（M 42）
    G 96 S 120 M03　　　　　　切削速度　　　　　　120m/min
11　X 38. 7 Z 10. 0 M08
12　G 41 Z 2. 0
13　G 01 X 31. 7 Z － 1. 5 F 0. 2　面取り部の送り　　　0. 2mm/rev
14　Z － 22. 0 F 0. 25　　　　内径の仕上げしろ　　　0. 3mm（直径）
15　G 40 G 00 U － 1. 0 Z 2. 0
16　G 41 X 39. 0 S 150　　　　切削速度　　　　　　150m/min
17　G 01 X 31. 0 Z － 2. 0 F 0. 12　面取り部の仕上げ　　0. 12mm/rev
18　G 40 G 00 U － 1. 0 Z 10. 0
    X 200. 0 Z 100. 0
    M01

    N3　　　　　　　　　　　　端面・外径仕上げ加工のパートプログラム　（図7）
    G 40
    G 50 S 2000
    G 00 T 0303　（M 42）
    G 96 S 200 M03　　　　　　切削速度　　　　　　200m/min
1　X 71. 0 Z 10. 0 M08
2　Z 0
3　G 01 X 32. 0 F 0. 15　　　仕上げの送り　　　　　0. 15mm/rev
4　G 42 G 00 X 63. 0 W 2. 0
5　G 01 X 69. 0 Z － 1. 0
6　Z － 24. 0
7　G 40 G 00 U 1. 0 Z 10. 0 I 1. 0 M09
    X 200. 0 Z 150. 0 M05

（注）（M 42）は，主軸速度変換装置（トランスミッション）がある場合に必要である。

図6　端面・外径荒加工パスと内径荒加工パス　　　図7　端面・外径仕上げ加工パス

作業名	加工実習のプログラム解答例	主眼点	

番号	作業順序	要　　　点	図　　解
6	第2工程 チャッキング を検討する	第1工程で仕上げた外径（φ69）部分を生づめで把握する。 　チャッキング深さ10mmとする（図8）。	
7	NC図面に変更する	加工図面をプログラムがスムーズにできるようにNC図面に変更する（図9）。	
8	取りしろを検討する	第1工程の内径荒加工をした内径（φ32）部は，0.15mm（半径）取りしろが残っている（図10）。	
9	ツーリング	図11のツーリングに従って工具を刃物台に取り付ける。	

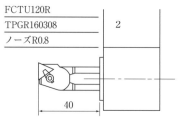

PCLNR2525M-12	1
CNMG120408	
ノーズR0.8	

（a）端面・外径荒加工

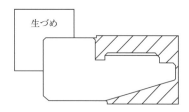

図8　加工した部分の取り付け

FCTU120R	2
TPGR160308	
ノーズR0.8	

40

（b）内径荒加工

WTKNR2525M-16	3
TNGG160404R	
ノーズR0.4	

（c）端面・外径仕上げ加工

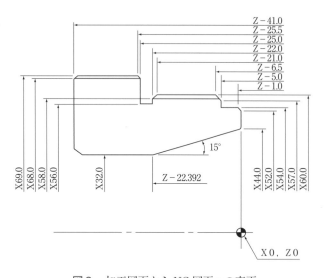

Z－41.0
Z－25.5
Z－25.0
Z－22.0
Z－21.0
Z－6.5
Z－5.0
Z－1.0

X69.0　X68.0　X58.0　X56.0　X32.0　　　15°

Z－22.392

X44.0　X52.0　X54.0　X57.0　X60.0

X0，Z0

図9　加工図面からNC図面への変更

FCTU120R	4
TPGR160304L	
ノーズR0.4	

50

（d）内径仕上げ加工

KGBR2525M-22	5
GB43R300	
ノーズR0.3	

（e）外径溝入れ加工

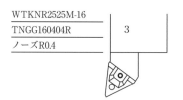

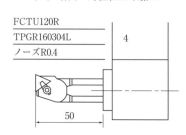

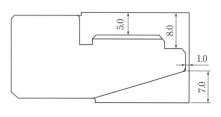

5.0　8.0　1.0　7.0

図10　取りしろの検討

CER2525M-16	6
16ER20 ISO	
ノーズR0.2	

（f）外径ねじ切り加工

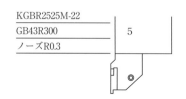

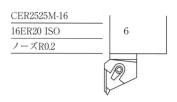

図11　ツーリング

作業名	加工実習のプログラム解答例	主眼点	

番号	作業順序	要　　　　　点
10	プログラム	

O 0002

	N 1	端面・外径荒加工のパートプログラム	（図12）
	G 40		
	G 50 S 1500		
	G 00 T 0101（M41）	切り込み量	2 mm（半径）
	G 96 S 120M03	切削速度	120m/min
1	X 75. 0 Z 10. 0M08		
2	Z 0. 1		
3	G 01 X 25. 0 F 0. 25	端面の送り	0. 25mm/rev
4	G 00 X 66. 0W 1. 0		
5	G 01 Z － 24. 9 F 0. 3	外径の送り	0. 3mm/rev
6	G 00 U 1. 0 Z 1. 0		
7	X 62. 0		
8	G 01 Z － 24. 9	荒加工のパターン	
9	G 00 U 1. 0 Z 1. 0		
10	X 58. 0	┌─▶ 　　　X	
11	G 01 Z － 4. 9	│	
12	G 00 U 1. 0 Z 2. 1	G 01 Z －	
13	G 42 X 48. 3	│	
14	G 01 X 54. 3 Z － 0. 9 F 0. 2	└─▶ G 00 U　　　　　Z	
15	Z － 4. 9 F 0. 3		
16	X 57. 1		
17	X 60. 1 Z － 6. 4	（注）外径の場合	
18	Z － 24. 9	Uはプラスの数値を指令する。	
19	X 71. 0		
20	G 40 G 00 Z 10. 0		
	X 200. 0 Z 150. 0		
	M01		
	N 2	内径荒加工のパートプログラム	（図13）
	G 40		
	G 50 S 1500		
	G 00 T 0202（M42）	切り込み量	1. 5mm（半径）
	G 96 S 120M03	切削速度	120m/min
1	X 33. 0 Z 10. 0M08		
2	Z 2. 0		
3	G 01 Z － 20. 3 F 0. 25	荒加工の送り	0. 25mm/rev
4	G 00 U － 1. 0 Z 1. 0		
5	X 36. 0		
6	G 01 Z － 14. 7		
7	G 00 U － 1. 0 Z 1. 0		
8	X 39. 0	荒加工のパターン	
9	G 01 Z － 9. 1		
10	G 00 U － 1. 0 Z 1. 0	┌─▶ 　　　X	
11	X 42. 0	│	
12	G 01 Z － 3. 5	G 01 Z －	
13	G 00 U － 1. 0 Z 2. 0	│	
14	X 47. 069	└─▶ G 00 U　　　　　Z	
15	G 41 G 01 Z 0. 2		
16	G 02 X 42. 819 Z － 1. 431 R 2. 2	（注）　内径の場合	
17	G 01 U － 12. 0W － 22. 392	Uはマイナス－の数値を指令する。	
18	G 40 G 00 U － 1. 0 Z 10. 0		
	X 200. 0 Z 100. 0		
	M01		

番号	作業順序	要　　　点
10		

```
           N3              端面・外径仕上げのパートプログラム      （図14）
           G40
           G50 S2000
           G00 T0303 （M42）
           G96 S200M03          切削速度        200m/min
     1     X56. 0 Z10. 0M08
     2     Z 0
     3     G01 X44. 0 F0. 15      送り          0. 15mm/rev
     4     G42 G00 X48. 0W2. 0
     5     G01 X54. 0 Z−1. 0
     6     Z−5. 0
     7     X56. 8
     8     X59. 8 Z−6. 5
     9     Z−23. 0 F0. 2          送り          0. 2mm/rev
    10     G40 G00 U1. 0 Z10. 0 I1. 0 *1    ＊1  X軸方向のくい込み防止のため，Iで指令する。
           X200. 0 Z150. 0
           M01

           N4              内径仕上げのパートプログラム         （図14）
           G40
           G50 S2000
           G00 T0404 （M42）
           G96 S200M03          切削速度        200m/min
    21     X47. 069 Z10. 0M08
    22     Z1. 0
    23     G41 G01 Z 0 F0. 2      円弧・テーパ部の送り   0. 07mm/rev
    24     G02 X43. 205 Z−1. 482 R2. 0 F0. 07
    25     G01 X32. 0 Z−22. 392
    26     Z−41. 0 F0. 1          内径ストレート部の送り 0. 1mm/rev
    27     G40 G00 U−1. 0 Z10. 0
           X200. 0 Z100. 0
           M01

           N5              溝入れのパートプログラム           （図15）
           G40
           G50 S1000             ＊2  工具の仮想刃先位置が変わるため，工具摩耗補正
           G00 T0505 （M42） *2         番号を変更する。
           G96 S100M03          切削速度        100m/min
     1     X71. 0 Z10. 0M08
     2     G41 Z−26. 5
     3     G01 X68. 0 Z−25. 0 F0. 07  面取り部の送り     0. 07mm/rev
     4     X56. 0 F0. 1          端面の送り       0. 1mm/rev
           G04 U0. 2            ドウェル        0. 2秒
     5     G40 G00 X61. 8 K1. 0 *3  （溝底を平らにするため主軸1回転程度）
     6     G42 Z−20. 0 T0507 *2
     7     G01 X57. 8 Z−22. 0      ＊3  Z軸方向のくい込み防止のため，Kで指令する。
     8     G40 G00 X61. 8
           X200. 0 Z150. 0
           M01

           N6   M08        ねじ切りのパートプログラム
           G00 T0606 （M42）
           G97 S640M03          主軸回転速度      640min⁻¹
           X70. 0 Z5. 0M24
           G92 X59. 1 Z−24. 0 F2. 0  送り          2mm/rev
           X58. 6
           X58. 2
           X57. 9
           X57. 7
           X57. 54
           X57. 44
           X57. 4
           G00 X200. 0 Z150. 0M09
           M05
           M30
```

（注）　ねじの切り始め，切り終わりには不完全ねじが発生する。
　　　　ねじの計測は，ねじゲージを使用する。
　　　　ねじ切り加工では周速一定制御を使用しない。主軸回転速度の変化は，ねじの位相の
　　　　ずれを発生させる。

番号	No. 9.13－6

作業名	加工実習のプログラム解答例	主眼点	

番号	作業順序	図　　　解
10		

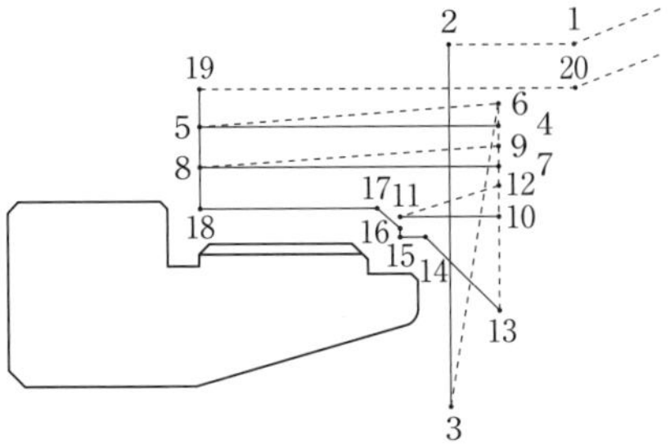

図 12　端面・外径荒加工のパス

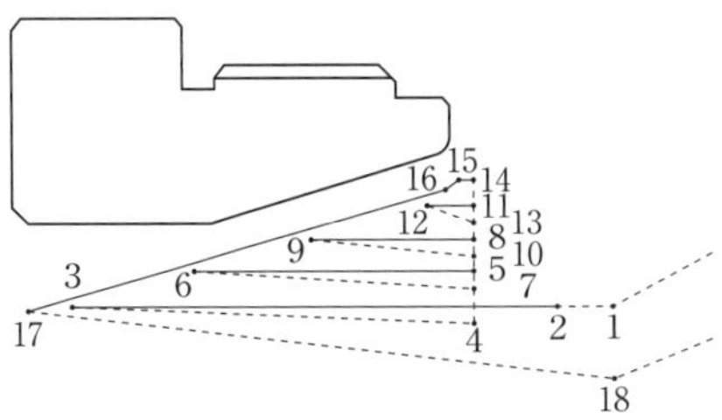

図 13　内径荒加工のパス

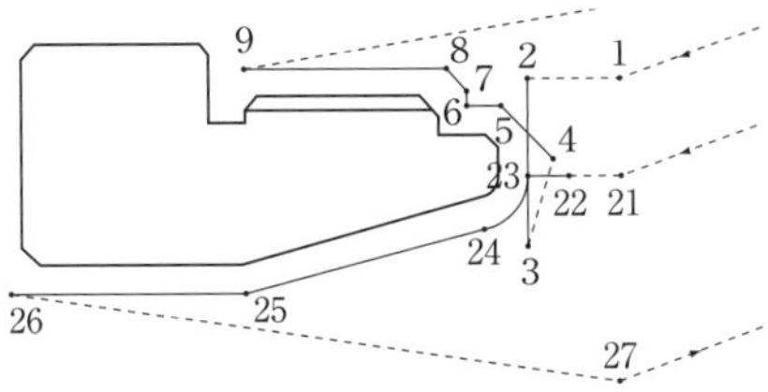

図 14　端面・外径・内径の仕上げパス

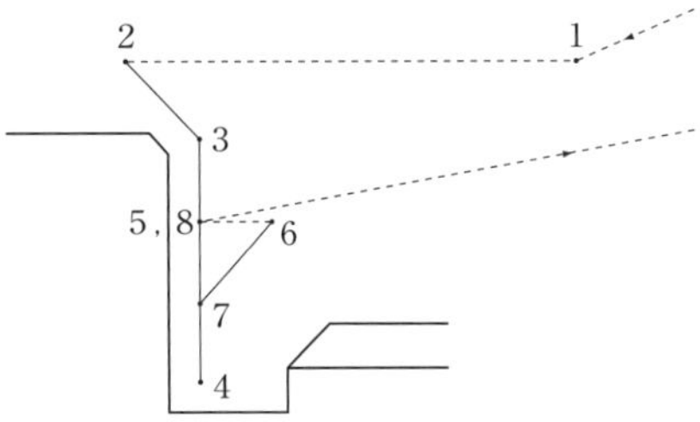

図 15　溝入れのパス

作業名	加工実習のプログラム解答例	主眼点	

1．切削速度は次の式で求められる。

$$v_c = \frac{\pi \times 加工物直径 \times 主軸回転速度}{1\,000}$$

2．切削速度の目安は下記の表を参考に決める。

参考表 1　切削速度

材　質	荒加工 [m/min]	仕上げ加工 [m/min]	ドリル [m/min]	ねじ切り [m/min]	突切り [m/min]	工　具 荒	工　具 仕上
軟鋼	100〜150	150〜200	25〜 30	100〜150	80〜120	P 10	P 10
構造用鋼	80〜120	150〜250	15〜 25	〜100	65〜 95	P 20	P 10
同上調質材	80〜100	150〜200	〜 20	〜 80	65〜 80	P 20	P 10
合金鋼（SCM）	80〜100	100〜120	〜 20	〜 80	65〜 80	P 20	P 10
ステンレス鋼	〜 80	100〜180	10〜 20	〜 80	〜 65	M 20	M 10
鋳鉄（FC20）	〜100	〜120	20〜 25	〜 80	〜 80	K 10	K 10
軽合金	300〜800		80〜150	〜500	〜640	K 10	K 10
チルド鋼	3〜 10				〜 8		K 01

3．仕上げ加工の送り

　仕上げ加工の送り（v_f）は，使用する工具の刃先R（Nr）と加工図面に示されている最大高さ粗さ（Rz）から決定される。

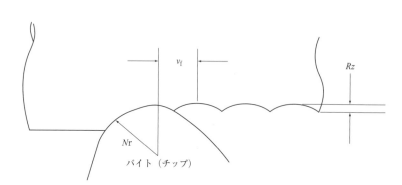

$$Rz = \frac{v_f{}^2}{8 \cdot Nr}$$

Rz：最大高さ粗さ［μm］
v_f：送り速度［mm/rev］
Nr：工具の刃先R［mm］

参考図 1　最大高さ粗さと送り速度・工具の刃先半径の関係

参考表 2　仕上げ加工の送りと仕上げ面粗さ

送りの単位［mm/rev］

算術平均粗さ Ra［μm］	最大高さ粗さ Rz［μm］	刃先R［mm］ 0.2	刃先R［mm］ 0.4	刃先R［mm］ 0.8	刃先R［mm］ 1.2
6.3	25	0.2000	0.2828	0.4000	0.4899
3.2	12.5	0.1414	0.2000	0.2828	0.3464
1.6	6.3	0.1004	0.1420	0.2008	0.2459
0.8	3.25	0.0716	0.1012	0.1431	0.1753
0.4	1.6	0.0506	0.0716	0.1012	0.1239
0.2	0.8	0.0358	0.0506	0.0716	0.0876
0.1	0.4	0.0253	0.0358	0.0506	0.0620

（注 1）表中の数値は計算式により算出した数値なので，実際の加工ではバイトの突出し量，チャッキング状態，機械などの振動によって，表中の送り速度で加工しても，面粗さが出ないことがある。

（注 2）実際の面粗さは，理論粗さより悪くなる。

　　鋼：理論粗さ×1.5〜3倍
　　鋳物：理論粗さ×3〜6倍
　　また，テーパ加工の場合は，さらに少し面粗さが悪くなる傾向にある。

出所：（参考表 2）「ＮＣ工作機械［1］ＮＣ旋盤」（一社）雇用問題研究会，2019 年，p.52，表 2 − 6

| 作業名 | プログラムの例題（ミーリング機能仕様） | 主眼点 | ミーリング加工 |

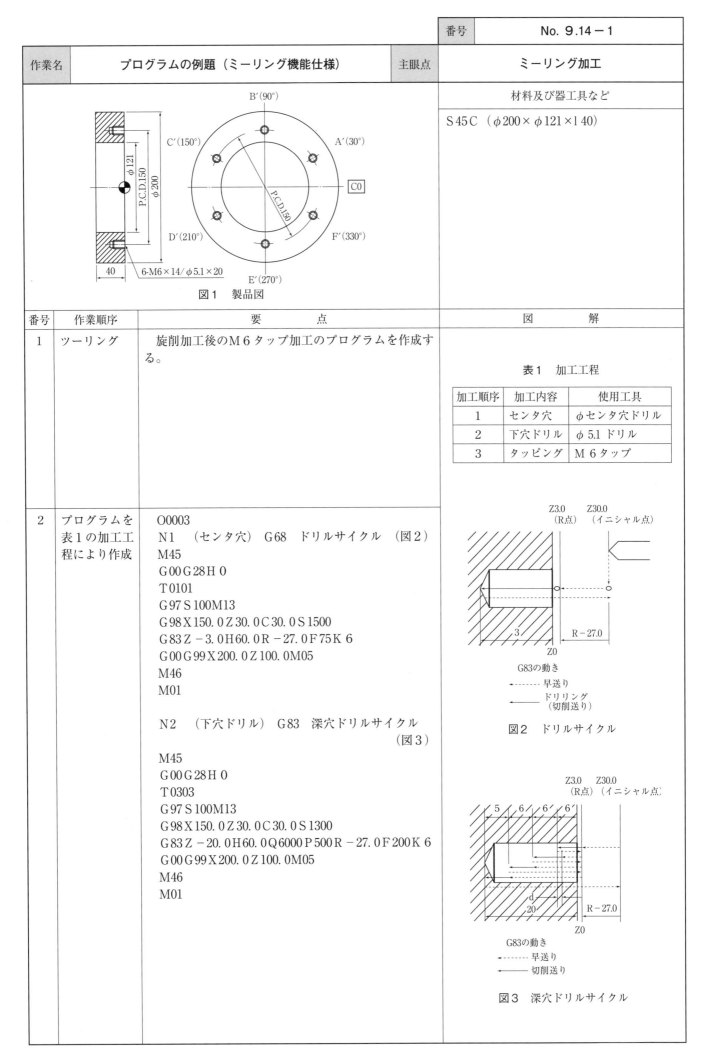

材料及び器工具など

S 45 C （φ200×φ121×140）

図1　製品図

番号	作業順序	要　　　点	図　　　解
1	ツーリング	旋削加工後のM6タップ加工のプログラムを作成する。	

表1　加工工程

加工順序	加工内容	使用工具
1	センタ穴	φセンタ穴ドリル
2	下穴ドリル	φ5.1 ドリル
3	タッピング	M6タップ

2　プログラムを表1の加工工程により作成

```
O0003
N1　（センタ穴）　G68　ドリルサイクル　（図2）
M45
G00G28H0
T0101
G97S100M13
G98X150.0Z30.0C30.0S1500
G83Z−3.0H60.0R−27.0F75K6
G00G99X200.0Z100.0M05
M46
M01

N2　（下穴ドリル）　G83　深穴ドリルサイクル
　　　　　　　　　　　　　　　　　　（図3）
M45
G00G28H0
T0303
G97S100M13
G98X150.0Z30.0C30.0S1300
G83Z−20.0H60.0Q6000P500R−27.0F200K6
G00G99X200.0Z100.0M05
M46
M01
```

Z3.0　Z30.0
（R点）　（イニシャル点）

R−27.0

G83の動き

-------- 早送り
———— ドリリング
　　　（切削送り）

図2　ドリルサイクル

Z3.0　Z30.0
（R点）（イニシャル点）

R−27.0

G83の動き

-------- 早送り
———— 切削送り

図3　深穴ドリルサイクル

作業名	プログラムの例題（ミーリング機能仕様）	主眼点	ミーリング加工

番号	作業順序	要　　点	図　　解
2		N3　（タッピング）G84　タッピングサイクル 　　　　　　　　　　　　　　　　（図4） M45 G00G28H 0 T0505 G97S250M13 G98X150. 0Z30. 0C30. 0 G84Z－14. 0H60. 0R－27. 0F250K 6 G00G99X200. 0Z100. 0M05 M46 M30	Z10.0　Z30.0 （R点）（イニシャル点） 14　　　R－20.0 Z0 G84の動き ピッチ：1mm -------- 早送り ——— 切削送り 図4　タッピングサイクル
		M45　：C軸接続 　　M46　：C軸接続解除 　　M13　：回転工具主軸正転 　　M05　：回転工具主軸停止 　　G28H0 ：C軸原点復帰	

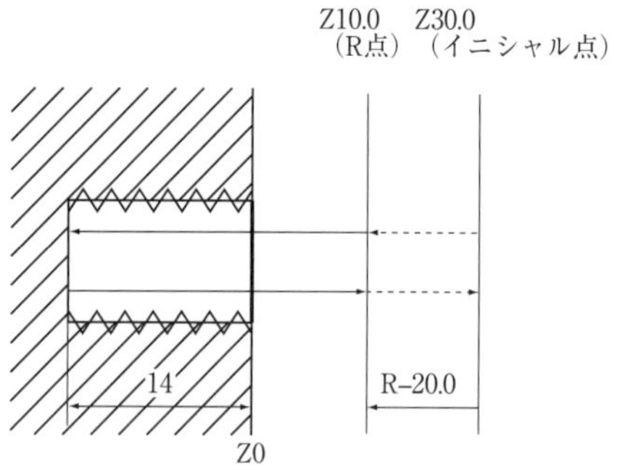

備

考

				番号	No. 10. 1

作業名	マシニングセンタの安全作業	主眼点	安全に対する注意

・回転中のものには，手や顔などを近づけないこと（図1，図5）。
・いつも切削点に注意すること（図2）。

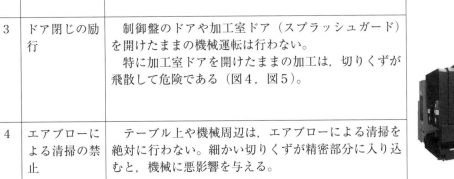

図1　回転中のものには手や顔を近づけない

図2　いつも切削点に注意する

番号	作業順序	要　点	図　解
1	非常停止ボタンの確認	非常停止ボタンの位置を確認し，非常の際にいつでも押せるようにする（図3）。	
2	ステップの確認	機械のカバー類の上は滑りやすくなっているので，特別に設けたステップ（踏み板）以外はステップとして用いない。	
3	ドア閉じの励行	制御盤のドアや加工室ドア（スプラッシュガード）を開けたままの機械運転は行わない。 　特に加工室ドアを開けたままの加工は，切りくずが飛散して危険である（図4，図5）。	
4	エアブローによる清掃の禁止	テーブル上や機械周辺は，エアブローによる清掃を絶対に行わない。細かい切りくずが精密部分に入り込むと，機械に悪影響を与える。	
5	水溶性切削油剤の使用	切削油剤（クーラント）はなるべく水溶性のものを使用する。 　油性切削油剤を使用するときは，工具ホルダと工作物などの干渉に注意し，火災が発生しないように，十分な注意が必要である。やむを得ず油性切削油剤を使用する場合は消火装置を用意する。	
6	使用工具及び取り扱い上の注意	高速回転時に主軸に対して左右の径が違うようなバランスの悪い工具はできるだけ使用しない（図6）。機械の主軸と工作物に悪影響を与える。また，スローアウェイチップなどの固定には，遠心力を考慮するなど，特に注意が必要である。 　回転中の工具には，絶対に手を出さない（図1，図5）。	
7	日常の点検と保守の励行	潤滑油や冷却油の量など，日常の点検と定期的な保守作業を怠らないようにし，機械は常に安全な状態で使用する。	

図3　非常停止ボタン

図4　スプラッシュガード

図5　警告ラベル

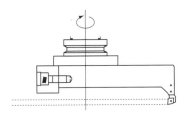

図6　アンバランスな工具

番号	No. 10. 2－1

作業名	マシニングセンタの構成	主眼点	マシニングセンタの仕組み

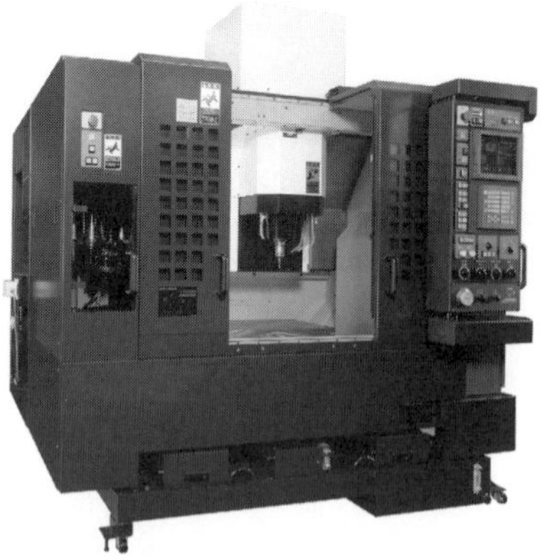

図１　立形マシニングセンタ

材料及び器工具など

番号	作業順序	要　　点
1	主軸	マシニングセンタの主軸には，フライス盤やボール盤などと同じように切削工具が取り付けられる。 主軸に取り付けられた工具（「No.10.14」図３～図５参照）が主軸とともに回転し（図２），工作物を切削する。主軸の回転は，NC 装置からの回転数指令と回転指令によって行われる。 10 000 回転以上の高速で回しても，熱変位によって伸びたり縮んだりすることの少ない高精度と，重切削ができる高剛性な主軸が望まれている。 主軸が地面と垂直なものを立形マシニングセンタ，地面と平行なものを横形マシニングセンタという。
2	主軸頭	主軸頭は，主軸をベアリングで支えるとともに，主軸モータの回転を主軸に伝達する。 主軸頭は，サーボモータによって上下移動し，立形マシニングセンタではその移動軸はＺ軸となる（図３）。
3	テーブル	テーブルは治具・取り付け具などを利用して，工作物を取り付ける台である。 テーブルは前後に移動し，その移動軸はＹ軸となる（図３，図５）。
4	サドル	サドルは主軸頭を支える台で，コラム上で左右移動し，その移動軸はＸ軸となる（図３）。
5	コラム	コラムはサドルを支える柱である。 コラムには，ベッドに固定された固定形コラムと，ベッド上で移動するトラベリングコラムの２タイプがある。 図１及び図３の機械は固定形コラムである（図３）。
6	ベッド	ベッドはコラムやサドルを支える台で，機械構成の土台となる部分である（図３）。

図　　解

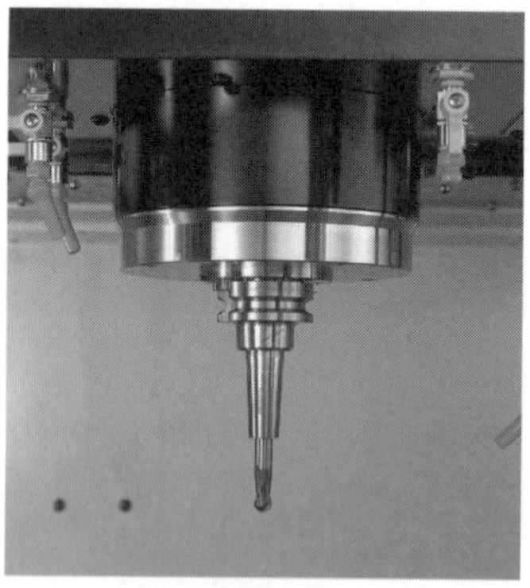

図２　主軸に工具を取り付けた状態

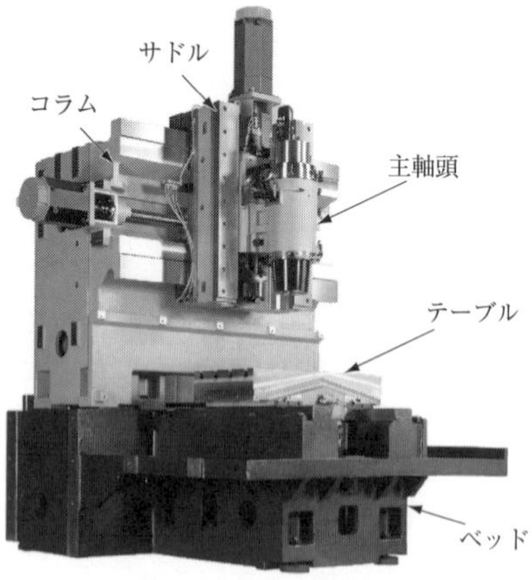

図３　機械本体構造

作業名	マシニングセンタの構成	主眼点	マシニングセンタの仕組み

番号	作業順序	要　　　点	図　　　解
7	ATC（自動工具交換装置）	ATC は，Automatic Tool Changer の略で，主軸に取り付けてある工具と，次の加工で使用する工具を自動交換する装置である。 　ATC は，工具を把握する ATC アームと，たくさんの工具を収納しておく ATC マガジンで構成される（図5）。	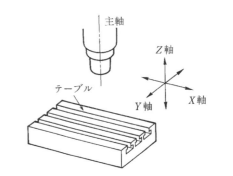 図4　X，Y，Z軸の方向
8	切削油供給装置	切削油供給装置は，工具又は工作物に切削油剤（クーラント）を供給し，さらに回収する装置である（図6）。	
9	主操作盤	主操作盤は，手動操作などを行うための機械操作盤と，プログラム入力のための MDI 操作パネルをもった NC 操作盤で構成されている。 　なお，主操作盤のほかに，ATC マガジンの手動操作を行うための ATC 操作盤がある（図6，図7）。	 図5　工具を装着した ATC マガジン

図6　切削油供給装置

図7　主操作盤

備考	

			番号	No. 10. 3
作業名	電源投入と確認事項	主眼点	機械の正常立ち上げ	

材料及び器工具など

図1　機械本体と右側面

番号	作業順序	要　　　点	図　　解
1	主電源スイッチを投入する	1．主電源スイッチを［ON］にすると電源表示ランプが点灯し，同時に潤滑油自動供給装置，主軸ファンモータ，油圧装置も作動し始める（図2）。 2．次に，主操作盤の制御電源入りボタンを押して機械本体に電源を投入する。 3．主電源を切るときは，逆に主操作盤の電源切ボタンを押してから，主電源のスイッチを［OFF］にする。	 図2　主電源スイッチ
2	空圧装置の圧力を確認する	空圧装置によって圧縮空気は主軸頭のベアリング部のエアシール用，自動工具交換時の主軸テーパ部と工具シャンク部のクリーニング用などに使用されている。 　作業に際しては，エアコントロールユニットの圧力計が0.5MPa（5kgf/cm²）になっていることを確認する。圧力が0.3MPa以下であると機械本体はアラーム状態となる（図3）。	
3	油圧装置の圧力を確認する	油圧装置を有する機械は，主軸頭及び自動工具交換装置に加圧している。作業時には圧力計が7MPa（70kgf/cm²）を示していることを確認する（図4）。	 図3　空圧装置
4	潤滑油タンクの油量を確認する	潤滑油タンクからX，Y，Z各軸のしゅう動面に潤滑油を供給している。電源投入時ごとにレベルゲージを確認する必要があり，油量が少ないとアラーム状態になる（図5）。	
5	運転する	1．電源を投入し，空・油圧力などが正常であればMDI操作パネルが現在位置画面になり，正常な立ち上げが完了する（図6）。 2．次に，X，Y，Z軸の機械原点復帰操作（「No.10.17」）を完了させれば，自動運転の準備が終了する。	 図4　油圧装置

図5　潤滑油タンク

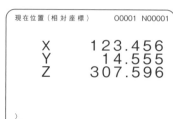

```
現在位置（相対座標）        O0001 N00001

   X         123.456
   Y          14.555
   Z         307.596

 ⟩
   JOG   ‥‥  ‥‥
[ 絶対 ][ 相対 ][ 総合 ][    ][（操作）]
```

図6　現在位置画面

			番号	No. 10. 4
作業名	完成品ができるまでの作業工程	主眼点		最初に加工内容を把握する

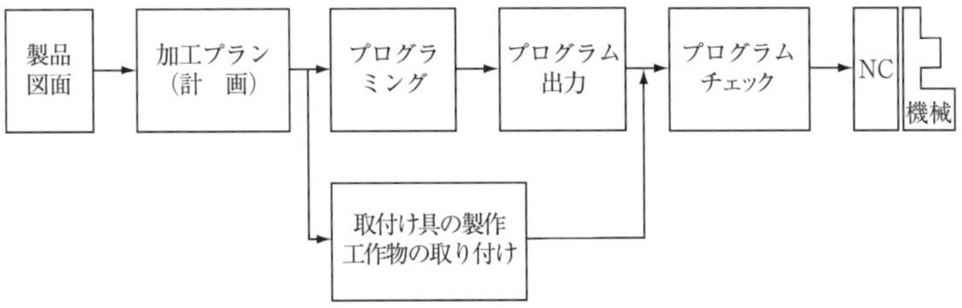

図1　作業の流れ

材料及び器工具など

番号	作業順序	要　点	図　解
1	製品図面を検討する	図面に書かれた内容を把握する。	
2	加工プランを作成する	1．納期を検討する。 2．NCではどこまで加工できるか，またどの機械で加工するかなど，使用する機械を検討する。 3．加工面は1面か，あるいは複数面かを調べる。	├── 机上で加工プラン
3	取り付け方法を検討する	工作物の取り付け方法や取り付け姿勢，方向などを検討する。	
4	使用工具を決定する	切削工具及びツールホルダを選択する。	
5	切削条件を決定する	主軸回転数，切削送り速度及び切削油使用の有無などを決定する。	
6	座標値を計算する	図面から読み取れない寸法を計算する。	├── 机上でプログラム作成
7	NCプログラムを作成する	1．切削のイメージを頭に浮かべながら，加工順序に沿ってNCプログラムを作成する。 2．NCプログラムをUSBメモリなどに出力する。	
8	使用工具を準備する	1．刃具をツールホルダにセットし，工具長と工具径を測定した後，登録する。 2．工具番号を登録し，工具番号とポット番号を確認してATCマガジンに装着する。	├── 使用機械で加工の準備
9	工作物を取り付ける	使用する機械に取り付け具及び工作物を取り付ける。	
10	ワーク座標系の登録を行う	工作物の心出しを行い，ワーク座標系（X，Y，Z軸）の登録を行う。	
11	プログラムを入力する	プログラムの変更があるかどうかを検討して，NC装置にプログラムを入力する。	
12	プログラムをチェックする	工具刃先を工作物から十分離した状態で自動運転を行い，刃先位置や動作軌跡を確認する。	番号
13	製品の仕上げ加工を行う	自動運転で精度内に仕上げ加工を行う。	──── 加　工
14	清掃する	工作物を取り外し，機械の清掃をして作業を終了する。	

			番号	No. 10. 5
作業名	加 工 実 習		主眼点	プログラミングの手順

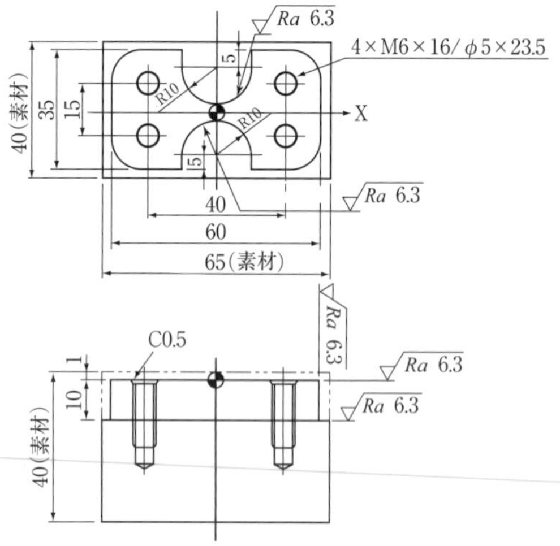

材料及び器工具など

被削材 S 50 C
筆記用具
電子計算機など

図1　製品図

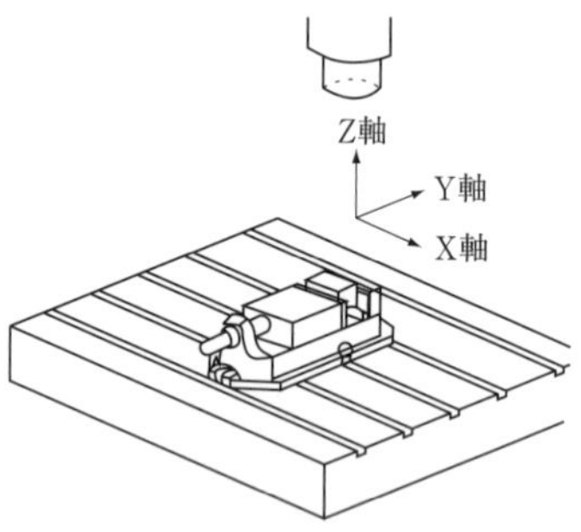

図2　取り付け方法と取り付け姿勢

番号	作業順序	要　　　　点
1	加工内容をイメージする	加工図面をよく見て，工作物の大きさ，おおよその加工内容，被削材，取り付け方法をイメージする（図1）。
2	取り付け方法を検討する	1．NCプログラムを作成するため，工作物の取り付け方法及び取り付け姿勢を決定する。 　2．この場合は，機械テーブルのほぼ真ん中に，図面の正面図と同じ方向に工作物を取り付けることとする。 　3．取り付け具としては，マシンバイスが便利である（図2）。
3	使用工具を決定する	1．φ75正面フライスで上面を平面切削する。 　2．センタリングツールでドリルのもみ付けとC0.5の面取りをする。 　3．φ5ドリルでM6タップの下穴加工をする。 　4．M6タップでタップ加工を行う。 　5．φ16エンドミルで外周形状を加工する。 【参考】各工具形状は，ツールセッティング（「No.10. 6」，「No.10. 7」）を参照のこと。 　加工に必要な切削工具，同時にNCプログラム作成時に必要な工具番号及び切削条件を，工具リストに記入する。 　この場合，使用工具順に記入すると，分かりやすい（表1）。
4	NCプログラムを作成する	工具軌跡をイメージしながら，加工用のNCプログラムを作成する。

表1　工具リスト

工具番号 T No.	工具名称	補正番号 H/D No.	回転速度 [min⁻¹]	送り速度 [mm/min]	工具長 工具径
T 1	φ75 正面フライス	H01	1 200	680	
T 2	センタリングツール	H02	1 000	100	
T 3	φ5ドリル	H03	1 800	360	
T 4	M6—1 タップ	H04	300	300	
T 5	φ16 エンドミル	H05/ D15	500	80	

作業名	ツールセッティング（1）	主眼点	工具の締め付けから登録までの操作

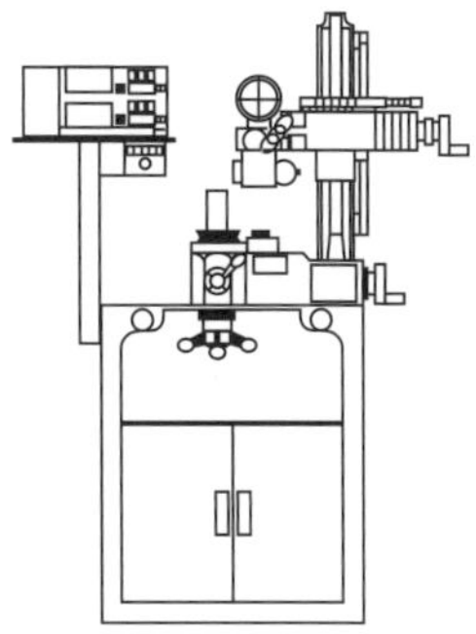

	材料及び器工具など

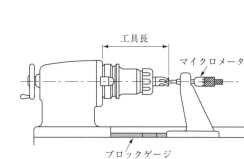

図1　ツールプリセッタ	図2　ツールプリセッタ

φ75 正面フライス
センタリングツール
φ5 ドリル
M 6-1 タップ
φ16 エンドミル

工具長
マイクロメータ
ブロックゲージ

番号	作業順序	要　　　点	図　　解
1	切削工具を準備する	φ75 正面フライス，センタリングツール，φ5 ドリル，M 6-1 タップ及びφ16（刃長 20〜30mm）エンドミルを準備する。	 図3　フェイスミルカッタ
2	工具ホルダを準備する	1．正面フライス用として正面フライスアーバ（FMA25.4-90 など）を準備する（図3，図8）。 2．センタリングツール用としてミーリングチャックホルダを準備する（図4，図9）。 3．ドリル用としてドリルチャックホルダ，（JTA6-45）又はミーリングチャックホルダなどを準備する（図5，図10）。 4．タップ用としてタップホルダ，（SA412-Ⅲ）及び（TC412-M 6）又はリジットタップを使用する場合はミーリングチャックホルダなどを準備する（図6，図9，図11）。 5．エンドミル用はセンタリングツールと同じミーリングチャックホルダを準備する（図7，図9）。	 図4　センタミル  図5　ドリル 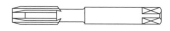 図6　タップ
3	工具長・工具径を測定する	刃具を工具ホルダに締め付けた後，ツールプリセッタで工具長・工具径（半径）を測定し，工具リスト（「No.10.5」表1参照）にメモする（図1，図2）。	
4	工具番号を登録する	MDI 操作パネルの工具データ画面で，工具番号とポット番号の関係をあらかじめ設定しておき，マガジン側にて指定するポットへ工具をセットする。	 図7　エンドミル

図8　正面フライスアーバ

図9　ミーリングチャックホルダ	図10　ドリルチャックホルダ	図11　タップホルダ

作業名	ツールセッティング（2）	主眼点	ATC マガジンへの工具の装着

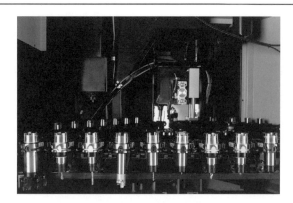

図1　ATC マガジン内部

番号	作業順序	要　　点	図　　解
1	工具マガジンに装着する（図1）	1．工具番号T1をポット番号1に登録したので，そのとおりにT1の正面フライスをポット1に装着する（図2，図3）。 2．次にマガジン回転ボタンを押してT2のセンタリングツールをポット2に装着。同じ操作でT3，T4，T5を装着する。 3．T5まで装着したら，手動モードボタンを押すとランプが消え，装着が完了する。	
2	工具補正量を登録する	ツールプリセッタで測った補正量（工具長と工具径）をMDI操作パネルの工具補正画面に登録する（図4，図5）。 【参考】プログラム編集操作の工具補正量の登録（「No10.18－5」）を参照のこと。	

材料及び器工具など

工具ホルダの清掃用ウエス
工具リスト

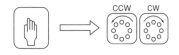

手動モードボタンを　　マガジン回転ボタン
押してランプを点灯　　を押す

手動工具交換位置▼印のポットへT1のセンタドリルを
装着する。

図3　操作手順

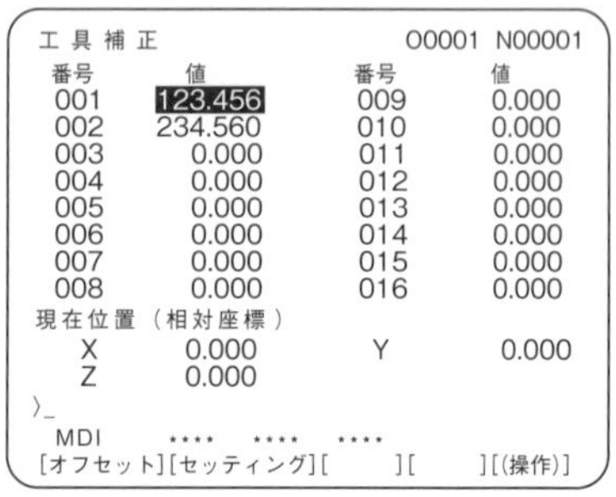

図2　ATC 操作盤と工具マガジンへの
　　　工具ホルダ装着

```
工具補正                    O0001 N00001
番号    値          番号    値
001   123.456      009   0.000
002   234.560      010   0.000
003     0.000      011   0.000
004     0.000      012   0.000
005     0.000      013   0.000
006     0.000      014   0.000
007     0.000      015   0.000
008     0.000      016   0.000
現在位置（相対座標）
   X    0.000      Y    0.000
   Z    0.000
〉_
 MDI    ****  ****  ****
[オフセット][セッティング][  ][  ][（操作）]
```

図4　MDI 操作パネルの工具補正画面

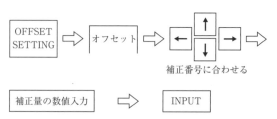

図5　工具補正量の登録

作業名	工作物の取り付けとワーク座標系入力	主眼点	X，Y軸の心出し作業

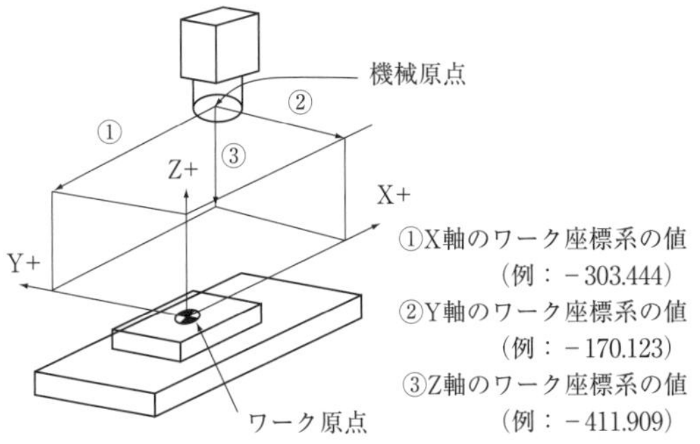

材料及び器工具など

工作物
バイス
てこ式ダイヤルゲージ
心出し工具
ウエス
プラスチックハンマ

①X軸のワーク座標系の値
　　　　（例：−303.444）
②Y軸のワーク座標系の値
　　　　（例：−170.123）
③Z軸のワーク座標系の値
　　　　（例：−411.909）

図1　ワーク座標系

番号	作業順序	要　　　　点	図　　　解
1	機械のテーブル上面を清掃する	マシンバイスを取り付けるため，機械テーブル上面を奇麗に清掃する。	
2	バイスの取り付けと平行出し	口金がX軸と平行になるように，バイスを取り付ける。 　固定側口金がX軸と平行になるように，てこ式ダイヤルゲージのような測定具を用いて，平行出しの作業を行う。	 図2　現在位置画面
3	工作物を取り付ける	工作物を奇麗に清掃し，加工する面が上になるように，バイスに取り付ける。 　ワーク座標系とは，X，Y，Z軸とも機械原点からワーク原点までの符号付きの距離である（図1）。	 図3　ワーク座標（X，Y軸）設定画面
4	心出しとワーク座標系入力	X，Y軸のワーク座標系を測定する。	
	測定	心出し工具を主軸に付け，機械を手動（ハンドル）運転モードにして，ワーク原点のポイントへ位置決めする。	
	登録	MDI操作パネルの現在位置画面を見て，機械座標のX，Yの値を調べる（図2）。 　（例）X−303.444，Y−170.123 　次に，ワーク座標系設定画面を表示させ，G54のX，Yの欄にそれらの値を正しく登録する（図3）。	

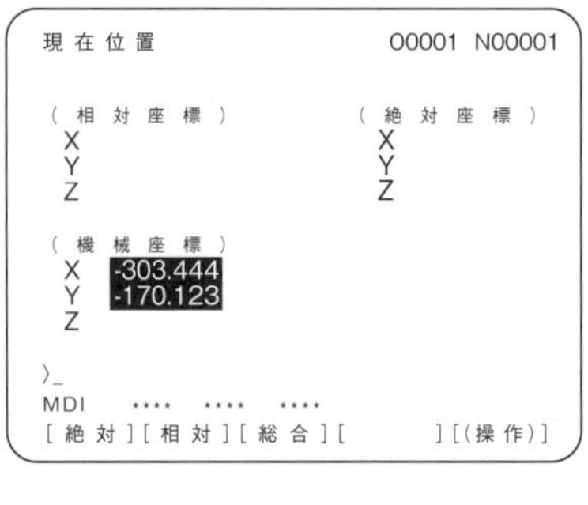

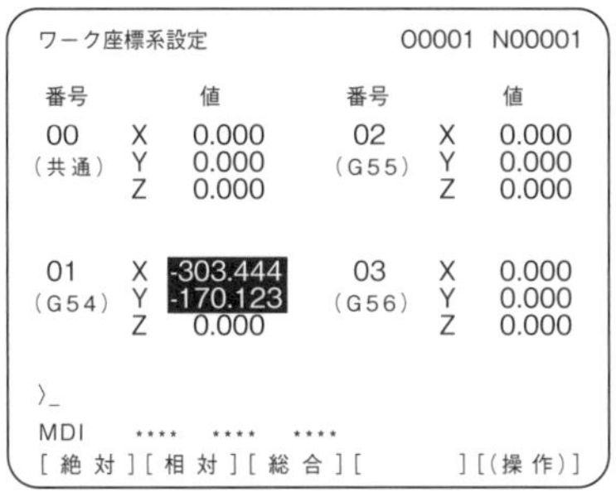

作業名	工作物の取り付けとワーク座標系入力	主眼点	Z軸の心出し作業

番号	作業順序	要　　点	図　　解
5	心出しとワーク座標系入力	Z軸のワーク座標系を測定する。	
	測定	Z軸のワーク座標系測定はX，Y軸のように簡単には測定できない。以下のような作業が必要となる。 1．工具長が分かっている工具ホルダを主軸に装着し，工作物の上で位置決めを行う。 2．X，Y軸のときと同じく，現在位置画面を見て機械座標の値を調べ，Z軸の機械原点から工作物の上面より 1.0mm 下方の距離を次の計算により求める（図4）。 　　　　Z軸のワーク座標系の値 　　　　 $= -(210.909 + 200.0 + 1.0)$ 　　　　 $= -411.909$	 図4　Z軸のワーク座標系設定
	登録	Z軸のワーク座標系を登録する。X，Y軸と同じようにワーク座標系設定画面を表示させ，G 54 の Z の欄にその値を登録する（図5）。	 図5　ワーク座標（Z軸）設定画面

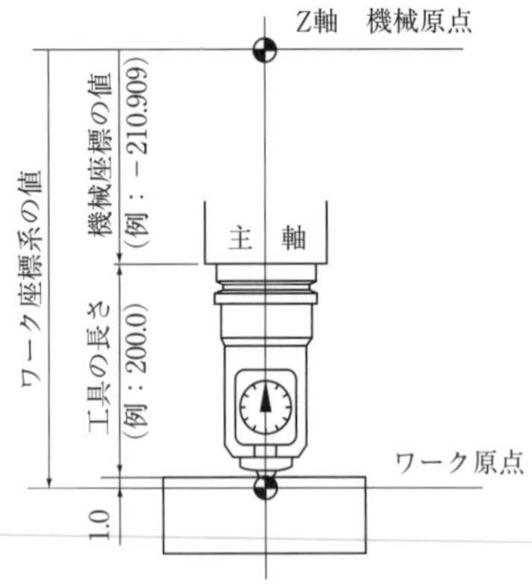

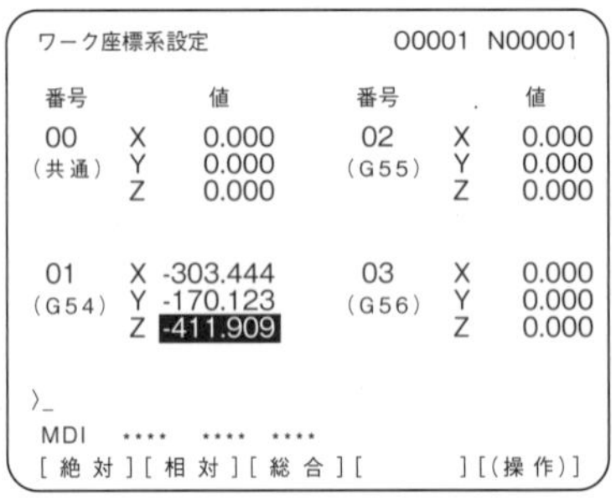

備考

作業名	NC プログラム編集	主眼点	正しい編集作業

材料及び器工具など

ALTER （変更）

INSERT （挿入）

DELETE （削除）

図1　編集に用いるボタン

番号	作業順序	要　　　　点	図　　解
1	プログラムを入力する	USB メモリなどに入力したメインプログラムとサブプログラムを，NC 装置のプログラムメモリに入力する。 【参考】入力作業の手順は，プログラム編集操作（「No.10.18 − 1」）を参照のこと。	アラームメッセージ　　　　　O0001 N00001 PS059　プログラム番号が見つかりません MDI　　…… …… …… [アラーム] [メッセージ] [履 歴] [　] [　] 図2　アラーム画面
2	編集作業	1．NC 装置に入力したプログラムが正しく入力されていることを確認する。 2．間違って入力されていたり，修正を加えたいときは，編集作業を行う（図1）。 3．編集作業は次の点に注意して行う（図1）。 （1）NC 装置にはパソコンのように"一つ前に戻す"機能がないので，修正した内容を元に戻すことはできない。 　　したがって，"削除"操作をするときは特に注意が必要である。 （2）編集作業中にアラーム（警告）状態になった場合は，アラーム画面でアラーム内容の詳細を確認して，障害を取り除く。 　　その後でプログラム画面を表示させ，アラームリセットボタンを押せば，カーソルが頭出しされる（O 番号へ戻る）（図2，図3）。	RESET 図3　リセットボタン

備考	

番号	No. 10.10

作業名	プログラムチェックの運転	主眼点	

材料及び器工具など

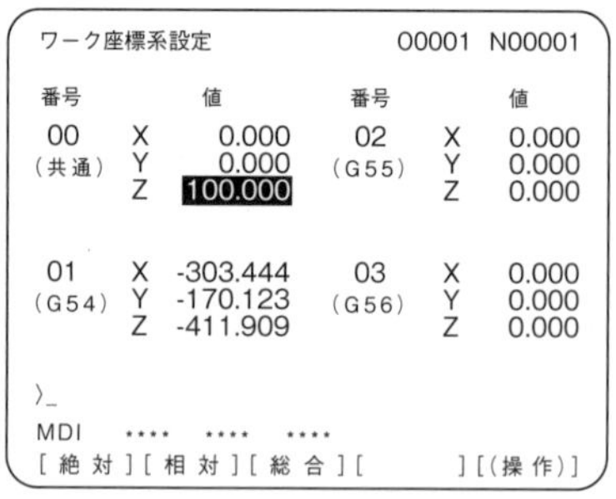

ワーク座標系設定　　O0001 N00001
番号　値　番号　値
00 X 0.000　02 X 0.000
(共通) Y 0.000　(G55) Y 0.000
Z 100.000　Z 0.000
01 X -303.444　03 X 0.000
(G54) Y -170.123　(G56) Y 0.000
Z -411.909　Z 0.000
〉_
MDI **** **** ****
[絶対][相対][総合][　][(操作)]

図１　ワーク座標系設定画面

番号	作業順序	要　　点	図　　解
1	ワーク座標系シフト	編集作業が完了したら，プログラムチェックのための自動運転を行う。 1．ワーク座標系設定画面の「共通」の項のうち，Z の設定値 0.000 から 100.000 を入力する。 その結果 G 54～G 59 のワーク座標系の Z 軸をすべて＋100mm 分，仮想原点からシフトすることができる（図１）。 2．工作物の Z 軸基準面から 100mm 上で空運転（メモリ運転）をしながらプログラムチェックをする。	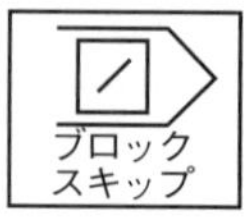 ブロック スキップ 図２　ブロックスキップボタン
2	空運転 （メモリ運転）	1．ブロックスキップボタンを［ON］にして / M 08 のブロックをスキップ（/M08；）させる（M 08 は切削油［ON］）（図２）。 2．目的の工具が主軸にきているか，工具長は正しいか，プログラム軌跡は正しいかなどをじっくり見ながら，プログラムチェックをする。 【参考】プログラム編集操作（「No.10.18－５」）を参照のこと。	

備考	マシンロックをかけ，描画機能を使用して画面上で確認することができる機械もある。

		番号	No. 10.11

作業名	製品の連続加工と測定	主眼点	図面どおりに仕上げる

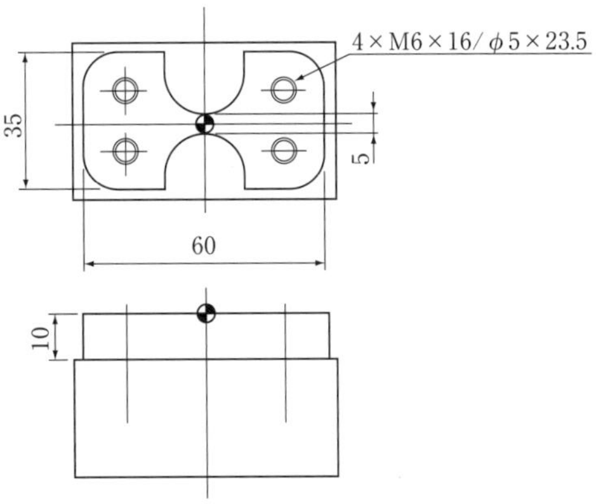

図1　測定箇所

材料及び器工具など

Ｍ６×１ねじゲージ

番号	作業順序	要　　　点	図　　解
1	メモリ運転で製品加工を行う	プログラムチェック運転でチェック完了後，同じくメモリ運転で製品加工を行う。 1．ワーク座標系設定画面の「共通」のＺの設定値を100.000から０に戻す。 2．ブロックスキップボタンを［OFF］にする。 3．プログラムチェック運転と同じくメモリ運転で製品加工をスタートする。	
2	加工後の製品を測定する	1．図1の寸法の箇所及び前出の製品図を参考に測定する。 2．測定結果を工具補正や工具摩耗補正に反映させる。 3．ねじゲージでタップ精度を確認する。	
3	機械を清掃する	1．NCプログラムをUSBメモリなどに出力し，プログラムを保管してからNCプログラムを削除する。 2．工具ホルダをATCマガジンから抜き取り，刃具をツールホルダから外す。 3．機械のテーブル及び周辺を清掃し，作業を終了する。	
備考			

| 作業名 | | 加工実習の NC プログラム解答例 | 主眼点 | |

番号	作業順序	要　　　点
1	解答例の補足	1．メインプログラム番号はＯ１（Ｏ 0001）で作成している。 2．サブプログラムを二つ使用している。 　（1）　Ｍ６タップ穴の位置決め指令を３回も行うので，サブプログラムが便利である。ここでは 　　　　Ｏ 101 となっている。 　（2）　ＡＴＣ指令も複数回行うので，サブプログラムを作成する。ここではＯ 1000 で作成している。 3．プログラムチェック時（「No.10.10」参照）は，機械主操作盤のブロックスキップを［ON］にして， 　　Ｍ08 のブロックスキップを有効（／Ｍ08 ；）にする。この場合，切削油は出ないので，加工時には 　　［OFF］にする必要がある。 4．Ｔ 01 の正面フライスを加工中に，次の工具（Ｔ 02）を準備している。Ｔ 02 以後の加工も同様 　　である。プログラム終了時はＴ 99（６本目の工具）を主軸に装着して終了している。
2	解答例	O1 (JISSYUU　MONDAI)； T 01； M 98　P 1000（ATC）； T 02； ； N 1 (75　DIA.　FACEMILL)； G 90　G 54　G 00　X 80.0　Y 0　S 1200； G 43　Z 50.0　H 01； M 03； Z 0； G 01　X － 80.0　F 680； M 98　P 1000； T 03； ； N 2 (CENTERING　TOOL)； G 90　G 54　G 00　X 0　Y 0　S 1000； G 43　Z 50.0　H 02； M 03； ／M 08； G 99　G 82　R 2.0　Z － 3.5　P 150　F 100　L 0； M 98　P 101； M 98　P 1000； T 04； ； N 3 (5　DIA.　DRILL)； G 90　G 54　G 00　X 0　Y 0　S 1800； G 43　Z 50.0　H 03； M 03； ／M 08； G 99　G 83　R 2.0　Z － 25.0　Q 2.0　F 360　L 0； M 98　P 101； M 98　P 1000； T 05； ； N 4 (M 6　TAP)； G 90　G 54　G 00　X 0　Y 0　S 300； G 43　Z 50.0　H 04； M 03； ／M 08； G 99　G 84　R 5.0　Z － 17.0　F 300　L 0； M 98　P 101； M 98　P 1000； T 99； ； N 5 (16　DIA.　ENDMILL)；	G 90　G 54　G 00　X 0　Y 0　S 500； G 43　Z 50.0　H 05； M 03； ／M 08； Y － 35.0； Z 2.0； G 01　Z － 10.0　F 200； G 41　X 10.0　D 15　F 80； Y － 12.5； G 03　X － 10.0　I － 10.0； G 01　Y － 17.5； X － 20.0； G 02　X － 30.0　Y － 7.5　J 10.0； G 01　Y 7.5； G 02　X － 20.0　Y 17.5　I 10.0； G 01　X － 10.0； Y 12.5； G 03　X 10.0　I 10.0； G 01　Y 17.5； X 20.0； G 02　X 30.0　Y 7.5　J － 10.0； G 01　Y － 7.5； G 02　X 20.0　Y － 17.5　I － 10.0； G 01　X 0； G 00　Z 50.0； M 98　P 1000； M 30； O 101 (M 6　POSITION)； G 90　X 20.0　Y － 7.5； Y 7.5； X － 20.0； G 98　Y － 7.5； M 99； O 1000 (ATC)； M 09； G 91　G 28　G 80　G 40　G 00　Z 0　M 05； G 49； G 28　Y 0　M 06； G 90　M 99；

| 作業名 | NCプログラムの練習（1） | 主眼点 | 直線と円弧の理解 |

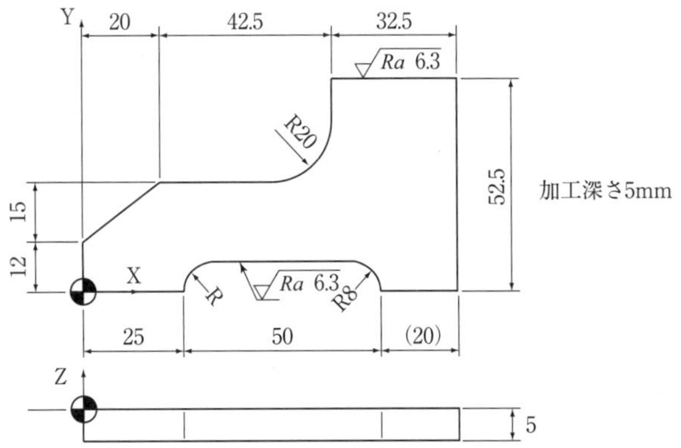

図1　製品図

加工深さ5mm

| | | 材料及び器工具など |

①プログラムの構成
②工具長と工具径補正の方法
③補間機能
被削材S50C（外側切削）

番号	作業順序	要　　点	図　　解
1	加工図面の理解	1．加工図面を見て，仕上げ記号の記入位置に従って外側切削を行う（図1）。 2．図面の最小RがR8なので，使用刃具はφ16以下のスクエアエンドミルを想定する。 3．切削開始点を決める。この場合は左下の●（X0．Y0）位置から右回りで1周を切削する。 4．外側の右回り切削なので，工具径補正はG41を使用すればよい。	
2	プログラム作成の準備	切削条件を決める。 ・φ12超硬エンドミル（4枚刃）使用 ・主軸回転速度　　　　900 min⁻¹ ・送り速度　　　　　　360 mm/min ・ワーク座標系選択　G54 ・工具長補正番号　　H01 ・工具径補正番号　　D02	
3	プログラム解答例	O1（RENSYU−1）； G90　G54　G00　X−20.0　Y−20.0　S900； G43　Z10.0　H01　M03； / M08； G01　Z−5.0　F360； G41　X0　D02； 　　　Y12.0； 　　　X20.0　Y27.0； 　　　X42.5； G03　X62.5　Y47.0　J20.0； G01　Y52.5； 　　　X95.0； 　　　Y0； 　　　X75.0； G03　X67.0　Y8.0　I−8.0； G01　X33.0； G03　X25.0　Y0　J−8.0； G01　X−5.0； G40　X−20.0　Y−20.0； / M09； G90　G00　Z10.0　M05； G91　G28　Z0； G49； M30；	

作業名	NC プログラムの練習（2）	主眼点	円弧と穴あけの理解

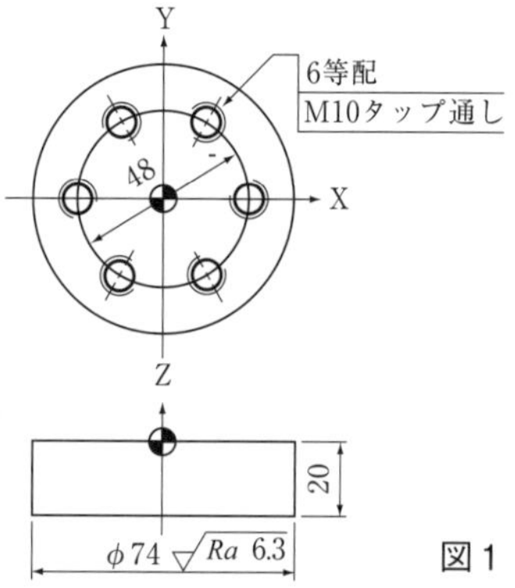

① ATC を含むプログラム構成
②穴あけのプログラム

図1　製品図

番号	作業順序	要　　　　点	図　　　解
1	円の外側切削	真円精度を保つこと，及び切削開始点にてエンドミルのカッタマークが付かないように切削開始方法を注意する。 　使用工具はφ12 超硬エンドミル（4枚刃）（図2）。	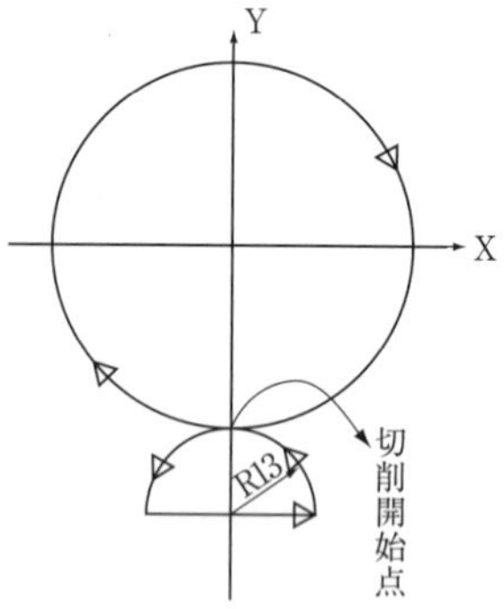
2	M 10 タップ加工	使用工具はドリル，タップのみとする。 　穴位置はあらかじめ計算する必要がある。	
3	プログラム解答例	O 2（RENSYU - 2）; T 01（12 DIA. ENDMILL）; M 98　P 1000; T 02（5 DIA. DRILL）; G 90　G 54　G 00　X 0　Y - 50. 0　S 800; G 43　Z 10. 0　H 01　M 03; / M 08; G 01　Z - 20. 0　F 1000; G 41　X 13. 0　F 200　D 21; G 03　X 0　Y - 37. 0　I - 13. 0; G 02　J 37. 0; G 03　X - 13. 0　Y - 13. 0　J - 13. 0; G 40　G 01　X 0; G 00　Z 10. 0; M 98　P 1000; T 03（M 10　TAP）; G 90　G 54　G 00　X 24. 0　Y 0　S 1000; G 43　Z 10. 0　H 02　M 03; G 83　R 2. 0　Z - 30. 0　Q 3. 0　F 100　L 0; M 98　P 21; M 98　P 1000; T 99; G 90　G 54　G 00　X 24. 0　Y 0　S 250; / M 09; G 43　Z 10. 0　H 03　M 03; G 84　R 2. 0　Z - 28. 0　F 375　L 0; M 98　P 21; M 98　P 1000; M 30; O 21（POSITION）; G 90　X 24. 0　Y 0; 　　　X 12. 0　Y 20. 785; 　　　X - 12. 0; 　　　X - 24. 0　Y 0; 　　　X - 12. 0　Y - 20. 785; 　　　X 12. 0; G 80　M 99;	 図2　円の外周切削パス

| 作業名 | ツールシャンク概略図 | 主眼点 | |

図　　解

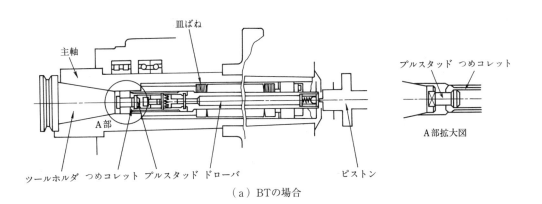

（a）7/24テーパ形（BTタイプ）　　　　（b）1/10テーパ形（HSKタイプ）

図3　ツールシャンク

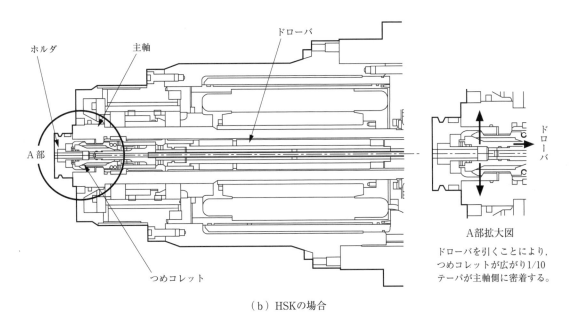

（a）BTの場合

A部拡大図

ドローバを引くことにより，
つめコレットが広がり1/10
テーパが主軸側に密着する。

（b）HSKの場合

図4　主軸頭のクランプ機構

出所：（図3）「ＮＣ工作機械［2］マシニングセンタ」（一社）雇用問題研究会，2019年，p.25，図1－29
出所：（図4）（図3に同じ）p.26，図1－30

図　解

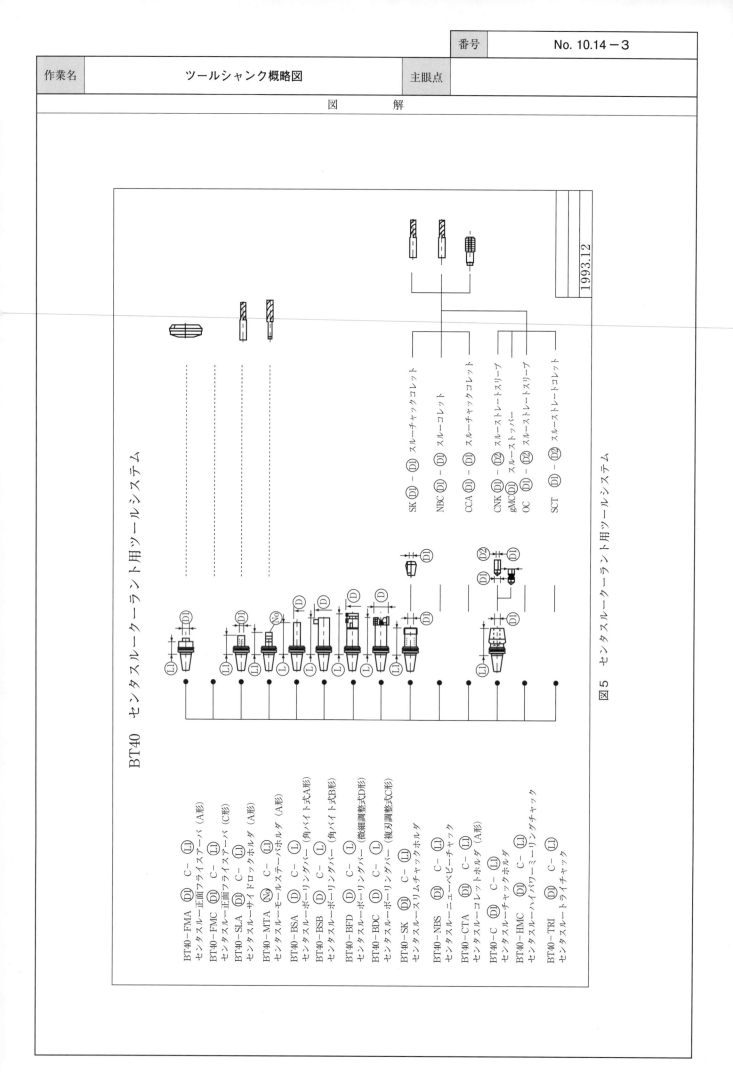

BT40　センタスルークーラント用ツールシステム

BT40-FMA ⒟ C－ ⒧
センタスルー正面フライスアーバ（A形）

BT40-FMC ⒟ C－ ⒧
センタスルー正面フライスアーバ（C形）

BT40-SLA ⒟ C－ ⒧
センタスルーサイドロックホルダ（A形）

BT40-MTA № C－ ⒧
センタスルーモールステーパホルダ（A形）

BT40-BSA ⒟ C－ ⒧
センタスルーボーリングバー（角バイト式A形）

BT40-BSB ⒟ C－ ⒧
センタスルーボーリングバー（角バイト式B形）

BT40-BFD ⒟ C－ ⒧
センタスルーボーリングバー（微細調整式D形）

BT40-BDC ⒟ C－ ⒧
センタスルーボーリングバー（複刃調整式C形）

BT40-SK ⒟ C－ ⒧
センタスルースリムチャックホルダ

BT40-NBS ⒟ C－ ⒧
センタスルーニューベビーチャック

BT40-CTA ⒟ C－ ⒧
センタスルーコレットホルダ（A形）

BT40-C ⒟ C－ ⒧
センタスルーチャックホルダ

BT40-HMC ⒟ C－ ⒧
センタスルーハイパワーミーリングチャック

BT40-TRI ⒟ C－ ⒧
センタスルードライチャック

SK ⒟ － ⒟ スルーチャックコレット

NBC ⒟ － ⒟ スルーコレット

CCA ⒟ － ⒟ スルーチャックコレット

CNK ⒟ － ⒟ スルーストレートスリーブ
gMC⒟ スルーストッパー

OC ⒟ － ⒟ スルーストレートスリーブ

SCT ⒟ － ⒟ スルーストレートコレット

図5　センタスルークーラント用ツールシステム

1993.12

— 310 —

作業名	ＮＣ 操 作	主眼点	

図1　プログラム作成・編集操作

材料及び器工具など

番号	作業順序	要　　　点	図　　解
		NC プログラムの作成・編集操作には次のようなものがある。 【NC プログラムの編集機能一覧】	

1. プログラムの入力 ── (a) USB メモリなどの外部入力装置からの入力
　　　　　　　　　　└─ (b) キーボードからの入力

2. 編集 ── サーチ ── (a) プログラム番号サーチ
　　　　　　　　　　　(b) ワードのサーチ
　　　　　　　　　　　(c) アドレスのサーチ
　　　　　　　　　　　(d) プログラムの頭出し
　　　┌ 変　更 ┐── (e) ワードの挿入，変更，削除
　　　│ 挿　入 │── (f) ブロックの削除
　　　└ 削　除 ┘── (g) プログラムの削除

3. プログラムの出力 ── (a) USB メモリなどの外部出力装置への出力

　　以上の機能の操作手引きを順に記す。各操作はいずれも編集モードの選択から始まり，上から下方に向かう手順である。
　　プログラム編集操作（「No.10.18」）のうち，図形は次の意味をもつ。

□　　機械操作パネル上にある枠内の機能ボタンを押す

■　　MDI 操作パネル上にある枠内の機能ボタンを押す

□　　枠内の画面下にあるソフトキーを押す

◁　　画面左端キーを押す

▷　　画面右端キーを押す

□　　希望のアドレス（X～Z）及び数字を入力する
　　（例）プログラム番号，工具オフセット

⬭　　操作又は表示させたい内容を入力する

（　　）　補助的な説明

▱　　画面に表示される内容を示す

| 作業名 | NC 操作盤と機械操作盤の外観 | 主眼点 | |

図　解

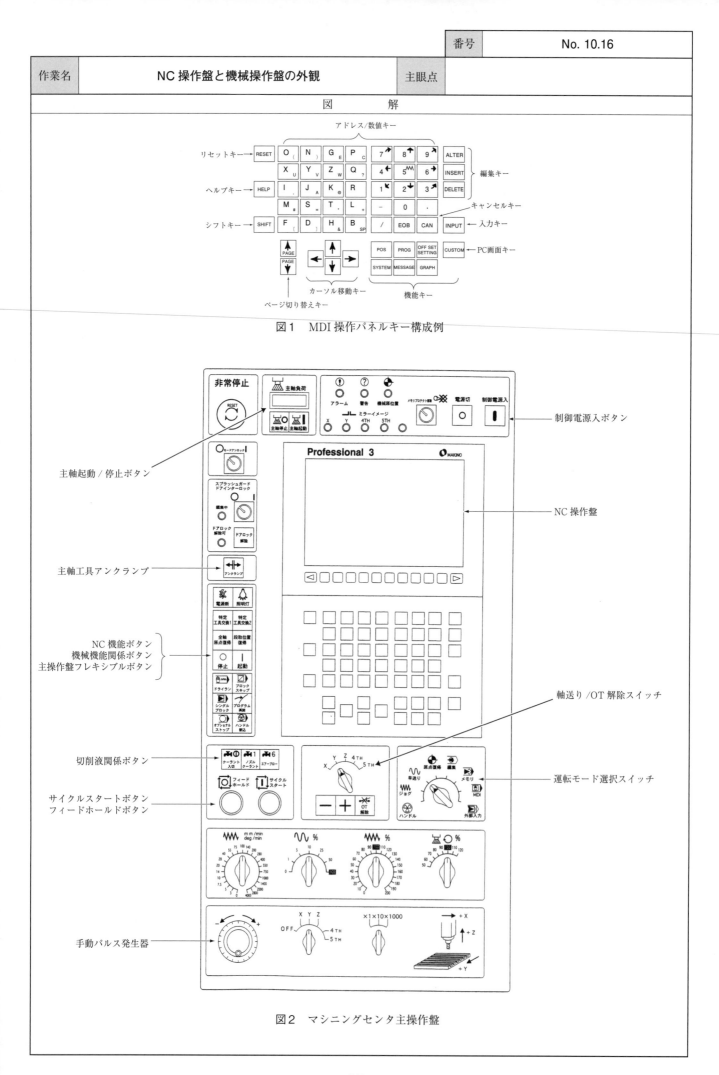

図1　MDI 操作パネルキー構成例

図2　マシニングセンタ主操作盤

| 作業名 | 機械原点復帰の操作方法 | 主眼点 | |

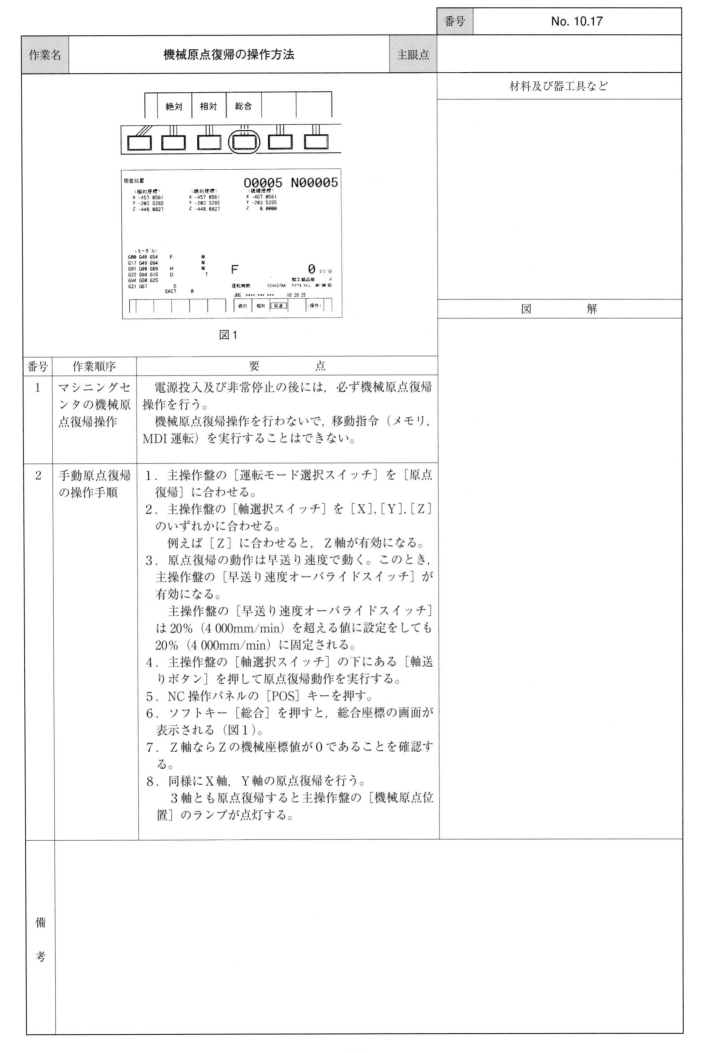

図1

材料及び器工具など

図　　　解

番号	作業順序	要　　　点
1	マシニングセンタの機械原点復帰操作	電源投入及び非常停止の後には，必ず機械原点復帰操作を行う。 　機械原点復帰操作を行わないで，移動指令（メモリ，MDI運転）を実行することはできない。
2	手動原点復帰の操作手順	1．主操作盤の［運転モード選択スイッチ］を［原点復帰］に合わせる。 2．主操作盤の［軸選択スイッチ］を［X］，［Y］，［Z］のいずれかに合わせる。 　例えば［Z］に合わせると，Z軸が有効になる。 3．原点復帰の動作は早送り速度で動く。このとき，主操作盤の［早送り速度オーバライドスイッチ］が有効になる。 　主操作盤の［早送り速度オーバライドスイッチ］は20％（4 000mm/min）を超える値に設定をしても20％（4 000mm/min）に固定される。 4．主操作盤の［軸選択スイッチ］の下にある［軸送りボタン］を押して原点復帰動作を実行する。 5．NC操作パネルの［POS］キーを押す。 6．ソフトキー［総合］を押すと，総合座標の画面が表示される（図1）。 7．Z軸ならZの機械座標値が0であることを確認する。 8．同様にX軸，Y軸の原点復帰を行う。 　3軸とも原点復帰すると主操作盤の［機械原点位置］のランプが点灯する。

| 備考 | |

作業名	プログラム編集操作	主眼点	

番号	作業順序	要　点　・　図　解
1	プログラムの入力 （a）USBメモリなどの外部入力装置からの入力	（本文・図解は下記参照）

加工実習で作成したプログラムを，USBメモリなどの外部入力装置から，NCへ入力する。読み込み中はMDI操作パネルの右下に"入力"の表示が点滅する。

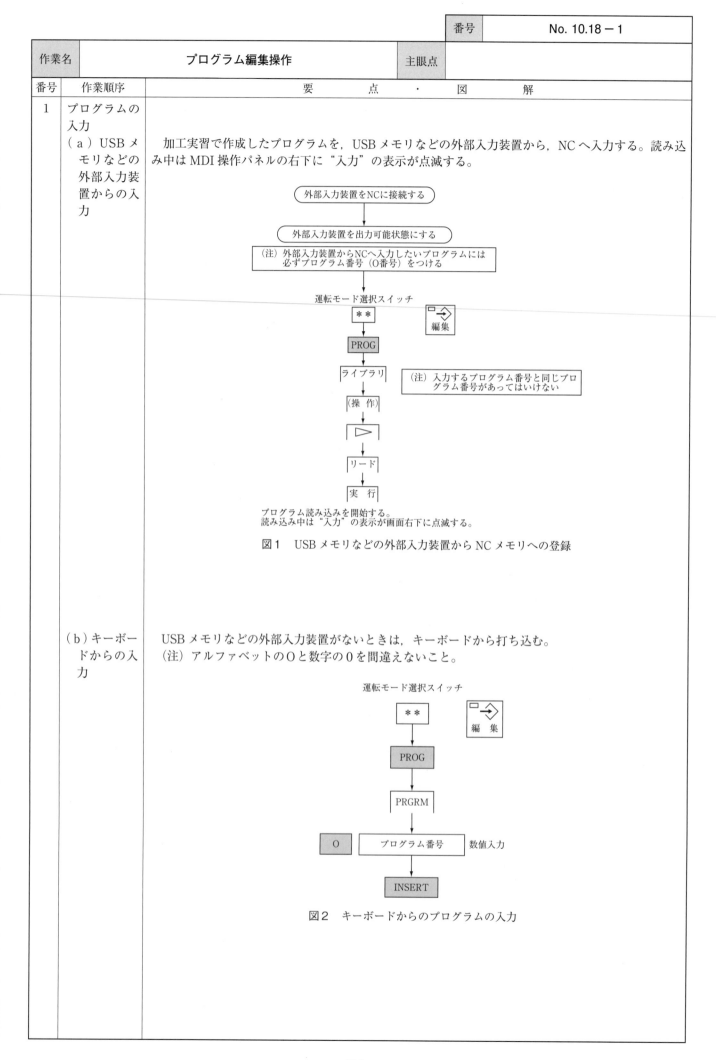

外部入力装置をNCに接続する

外部入力装置を出力可能状態にする

（注）外部入力装置からNCへ入力したいプログラムには必ずプログラム番号（O番号）をつける

運転モード選択スイッチ

＊＊　　編集

PROG

ライブラリ　　（注）入力するプログラム番号と同じプログラム番号があってはいけない

（操　作）

▷

リード

実　行

プログラム読み込みを開始する。
読み込み中は"入力"の表示が画面右下に点滅する。

図1　USBメモリなどの外部入力装置からNCメモリへの登録

（b）キーボードからの入力

USBメモリなどの外部入力装置がないときは，キーボードから打ち込む。
（注）アルファベットのOと数字の0を間違えないこと。

運転モード選択スイッチ

＊＊　　編集

PROG

PRGRM

O　　プログラム番号　　数値入力

INSERT

図2　キーボードからのプログラムの入力

作業名	プログラム編集操作	主眼点	

番号	作業順序	要　　点　　・　　図　　解
2	編集 （a）プログラ 　　ム番号サー 　　チ	USB メモリなどの外部入力装置から入力したプログラムが，本当に入力されたかどうかサーチして，画面に表示する。
	（b）ワードの 　　サーチ （c）アドレス 　　のサーチ	プログラムの中の何らかのワード，あるいはアドレスをサーチしてみる。
	（d）プログラ 　　ムの頭出し	"頭出し" とはプログラムの先頭，つまりO番号にカーソル移動させることである。

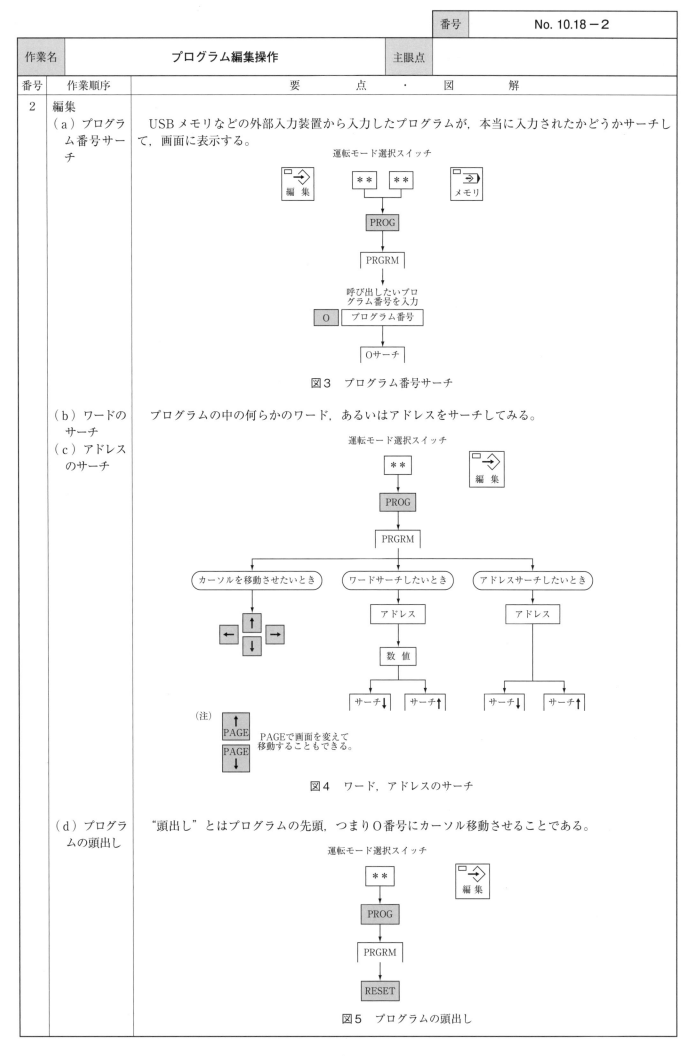

図3　プログラム番号サーチ

図4　ワード，アドレスのサーチ

（注）PAGEで画面を変えて移動することもできる。

図5　プログラムの頭出し

作業名		プログラム編集操作		主眼点	

番号	作業順序	要　　点　　・　　図　　解
2	（e）ワードの挿入，変更，削除	入力したプログラムの中のデータを変更してみる。変更したら元のデータに変更する。入力したプログラムに間違いがあれば修正する。 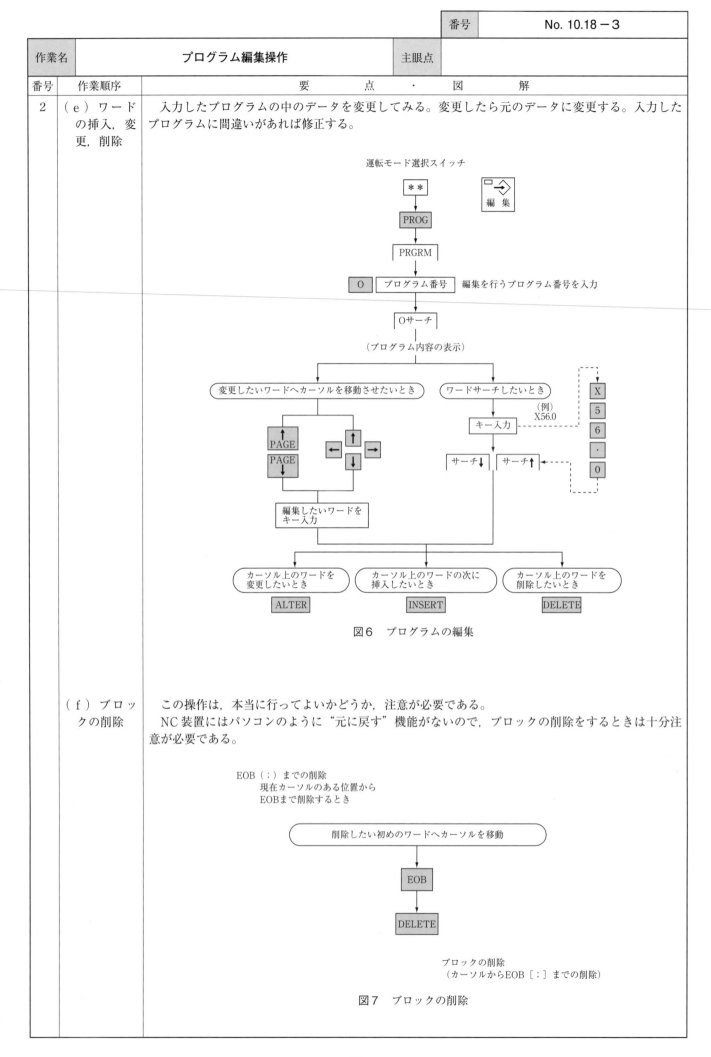 図6　プログラムの編集
	（f）ブロックの削除	この操作は，本当に行ってよいかどうか，注意が必要である。 　NC装置にはパソコンのように"元に戻す"機能がないので，ブロックの削除をするときは十分注意が必要である。 EOB（;）までの削除 　　現在カーソルのある位置から 　　EOBまで削除するとき ブロックの削除 　　（カーソルからEOB［;］までの削除） 図7　ブロックの削除

作業名	プログラム編集操作	主眼点	

番号	作業順序	要　点　・　図　解
2	（g）プログラムの削除	加工が終了し，不要となったプログラムは削除する。 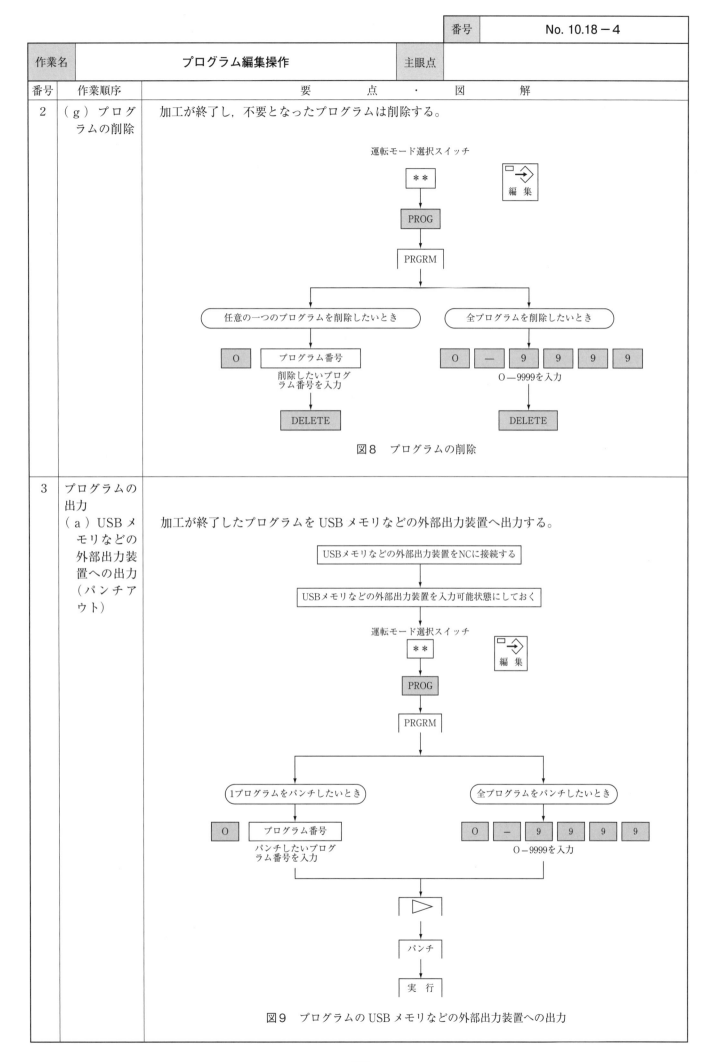 図8　プログラムの削除
3	プログラムの出力 （a）USBメモリなどの外部出力装置への出力（パンチアウト）	加工が終了したプログラムをUSBメモリなどの外部出力装置へ出力する。 図9　プログラムのUSBメモリなどの外部出力装置への出力

作業名		プログラム編集操作		主眼点	

番号	作業順序	要　点　・　図　解
4	工具補正量の登録	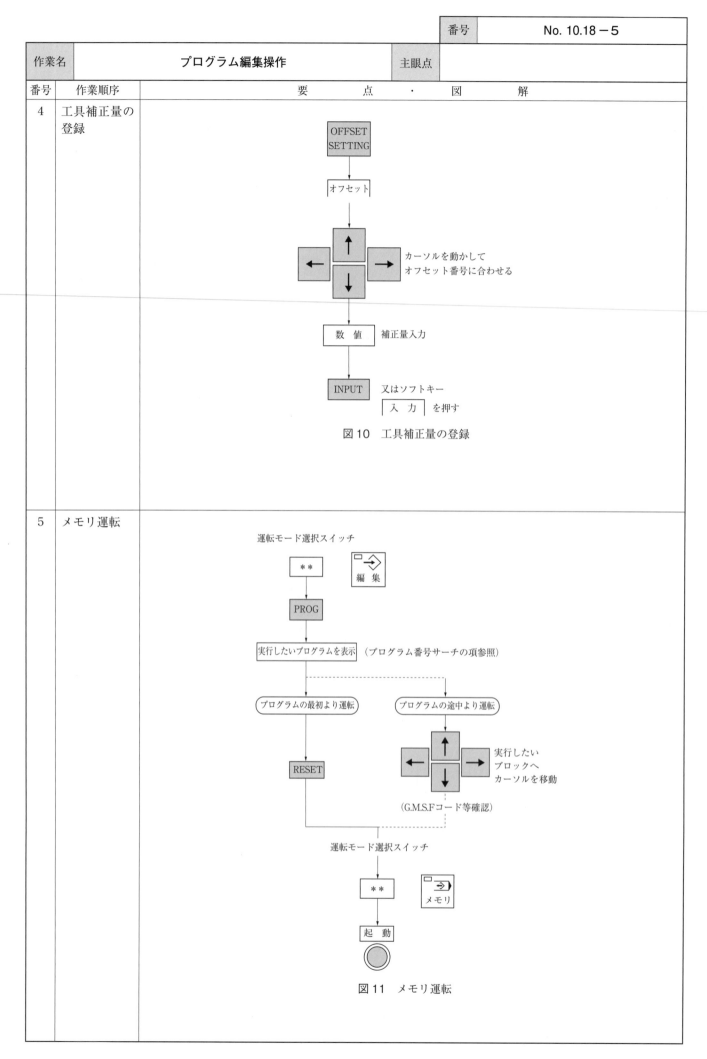
5	メモリ運転	

図10　工具補正量の登録

図11　メモリ運転

			番号	No. 10.19
作業名	高精度・高能率加工機の構成		主眼点	高精度・高能率加工機の仕組み

図1　マシニングセンタ

材料及び器工具など

番号	作業順序	要　　　点	図　　解
1	主軸	マシニングセンタの主軸には，フライス盤やボール盤などと同じように切削工具が取り付けられる。 主軸に取り付けられた工具（「No.10.14」図3～図5参照）が，主軸とともに回転し，工作物を切削する。主軸の回転は，NC装置からの回転数指令と回転指令によって行われる。 高速回転時の主軸熱変位を最小限に抑えた主軸を有する機械を使用する。	 図2　コーティングボールエンドミル
2	主軸頭	主軸頭は，主軸をベアリングで支えるとともに，主軸モータの回転を主軸に伝達する。 主軸頭はサーボモータによって上下移動し，立形マシニングセンタではその移動軸はZ軸となる。	
3	切削工具	工具はコーティングボールエンドミルを使用する（図2）。 ホルダは，高速回転用ミーリングチャックや焼きばめのホルダを使用する。	
4	テーブル	テーブルは治具・取り付け具などを利用して，工作物を取り付ける台である。 テーブルは前後に移動し，その移動軸はY軸となる。	
5	サドル	サドルは主軸頭を支える台で，コラム上で左右移動し，その移動軸はX軸となる。	図3　3次元CAM
6	コラム	コラムはサドルを支える柱である。 コラムにはベッドに固定された固定形コラムと，ベッド上で移動するトラベリングコラムの2タイプがある。	
7	ベッド	ベッドはコラムやサドルを支える台で，機械構成の土台となる部分である。	
8	切削油装置	工具又は工作物に切削油剤（クーラント）を供給し，さらに回収する装置である。 切りくずは強制的に排除される。	
9	主操作盤	主操作盤は手動操作などを行うための機械操作盤とプログラム入力のためのMDI操作パネルをもったNC操作盤で構成されている。 プログラムは，高精度・高能率加工の原理を取り入れた3次元CAMを使用する（図3）。	

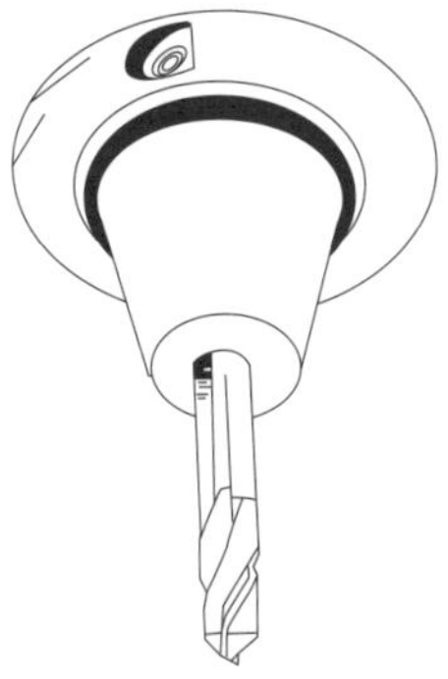

			番号	No. 10.20
作業名	高精度・高能率加工（1）	主眼点		高精度・高能率加工とは

材料及び器工具など

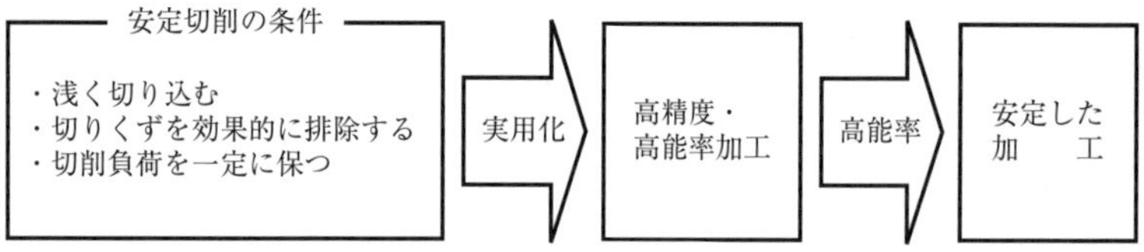

図1　高精度・高能率加工の特徴

番号	作業順序	要　　点	図　　解
1	浅く切り込む	従来の加工方法と最も異なることは，軸方向又は径方向に浅く切り込むことである。 　この結果，刃先の温度上昇が抑えられ，今まで切削加工が困難だと考えられていた高硬度材も，加工の対象とすることができる。 　また，従来の加工方法と比べ工具の寿命が大幅に延び，工具の逃げも少なく加工精度が向上する（図2）。	
2	切りくずを排除する	スルースピンドルクーラント又はエアを使用して，加工中に発生する切りくずを瞬時に排除させる。 　切りくずの噛込みがないので，チッピングが発生しにくく加工が安定する。 　また，浅い切り込みでは切りくずが細かくなるので，さらに排除を容易にしている（図3）。	図2　従来加工との違い
3	切削負荷を一定に保つ	ボールエンドミルを使用しても，谷を下り，山を越える加工はしない。 　谷や山の形状があっても，平野を歩く等高線輪郭経路を主体に加工する。 　Z方向に切り込む場合でも，Z軸だけの切り込みを避け，緩やかな傾きでXYZ同時3軸切り込みを行うなど，無理な加工をしないようにする。 　この結果，無理な箇所に全体の切削条件を合わせる必要がなく，高能率な加工が得られる（図4）。	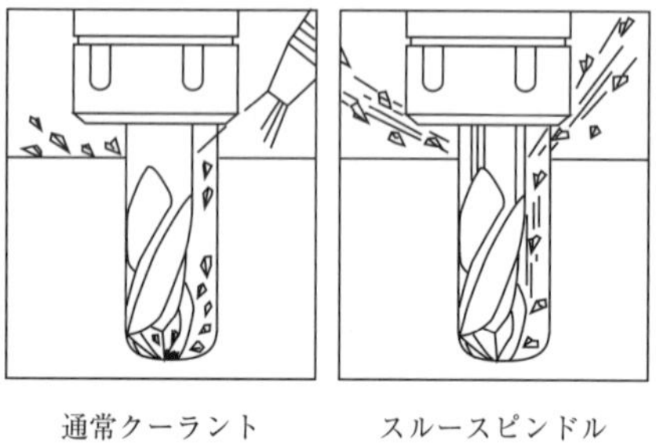 通常クーラント　　スルースピンドル 図3　切りくずの排除

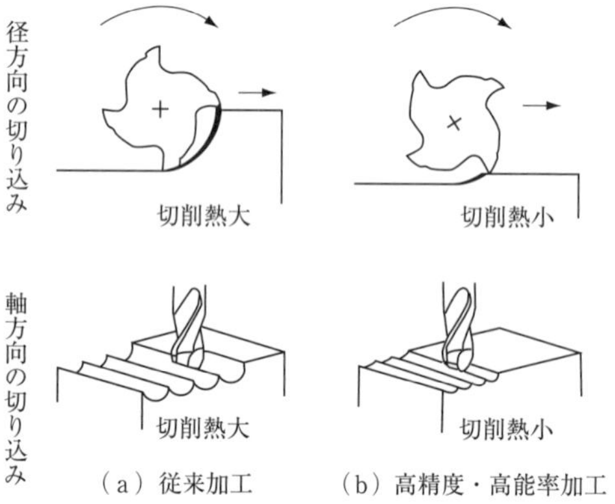

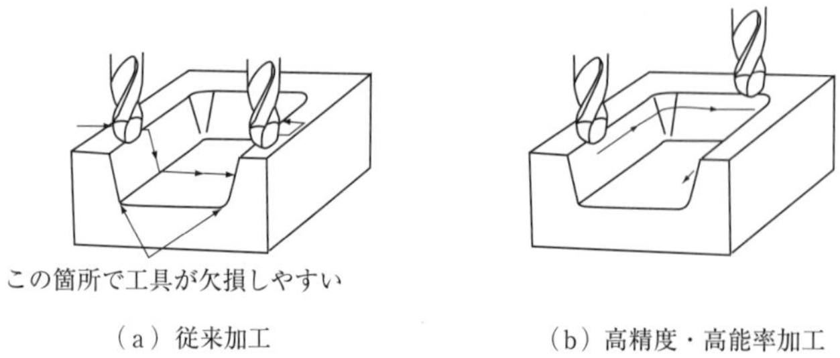

この箇所で工具が欠損しやすい

（a）従来加工　　　　　　　　　　　（b）高精度・高能率加工

ボールエンドミルの先端には切刃がないため，ここに負荷がかかると欠損するおそれがある。
等高線の工具経路は，このもろい部分を保護することができ，安定した加工が可能になる。

図4　切削負荷

| 作業名 | 高精度・高能率加工（2） | 主眼点 | 従来加工との比較 |

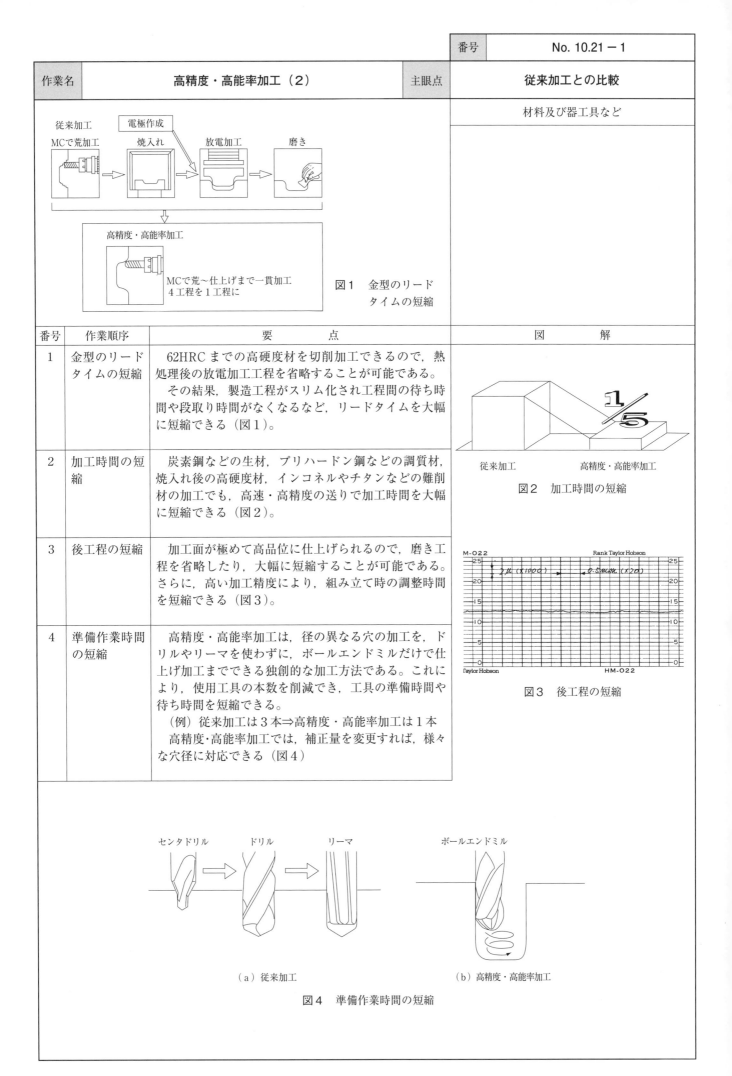

材料及び器工具など

図1　金型のリード　タイムの短縮

番号	作業順序	要　　点	図　　解
1	金型のリードタイムの短縮	62HRC までの高硬度材を切削加工できるので，熱処理後の放電加工工程を省略することが可能である。 　その結果，製造工程がスリム化され工程間の待ち時間や段取り時間がなくなるなど，リードタイムを大幅に短縮できる（図1）。	
2	加工時間の短縮	炭素鋼などの生材，プリハードン鋼などの調質材，焼入れ後の高硬度材，インコネルやチタンなどの難削材の加工でも，高速・高精度の送りで加工時間を大幅に短縮できる（図2）。	図2　加工時間の短縮
3	後工程の短縮	加工面が極めて高品位に仕上げられるので，磨き工程を省略したり，大幅に短縮することが可能である。さらに，高い加工精度により，組み立て時の調整時間を短縮できる（図3）。	図3　後工程の短縮
4	準備作業時間の短縮	高精度・高能率加工は，径の異なる穴の加工を，ドリルやリーマを使わずに，ボールエンドミルだけで仕上げ加工までできる独創的な加工方法である。これにより，使用工具の本数を削減でき，工具の準備時間や待ち時間を短縮できる。 　（例）従来加工は3本⇒高精度・高能率加工は1本 　高精度・高能率加工では，補正量を変更すれば，様々な穴径に対応できる（図4）	

図4　準備作業時間の短縮

備

考

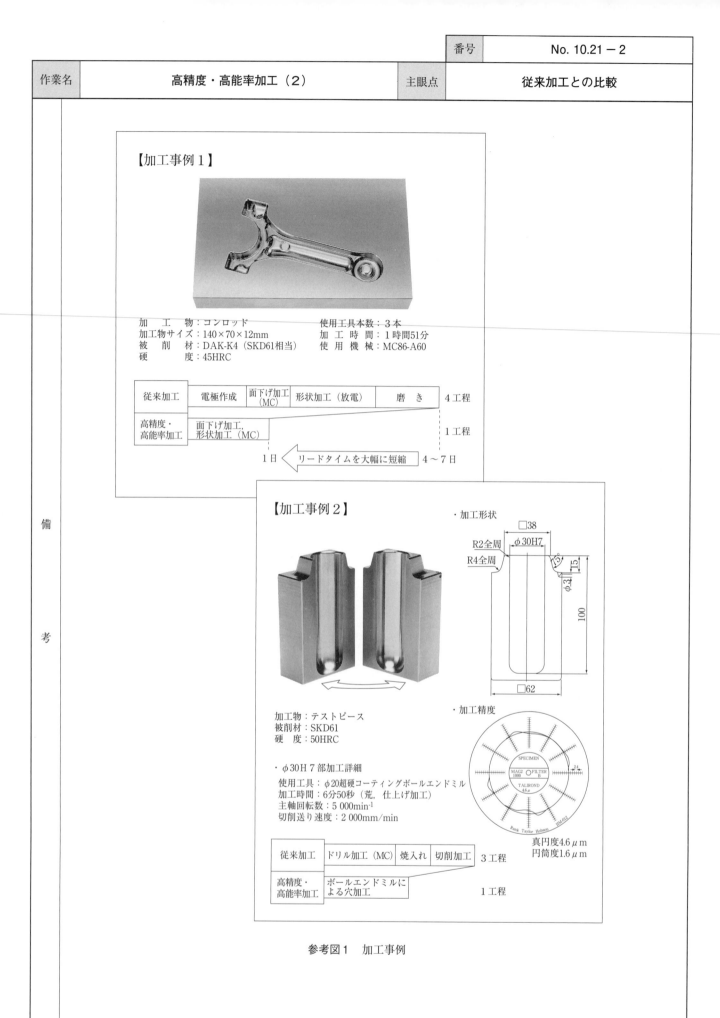

【加工事例1】

加　工　物：コンロッド　　　　　使用工具本数：3本
加工物サイズ：140×70×12mm　　加　工　時　間：1時間51分
被　削　材：DAK-K4（SKD61相当）　使　用　機　械：MC86-A60
硬　　　　度：45HRC

従来加工	電極作成	面下げ加工（MC）	形状加工（放電）	磨　き	4工程
高精度・高能率加工	面下げ加工，形状加工（MC）				1工程

1日 ← リードタイムを大幅に短縮 4～7日

【加工事例2】

・加工形状

□38
R2全周　φ30H7
R4全周　φ3
15
100
□62

加工物：テストピース
被削材：SKD61
硬　度：50HRC

・φ30H7部加工詳細
使用工具：φ20超硬コーティングボールエンドミル
加工時間：6分50秒（荒，仕上げ加工）
主軸回転数：5 000min⁻¹
切削送り速度：2 000mm/min

・加工精度

SPECIMEN
MAG2 1000　○ FILTER B　24
TALIROND 4.6μ
Rank Taylor Hobson

真円度4.6μm
円筒度1.6μm

従来加工	ドリル加工（MC）	焼入れ	切削加工	3工程
高精度・高能率加工	ボールエンドミルによる穴加工			1工程

参考図1　加工事例

番号	No. 10.22－1

作業名	カスタムマクロ機能	主眼点	カスタムマクロの特徴

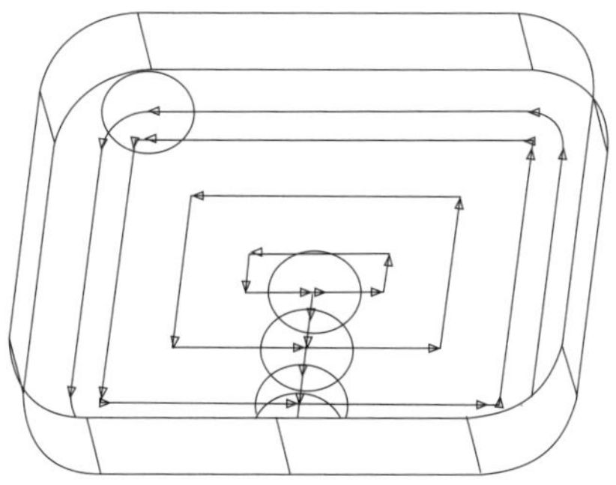

図１　カスタムマクロ例

材料及び器工具など

番号	作業順序	要　　点	図　　解
1	カスタムマクロ機能とは	カスタムマクロとは，利用者独自のプログラムのことである。 例えば，自動サイクルやパターン機能を作って，メモリに登録しておくことにより，サブプログラムと同様に，必要なときに呼び出しプログラムで呼び出して使用することができる。 ここでいうマクロプログラムとは，通常のNCプログラムとは異なり，ある動作や機能を特定の変数を用いて一般化して表したプログラムであり，類似した加工や動作に共通して使用できるようにしたものである（図１）。	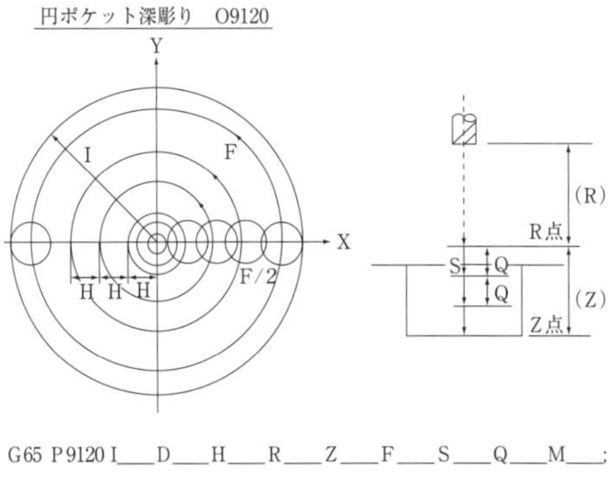円ポケット深彫り　O9120 Y X I F F/2 H H H (R) R点 S Q Q (Z) Z点 G65 P9120 I___D___H___R___Z___F___S___Q___M___; 図２　円ポケット深彫りマクロ例
2	カスタムマクロ機能の特徴	カスタムマクロは，通常のG 01 X _ Y _ などの指令のほかに，足し算や割り算などの四則演算に加えて三角関数，平方根なども使用でき，パソコンのように利用者独自のソフトウェアを作ることができる。 例えば「１回の切り込み量を徐々に変えていくような固定サイクル」「NCの機能として保有していない楕円のプログラム」「パターン化されているエンドミルによるポケット加工」などがある（図２，図３）。 プログラマが「マクロを使えばもっと簡単になりそうだ。」と発想することにより，自分の“好み”に合ったNCや機械に作り変えることができる。 以下に，カスタムマクロの特徴的なところを，簡単に記す。 １．変数（#1，#2……）を使うことができる。 #1＝１； #2＝10； G 91 G 01X［#1＋#2］； これは，G 91 G 01X11.0；と同じ指令になる。 ２．演算指令（四則演算，関数）を使うことができる。 #1＝30； G 91X［SIN［#1]］； これは，G 91X0.5；と同じ指令になる。 ３．制御指令（分岐，繰返し）を使うことができる。 IF［#1 EQ #2］GOTO 1； これは「もしも #1 が #2 と等しかったら N1 に分岐しなさい。」という意味である。	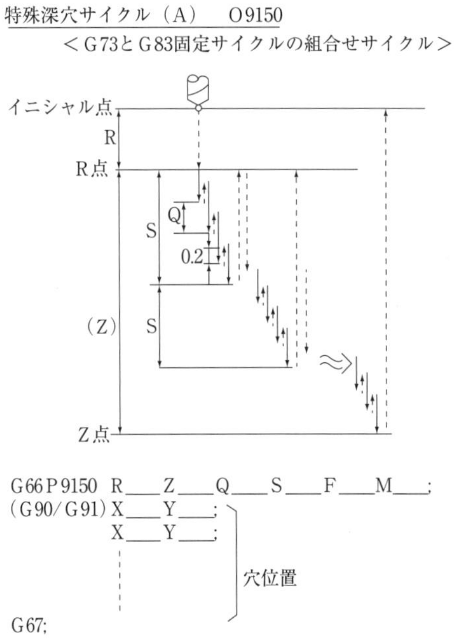特殊深穴サイクル（A）　O9150 ＜G73とG83固定サイクルの組合せサイクル＞ イニシャル点 R R点 Q S 0.2 (Z) S Z点 G66 P9150 R___Z___Q___S___F___M___; (G90/G91) X___Y___; X___Y___; 穴位置 G67; 図３　特殊深穴サイクル例

作業名	カスタムマクロ機能	主眼点	カスタムマクロの特徴

図　　　解

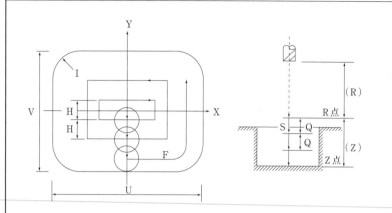

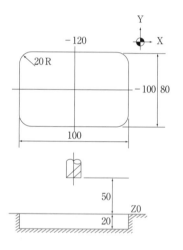

表1　引　数

引数	意　味	省略時扱い
U	横辺の長さ	アラーム140
V	縦辺の長さ	アラーム140
D	工具径補正番号	アラーム140
R	早送り接近R点	アラーム140
Z	穴底Z点	アラーム140
F	XYの送り速度	アラーム140
S	Zの送り速度	Fの1/2
I	コーナー円弧の半径	コーナー円弧なし
H	1回の切削幅	工具径の60%
Q	Z方向1回の切り込み深さ	1回でZまで切り込む
M	R，Zの指令方法	アブソリュート扱い

・R，Zがインクレメンタル値のとき　　M1.を指令する。
　R，Zがアブソリュート値のとき　　Mを省略する。
・◢は必須
注1　H＞0.85×カッタ直径のとき，削り残しが出る場合がある。
注2　ダウンカット（CCW）の動作のみ。

指令方法

G65 P9140 U＿＿＿V＿＿＿D＿＿R＿＿Z＿＿F＿＿S＿＿I＿＿H＿＿Q＿＿M＿＿；

図4　四角ポケット深彫り例

Z方向の切り込みを何回かに分けて切削する場合，
φ25エンドミル，D23＝12.8（0.3残し）
送り速度　　　　　　　　　60mm/min
切り込み速度　　　　　　　30mm/min
1回の切り込み量　　　　　8mm
切削幅　　　　　　　　　　15mm
アブソリュート　　　　　（G90）使用

O204；
G90 G00 G54 X-120.Y-100.；
S200 M03；
G43 Z50.0H＿＿＿；
G65 P9140 U100.V80.D23.R2.Z-20.F60.S30.I20.H15.Q8；
X0 Y0 M05；

図5　プログラム例

図6　マクロプログラム例

```
O9140 (SQUARE POCKET)
IF [[#21＊#22] EQ 0] GOTO990
IF [[#7＊#9] EQ 0] GOTO990
IF [#18 EQ #0] GOTO990
IF [#26 EQ #0] GOTO990
IF [#4 GT [#21/2]] GOTO992
IF [#4 GT [#22/2]] GOTO992
IF [#17 EQ 0] GOTO991
#17=ABS [#17＊1.]
#32=#4001
#31=#4003
M98P9100
#24=#5001
IF [#101 EQ 50] GOTO200
IF [#101 EQ 60] GOTO200
#25=#5002
GOTO201
N200#25=#5004
N201IF [#11 NE #0] GOTO120
#11=#30＊1.2
N120IF [#4 NE #0] GOTO10
#4=#30
N101F [#4 LT #30] GOTO991
```

```
IF [#19 NE #0] GOTO20
#19=#9/2
N201F [#13 EQ 1] GOTO30
IF [#18 LT #26] GOTO992
IF [#33 LT #18] GOTO992
#29=#18

途中省略

IF [#27 LE [#4-#30]] GOTO80
#27=#4-#30
#12=[#22/2-#30]
N80WHI LE [#12 LE [#22/2-#30]] DO3
#2=#27＊SIN [#1]
#3=#27＊COS [#1]
G90G01F [#9/2]
X[#24+#12＊SIN[#1]]Y[#25-#12＊COS[#1]]
G91X#5Y#6F#9
G03X [#3-#2] Y [#3+#2] I-#2J#3
G01X-#10Y#8
G03X- [#3-#2] Y [#3-#2] I-#3J-#2
```

```
G01X- [2＊#5] Y- [2＊#6]
G03X- [#3-#2] Y- [#3+#2] I#2J-#3
G01X#10Y-#8
G03X [#3+#2] Y- [#3-#2] I#3J#2
G01X#5Y#6
IF [#12 EQ [#22/2-#30]] GOTO100
#12=#12+#11
#27=#27+#11
IF [#12 LE [#22/2-#30]] GOTO90
#12=#22/2-#30
#27=#4-#30
N90END3
N100G90G01X#24Y#25F#9
#14=ROUND [#14＊1000]/1000
#28=ROUND [#28＊1000]/1000
IF [#14 EQ #28] GOTO110
END1
N110G90G00Z#33
GOTO999
N990#3000=140 (DATA LACK)
N991#3000=141 (OFFSET ERROR)
N992#3000=142 (DATA ERROR)
N999G#32G#31F#9M99
```

下穴径（一般用メートルねじ）

単位 [mm]

ねじ			下穴径[2]								めねじ内径（参考）	
			系列								最小許容寸法	最大許容寸法
ねじの呼び径 d	ピッチ P	基準のひっかかりの高さ[1] H_1	100	95	90	85	80	75	70	65		5H（M 1.4 以下）6H（M 1.6 以上）
1	0.25	0.135	0.73	0.74	0.76	0.77	0.78	0.80	0.81	0.82	0.729	0.785
1.1	0.25	0.135	0.83	0.84	0.86	0.87	0.88	0.90	0.91	0.92	0.829	0.885
1.2	0.25	0.135	0.93	0.94	0.96	0.97	0.98	1.00	1.01	1.02	0.929	0.985
1.4	0.3	0.162	1.08	1.09	1.11	1.12	1.14	1.16	1.17	1.19	1.075	1.142
1.6	0.35	0.189	1.22	1.24	1.26	1.28	1.30	1.32	1.33	1.35	1.221	1.321
1.8	0.35	0.189	1.42	1.44	1.46	1.48	1.50	1.52	1.53	1.55	1.421	1.521
2	0.4	0.217	1.57	1.59	1.61	1.63	1.65	1.68	1.70	1.72	1.567	1.679
2.2	0.45	0.244	1.71	1.74	1.76	1.79	1.81	1.83	1.86	1.88	1.713	1.838
2.5	0.45	0.244	2.01	2.04	2.06	2.09	2.11	2.13	2.16	2.18	2.013	2.138
3 × 0.5	0.5	0.271	2.46	2.49	2.51	2.54	2.57	2.59	2.62	2.65	2.459	2.599
3.5	0.6	0.325	2.85	2.88	2.92	2.95	2.98	3.01	3.05	3.08	2.850	3.010
4 × 0.7	0.7	0.379	3.24	3.28	3.32	3.36	3.39	3.43	3.47	3.51	3.242	3.422
4.5	0.75	0.406	3.69	3.73	3.77	3.81	3.85	3.89	3.93	3.97	3.688	3.878
5 × 0.8	0.8	0.433	4.13	4.18	4.22	4.26	4.31	4.35	4.39	4.44	4.134	4.334
6	1	0.541	4.92	4.97	5.03	5.08	5.13	5.19	5.24	5.30	4.917	5.153
7	1	0.541	5.92	5.97	6.03	6.08	6.13	6.19	6.24	6.30	5.917	6.153
8	1.25	0.677	6.65	6.71	6.78	6.85	6.92	6.99	7.05	7.12	6.647	6.912
9	1.25	0.677	7.65	7.71	7.78	7.85	7.92	7.99	8.05	8.12	7.647	7.912
10	1.5	0.812	8.38	8.46	8.54	8.62	8.70	8.78	8.86	8.94	8.376	8.676
11	1.5	0.812	9.38	9.46	9.54	9.62	9.70	9.78	9.86	9.94	9.376	9.676
12	1.75	0.947	10.1	10.2	10.3	10.4	10.5	10.6	10.7	10.8	10.106	10.441
14	2	1.083	11.8	11.9	12.1	12.2	12.3	12.4	12.5	12.6	11.835	12.210
16	2	1.083	13.8	13.9	14.1	14.2	14.3	14.4	14.5	14.6	13.835	14.210
18	2.5	1.353	15.3	15.4	15.6	15.7	15.8	16.0	16.1	16.2	15.294	15.744
20	2.5	1.353	17.3	17.4	17.6	17.7	17.8	18.0	18.1	18.2	17.294	17.744
22	2.5	1.353	19.3	19.4	19.6	19.7	19.8	20.0	20.1	20.2	19.294	19.744
24	3	1.624	20.8	20.9	21.1	21.2	21.4	21.6	21.7	21.9	20.752	21.252
27	3	1.624	23.8	23.9	24.1	24.2	24.4	24.6	24.7	24.9	23.752	24.252
30	3.5	1.894	26.2	26.4	26.6	26.8	27.0	27.2	27.3	27.5	26.211	26.771
33	3.5	1.894	29.2	29.4	29.6	29.8	30.0	30.2	30.3	30.5	29.211	29.771
36	4	2.165	31.7	31.9	32.1	32.3	32.5	32.8	33.0	33.2	31.670	32.270
39	4	2.165	34.7	34.9	35.1	35.3	35.5	35.8	36.0	36.2	34.670	35.270
42	4.5	2.436	37.1	37.4	37.6	37.9	38.1	38.3	38.6	38.8	37.129	37.799
45	4.5	2.436	40.1	40.4	40.6	40.9	41.1	41.3	41.6	41.8	40.129	40.799
48	5	2.706	42.6	42.9	43.1	43.4	43.7	43.9	44.2	44.5	42.587	43.297
52	5	2.706	46.6	46.9	47.1	47.4	47.7	47.9	48.2	48.5	46.587	47.297
56	5.5	2.977	50.0	50.3	50.6	50.9	51.2	51.5	51.8	52.1	50.046	50.796
60	5.5	2.977	54.0	54.3	54.6	54.9	55.2	55.5	55.8	56.1	54.046	54.796
64	6	3.248	57.5	57.8	58.2	58.5	58.8	59.1	59.5	59.8	57.505	58.305
68	6	3.248	61.5	61.8	62.2	62.5	62.8	63.1	63.5	63.8	61.505	62.305

(1) $H_1 = \dfrac{5H}{8} = 0.541\,265\,877\,P$

H_1：基準のひっかかりの高さ [mm]

H：とがり山の高さ

(2) $D_{hs} = d - 2 \times H_1\left(\dfrac{P_{te}}{100}\right)$

P：ねじのピッチ

D_{hs}：下穴径 [mm]

d：ねじの呼び径 [mm]

P_{te}：ひっかかり率 [%]

出所：（付表 1）JIS B 1004：2009「ねじ下穴径」表 2（抜粋）

付表2　　　　　　　　　　　　　　　下穴径（ユニファイ並目ねじ）

単位〔mm〕

ねじ				下　穴　径(2)									(参考) めねじ内径(3)		
				系　列									最小許容寸法	最大許容寸法	
ねじの呼び	外径 d	ねじ山数(25.4mmにつき) n	基準のひっかかりの高さ(1) H_1	100	95	90	85	80	75	70	65	60		3B	2B	1B
No. 1-64UNC	1.854	64	0.215	1.42	1.45	1.47	1.49	1.51	1.53	1.55	1.57	1.60	1.425	1.582	1.582	—
No. 2-56UNC	2.184	56	0.246	1.69	1.72	1.74	1.77	1.79	1.82	1.84	1.86	1.89	1.695	1.871	1.871	—
No. 3-48UNC	2.515	48	0.286	1.94	1.97	2.00	2.03	2.06	2.09	2.11	2.14	2.17	1.941	2.146	2.146	—
No. 4-40UNC	2.845	40	0.344	2.16	2.19	2.23	2.26	2.30	2.33	2.36	2.40	2.43	2.157	2.385	2.385	—
No. 5-40UNC	3.175	40	0.344	2.49	2.52	2.56	2.59	2.63	2.66	2.69	2.73	2.76	2.487	2.697	2.697	—
No. 6-32UNC	3.505	32	0.430	2.65	2.69	2.73	2.77	2.82	2.86	2.90	2.95	2.99	2.642	2.895	2.895	—
No. 8-32UNC	4.166	32	0.430	3.31	3.35	3.39	3.44	3.48	3.52	3.56	3.61	3.65	3.302	3.528	3.530	—
No.10-24UNC	4.826	24	0.573	3.68	3.74	3.79	3.85	3.91	3.97	4.02	4.08	4.14	3.683	3.949	3.962	—
No.12-24UNC	5.486	24	0.573	4.34	4.40	4.45	4.51	4.57	4.63	4.68	4.74	4.80	4.344	4.549	4.597	—
1/4-20UNC	6.350	20	0.687	4.98	5.04	5.11	5.18	5.25	5.32	5.39	5.46	5.53	4.979	5.250	5.257	5.257
5/16-18UNC	7.938	18	0.764	6.41	6.49	6.56	6.64	6.72	6.79	6.87	6.95	7.02	6.401	6.680	6.731	6.731
3/8-16UNC	9.525	16	0.859	7.81	7.89	7.98	8.06	8.15	8.24	8.32	8.41	8.49	7.798	8.082	8.153	8.153
7/16-14UNC	11.112	14	0.982	9.15	9.2	9.3	9.4	9.5	9.6	9.7	9.8	9.9	9.144	9.441	9.550	9.550
1/2-13UNC	12.700	13	1.058	10.6	10.7	10.8	10.9	11.0	11.1	11.2	11.3	11.4	10.592	10.881	11.023	11.023
9/16-12UNC	14.288	12	1.146	12.0	12.1	12.2	12.3	12.5	12.6	12.7	12.8	12.9	11.989	12.301	12.446	12.446
5/8-11UNC	15.875	11	1.250	13.4	13.5	13.6	13.8	13.9	14.0	14.1	14.3	14.4	13.386	13.693	13.868	13.868
3/4-10UNC	19.050	10	1.375	16.3	16.4	16.6	16.7	16.8	17.0	17.1	17.3	17.4	16.307	16.624	16.840	16.840
7/8-9UNC	22.225	9	1.528	19.2	19.3	19.5	19.6	19.8	19.9	20.1	20.2	20.4	19.177	19.509	19.761	19.761
1-8UNC	25.400	8	1.719	22.0	22.1	22.3	22.5	22.7	22.8	23.0	23.2	23.3	21.971	22.344	22.606	22.606
1 1/8-7UNC	28.575	7	1.964	24.6	24.8	25.0	25.2	25.4	25.6	25.8	26.0	26.2	24.638	25.082	25.349	25.349
1 1/4-7UNC	31.750	7	1.964	27.8	28.0	28.2	28.4	28.6	28.8	29.0	29.2	29.4	27.813	28.257	28.524	28.524
1 3/8-6UNC	34.925	6	2.291	30.3	30.6	30.8	31.0	31.3	31.5	31.7	31.9	32.2	30.353	30.850	31.115	31.115
1 1/2-6UNC	38.100	6	2.291	33.5	33.7	34.0	34.2	34.4	34.7	34.9	35.1	35.4	33.528	34.025	34.290	34.290
1 3/4-5UNC	44.450	5	2.750	39.0	39.2	39.5	39.8	40.1	40.3	40.6	40.9	41.2	38.964	39.560	39.827	39.827
2-4 1/2UNC	50.800	4 1/2	3.055	44.7	45.0	45.3	45.6	45.9	46.2	46.5	46.8	47.1	44.679	45.366	45.593	45.593
2 1/4-4 1/2UNC	57.150	4 1/2	3.055	51.0	51.3	51.7	52.0	52.3	52.6	52.9	53.2	53.5	51.029	51.716	51.943	51.943
2 1/2-4 UNC	63.500	4	3.437	56.6	57.0	57.3	57.7	58.0	58.3	58.7	59.0	59.4	56.617	57.388	57.581	57.581
2 3/4-4 UNC	69.850	4	3.437	63.0	63.3	63.7	64.0	64.4	64.7	65.0	65.4	65.7	62.967	63.738	63.931	63.931
3-4 UNC	76.200	4	3.437	69.3	69.7	70.0	70.4	70.7	71.0	71.4	71.7	72.1	69.317	70.088	70.281	70.281
3 1/4-4 UNC	82.550	4	3.437	75.7	76.0	76.4	76.7	77.1	77.4	77.7	78.1	78.4	75.667	76.438	76.631	76.631
3 1/2-4 UNC	88.900	4	3.437	82.0	82.4	82.7	83.1	83.4	83.7	84.1	84.4	84.8	82.017	82.788	82.981	82.981
3 3/4-4 UNC	95.250	4	3.437	88.4	88.7	89.1	89.4	89.8	90.1	90.4	90.8	91.1	88.367	89.138	89.331	89.331
4-4 UNC	101.600	4	3.437	94.7	95.1	95.4	95.8	96.1	96.4	96.8	97.1	97.5	94.717	95.488	95.681	95.681

注　(1)　下穴径 $= d - 2 \times H_1 \left(\dfrac{\text{ひっかかり率}}{100} \right)$

　　(2)　$H_1 = 0.541266 \times 25.4/n$

　　(3)　めねじ内径の許容限界寸法は，JIS B 0210（ユニファイ並目ねじの許容限界寸法及び公差）の規定による。

備考　　─‥─線，─‥─線，──線から左側の太字体のものは，それぞれ JIS B 0210 に規定する 3B，2B 及び 1B のめねじ内径の許容限界寸法内にあることを示す。

出所：（付表2）JIS B 1004：1975「ねじ下穴径」表4

〈参考資料〉切削工具材料

1．切削工具材料

（1）切削工具材の分類

切削工具材は以下のように分類される。

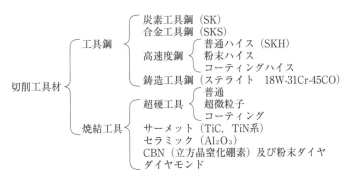

図1　切削工具材の分類

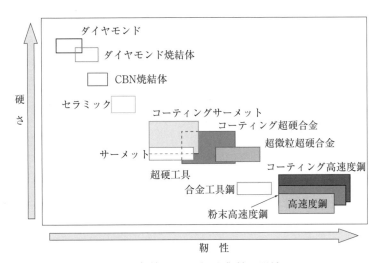

図2　各種工具の硬さと靭性の関係

（2）切削工具材料の特徴

① 炭素工具鋼（carbon tool steel）（SK1〜SK7）

・合金元素を含まない高炭素鋼で，低速切削や仕上げ切削に適する。

・鉄工やすり，ハクソー，かみそり，刻印等に使用される。

② 合金工具鋼（alloy tool steel）（SKS1〜SKS8，SKS11，SKS21，SKS51）

・炭素工具鋼に，Ni，Cr，W，V を添加したもの。

・炭素工具鋼に比べ，耐摩耗性が大きく，焼入れ時の変形が少ない。

・タップ，ドリル，抜型，ダイス，丸のこ，組やすりなどに使用する。

③ 高速度工具鋼（high speed steel）（W 系：SKH2〜SKH5，SKH10）

（Mo 系：SKH9，SKH52〜SKH58）

・赤熱硬さが高く耐熱性が大きい W（タングステン）系と，靭性が大きく熱処理が容易な Mo（モリブデン）系がある。

・合金元素の含有量が多い。

・耐熱性が大きく，約 500℃ でもかなりの硬さをもつ。

・他の工具鋼に比べて耐摩耗性が高く，超硬工具より靭性が高い。

④ 非鉄鋳造合金 （cast alloy）

・Co, Cr, W を主体とする合金である。

・高温硬度が高く，900℃前後までほとんど硬さが低下しない。

・衝撃に対しては，高速度工具鋼より弱い。

⑤ 超硬合金工具 （tungsten carbides）

・主成分の WC に TiC, TaC 等を添加し，Co を結合材として焼結したものである。

・次の3種がある。

　単一炭化物系 （WC＋Co）　　　　　　　　耐逃げ面摩耗 （K種）

　2元炭化物系 （WC＋TiC＋Co）　　　　　　耐クレータ摩耗 （P種）

　3元炭化物系 （WC＋TiC＋TaC＋Co）　　　耐クレータ・耐逃げ面摩耗 （M種）

⑥ サーメット工具 （cermet tool）

・TiC 又は TiN を主成分とし，Ni, Mo で焼結したものである。

・TiC 系サーメットと，靭性を持たせた TiN 系サーメットがある。

・切削条件は，セラミック工具と超硬合金工具の中間をカバーする範囲である。

⑦ セラミック （ceramics, oxide tool）

・金属以外の無機質材料を，MgO などの触媒を少量使用して高温で焼結したものの総称である。

・切削工具として，純アルミナ系 （Al$_2$O$_3$ 99％以上） と，TiC 添加系 （Al$_2$O$_3$ に 20～40％の TiC を添加） が使用される。

・純アルミナ系は超硬合金工具，サーメット工具に比べて，高温硬度，耐溶着性，耐摩耗性が高い （超硬合金工具の2～4倍の高速切削が可能）。また，靭性は超硬合金工具の 1/3 である。

・TiC 添加系は，純アルミナ系に比べて，靭性や熱伝導性の点で優れている。

・非鉄金属，黒鉛，銅，硬質ゴム，黄銅，青銅及びプラスチックの高速切削において，極めて経済的である。

・チタニウムやアルミニウムの切削には適さない。

⑧ CBN 焼結体 （CBN tool）

・CBN 粒子を Co 又は Fe, Ni などを結合材として，超高圧，高温下で焼結したもの。

・鉄系の金属を加工しうる最も硬い工具材料 （ダイヤモンドの 1/2，超硬合金工具の約2倍） である。

⑨ ダイヤモンド （diamond tool）

・天然ダイヤとダイヤ焼結体がある。

・天然ダイヤは，硬さが 8 000～12 000kg/mm^2，熱伝導率 2 100W/mK と格段に高い。また，大気中では 600℃以上になると炭化して，耐摩耗性が低下する。鉄系金属の切削には用いない。

・ダイヤ焼結体は，人造ダイヤモンドと粒を超高圧，高温下で焼結したもので，天然ダイヤよりも靭性が高くなっている。

2．切削条件

（1）切削条件の選び方

　① 旋盤の場合

　　切削速度 （Cutting speed）：v_c ［m/min］

　　工作物の直径 （Diameter of workpiece）：D ［mm］

　　工作物の回転速度 （Rotational speed）：n ［min^{-1}］

　　円周率 （Circumference）：$\pi = 3.14$ とするとき，

$$v_c = \frac{\pi \times D \times n}{1\,000}$$

$$n = \frac{1\,000 \times v_c}{\pi \times D}$$

切削動力（Cutting power）：P_c [kW]

切り込み深さ（Depth of cut）：a_p [mm]

送り量（Feed per revolution）：f [mm/rev]

切削速度（Cutting speed）：v_c [m/min]

機械効率（Mechanical efficiency）：η （0.70〜0.85）

比切削抵抗（Specific cutting force）：K_c [MPa] とするとき，

$$P_c = \frac{a_p \times f \times v_c \times K_c}{60 \times 10^3 \times \eta}$$

② フライス盤の場合

切削速度（Cutting Speed）：v_c [m/min]

工具の直径（Cutter diameter）：D_c [mm]

工具の回転速度（Rotational speed）：n [min^{-1}]

円周率（Circumference）：$\pi = 3.14$

送り速度（Feed speed）：v_f [mm/min]

工具の刃数（Number of tooth）：z

1刃当たりの送り量（Feed per tooth）：f_z [mm/tooth] とするとき，

$$v_c = \frac{\pi \times D_c \times n}{1\,000}$$

$$n = \frac{1\,000 \times v_c}{\pi \times D_c}$$

$$v_f = f_z \times n \times z$$

切削動力（Cutting power）：P_c [kW]

切り込み深さ（Depth of cut）：a_p [mm]

切削幅（Width of cut）：a_e [mm]

送り速度（Feed speed）：v_f [mm/min]

機械効率（Mechanical efficiency）：η （0.75 前後）

比切削抵抗（Specific cutting force）：K_c [MPa] とするとき

$$P_c = \frac{a_p \times a_e \times v_f \times K_c}{60 \times 10^6 \times \eta}$$

③ 比切削抵抗

表1　比切削抵抗（K_c）

工作物の材質	引張り強さ又は強さ [MPa]	旋盤の場合 各送り量に対する比切削抵抗 K_c [MPa]					フライス盤の場合 1刃送り量に対する比切削抵抗 K_c [MPa]				
		$f=0.1$	$f=0.2$	$f=0.3$	$f=0.4$	$f=0.6$	$f_z=0.1$	$f_z=0.2$	$f_z=0.3$	$f_z=0.4$	$f_z=0.6$
軟鋼	520	3 610	3 100	2 720	2 500	2 280	2 200	1 950	1 820	1 700	1 580
中鋼	620	3 080	2 700	2 570	2 450	2 300	1 980	1 800	1 730	1 600	1 570
硬鋼	720	4 050	3 600	3 250	2 950	2 640	2 520	2 200	2 040	1 850	1 740
工具鋼	670	3 040	2 800	2 630	2 500	2 400	1 980	1 800	1 730	1 700	1 600
	770	3 150	2 850	2 620	2 450	2 340	2 030	1 800	1 750	1 700	1 580
クロムマンガン鋼	770	3 830	3 250	2 900	2 650	2 400	2 300	2 000	1 880	1 750	1 660
	630	4 510	3 900	3 240	2 900	2 630	2 750	2 300	2 060	1 800	1 780
クロムモリブデン鋼	730	4 500	3 900	3 400	3 150	2 850	2 540	2 250	2 140	2 000	1 800
	600	3 610	3 200	2 880	2 700	2 500	2 180	2 000	1 860	1 800	1 670
ニッケルクロムモリブデン鋼	940	3 070	2 650	2 350	2 200	1 980	2 000	1 800	1 680	1 600	1 500
	52HB	3 310	2 900	2 580	2 400	2 200	2 100	1 900	1 760	1 700	1 530
鋳鋼	520						2 800	2 500	2 320	2 200	2 040
硬質鋳鉄	46HRC	3 190	2 800	2 600	2 450	2 270	3 000	2 700	2 500	2 400	2 200
ミーハナイト鋳鉄	360	2 300	1 930	1 730	1 600	1 450	2 180	2 000	1 750	1 600	1 470
ネズミ鋳鉄	200HB	2 110	1 800	1 600	1 400	1 330	1 750	1 400	1 240	1 050	970
黄銅	500						1 150	950	800	700	630
軽合金（Al−Mg）	160						580	480	400	350	320
軽合金（Al−Si）	200						700	600	490	450	390

（2）$v_c - T$ 線図（工具の寿命曲線）

切削速度 v_c [m/min] と工具寿命 T [min] の間には，

$$vT^n = C$$

の関係がある。これを両対数グラフで表すと図3のようになり，工具の寿命曲線，又は $v_c - T$ 線図と呼ばれている。ここで，n，C は切削条件によって定まる定数である。

n は主として工具材料によって影響を受け，高速度工具鋼では 0.1〜0.15，超硬合金工具では 0.15〜0.25，セラミック工具では 0.3〜0.7 程度で，熱に敏感な工具ほど n の値は小さくなる。

C は工具寿命が1分となる切削速度を示し，工作物の種類によって大きく異なる。

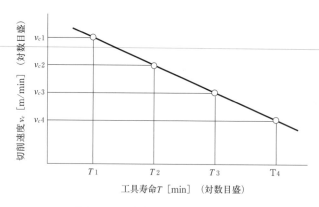

図3　工具寿命曲線（$v_c - T$ 線図）

（3）推奨切削条件

① 旋削加工

表2　推奨切削条件（旋削加工の場合）

工作物	工具の材質	工具の種類	加工内容	切削速度 [m/min]	送り [mm/刃]	切り込み [mm]
軟鋼 炭素鋼	高速度鋼	片刃バイト	重切削	20〜30	0.2〜0.3	1〜5
			中切削	20〜40	0.2〜0.3	≦1
		ヘール仕上げバイト	仕上げ削り	5〜15	0.5〜2	≦0.05
		ドリル	穴あけ	14〜30	0.09〜0.22 [mm/rev]	
		リーマ	穴仕上げ	5〜10	0.2〜0.65	仕上げしろ0.2〜1.5
	超硬	片刃バイト	重切削（P20）	70〜120	0.5〜0.8	4〜9
			中切削（P20）	100〜170	0.2〜0.6	1〜6
			軽切削（P10）	150〜250	0.1	0.5〜1
		ドリル	穴あけ	70〜150	0.05〜0.2 [mm/rev]	
鋳鉄	高速度鋼	片刃バイト	重切削	25〜35	0.2〜0.3	1〜5
			中切削	25〜40	0.2〜0.3	≦1
		ドリル	穴あけ	15〜34	0.1〜0.25 [mm/rev]	
		リーマ	穴仕上げ	7〜12	0.2〜0.65	仕上げしろ0.2〜1.5
	超硬	片刃バイト	重切削（K20）	80〜140	0.5〜0.8	4〜9
			中切削（K20）	120〜200	0.2〜0.6	1〜6
			軽切削（K10）	170〜280	0.1	0.5〜1
		ドリル	穴あけ	70〜150	0.05〜0.2 [mm/rev]	
アルミ合金	高速度鋼	片刃バイト	重切削	100〜150	0.2〜0.3	1〜5
			中切削	100〜200	0.2〜0.3	≦1
		ドリル	穴あけ	28〜60	0.09〜0.22 [mm/rev]	
		リーマ	穴仕上げ	15〜20	0.2〜0.65	仕上げしろ0.2〜1.5
	超硬	片刃バイト	重切削（K20）	350〜600	0.5〜0.8	4〜9
			中切削（K20）	500〜800	0.2〜0.6	1〜6
			軽切削（K10）	750〜1,000	0.1	0.5〜1
		ドリル	穴あけ	160	0.04〜0.2 [mm/rev]	

② フライス加工

表3　推奨切削条件（フライス加工の場合）

工作物	工具の材質	工具の種類	加工内容	切削速度 [m/min]	送り [mm/刃]	切り込み [mm]
軟鋼 炭素鋼	高速度鋼	エンドミル	重切削	25～28	0.05～0.11	溝削深さ≦D/3.5 側面削深さ≦D
			軽切削	30～33	0.03～0.08	仕上げしろ0.1～0.3 切り込み幅≦1.5×D
		ドリル	穴あけ	14～31	0.09～0.22 [mm/rev]	
	コーティング超硬	正面フライス	重切削（P20）	150～250	0.2～0.4	≦5
			軽切削（P10）	170～270	0.1～0.2	0.1～0.2
		エンドミル	重切削（P20）	45～52	0.04～0.1	溝削深さ≦D/3 側面削深さ≦D
			軽切削（P10）	55～60	0.02～0.05	仕上げしろ0.1～0.3 切り込み幅≦1.5×D
		ドリル	穴あけ	60～80	0.12～0.28 [mm/rev]	
鋳鉄	高速度鋼	エンドミル	重切削	28～31	0.05～0.12	溝削深さ≦D/3.5 側面削深さ≦D
			軽切削	35～40	0.03～0.08	仕上げしろ0.1～0.3 切り込み幅≦1.5×D
		ドリル	穴あけ	15～32	0.1～0.23 [mm/rev]	
	コーティング超硬	正面フライス	重切削（P20）	160～270	0.1～0.3	≦5
			軽切削（P10）	190～300	0.1～0.2	0.1～0.2
		エンドミル	重切削	47～55	0.04～0.1	溝削深さ≦D/3 側面削深さ≦D
			軽切削	60～75	0.02～0.05	仕上げしろ0.1～0.3 切り込み幅≦1.5×D
		ドリル	穴あけ	60～85	0.12～0.28 [mm/rev]	
アルミ合金	高速度鋼	エンドミル	重切削	125～140	0.05～0.12	溝削深さ≦D/3.5 側面削深さ≦D
			軽切削	230～260	0.04～0.08	仕上げしろ0.1～0.3 切り込み幅≦1.5×D
		ドリル	穴あけ	28～60	0.1～0.23 [mm/rev]	
	コーティング超硬	正面フライス	重切削（P20）	300～700	0.1～0.3	≦5
			軽切削（P10）	700～1,000	0.1～0.2	0.1～0.2
		エンドミル	重切削	130～145	0.05～0.11	溝削深さ≦D/3 側面削深さ≦D
			軽切削	150～200	0.02～0.05	仕上げしろ0.1～0.3 切り込み幅≦1.5×D
		ドリル	穴あけ	160～250	0.12～0.28 [mm/rev]	

（4）切削用超硬質工具材料の分類

切削用超硬質工具材料は，被削材によって六つに大分類し，識別記号と識別色によって区別する（表4）。

表4　切削用超硬質工具材料の分類

大 分 類		
識別記号	識別色	被 削 材
P	青色	鋼：鋼，鋳鋼（オーステナイト系ステンレスを除く。）
M	黄色	ステンレス鋼：オーステナイト系，オーステナイト／フェライト系，ステンレス鋳鋼
K	赤色	鋳鉄：ねずみ鋳鉄，球状黒鉛鋳鉄，可鍛鋳鉄
N	緑色	非鉄金属：アルミニウム，その他の非鉄金属，非金属材料
S	茶色	耐熱合金・チタン：鉄，ニッケル，コバルト基耐熱合金，チタン及びチタン合金
H	灰色	高硬度材料：高硬度鋼，高硬度鋳鉄，チルド鋳鉄

出所：（表4）JIS B 4053：2013「切削用超硬質工具材料の使用分類及び呼び記号の付け方」表5（抜粋）

○引用規格等一覧

■日本産業規格（発行元　一般財団法人日本規格協会）
　1．JIS B 0031：2003「製品の幾何特性仕様（GPS）－表面性状の図示方法」(53)
　2．JIS B 0205－1：2001「一般用メートルねじ－第1部：基準山形」(180)
　3．JIS B 0205：1997「メートル並目ねじ」(63)
　4．JIS B 1004：2009「ねじ下穴径」(325)
　5．JIS B 1004：1975「ねじ下穴径」(326)
　6．JIS B 1181：2014「六角ナット」(184)
　7．JIS B 4053：2013「切削用超硬質工具材料の使用分類及び呼び記号の付け方」(331)
　8．JIS B 6012－1：1998「工作機械－操作表示記号」(125, 192)
　9．JIS B 7502：1994「マイクロメータ」(10)
　10．JIS B 7515：1982「シリンダゲージ」(40)

○参考規格等一覧

■日本産業規格（発行元　一般財団法人日本規格協会）
　1．JIS B 0101：2013「ねじ用語」(187)
　2．JIS B 0205－1：2001「一般用メートルねじ－第1部：基準山形」(180)
　3．JIS B 0205－4：2001「一般用メートルねじ－第4部：基準寸法」
　4．JIS B 0216：1987「メートル台形ねじ」(186)
　5．JIS B 0261：2020「平行ねじゲージ－測定方法」
　6．JIS B 0271：2018「ねじ測定用針」
　7．JIS B 0271：2004「ねじ測定用三針及びねじ測定用四針」
　8．JIS B 0633：2001「製品の幾何特性仕様（GPS）－表面性状：輪郭曲線方式－表面性状評価の方式及び手順」(51, 52)
　9．JIS B 0951：1962「ローレット目」(160)
　10．JIS B 1181：2014「六角ナット」
　11．JIS B 4633：1998「十字ねじ回し」(24)
　12．JIS B 4648：2008「六角棒スパナ」
　13．JIS B 6012－1：1998「工作機械－操作表示記号」(125, 192)
　14．JIS B 7420：1997「限界プレーンゲージ」(167)
　15．JIS R 6210：2006「ビトリファイド研削といし」(112)

○参考法令一覧

「労働安全衛生規則」第35条，第36条，第135条（116, 118)

○引用文献一覧

1．『JIS B 0031：2003「製品の幾何特性仕様（GPS）－表面性状の図示方法」改正のポイント』実教出版株式会社，2005年，p. 8（53）

2．『ＮＣ工作概論』一般社団法人雇用問題研究会，2019年，p.65，表3－2（251）／p.66，表3－3（252）／p.67，表3－4（253）／p.74，表3－6（254）／p.75，表3－7（255）

3．『ＮＣ工作機械［1］ＮＣ旋盤』一般社団法人雇用問題研究会，2019年，p.75，図3－10（259）／p.75，図3－11（259）／p.52，表2－6（290）

4．『ＮＣ工作機械［2］マシニングセンタ』一般社団法人雇用問題研究会，2019年，p.25，図1－29（309）／p.26，図1－30（309）

5．『機械測定法』一般社団法人雇用問題研究会，2021年，p.76，表2－12（42）

6．『現場で役立つ　手仕上げ加工の勘どころ』愛恭輔・成瀬治夫著，株式会社日刊工業新聞社，2009年，p.15，図2．6（108）

○参考文献一覧

1．『機械測定法』一般社団法人雇用問題研究会，2021年

2．「技術情報　平面研削用一般砥石の選定方法（一般砥石　選定ガイド)」株式会社ミスミ Web サイト

3．「ダイヤルゲージとシリンダゲージの測定方法とは」グーネットピット Web サイト

4．『ミツトヨ精密測定機器・総合カタログ No.13（第52版 2021年7月発行)』株式会社ミツトヨ

○図版及び写真提供団体（五十音順・団体名等は改定当時のものです）

株式会社ミツトヨ（9，49，51）
カネテック株式会社（23）
小林鉄工株式会社（23）

機械加工実技教科書

昭和 51 年 3 月　　初版発行
平成 10 年 3 月　　改定初版 1 刷発行
平成 11 年 11 月　　改定 2 版 1 刷発行
平成 20 年 3 月　　改定 3 版 1 刷発行
令和 5 年 3 月　　改定 4 版 1 刷発行
令和 6 年 3 月　　改定 4 版 2 刷発行

厚生労働省認定教材	
認定番号	第58897号
改定承認年月日	令和5年1月25日
訓練の種類	普通職業訓練
訓練課程名	普通課程

編　集　　独立行政法人 高齢・障害・求職者雇用支援機構
　　　　　職業能力開発総合大学校 基盤整備センター

発行所　　一般社団法人 雇用問題研究会
　　　　　〒103-0002 東京都中央区日本橋馬喰町 1-14-5 日本橋Kビル2階
　　　　　電話 03(5651)7071（代表）　FAX 03(5651)7077
　　　　　URL　https://www.koyoerc.or.jp/

印刷所　　株式会社 ワイズ

ISBN978-4-87563-097-5

152005-24-11